KOLACHA 2000

無線操縦部隊の車両の塗装とマーキング
Painting and Marking of the Remote-Control Units

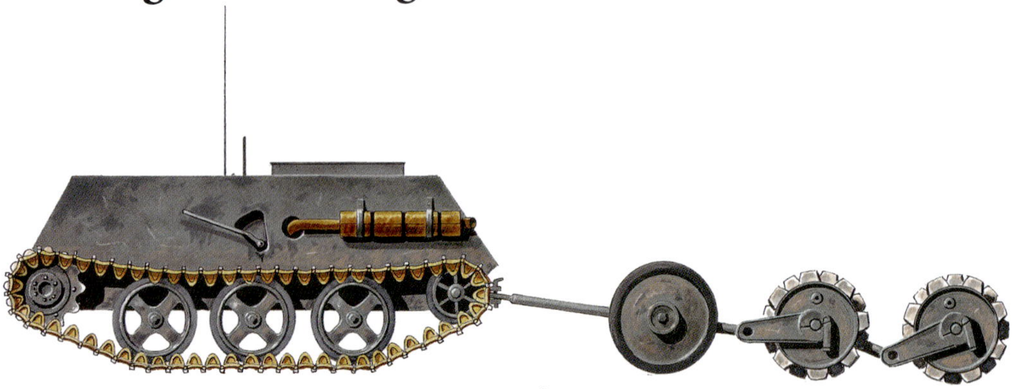

第1地雷原中隊の「ボルクヴァルトＢⅠ」地雷処理車。1940年夏、ブリースカステル。

第1地雷原大隊の「ボルクヴァルトBIV」地雷処理車。1941年7月、ロシア。

第1地雷原大隊のⅠ号小型指令戦車（Sd.kfz265）。1941年7月、ロシア。

第300（無線操縦）戦車大隊第1中隊のIII号戦車
と戦術標識。1942年6月／ 7月、セヴァストポリ。

第300（無線操縦）戦車大隊第2中隊のIII号戦車
と戦術標識。1943年夏、クリミアとロシア南部。

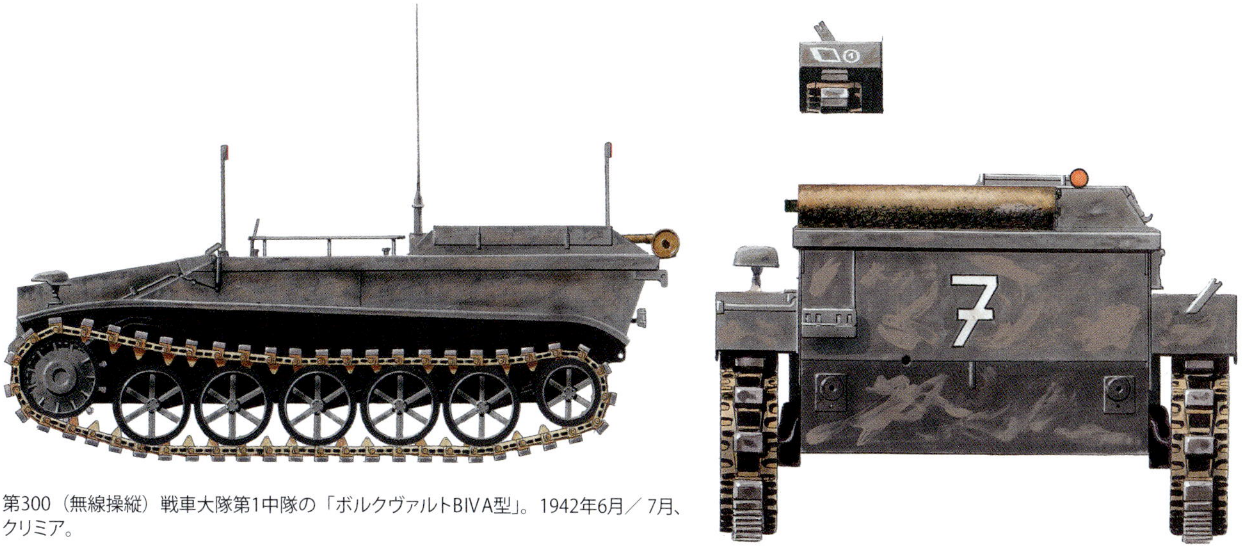

第300（無線操縦）戦車大隊第1中隊の「ボルクヴァルトBIV A型」。1942年6月／ 7月、
クリミア。

第300（無線操縦）戦車大隊第3中隊の有線操縦式ブレン運搬車。1942年6月、クリミア。

第300（無線操縦）戦車大隊第3中隊の汎用牽引車。1942年6月、クリミア。

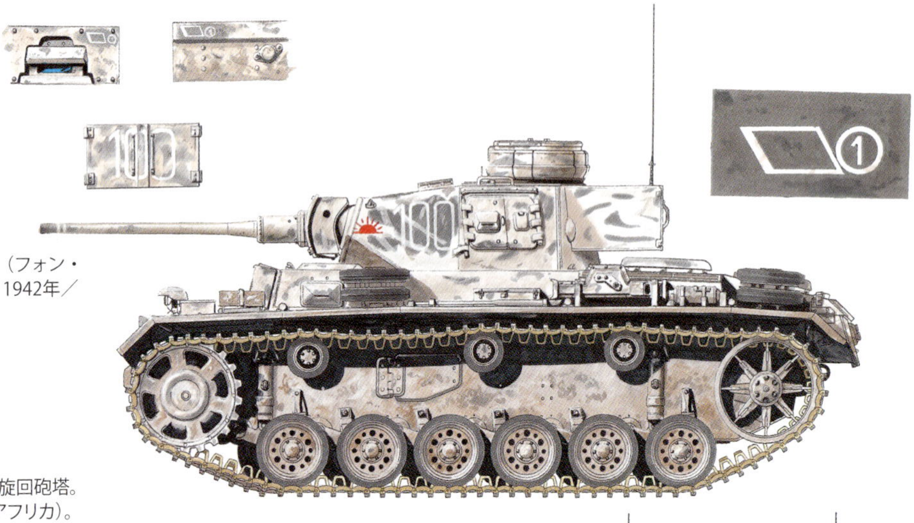

第301（無線操縦）戦車大隊第1中隊（フォン・アーベンドロト中隊）のIII号戦車L型。1942年／43年冬、ロシア南方戦区。

熱帯（遠隔操縦）試験隊のIII号戦車の旋回砲塔。1942年10月／11月、エル・ダバ（北アフリカ）。

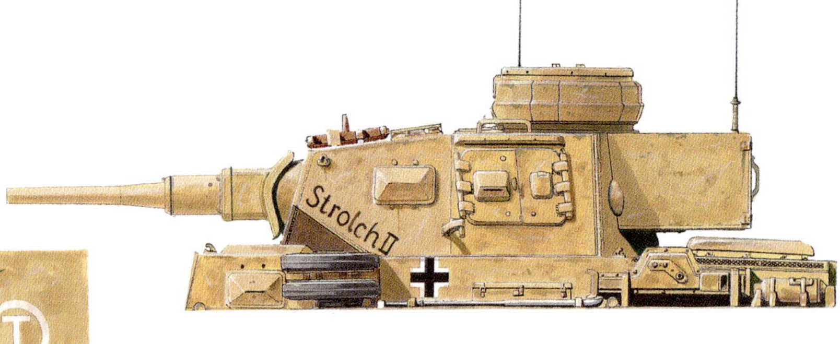

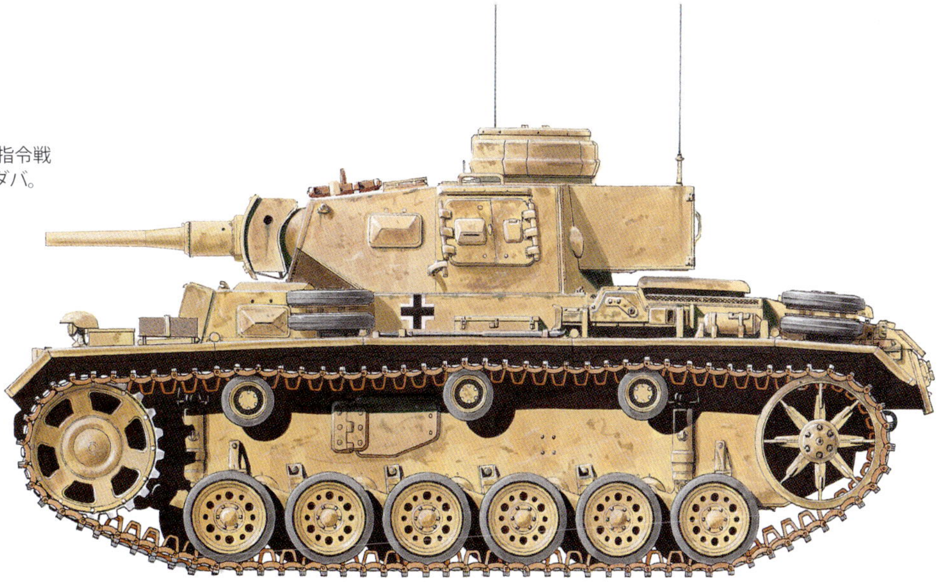

熱帯（遠隔操縦）試験隊のIII号指揮指令戦車J型。1942年10月／11月、エル・ダバ。

第301（無線操縦）戦車大隊第2中隊の「ボルクヴァルトBIV B型」。1944年2月、アンツィオ（イタリア）。

第301（無線操縦）戦車大隊第2中隊のIII号指揮指令突撃砲。1944年夏、ガリシア。

第311（無線操縦）戦車中隊のIII号指揮指令突撃砲。1943年夏、ポルタヴァ。

第311（無線操縦）戦車中隊の「ボルクヴァルトBIV A型」。1943年夏、ポルタヴァ（ロシア）。

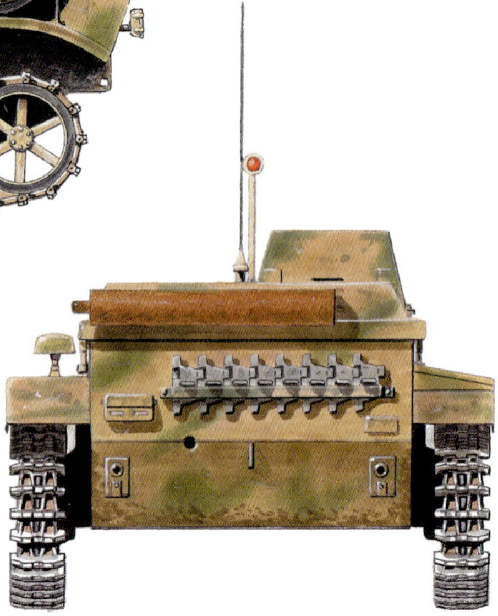

第312（無線操縦）戦車中隊の「ボルクヴァルトBIV」の側面と前面および後面。1943年、クルスク／オリョール。

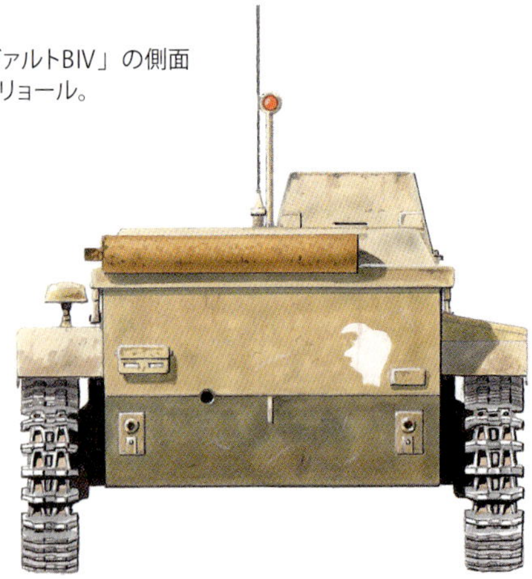

第311（無線操縦）戦車中隊の軽牽引車（Sd.kfz11）。

第312（無線操縦）戦車中隊のIII号指揮指令突撃砲。
1943年7月、クルスク／オリョール。

第312（無線操縦）戦車中隊のIII号指揮指令戦車L型。
1943年7月、クルスク。

第313（無線操縦）戦車中隊のIII号指揮指令戦車N型の
旋回砲塔。1943年7月、クルスク。

第313（無線操縦）戦車中隊の改造された「ボルクヴァルトB ⅣA型」。1943年7月、クルスク。半面図は車体前面にある戦術標識の記入位置を示している。

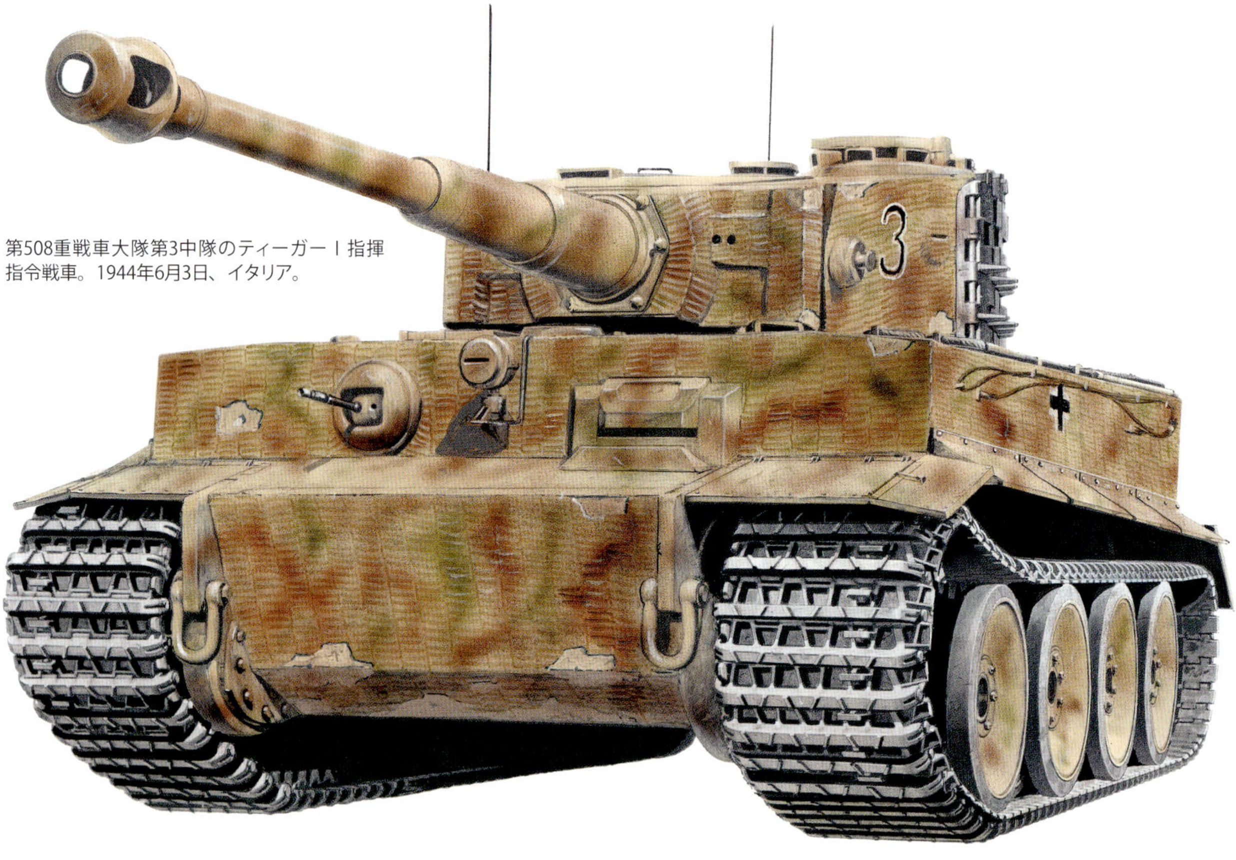

第508重戦車大隊第3中隊のティーガーⅠ指揮指令戦車。1944年6月3日、イタリア。

第508重戦車大隊第3中隊の「ボルクヴァルトBIV」の側面および後面。1944年6月3日、イタリア。

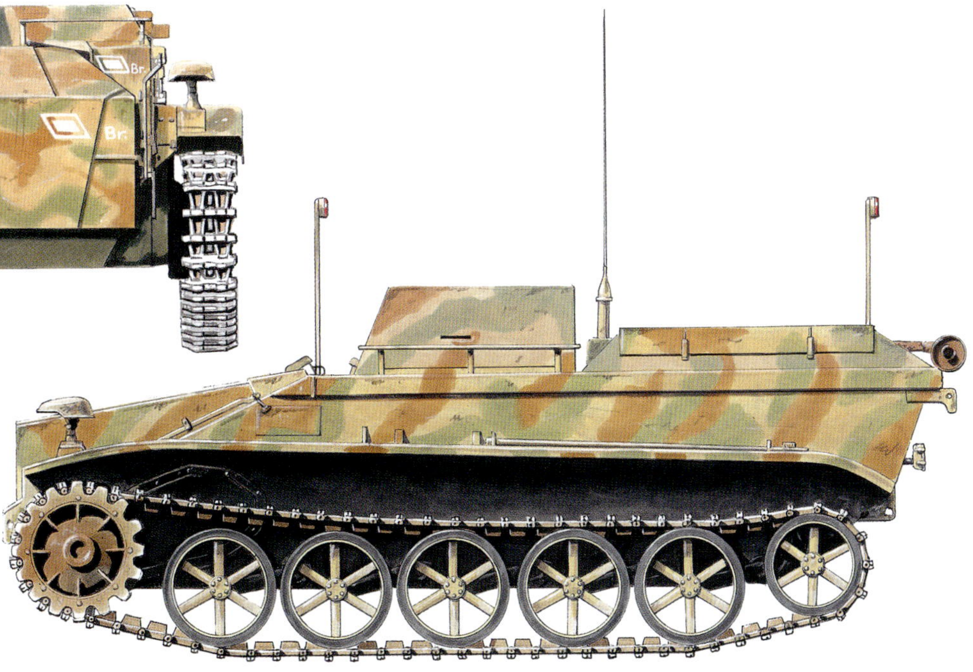

第314（無線操縦）戦車中隊の「ボルクヴァルトBIV」の側面および後面。1943年7月、クルスク。

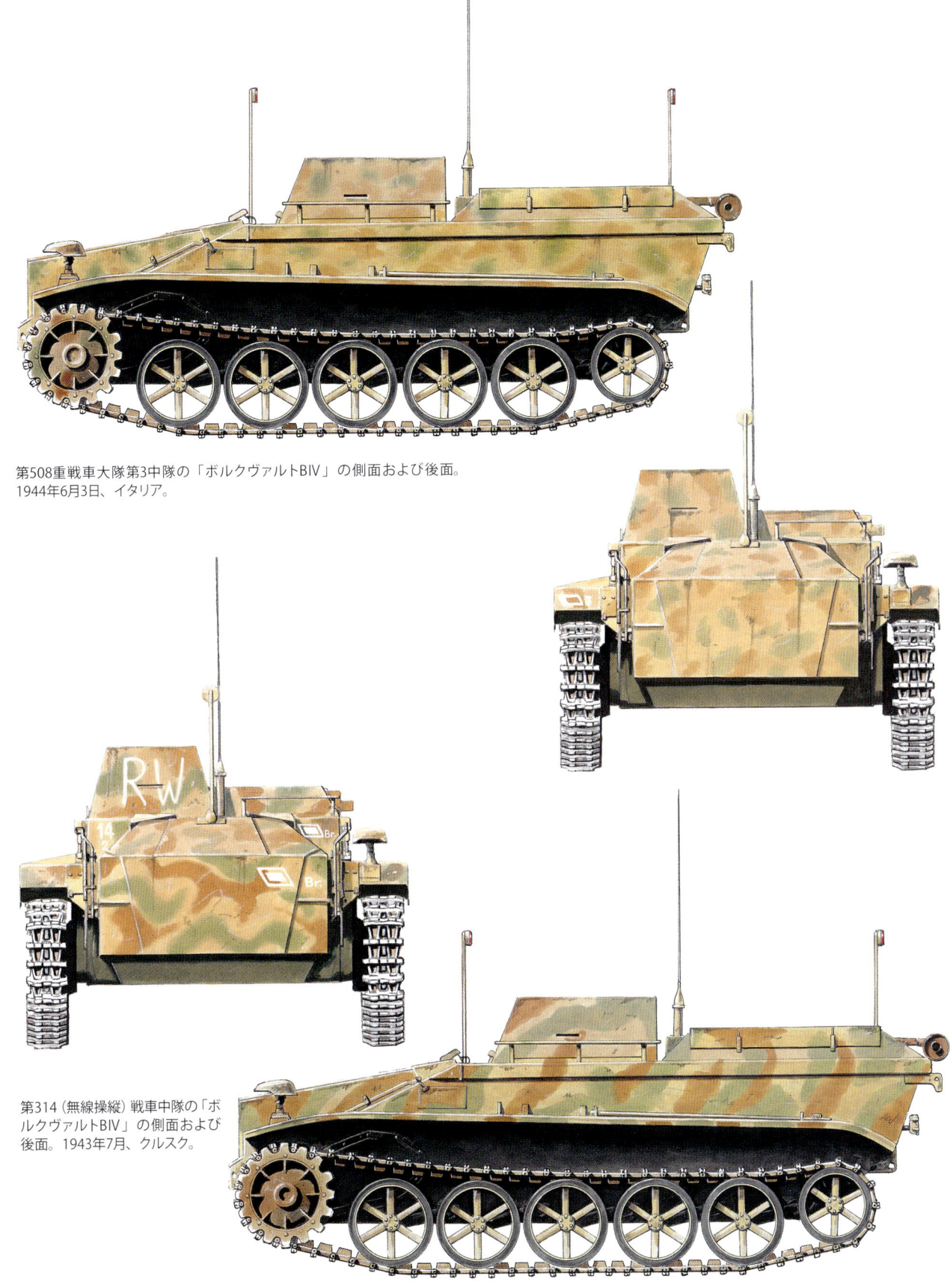

第314（無線操縦）戦車中隊のIII号指揮指令突撃砲。1943年、クルスク。

第504重戦車大隊第3中隊のティーガーI指揮指令戦車。1944年夏、イタリア。

第504重戦車大隊第3中隊の「ボルクヴァルトBIVA型」の側面および後面。1944年夏、イタリア。

第315（無線操縦）戦車中隊の「ボルクヴァルトBIVA型」の側面と前面および後面。1944年6月、ノルマンディ（カン）。

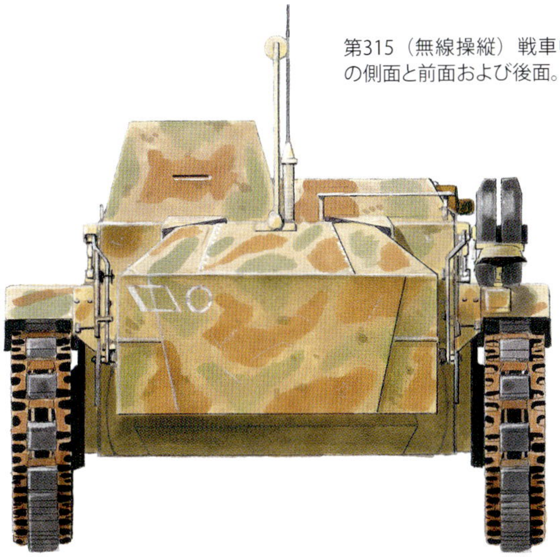

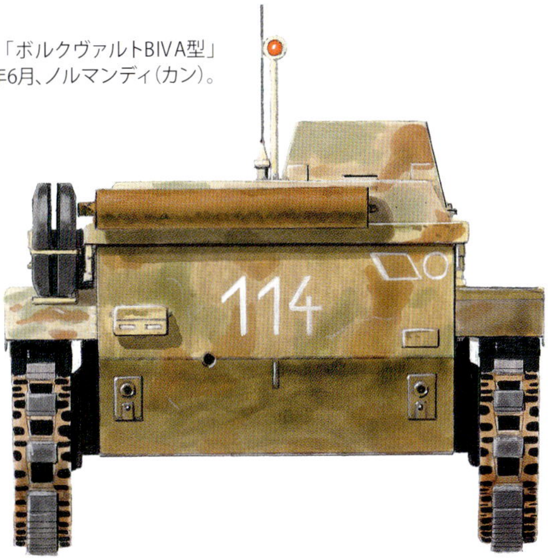

第315（無線操縦）戦車中隊のIII号指揮指令突撃砲。1944年6月、ノルマンディ。

第316（無線操縦）戦車中隊のIII号指揮指令突撃砲。1944年5月／6月、フランス。

第1（無線操縦）重戦車中隊〔後の第316（無線操縦）戦車中隊〕のティーガーII指揮指令戦車。1944年5月／6月、フランス。

第316（無線操縦）戦車中隊の「ボルクヴァルトBIV B型」。1944年7月、ノルマンディ。

第302（無線操縦）戦車大隊第3中隊のIII号指揮指令突撃砲。1944年8月、ワルシャワ。

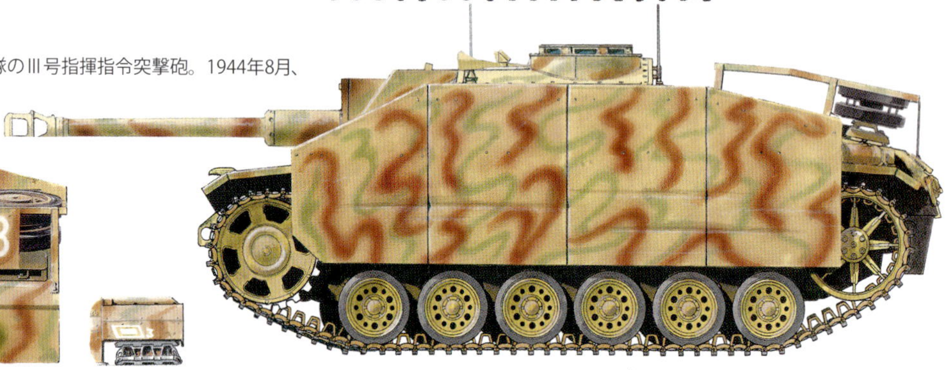

第302（無線操縦）戦車大隊第2中隊のIII号指揮指令突撃砲。1944年／45年冬、東プロイセン。

第302（無線操縦）戦車大隊の「ボルクヴァルトBIVC型」。
1944年8月、ワルシャワ。

第301（無線操縦）戦車大隊第4中隊のIII号指揮指令突撃砲。1944年6月／7月、ノルマンディ。

第301（無線操縦）戦車大隊第4中隊の「ボルクヴァルトBIV」の側面および後面。1944年6月／7月、ノルマンディ。

第319（無線操縦）戦車中隊のIII号指揮指令突撃砲G型。1944年9月、ベルギー。

第301（ティーガー／無線操縦）戦車大隊第1中隊のティーガーI指揮指令戦車。1944年11月／12月、ルール戦線（ドイツ）。

第301（ティーガー／無線操縦）戦車大隊第1中隊の「ボルクヴァルトBIV」の側面および後面。1945年1月／2月、ドイツ。

第25戦車擲弾兵師団と共に運用された、第303（無線操縦）戦車小隊の「ボルクヴァルトBIVC型」。1945年4月、ドイツ（オーデル戦線）。

第300（無線操縦）戦車試験・補充大隊のIII号突撃砲。1943年春、アイゼンナハとベルカ演習場（ドイツ）。

第300（無線操縦）戦車試験・補充大隊のIII号指揮指令突撃砲F／8型。1943年秋から1944年春、アイゼンナハ（ドイツ）。

第300（無線操縦）戦車試験・補充大隊の「ボルクヴァルトBIVA型」。1943年夏、アイゼンナハ／ベルカ演習場（ドイツ）。

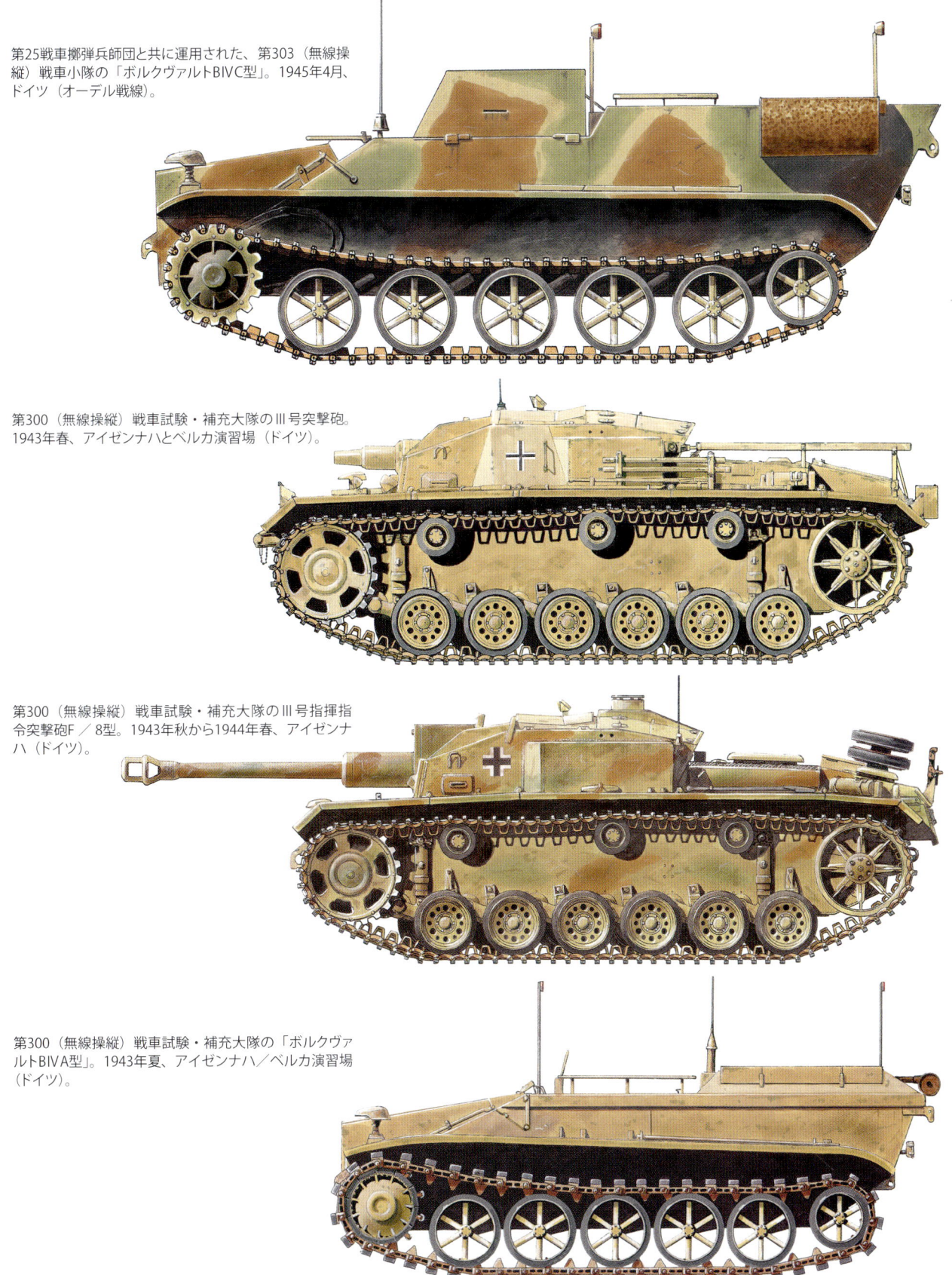

第300（無線操縦）戦車試験・補充大隊第1中隊のテレビ・カメラを装備した「ボルクヴァルトBIV A型」。1943年春、アイゼンナハ（ドイツ）。

第300（無線操縦）戦車試験・補充大隊のシュプリンガー。1945年春、アイゼンナハ（ドイツ）。

第806装甲弾薬運搬車中隊の「ボルクヴァルトBIV」。1945年春、ドイツ。

改造されて6連装のパンツァーシュレックを装備した「ボルクヴァルトBIV」。これは第1戦車殲滅大隊で使用された。1945年4月、ドイツ。上の図は車両に装着された3個の発煙弾発射筒を示している。

フンクレンクパンツァー

無線誘導戦車の開発と戦歴

FUNKLENKPANZER:

A History of German Army
Remote-and Radio-Controlled Armor Units

マルカス・ヤウギッツ［著］
Author ● Markus Jaugitz

阿部孝一郎［訳］
Translator ● Koichiro Abe

大日本絵画
Dainippon Kaiga

FUNKLENKPANZER:

A History of German Army Remote-and Radio-Controlled Armor Units

by Markus Jaugitz

English Edition Published by
J.J.Fedorowicz Publishing,Inc.
104 Browning Boulevard Winnipeg,
Manitoba Canada R3K 0L7

Japanese Edition Published by
Dainippon Kaiga Co.,Ltd
Kanda Nishikicho 1-7, Chiyoda-ku,
Tokyo 101-0054 Japan

Translation by Koichiro Abe
Supervised by Atsuhiko Ogawa

Printed in Japan

目 次
Contents

英語版発行者の謝辞
Publisher's Acknowledgements

原文のドイツ語から英語へと訳す、素晴らしい仕事を成し遂げたデーヴィッド・ジョンストンには心から感謝しています。素晴らしいカラーイラストを描いてくれたマット・ルークスにもまた感謝しています。マットの筆によるオリジナル画に関心のある方は、panzerknackr@infoserve.netにアクセスされることをお勧めします。

ヴァルデマー・トロイカは組織図と写真の発掘に大いに尽力してくれました。彼の仕事ぶりは我々の幾つかの近刊でも見ることができるものと思います。

この本を購入してくれた読者の皆様と、愛情のこもった言葉で我々に称賛と励まし与えてくれた全ての方々にも感謝します。それはいつも我々に最良のドイツ語出版物の翻訳と、独自の出版物を発行し続ける刺激となっています。

我々の出版物はwebサイト、www.jjfpub.mb.ca.でも見ることができます。近く出版予定の本の題名もそこに示してあります。それらの多くは読者の皆様の強い要望によるものです。

我々はいつでも皆様の感想と建設的な批評を待ち望んでいます。

ジョン・フェドロヴィッツ、マイク・オリーヴ、ボブ・エドワーズ

英語版編集者の覚書き
Editors'Note

ドイツ語の軍事用語を翻訳するにあたって、同等の語彙には適用できる限り現役米陸軍の用語を用いている。微妙な言葉の綾があるかもしれない部分では、読者もドイツ語の用語を学ぶことを楽しむだろうと想定し、ドイツ語の用語を()内に追加している。

ドイツ語の用語が一般に受け入れられているか、適当な英語の訳語がない場合には、ドイツ語の用語をそのまま使用した。例えばSchwerpunkt(主力の指向地点)、Auftragstaktik(種別任務命令)などである。

特定のドイツ語の用語を強調するために、我々はドイツ語の用語あるいは表現をイタリック体で表した。大半の用語はくり返し現れるため、この本には用語表を載せてない。更に、読者はドイツ軍の階級名と軍用車両に使われる用語に関しては基本的に理解していると判断し、それらの説明は付加してはいない。

zustellenというドイツ語の単語に関して注釈を加えるのは恐らく正しい判断だろう。我々はこの単語を、場合に応じて他の部隊の「指揮下に置かれる」、あるいは「配属される」と訳し分けている。技術的にはこれらは二つの異なった指揮・統制関係であり、実際にはどちらもドイツ軍組織には存在してなかった。zustellenは、実際は「実戦配備」という意味を含むが、この用語はかなり扱い難いため、通常は「配備」と訳した。

日本語版監修にあたり
From Japanese Editions Supervisor

本書の編集にあたり、できる限り英語版『Funklenkpanzer:A History of German Army Remote-and Radio-Controlled Armor Units』に基づいて編集を心がけたが、欧文訳出の際、文字量に根本的な違いが生じるため、必ずしも本文と掲載写真はオリジナルとまったく同じ順とはなっていない。またヨーロッパの国々によって表記の異なる領土、地名、および人名に関しては英語版の表記に準じることとした。

本書に登場する無線操縦戦車大隊によって運用されたボルクヴァルト社の爆薬運搬車については、判読しやすくなるよう形式名称の全てを「」でくくった。なお写真の一部に解説がないものが存在するが、あえてオリジナル通りのままとして手を加えていない。

はじめに
Foreword

無人の飛行機、ミサイル、あるいは船を使うという着想は極めて古くからあったが、無線技術分野の急速な発展によってその考えが現実のものとなるのは、20 世紀に入るまで待たなければならなかった。

西側諸国の軍部はそれらの開発に特に関心を示し、第 1 次世界大戦前は海軍において集中して実験が行われた。当時、自動車や飛行機はまだまだ非現実的な存在であり、それゆえ二番手に甘んじていた。その中でシーメンス社は、帝政ドイツ時代の 1911 年から有線誘導モーターボートの開発を始めていた。帝政ドイツ海軍は 1914 年から 1918 年までの間に、陸上からだけでなく船や飛行機、果ては飛行船からも遠隔操縦するボートなど、数えきれない実験をくり返していた。だが、それらの試験中に多くの技術的困難に遭遇する。そして第 1 次大戦終結の間際に無人飛行機の構想が復活した。

1918 年 11 月の休戦後の帝政ドイツ崩壊と「ヴェルサイユ和平条約」の条項が、遠隔操縦の分野における実験開発の一時的な停止をもたらしたのだ。

1930 年代のヨーロッパの政治的状況は毎年のように変化していた。ドイツの隣国は、国防予算増大と巨大な国境防衛力構築という第三帝国の膨張政策に反応した。様々な国が作動原理を再検討し、最新の技術を軍備にもたらす努力に傾注した。こうした状況において、以前は実現不可能として排除された計画に、軍当局の多くが再び関心を向けたことはとりわけ重要なことだった。

イギリスは 1935 年に「エドワード」計画という遠隔操縦による装軌式車両の開発を始めた。その 2 年後にはフランスでも職業軍人の士官とポメレという名の発明家が、それぞれ独自の遠隔操縦による装軌式爆薬運搬車の計画を起案した。

第 2 次大戦の勃発直前、やはりドイツも遠隔操縦車両の開発を開始する。その後、1940 年の初夏に無人装軌式車両を装備した最初の陸軍部隊が編成された。この部隊は大戦を通じて幾つかの個別の連隊や中隊を含むまでに拡大し、ほぼ全ての戦線で戦うことになる特殊部隊の発展の礎となった。

ドイツがまだ連勝気分に沸いていた頃、驚異的な新兵器の神話が生まれた。特殊部隊には、画像センサー、暗視装置、可動式テレビカメラといった様々な革新的な計画や、技術指導者に魅了された、多くの若者が配属されていた。しかし、期待されていたこれらの多くは技術的困難と資材不足により実現化が阻まれる。

戦況がドイツの不利に転じた 1943 年、ドイツ国防軍は攻勢から防御と退却にまわっていた。この時点から遠隔操縦車両の使用は次第に減り、重要性を失っていく。

特殊部隊は他の目的のために、遠隔操縦爆薬運搬車を装備したまま戦車部隊として運用されることが次第に増えていった。にも関わらず、特殊部隊の隊員への給与帳簿の登録が生命の保証となり、危機的な状況下でさえもドイツ国内の補充部隊への復帰が保証されていた。

この大戦中、遠隔操縦部隊の隊員達は完璧な秘密保持を誓わされ、写真撮影は厳禁とされていた。しかし、厳罰を受ける恐れにも関わらず一部の隊員が写真撮影をしていたのは驚異的なことだったと言える。

数年に及ぶ調査の結果、筆者は重要な文書を探しあて、多くの写真を収集することに成功した。筆者はこの本で装備の技術的な側面と、それを装備した部隊の記録を全て記述しようと試みた。だが、大戦末期は写真材料の入手は困難となっていたため、幾つかの部隊の写真を入手することは極めて厄介なことだった。

筆者を喜んで戦友会に迎え、筆者の際限ない質問に何時も喜んで答えてくれ、個人的な記録、文書、写真などを進んで提供してくれた、遠隔操縦部隊の多くの元隊員に感謝の意を表したい。彼らの尽力と助力なしにはこの本は実現しなかったことだろう。

この本が出版されても、まだまだ多くの未解明の分野や軍事機密が残されている。そうした分野の解明の手助けになる可能性のある情報をお持ちの方は、どうか筆者まで連絡していただきたい。筆者にはいつでもその助力に感謝の気持ちを伝える用意があります。

マルカス・ヤウギッツ

2000 年冬、マンハイム

第1章
「遠隔操縦ならびに無線操縦部隊の装備」
Chapter 1 The Equipment of the Remote-Control Units

1.1 運搬車の説明

1.1.1
ボルクヴァルトBⅠ地雷処理車（Sd.Kfz300）、ボルクヴァルトBⅡ、ボルクヴァルトBⅢ、そして水陸両用ボルクヴァルトBⅡ「エンテ（アヒル）」

1939年10月19日、地雷処理のために地雷処理用ローラーを備え、工兵が使用するコンクリート製の車両を陸軍最高司令官が要求した。ブレーメンのカール・F・W・ボルクヴァルト製作所(Carl F.W.Borgward)がその開発を請け負ったが、1940年1月15日までに原型の完成が求められた。

ボルクヴァルト社は原型が完成する前に、三つの部分から成る地雷処理用ローラー牽引車の最初の50台を製作する契約を国防軍から受注した。これらの無人特殊車両は遠隔操縦地雷処理車として使われる予定だった。

地雷処理車は寿命が短いため、製造コストはできるだけ引下げることが望ましいと見られていた。その仕様に従って、ボルクヴァルトはコンクリート製の上部構造を持つ全装軌式の運搬車を設計。車両には地雷原用車両「ボルクヴァルトBⅠ」（Sd.kfz300）という制式名称が与えられた。

シャーシは角張った車体の後部に4気筒のボルクヴァルト4M1.5RⅡ型　気化器方式ガソリン・エンジンを搭載していた。起動輪と誘導輪の間には、揺動アームに取付けられた3個の大きな転輪が配置された。車両の短命を想定して、転輪の外周はゴムの代りに木材で縁取られていた。

車体上にはエンジン、駆動機構、それと無線指令受信機を防護するため、成型されたコンクリート構造物が載っていた。車両の左側、第2、第3転輪の間には速度制御に使われる前方を向いたレバーがあった。これは停止位置の他に、時速2㎞と5㎞の2種類の前進速度が設定できた。構造物の後部には排気マフラーが水平に配置されていた。

コンクリート構造物の上端には着脱できる四角い金属板が付いていた。その板の背後にはエンジン部分に冷却用空気を導くための隔離された開口部が設けられていた。

重量1.5トンに達する量産車両は1940年1月から5月までの間に引渡された。しかし生産上発生した問題のため、遠隔操縦に必要な無線指令受信機は一切装備していなかった。

1940年4月3日、ボルクヴァルト社は地雷処理車の二次契約を受注した。「ボルクヴァルトBⅡ」と命名されたこの車両は1940年7月から生産が始まった。

第2次量産型は第1次量産型で判明した欠点を除去するため、多くの改良が盛り込まれていた。転輪の数は片側4個に増え、起動輪の位置は持ち上げられた。更に左右とも第2、第3転輪の間に1個の車輪が追加された。

「BⅡ」の総重量は2.3トンに増加し、より強力なエンジンが必要とされた。代替エンジンとして選ばれたのが、ボルクヴァルト2300シリーズの車両にも使われていたボルクヴァルト6M2.3RTBV型　気化器方式ガソリン・エンジンである。

車両の前面には銃火と砲弾破片から防護するための装甲板が取付けられていた。車両内部には最大515㎏までの爆薬を収容することができた。

速度制御レバーは相変わらず車両の左側に配置されていた。排気マフラーは、後部構造物の上半分にある換気用開口部の上方に設置された。構造物の上面板にはエンジン、動力伝達装置、それと無線指令受信機のための整備用ハッチが幾つか設けられた。

「BⅡ」には地雷処理用牽引式ローラーがなく、車両は遠隔操縦の爆薬運搬車として運用された。当初は無線誘導の爆破装置の信頼性がやはり低かったため、間に合わせの手段として、可動する金属棒が車両前面に装着された。その棒を介して圧力起爆薬が爆破機構を作動させた。

「ボルクヴァルトBⅡ」を基にした、水陸両用の派生型も原型が何台か製作された。この派生型は前線部隊では「エンテ（アヒル）」と呼ばれた。コンクリートの上部構造物は金属板でできた水密構造部と交換された。第2、第3転輪の間

最初の遠隔操縦の爆薬運搬車はフランス軍の「ポムレ運搬車」だった。1940年5月末までに11台が完成したと思われる。イギリス軍の報告に依ると、セダンの戦いでドイツ軍相手に使われたという。（Leon）

地雷処理用ローラーを引く「ボルクヴァルトBⅠ」地雷処理車（Sd.kfz300）。（Spielberger）

「BⅠ」に続いた型式は地雷処理車「ボルクヴァルトBⅡ」。地雷処理用ローラーを装備していなかった。（Spielberger）

「ボルクヴァルトBⅡ」の実験的な派生型は水陸両用の爆薬運搬車BⅡ「エンテ」。（Spielberger）

重爆薬運搬車「BIV」の原型。（Bundesarchiv）

に追加された車輪は撤去され、異なったタイプの転輪が使われた。

水密構造部の上端は取外すことができ、排気装置とマフラーは水密構造部分に組込まれていた。水中では車両後部の水中舵2枚の間にある3枚羽根のプロペラで車両が推進した。

地雷処理大隊の元隊員の証言によると、1941年6月末から7月初めにかけて「ボルクヴァルトBⅢ」の原型が実地試験のため部隊配備された。この型に関する更なる情報は発見できなかった。「BⅢ」はコンクリート製の上部構造物が鋼鉄製と交換された「BⅡ」の発展型と言われている。

1.1.2
ボルクヴァルトBⅣ爆薬運搬車（Sd.kfz301）A〜C型

ロシア戦の開戦劈頭の1941年6月から7月にかけて、ドイツ陸軍兵器局は無線操縦の重爆薬運搬車を開発するための仕様書を発行した。

1941年10月、カール・F・W・ボルクヴァルト製作所がその開発契約を受注した。重爆薬運搬車には目標まで遠隔操縦で誘導し、爆薬投棄後は爆風を避けるため素早く退避できる能力が要求された。また車両は発煙弾発射装置も装備可能とされ、化学戦での運用を想定して汚染除去剤の投棄能力も有するとされていた。

新式の車両を開発するにあたり、ボルクヴァルト社はVK301／302装甲弾薬輸送車の構成部品を流用することで、最初の原型を1942年3月末に完成した。そしてこの重爆薬運搬車には「ボルクヴァルトBⅣ」（Sd.kfz301）という制式名が与えられた。

「ボルクヴァルトBⅣA型」の量産は1942年4月から始まり、4月のうちに15台の重爆薬運搬車が第300戦車大隊に配備された。

車両は総重量が3.6トンに達し、ボルクヴァルト6M2.3RTBV型6気筒気化器式エンジンを搭載した。これは「ボルクヴァルトBⅡ」とVK301／302装甲弾薬輸送車にも使われたエンジンである。

車両の燃料積載量は123リットルで、およそ200kmの距離を走行できた。路上における燃料消費率は100kmにつき58リットルだった。最高速度は路上で時速38km、不整地では時速18kmだった。

「BⅣ」は流体継手歯車変速操向機構を備えていた。流体継手の制式名は「KSB3段牽引装置AⅡ260」といい、エンジン前面にじかに装着されていた。

歯車変速機構は前後に並んだ2段変速装置が共通の筐体に納められ、操向機構にフランジ止めされていた。前方に配置された起動輪には、歯車変速機構を経由し操向機構から動力が供給された。起動輪には履帯と噛み合う11個の可動ローラーが付いており、起動輪の左右端にはゴム片が取付けられていた。起動輪は1本がKgw52200／140型履板50枚から成る履帯を駆動した。

運転手席は車体の右前部に位置し、計器盤が座席の前に取付けられていた。操向はクロス・チューブに取付けられた操向レバーによって行った。操向レバーの動きが連接棒を介して操向ブレーキを操作した。運転手のために、小さな調整可能な風防が上部構造物の上端に取付けられていた。

車体床面の左右には2個の爆破用変圧器が取付けられ、爆破回路に接続していた。もしも無線操縦の「BⅣ」が一つの地雷の上を走行すると、爆発の衝撃がバネ装置を介して短い電気信号を発生し、それが爆破回路に伝達される。すると投棄できる爆薬が即座に爆発した。450kgの爆薬は、その地雷原にある他の地雷を破壊するのに充分だった。

爆薬投棄装置は傾斜した前面板に取付けられていた。両側にあるレバーにそれぞれ一つずつ箱がぶら下がっていた。各レバーには引張索が繋がっており、その索は方向変換滑車を越えて爆薬によって分断された。レバーが振れると直ちに投棄装置が勝手に滑り落ち、この過程で導火線にも点火された。最大30秒の燃焼時間は導火線の長さを変えることで調節できた。そして信管が燃え尽きると装薬が爆発した。

装薬は450kgのエクラジット火薬から成っていた。この種の火薬は取扱いが比較的安全だった。火薬に信管を付けていない場合は小口径弾が当たっても爆発せず、火薬に火をつけても、ゆっくりと燃えた。

1942年4月から1943年6月までの間に全部で628台の「BⅣA型」爆薬運搬車が製作され、そのうち390台は特別生産計画に応じて1943年2月初めから6月末までに生産された。

この製造期間中に「BⅣA型」には以下のような改良と改造が加えられた。

1.風防は廃止し、3部分から成る可倒式で厚さ8mmの運転手用防護板と交換。

「ボルクヴァルトBIVA型」。(Spielberger)

履帯を除いた状態で斜めから見た「ボルクヴァルトBIVA型」。(Spielberger)

改造された「ボルクヴァルトBIVA型」。この車両(シャーシ番号360376)は1942年に製造され、第315(無線操縦)戦車中隊に配備された。この爆薬運搬車はノルマンディでイギリス軍に鹵獲された後、綿密な評価試験が行われた。その結果は戦車技術学校の第23号報告書で公表された。同校ではこの車両にDTD(Dpartment of Tank Design=戦車技術学校)3033の分類番号を与えた。(Jentz)

改造された「BIV」の後部と側面の写真(右)。車両番号224と第315(無線操縦)戦車中隊の戦術標識が後面に記入されている。(Jentz)

2.装甲能力向上のため、8㎜厚の防護板を車体側面と後面に溶接。
3.緊急脱出用ハッチが車体右側、第2転輪の上方に新設。これに対応して右側履帯カバーも改造。
4.潤滑オイル不要の乾式履帯への変更。新履帯は1本につき200／90型履板77枚で構成。乾式履帯駆動のために新型起動輪（異なる3種類が存在）を装備。
5.爆薬投棄装置のレバー端下方に丸まった防護板を追加。
6.爆薬投棄装置のレバー作動に新方式を導入。引張索の代りに、着火用信管付きのネジを切った金属管を使用。信管が爆発して管を破壊することでレバーが開くようになった。
7.エンジン室上面カバーの変更。開度調節できる2個の大型換気用蓋が追加されただけでなく、左側カバーに排気管の取回しを単純化する切欠きを設置。

1942年4月から10月までの間に製作された「ボルクヴァルトBⅣA型」の一部は、部隊が基地に引揚げた際に、上に述べた改造項目の幾つか、特に運転手用防護板と8㎜厚の追加防護板を取付ける改造が施された。

1943年7月、ボルクヴァルト社は重爆薬運搬車「BⅣB型」の製作を始める。

A型の量産後期型とB型の外観上の相違点は、アンテナの装着位置が前方に移動したことだけである。アンテナ位置の変更は内部の部品配置が変更された結果である。

エンジン室は再設計された。A型では運転手席内部に突き出ていた空気フィルターは、B型ではエンジン室と運転手席とを分離する隔壁に取付けられた。車体の左側で無線指令受信機のそばに取付けられていた予備の燃料タンクも撤去された。そして形状変更された予備燃料タンクがエンジン室の右前部分に配置された。

無線指令受信機と爆破装置はエンジン室から車体左側で指令受信機と車体壁面との間に移動した。アンテナ基部は前方構造物上端の中心線上で運転手の可倒式防護板の隣に装着された。

B型の量産過程で車体右側の緊急脱出用ハッチは廃止され、開口部に鉄板が溶接されて塞がれた。車体左右の外側には8㎜厚の装甲板が溶接された。右側の泥除けは初期のA型に似た一体型部品に再び替った。B型の最終型では傾斜した前面板に四角い整備用ハッチが追加された。

外付け装甲板の追加により車両総重量は約4トンに達した。これに加え、部隊では全周囲20㎜厚の装甲板を要望した。だが、車両は重量4トンで既にエンジン出力が不足していたため、この要望はB型では実現できなかった。

1943年7月から11月までの期間に合計269台の「ボルク

車両番号224が記された第315（無線操縦）戦車中隊の「BⅣ」。（Jentz）

爆薬を保持する開閉アームの両端は、展開するまでボルトで固定されている。(Jentz)

開閉アームが開くとすぐに、爆薬を納めた容器が車両前面の傾斜に沿って滑り落ちる。(Jentz)

「ボルクヴァルトBIVA型」の運転席全景。(Jentz)

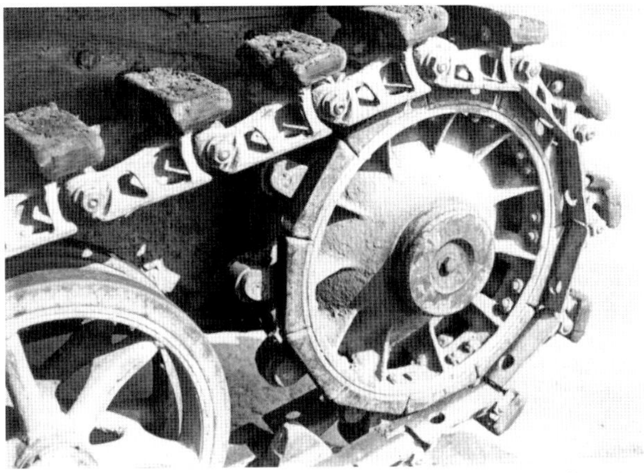

「ボルクヴァルトBIVA型」の起動輪には、緩衝ゴムが取付けられた履帯と噛み合う11個のローラーが付いている。(Jentz)

第315(無線操縦)戦車中隊の「BIV」。(Jentz)

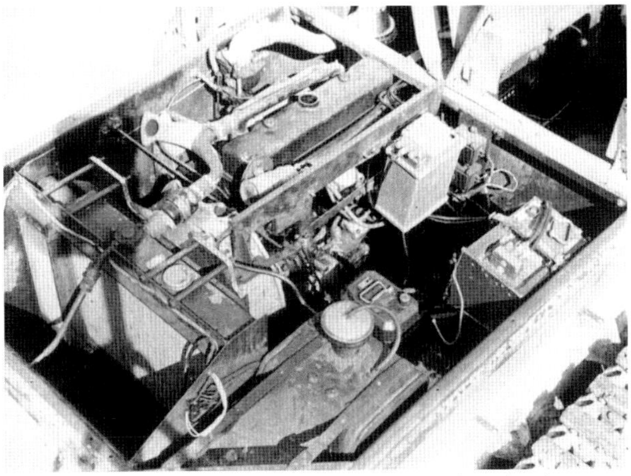

「ボルクヴァルトBIVA型」のエンジン室。上面のカバーは外してある。(Jentz)

ヴァルトBⅣB型」爆薬運搬車が製作された。

1943年秋、「BⅣC型」の原型数台が第300（無線操縦）戦車試験・補充大隊で実用試験された。ここで満足のいく結果が得られたため、1943年12月から量産が始まる。部隊からの重装甲の要望に答え、車体は20㎜厚装甲板で構成されていた。転輪の間隔は広げられ、走行装置に加わる荷重は減った。C型は出力78馬力のボルクヴァルト6B3.8型エンジンを搭載した。

C型で最も目立つ特徴はエンジン室が持ち上がったことと、運転手席が車両の左側に移動したことである。この変更は車両内部の完全な再配置の結果に由来する。

ボルクヴァルト社は陸軍兵器局からC型1000台以上を受注した。しかし、1944年7月に車体組立に関して障害が発生した。結局、305台の重爆薬運搬車が製作された後、1944年10月に「ボルクヴァルトBⅣC型」の量産は中止された。

Sd.kfz304「シュプリンガー」へ切換える計画の存在が量産中止の理由の一つだったが、1944年10月12日にブレーメンを襲った138回目の空爆で、ボルクヴァルト社の工場がほぼ完全に破壊されたためでもあった。

1.1.3
NSUケッテンクラート爆薬運搬車と「シュプリンガー」（Sd.kfz304）

1941年6月、ボルクヴァルト社はNSUケッテンクラートを基にした遠隔操縦爆薬運搬車の試作型を完成させた。運転手席と操向装置は車体後部に移っていた。側面壁が持ち上げられた結果、新たに生じた空間は爆薬を収容するために使われた。

地雷処理車と同じく、運転手1名がケッテンクラートを分離地点まで運転し、そこからは遠隔操縦で操作された。制式名は「（遠隔操縦）小型装軌式車両」だった。これにはkl.Kettenkw（f.g.）という略号が付けられた。

第300戦車大隊の強い要請により、1942年春にNSU社は無線操縦のケッテンクラート爆薬運搬車の開発を進めた。ボルクヴァルト社の試作型との違いは次の通り。

指令受信機をケッテンクラートに搭載。操向レバーを固定するための機構を車両前面に追加。一体型のエンジンカバーは持ち上げられ、整備のため外すことが可能となった。

ケッテンクラートの後部は完全に再設計され、後部座席があった場所に箱状の構造物が装着された。これは爆薬を収容する目的に使われた。

操縦は運転手がNSUを分離地点まで運転した後、操向レバーを固定し、遠隔操作に切換えられた。車両はそこから目標まで遠隔操縦され、爆薬が爆発した際に破壊された。

1942年6月のセヴァストポリ要塞攻略戦にこれらの車両が数台参加したが､その結果は良好とは言い難いものだった。ケッテンクラート爆薬運搬車は均整の取れない重量配分と狭い履帯間隔のため、たびたび転倒した。

この無線操縦兵器を実戦に投入し、評価して問題点が明かされたにも関わらず、陸軍兵器局はケッテンクラートを基にした爆薬運搬車の開発続行を決めた。

1943年初頭、NSU社設計・試験部門は投棄できない爆薬300㎏を運搬する中型爆薬運搬車の開発を指示された。

「シュプリンガー（Springer)」と名付けられたこの車両には、「特殊車両番号304」（Sd.Kfz.304）が与えられた。そして1943年7月1日までに原型3台の試験準備が整った。これらの原型はケッテンクラートの走行装置を使っていたが、転輪の数は片側5個に増えていた。この変更で、外観に関してはより大型のHK102ケッテンクラート原型の走行装置と同様になった。

運転手席と操向装置から構成された操向部分は車両後部に置かれ、その一方で排気管は車両右側の中央に設置された。「BⅣ」と同様に小口径弾と砲弾破片から運転手を防護するため、可倒式で3部分から成る装甲板が用意されていた。1943年7月8日に開催された会議でグーデリアン機甲兵総監は500台の量産を要請した。それに加えて､「シュプリンガー」のために重爆薬運搬車の生産を減らすこととされた。

Sd.kfz304の総重量は2.4トンに達した。ケッテンクラートの走行装置はこの重量に適合するようには設計されていないため、操向装置に過負荷が加わり、必然的に問題が生じた。片側につき6個の転輪に延長したにも関わらず、試験走行で過大な歪みが転輪アームに発生した。この欠点はアームの強度を増すことで克服した。

試験用の最初の1台は1944年4月末にキマースドルフの陸軍装甲自動化車両試験場に引き渡された。7月までに設計番号「9」から「11」までの3台が試験に投入された。それにはハンブルクのカール・リチアー社が製作した乾式履帯の試

全ての「BIV」はボルクヴァルト社が所有するブレーメン・ウプヒューゼン試験場で試験走行された。試験中は登録番号板が取付けられていた（HBはHansestadt Bremenの略)。

一連の写真は「ボルクヴァルトBIVA型」の同一車両を撮影したものだが、緩衝ゴム付履帯の代りに鋼鉄製履帯を装着している。起動輪も通常とは異なり、少数の爆薬運搬車にだけ見られるタイプである。(Franzen)

陸軍兵器局の係官とボルクヴァルト社の関係者の立合いの下で試験用履帯を履いた車両の点検が行われた。(Franzen)

験も含まれていた。同時にNSUは改良されたケッテンクラート用のゴム・パッドが付かないZpw51／170／120型履帯を供給した。だが、両社の履帯とも満足な結果が得られず、試験は中断された。

第300（無線操縦）戦車試験・補充大隊もアイゼンナハで、この「シュプリンガー」を試験した。1944年秋にはNSUは量産型の生産を始め、陸軍兵器局は以下の台数の供給を受けた。

1944年10月： 9台
1944年11月：16台
1944年12月：10台
1945年 1月： 9台
1945年 2月： 6台
※少数のSd.kfz304はドイツ中部での最後の戦闘に投入されたと言われる。

1.1.4
ボルクヴァルト「ゴリアテ」軽爆薬運搬車（Sd.Kfz.302）

1940年初頭にフランス人ケグレッセは自身の最新の発明品、ゴム製履帯を使った装軌式軽車両を発表した。これは障害物や要塞から遠隔操縦で、その車両を誘導できる能力を備えていた。目標に到達したところで、車両が運搬した少量の爆薬で目標を破壊するという目論見だった。1940年6月の休戦前にこの車両の原型1台がセーヌ河に沈められたが、後にドイツ軍の手で回収され、その技術が評価された。

1940年の遅くに陸軍兵器局はボルクヴァルト社に、爆薬約50kgの運搬能力を持つ小型装軌式車両の開発を発注した。

1941年にはボルクヴァルト社の手で「ボルクヴァルトBⅡ」の様々な構成部品を流用した試作機が開発された。1942年春、ボルクヴァルト社は後に軽爆薬運搬車「ゴリアテ」（Sd.kfz302）として生産に移されることになる原型1台を製作した。

2個の電池から供給の電力で駆動されるボッシュ電動モーターが車両を動かした。車両は時速8kmから10kmの速度に達し、道路上なら1.5km、不整地なら0.8kmの距離を走行できた。約60kgの爆薬は車両の前半に置かれ、車両後部には長さ750mのケーブルが巻かれたドラムが取付けられた。車両前面だけに5mm厚の装甲板が装着された。

しかし、電動のSd.kfz302はいくつかの欠点を有していた。その一つは越溝能力が60cmしかなかったことである。その他には、航続距離が短く目標に比較的接近してから使うため、操縦手を敵の銃火に晒す危険があった。

この軽爆薬運搬車が最初に配備されたのは第300戦車大隊第3中隊で、同中隊はセヴァストポリ攻略戦でこれを有効に運用した。他のSd.kfz302は熱帯（遠隔操縦）試験隊の手で、アフリカでも実地試験が行われた。

1943年初頭に、有線操縦爆薬運搬車の運用は無線操縦部隊から戦車工兵部隊に移管された。1942年秋に第811から第814までの戦車工兵中隊が編成された。第727戦力編成表によると、各中隊は162台のSd.kfz302を保有していた。

1943年に無線操縦の軽爆薬運搬車の原型1台が完成した。それは第300戦車試験・補充大隊第1中隊が開発し、Sd.kfz302にガソリン・エンジンを搭載していた。しかし、軽爆薬運搬車に無線受信機を装備するのは余りに高くつくことが判明し、計画はそれ以上進まなかった。

1.1.5
その他の開発

1940年夏のフランス戦が終結した後、ドイツ軍は損傷を受けた機甲車両類を含む多くの車両を、捕獲兵器集積処に集めた。捕獲された兵器は分類記録され、修理や改修を受けた後、ドイツ軍部隊へ配備され再度運用された。

●ブレン運搬車を基にした爆薬運搬車

1936年、イギリス陸軍は兵員輸送のために全装軌式車両の部隊運用を始めた。ヴィッカース機関銃1挺で武装したこの車両の制式名は「1号1型機関銃付輸送車」だった。

制式名「2号1型機関銃付輸送車」という改良型は1937年に登場した。本来は7.7mmヴィッカース機関銃も装備するはずだったが、1938年にブレン軽機関銃を導入後、ブレン機関銃1挺かボーイズ対戦車ライフル1挺のいずれかを搭載した。その時点で車両は2号1型、ないしは2型ブレン輸送車と改称された。1939年にはスカウト輸送車と呼ばれたブレン輸送車の改良型が登場した。

全ての歩兵大隊にブレン輸送車10台を配備する計画が要求された。重量3.75トンのこの装軌式車両はフォードV8エ

「BIV」の前に立つ、戦車兵の制服を着用した試験運転手。(Franzen)

時には行動不能となった車両が回収されることもあった。(Franzen)

「BIVA型」を第三帝国の政治、軍事指導者に公開した際の記録。右側にヨゼフ・ゲッベルス宣伝相とアルベルト・シュペール軍備・軍需生産相の姿が見える。(Spielberger)

この「BIVA型」は「トネP／ゼードルフP」長距離目標捕捉装置を装備した。写真は1943年にヒットラーに公開された時の撮影。(Trenle)

ンジンを使い、最高速度は時速48㎞に達した。

第300戦車大隊には大量の捕獲されたブレンあるいはスカウト輸送車が配備された。その車両に対しドイツ軍が付けた制式名は「ブレン式機関銃付装甲運搬車　識別番号731」（gepanzerter MG-Träger Br-Kenn-Nummer731）だった。そして修理の過程で車両の運転操向機構は有線操縦できるように改造された。構造物後部の空いた空間には約700kgもの爆薬が納められた。有線操縦爆薬運搬車に改造後、第300戦車大隊に配備された車両は「ブレン車台架爆薬運搬車」（Ladungsträger auf Fahrgestell Bren〔e〕）と改称された。

●汎用牽引車を基にした爆薬運搬車

1935年から36年にかけてベルギー陸軍は、イギリスのヴィッカース・カーデン・ロイド（Vickers－Carden－Lloyd）社が製造した、汎用牽引車に装甲を施した派生型を発注した。騎兵用の乗員3名の1型あるいはA型と、歩兵用の乗員1名の2型あるいはB型という、異なった2種類が供給された。

この発注とは別に、ベルギー陸軍はヴィッカース社と汎用牽引車のライセンス生産に関して合意をみる。商談を成功裏に終えた後、設計開発会社ファミーユルー（Familleureux）が汎用牽引車のライセンス生産会社に選定された。ライセンス生産型もやはり2型と呼ばれたが、多くの点で先に生産されたイギリス版とは異なっていた。ファミーユルー製に導入された最も目立つ改良は、上部構造物の延長と履帯の接地面積を増やすための起動輪、誘導輪、転輪の配置変更だった。ドイツ国防軍の運用にあたって、汎用牽引車には「砲兵牽引車VA（ヴィッカース・アームストロング）601b」（Artillerie－Schlepper VA601b）という制式名が付けられた。

第300戦車大隊に配備された汎用牽引車は、元来は弾薬運搬のために設けられた側面の容器に爆薬を収容した。それに加えて、走行装置は有線操縦できるように改造された。車両後部には長さ1,200mのケーブルを巻いたドラムを装備していた。

有線操縦汎用牽引車は1942年夏まで遠隔操縦作戦で運用された。

●VWシュヴィムヴァーゲン（129特殊型）

1942年4月8日、第300戦車大隊にはシュトットガルト・ツーフェンハウゼンのポルシェ社から2台のVWシュヴィムヴァーゲンが供給された。それらは制式名「129特殊型」（Sondertyp129）という128型の派生型だった。

これらの車両では乗員室が金属板で完全に覆われていた。爆薬は室内後部に収められた。排気機構は改造され、垂直に配置された排気マフラーは四角い金属の覆いで囲われた。離陸補助ロケットを後部の金属製覆いの左右側面に装着することが可能だった。車両が地面に接した際に必要なはずみを与えるため、川岸に達する直前にそれらを点火することが想定されていた。

シュヴィムヴァーゲン129特殊型はシュプレー川で試験され、その試験中に1台は登録抹消された。シュヴィムヴァーゲンを水陸両用爆薬運搬車として使う構想はそれ以上先へは進まなかった。2台目の車両は第300戦車試験・補充大隊に配備され、そこでは他の用途に使われた。

1.1.6
指揮指令装甲戦闘車両

小型指揮戦車（kleiner Panzerbefehlswagen）はⅠ号戦車B型のシャーシからの発達型である。この指揮戦車にはSd.kfz265の番号が割当てられ、中隊長だけでなく、大隊長、連隊長が使う指揮戦車として元来は意図された。

1940年夏に第1地雷原中隊が編成された時、多数のSd.kfz265が指揮指令車両として配備された。戦車内部には地雷処理車を遠隔操縦するための指令送信機が搭載されていた。戦車の操縦手は重要な役目を担っていた。無線手と連携して彼は、指令送信機用に充分な電池電圧が得られるように、エンジン回転数を一定に保持しなければいけなかった。

第1地雷原大隊に小型指揮戦車が追加配備されるとすぐに中隊の手で改造が施された。指令送信機用に追加されたアンテナが上部構造物の上端に取付けられ、それに加えてパノラミック式テレスコープが左の上部ハッチに装着された。

こうして改造された車両のうち18両は、第1地雷原大隊第1、第2中隊で運用された。その他の改造車両は大隊本部で使われた。そうした車両にはフレーム・アンテナが装備されていた。第1地雷原大隊が第300戦車大隊と改称された後、まだ残っていたSd.kfz265は同大隊がⅢ号指揮戦車に転換した際に返却された。

1944年早々に行われたアンツィオの戦いの後まで、連合軍は「BIV」爆薬運搬車を鹵獲し、評価することができなかった。これは「BIVB型」。この爆薬運搬車は第301（無線操縦）戦車大隊第2中隊に配備されていた。(Jentz)

「ボルクヴァルトBIV」の隣が「ゴリアテ」。運転手はアンテナを装着している。(Regenberg)

右側の運転手用脱出ハッチと運転手席（右）を見る。(Jentz)

「BIV」は綿密な調査を受け、その装備動機が評価された。(Jentz)

●Ⅲ号指揮戦車J型、N型（Sd.kfz141）

1941年秋に無線・遠隔操縦部隊が再編され第300戦車大隊のもとに統合された時、新型の指揮指令戦車を導入する必要があるとされた。そこで、以下の仕様が要求された。

1.指揮指令戦車には指令送信機とそれに関連する機器を装備すること。

2.遠隔操縦部隊が支援する戦車部隊と同様の機材が必要。

3.敵の戦車、対戦車砲といった目標と接触した際の無線・遠隔操縦任務遂行中は、自己防衛能力を要する。

こうした要求の全てをⅢ号戦車J型が満たしていた。更に加えて、その戦車は多数が入手できた。遠隔操縦部隊に配備されるⅢ号戦車は大隊整備施設で以下の通り改造された。

1.乗員用装具入れの代りに、指令送信機とその関連機器を収容する装甲された機器収納容器が砲塔後面に装着された。この容器もまた部隊内で製作されたため、幾つか異なったタイプが見られた。

2.無線手の視察孔と棒アンテナ取付部の間の右側泥除け上に木製の浅い乗員用装具収納箱を装着。

3.以前はその泥除け上に取付けていた装備品を移動させた。エンジン始動用クランク、ワイヤー・カッター、小道具箱は左側泥除け上に装着。斧は右側泥除けのシャベルの隣に移動。追加の予備転輪は木製装具収納箱の前に装着された。警笛、横限界指示棒とノテック・ヘッドライトは泥除け前部でヒンジの近くに移した。

1942年春から1943年夏までの期間に、三つの部隊に以下のⅢ号指揮戦車各型が配備された。

全般的に、Ⅲ号戦車は通常の補給経路を通じて供給されたため、それらは製造会社で導入された生産中の改造と改良項目が全て採り入れられていた。

もはや実戦任務に適合しないⅢ号戦車は、後に第300（無線操縦）戦車試験・補充大隊の訓練中隊で使われた。

●Ⅲ号突撃砲G型（Sd.kfz142／1）

1943年初頭に編成の、独立した無線操縦部隊と再編された第301（無線操縦）戦車大隊はⅢ号突撃砲G型を装備した。

改造された突撃砲はⅢ号指揮戦車と同じ要求仕様に合致する必要があったが、Ⅲ号突撃砲はⅢ号戦車に無い有利な点を幾つか持っていた。戦闘室左側には完全な無線指令送信機を収容できた。それに加えて、Sd.kfz142／1は7.5cm突撃砲40型L／48で武装されており、それは当時のどの敵戦車にも太刀打ちできた。

部隊運用されるⅢ号突撃砲の大半は装甲スカートを装着することも決められた。

Ⅲ号指揮戦車と同様に、全てのⅢ号突撃砲は通常の補給経路を通じて供給され、製造会社で導入された生産中の改造と改良が全て採り入れられていた。更に、一部は配備された部隊で道具類の配置変更が実施された。

●Ⅵ号戦車「ティーガー」（Sd.kfz181）

「ツィタデレ(城塞)」作戦における遠隔操縦兵器運用に関する戦闘後報告書の中で、第301（無線操縦）戦車大隊長ライネル少佐は、Ⅵ号戦車「ティーガー」を指令戦車に使うことを提案した。その理由の一つは、敵が爆薬運搬車を確認した場合には直ちにその指令戦車と交戦し、それを破壊しようとするためだった。それゆえに、充分な装甲能力を有し、より遠くから敵戦車と交戦できる長距離砲を備えた戦車を指令任務に投入する是非が論議された。

戦車教導師団の無線操縦中隊は1943年9月に、最初のⅥ号戦車「ティーガー」10両を受領した。その後、第504、第508重戦車大隊のそれぞれ第3中隊が無線操縦中隊に改編され、やはり「ティーガー」指令戦車を配備された。1944年晩夏に第301（無線操縦）戦車大隊は完全に「ティーガー」だけで再装備された。

無線操縦部隊に配備された「ティーガー」の大半は鋼鉄リムの転輪を装着した中期、後期量産型だった。

無線指令送信機は戦闘室に収容された。第504、第508重戦車大隊の「ティーガー」では、砲塔右側に無線指令送信機用アンテナの取付部が装着された。第301（ティーガー／無線操縦）戦車大隊では車体上面の右側に装着された。

戦車にはそれ以上の技術的変更は実施されなかった。第301（ティーガー／無線操縦）戦車大隊の「ティーガー」は砲塔後部の備品収容部に追加の棚が装着されていた。

無線操縦用装備を備えた指令戦車に改造されたⅥ号戦車「ティーガー」は、わずか50両から60両に過ぎないのは確かだと思われる。それらは量産ラインから抽出されたため、製造工場における現下の改良が全て実施されていた。

「ボルクヴァルトBIV」の最終モデルC型。この爆薬運搬車は1944年末にルール戦線でアメリカ軍に鹵獲された。運転手席は車両の左側にある。（Jentz）

もう1台の「BIVC型」が1945年に鹵獲され、アメリカ合衆国のメリーランド州アバーデーンの陸軍試験場で綿密な調査が実施された。（Jentz）

●その他の指揮指令戦車

既に説明した以外に、他の戦車も指令戦車としての可能性を探るため、部隊で評価された。

例えば戦車教導師団の無線操縦中隊は量産された最初の5両の「ティーガーⅡ」戦車を受領した。

第300（無線操縦）戦車大隊はⅤ号戦車「パンター」1両を指令戦車任務に試験した。その結果は満足からはほど遠かった。その「パンター」は後に赤外線暗視装置の試験に使われた。

第300（無線操縦）戦車試験・補充大隊訓練中隊の装備の大半は、もはや戦闘任務に適さなかった。装備の中にはⅢ号突撃砲D型とF／8型が含まれていた。こうした車両の一部は、1945年春にドイツ中部の戦闘に参加した可能性がある。

1.1.7
有線ならびに無線操縦装置

有線ならびに無線操縦は遠隔操作の基本である。遠隔操作という用語は、操縦される対象物からある程度離れた場所にいるが、その対象物とはある種の連絡手段で結び付いた、操縦者から発せられた指令を、誘導対象物が実行するという意味で理解されている。

遠隔操作の仕方には基本的に2種類ある。一つは高周波帯域の電波で信号を送る方法で、もう一方は直流電流と低周波信号を電線で送る方法である。

以下の記述は、遠隔操縦、無線操縦部隊で使われた遠隔操縦方法の簡明な概説を意図した。

●有線誘導

有線操縦は軽爆薬運搬車「ゴリアテ」（Sd.kfz302）と、ブレン運搬車、汎用牽引爆薬運搬車に使われた。それらの車両の電気系統は指令送信機、操作ケーブル、操作装置から構成されていた。

指令送信機の上面板には以下のスイッチ類が設けてあった。

前進（V）、停止（H）、後退（R）の3位置を備えた走行スイッチ。左（L）と右（R）の位置を備えた操向スイッチ。

エンジン点火用キーと鎖を備えたエンジン点火スイッチ、それと操作ケーブル接続のための色分けされた3個の接点。

指令送信機の底面には取外し可能な手提げライト用電池9個が直列に並んでいた。

操作ケーブルは絶縁された3本の撚り線から成り、ドラムに巻かれていた。ドラムは野戦ケーブル用ドラムと同じ寸法で、相互に交換可能だった。ケーブルの長さは「ゴリアテ」で750m、ブレン運搬車、汎用牽引爆薬運搬車では1,200mだった。

指令装置は振動絶縁架に装着されていた。それには起爆装置としてリレー・スイッチと手提げライト用電池（4.5V）が含まれていた。

実戦運用に際しては、まず車両を発進地点に移動する。電気装置を素早く点検した後、操縦操作を始める。操縦手は走行、旋回スイッチを使い、指令送信機を介して車両を目標に向け操縦する。車両が安全な距離まで離れたら、起爆用キーを起爆スイッチに差込む。目標に到達したら、起爆用キーをできるだけ素早く回すと爆薬が起爆する。爆薬運搬車は爆発で破壊される。その後、指令用ケーブルは再使用するためドラムに巻取られる。

有線誘導操作では全ての操向、あるいは起爆用指令が異なった直流インパルス信号で行われた。インパルス信号の割当変更を許容するため、それらは事前に暗号化されていた。

指令送信機と操縦装置はベルリン・ノイケルンのブターマン＆シュミット社から供給され、ケーブル用ドラムはオスラム社で組立て、検査された。

●無線誘導

技術的に一層高度な無線操縦は、「ボルクヴァルトＢⅠ」、「ＢⅡ」地雷処理車、「BⅣ」のA型からC型までの爆薬運搬車（Sd.kfz301）、それと「シュプリンガー」中型爆薬運搬車（Sd.kfz304）の操縦に使われた。

無線操縦はFKL8無線操縦装置を使って行われた。ブラウプンクト社で開発されたその装置は、装軌式車両を遠隔操縦するため同時に複数の指令を送信することができた。

その無線操縦装置は二つの主要な装置群、つまり無線指令送信機類と無線指令受信機類、それらに関連する補助機材から成っていた。

無線指令送信機類は指令戦車に搭載されていたが、次の装置類から構成されていた。

NSU装軌式オートバイ（ケッテンクラート）を改造した最初の爆薬運搬車の試作車両。

工場で生産された後期型では、運転手席と操向機構の位置は左側だった。しかし、爆薬を収容するため車両後部に持ち上がった構造物が目新しい。（NSU Archives）

NSU爆薬運搬車の運転手席の拡大写真（右2点）。車両の制式名称は「遠隔操縦小型装軌式オートバイ」という。（NSU Archives）

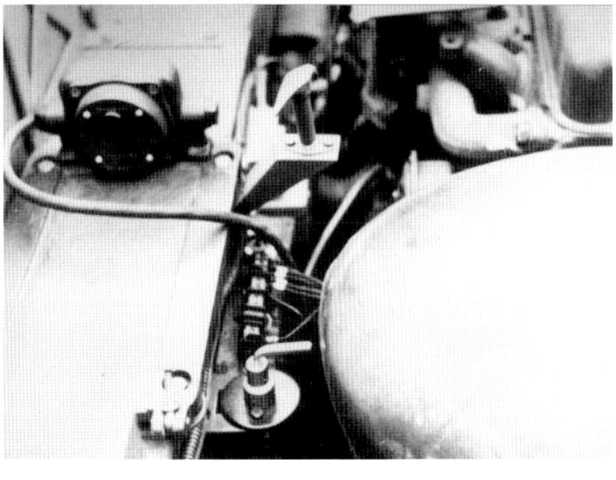

指令送信機と無線送信機から成る信号送信機（FuKS)。

制御卓（KoG）。

WR81電源装置。

マスト・アンテナ（支柱アンテナ）、あるいはロッド・アンテナ（棒状アンテナ）。

実戦運用では、指揮指令戦車にはマスト・アンテナと電源装置の両方が無線信号送信機に接続されていた。

無線信号送信機の指令送信部分にはN、Rという二つの音声群があり、各々には5個の音声回路が含まれていた。運用時は制御卓をケーブルで、爆薬運搬車の型式により、送信機背後面の上部（N）接続器箱あるいは下部（R）接続器箱のどちらかに接続する必要があった。それから、制御卓に取付けられたスイッチを4位置（0、Ⅳ、Ⅵ、Ⅸ）のどれかに設定した。もし必要ならば、これらの数字は送信機上で変更が可能だった。

送信機には「AUS（遮断)」、「BEREIT（用意)」、「EIN（接続)」のどれかに設定する可倒式スイッチもあった。「BEREIT（用意)」に設定してしばらく経った後に赤いランプが点灯すると、送信機が送信可能な状態となった。

それから制御卓を使って無線操縦することになる。

制御卓はアルミ鋳物製で、ベルトを使って吊り下げるため背面に引掛用爪を2個備えていた。更に、両側面上端には運搬用のバンドを取付けるための金具を備えていた。

始動ボタンは前面右側の保護カバーの下にあった。送信機、受信機の準備が整ったら、爆薬運搬車のモーターを始動させるそのボタンを押す。前面左側にはもう一つの保護カバーがあり、その下にはモーターを遮断するための押しボタンがあった。

始動ボタンの左側には走行装置の歯車選択に使う可倒式スイッチがあった。そのスイッチを前に倒すと前進指令が送られた。もしもスイッチを後に倒すと車両は後退に変わる。歯車選択は車両が静止している時だけ可能だった。

黒く丸いレバーが制御卓の中央に置かれ、圧力が加わらない場合には常に垂直の始動位置へすぐに復帰した。レバーを前に倒すと爆薬運搬車は加速し、後ろに倒すと減速した。レバーを右に動かせば車両は右に旋回し、左に動かせば左に旋回した。

制御卓の右側面にはヘッドフォーンのための接続口があった。操縦手はこれで指令音声を聞くことができた。爆破装置が不意に動作しないように、安全スイッチとして識別記号

＜Ⅲ号指揮戦車が配備された各部隊（1942春～1943年夏）＞

部隊	派生型	注記
第300、第301戦車大隊	Ⅲ号戦車J型（Sd.kfz141）	5cmKwKL/42戦車砲
	Ⅲ号戦車J型（Sd.kfz141/1）	5cmKwK39L/60戦車砲
	Ⅲ号戦車L型（Sd.kfz141/1）	前面装甲付5cmKwK39L/60戦車砲
熱帯（遠隔操縦）試験隊	Ⅲ号戦車J型（Sd.kfz141）	5cmKwKL ／ 42戦車砲
	Ⅲ号戦車J型（Sd.kfz141）	前面装甲付5cmKwKL/42戦車砲
第313（遠隔操縦）戦車中隊	Ⅲ号戦車L型（Sd.kfz141/1）	前面装甲と装甲スカート付5cmKwKL/42戦車砲
	Ⅲ号戦車N型（Sd.kfz141/2）	装甲スカート付7.5cmKwKL/24戦車砲

＜Ⅲ号突撃砲G型が配備された各部隊（1943年春～1945年5月）＞

部隊	派生型	注記
第311（無線操縦）戦車中隊	Ⅲ号突撃砲G型（Sd.kfz142/1）	場合によっては、泥除けの一部を取外した擲弾発射器を装備
第312（無線操縦）戦車中隊（KFF）	Ⅲ号突撃砲G型（Sd.kfz142/1）	場合によっては、8/ZW車体と運転手用ペリスコープ、深い渡河用マフラーを装備
第314（無線操縦）戦車中隊	Ⅲ号突撃砲G型（Sd.kfz142/1）	一部は運転手用ペリスコープ（KFF）を装備
第315（無線操縦）戦車中隊	Ⅲ号突撃砲G型（Sd.kfz142/1）	なし
第316（無線操縦）戦車中隊	Ⅲ号突撃砲G型（Sd.kfz142/1）	一部は8/ZW車体
第317（無線操縦）戦車中隊	Ⅲ号突撃砲G型（Sd.kfz142/1）	車長のキューポラ前面に弾丸避けを装備
第319（無線操縦）戦車中隊	Ⅲ号突撃砲G型（Sd.kfz142/1）	一部は8/ZW車体と深い渡河用マフラーを装備
第301（無線操縦）戦車大隊	Ⅲ号突撃砲G型（Sd.kfz142/1）	一部は8/ZW車体と運転手用ペリスコープ（KFF）に擲弾発射器を装備
第302（無線操縦）戦車大隊	Ⅲ号突撃砲G型（Sd.kfz142/1）	第311、第315、第316、第317戦車中隊を統合した突撃砲、そして現行量産型が配備 一部は鋳造防楯（ザウコプフ）と車長のキューポラ前面に弾丸避けを装備
第303（無線操縦）戦車大隊無線操縦戦車小隊	Ⅲ号突撃砲G型（Sd.kfz142/1）	一部は全周射界機関銃を装備

NSU装軌式オートバイHK101のもう一つの派生型は機関銃1挺を装備し、恐らくその弾薬と思われる収容物を固定する棚を備えた試作型である。銃手の座席は前方を向いている。この試作型は実戦には使用されず、後に第300（無線操縦）戦車試験・補充大隊に配備された。（NSU Archives）

「Z」が記入された可倒式スイッチが備えてあった。このスイッチが上位置にある時のみ爆破指令が可能だった。

更に追加して、右側の保護カバー下には「Z1」と記された押しボタンがあった。このボタンを押すと、直ちに爆薬が爆発し、車両全体を破壊した。

制御卓左側の保護カバー下には「Z2」と記された押しボタンがあった。このボタンを押すと回転アームの固定ケーブルあるいは固定金具上の爆発物を爆発させる無線信号が送られ、車両の傾斜した前面から爆薬が滑り落ちる。動作遅延を伴う接触遮断装置が爆薬に取付けられた信管を着火させる。「Z2」スイッチが働くと車両は自動的に後退ギアに設定され、爆破地域から離脱する。

制御卓の下面には指令送信機と接続するケーブルの差込口があった。ケーブルの接続はスナップ式フックにより確実を期していた。

無線指令受信機類は爆薬運搬車に搭載されていたが、以下のものから構成されていた。

指令受信機と無線受信機から成る、無線指令受信機（FuKE)。

信号切換箱（SCHK)。

起爆装置（ZGR)。

走行距離記録計（WSSCH)。

油圧制御装置（OSG)。

発煙装置（NGR)。

ホイップ・アンテナ（むち形アンテナ)。

信号切換箱は「BIV」運転手の腰の高さに取付けられ、上端には7個のケーブル接続部を持っていた。その背後には発煙装置のための接続ソケットがあった。爆破作戦の前で車両から離れる前に、運転手は特別なキーを使い信号切換箱前面の丸い板を「HF」位置に設定する。これにより装置全体は高周波作動に設定される。

無線指令送信機から送られた信号は無線機あるいは指令受信機で拾われて、信号切換箱で変換される。爆薬運搬車を操向する信号は電気インパルスとして油圧制御装置に伝えられる。爆薬投棄、運搬車の爆発物の爆破、あるいは発煙指令の信号は爆破装置、または発煙装置に伝えられる。

油圧制御装置は、ポンプによる油圧で作動する5本の油圧シリンダーを備えていた。各シリンダーにはそれを通ってピストンが動ける電磁石が備わっていた。各ピストンの上下の動きは既定の油通路に圧力を発生し、その圧力により様々なシステムを働かせる。油圧制御系は速度、左右旋回、前後進の動きを制御した。電磁石は電気インパルスで働いた。

爆破装置はグリューツィンダー28という電気着火式信管を着火させる役目を持っていた。信管は全部で3個が取付けられていた。そのうち2個は回転アームの固定索、あるいは固定金具を破壊するように働き、3個目は緊急の場合に即座に爆薬を爆発させ、爆薬運搬車を破壊した。

走行距離計は安全装置として組込まれていた。それは遠隔操縦操作を始める前に、あらかじめ走行距離をメートルで設定する巻上げ式の計数計である。その他の指示の如何にかかわらず、「BIV」の運転手は安全半径の100mに設定する。距離計が規定値に達したら、爆薬投棄装置の爆破装置だけ操作できる。走行距離計はこの指令を取消すことにも使うことができた。これは、もしも「BIV」の爆薬投棄が作動しない状態で指揮指令戦車に呼び戻す必要が生じた場合に、特に重要だった。

無線系統の点検の全手順と、実戦運用のための準備は訓練マニュアルに含まれている。（出典：第301（無線操縦）戦車大隊第4中隊の元隊員L・シュライナー）

第301（無線操縦）戦車大隊第4中隊　1943年6月10日
「軍事目的に使用のみ許可」
BIVの点検手順

指令：導通の確認
第Ⅰ部
信号手：送信機の点検

1.電池ケーブルを送信機に接続。
2.スイッチを「準備」に設定。
3.アンテナにネジ止め。
4.アンテナ・ケーブルを装着。
5.電圧が最低11.5ボルト以上あることを確認。
6.赤いランプが点灯したらスイッチを「接続」に設定。
7.青いボタンを押して、陽極電位を確認。少なくとも310ボルト以上あること。
8.試験用ボタンを押して、送信機を最大振幅状態にする。

HK101ケッテンクラートの更なる発展型のHK102。従来型より長く、幅も広がった。NSU「シュプリンガー」爆薬運搬車（Sd.kfz304）はHK102を基にした発展型である。（NSU Archives）

この製造会社で試作された「シュプリンガー」の初期の原型は、まだ両側に5個の転輪を装備している。（Spielberger）

9.固定ネジを締付ける。
10.制御卓を取付ける。
11.音声群と始動用キーに注意する。
12.送信機が正常に動作することを確認したら、「送信機は準備完了」を分隊長に報告。

「BIV」運転手：

1.信号切換箱から出ているケーブルがしっかりと接続されていることを確認。
2.自動「停止」位置にスイッチが設定されていることを確認。
3.無線受信機がしっかりと取付られていることを確認。
4.無線受信機とアンテナの接続を確認。
5.起爆装置のプラグがしっかりと取付けられていることを確認。
6.アンテナをネジ止め。
7.前進走行ギアに切換える。
8.始動キーを1の位置へ回す。
9.HFレバーを「点検」位置に設定。
10.点検中はブレーキに足を載せておき、もしも「BIV」が動き始めてブレーキがかかっていなかった場合はすぐに始動キーを0に設定するため、手を添えたままでいること。
11.「BIV」にブレーキを掛けておく必要がある場合には、ハンド・ブレーキを引く。

戦闘工兵（分隊全部の「BIV」を順に）：

1.起爆装置の乾電池電圧を確認。
2.信号手と共に、起爆系統を確認。

第II部

砲手：

信号手の手信号による信号を受け取ったら、制御卓を使い以下の指令を順次送る。
1.FOはa）モーターが回っていない場合は発進。b）モーターが回っている場合は緩速前進。
2.全システムを起動。
3.投棄（車両は全速後退する）。
4.Reは右旋回。
5.Liは左旋回。
6.FOは速度低下し、自動停止を待つ。
7.FOは発進。
8.VOは全速前進。
9.FOは速度低下。
10.Haは停止（前進ギアは接続状態でブレーキが掛かっている）。
11.制御卓の音声を聞け。同時に信号手は手を上げて指令が正しく出ていることを確認。
12.全ての「BIV」を点検した後、送信機のスイッチを遮断。

信号手（「BIV」の運転手を手伝う）：

1.電池電圧が最低11.5ボルト以上あることを確認。
2.陽極電圧が最低160ボルト以上あることを、接続箱の筐体に野戦計測装置を触れて確認。
3.接続が正しく確実になされているかの確認。
4.送信機と制御卓の始動キーが同じに働くことを確認。
5.それから、試験用ランプを起爆装置に挿入。
6.以下の順で指令を発する。
FOは全爆薬を投棄。Re 、Li 、FO（自動的に停止するまで待ち、それから）FO 、VO 、FO 、Ha 。各指令において動作が正しく遂行されたことを、手を挙げて確認し、それから次の指令を送る。
7.同時に音声を監視する。
8.終わったら、分隊長に最初の「BIV」の点検完了を報告。

第III部

「BIV」運転手：

1.Bボタンを押す。
2.FOに設定し始動させる。
3.F1に短時間入れ、ブレーキを解除する。
4.始動キーを0に合わせる。
5.HFを手動位置に切換える。
6.不整地走行のギアを選択する。
7.ホイップ・アンテナを取外す。

指令：投棄準備

戦闘工兵：

1.電気端子（3個）の導通を確認。
2.摩擦起爆薬を挿入し、1個の電気端子を木材に入れる。
3.爆薬ハッチから摩擦起爆薬を取出し、それを固定する。
4.爆薬ハッチから電気端子を引張り出し、ハッチを閉じる。
5.電気端子を端子クリップに取付ける。
6.起爆薬をネジ止めし、線を管に通すがそれには固定せずに、ハッ

製造会社において原型5号機は既に6個の転輪を交互に配置している。この車両には泥除けが装着されていた。（Spielberger）

原型（8号機）の写真はドイツ陸軍のクマースドルフ試験場で撮影された。（Spielberger）

数台のNSU「シュプリンガー」は大戦末期にアメリカ軍に鹵獲された。写真はアイゼンナハを守備していた第300（無線操縦）戦車試験・補充大隊所属の車両と、ネッカルスルムのNSU工場で撮影されたもの。これらの車両はアメリカ合衆国に送られ、綿密な調査が実施された。（Spielberger）

チを閉じる。

7.固定ケーブルの両側に2個の電気端子を固定し、それらを端子に接続する。

8.起爆装置にコネクターが確実に挿入されていることを確認。

「BIV」運転手：

1.投棄レバーのボルトを緩める。

信号手：

試験スイッチを挿入して、全体起爆と投棄の導通を確認する。

指令：無線操縦の準備

第Ⅰ部

送信機を操作する砲手：

1.スイッチを「用意」に設定。

2.電池の電圧が最低11.5ボルト以上あることを確認。

3.赤いランプが点灯したら、スイッチを「接続」に切換える。

4.青いボタンを押して、陽極電圧を確認する。最低でも310ボルト以上あること。

5.試験ボタンを押して送信機を最大偏向状態に入れる。

6.固定ネジを締付ける。

7.送信機が正常に動作することを確認したら、小隊長に「送信機の準備完了」と報告する。

「BIV」運転手：

1.走行ギアを選択。

2.始動キーを1に設定。

3.HFレバーを試験位置に設定し、その後すぐに右足で足ブレーキを踏む。

4.スイッチ箱のBボタンを押し、自動停止に切換える。

5.BIV信号手と共に以下の動作を順番に選択し、機構の動作確認を行う：FO 、VO 、FO 、Ru 、Re 、Li 、FO 、VO 、FO 、そして短かくF1。それからモーターのスイッチを遮断。

6.HFレバーを手動に切換える。

7.不整地走行のギアを選択。

8.ホイップ・アンテナを取付ける。

信号手：

運転手としてBIVの機構部を監視。

第Ⅱ部

1.「BIV」運転手：

1.爆薬に起爆薬をネジ止め。

2.爆薬ハッチを閉じて固定。

3.投棄レバーから固定ネジを外す。

2.戦闘工兵：

1.起爆装置に適切に接続されていることを確認。

2.投棄レバーから固定ネジが外されていることを確認。

3.爆薬に起爆薬が適切に設置されていることを確認。

4.摩擦起爆ケーブルがどこかに引っ掛かっていないことを自分で確認。

指令：出撃準備

「BIV」運転手：

1.自分の動作が突撃砲を迂回し、全ての障害物を避けるために、突撃砲の背後から30mの場所に陣取る。

2.モーターを回したままにする。

3.「1」位置の始動キーを抜き取り、自分のポケットに入れる。

4.摩擦起爆薬にケーブルを取付ける。

5.HFレバーを「作動」位置に入れ、それを固定した後、「BIV」から離れる

署名　ブッセ中尉、ならびに中隊長

1940年春にケグレッセが設計した装軌式爆薬運搬車の公開走行テスト。(Leon)

有線誘導の軽爆薬運搬車Sd.kfz302はセヴァストポリ攻略に投入するため、多数が第300戦車大隊に配備された。(Seeger)

軽爆薬運搬車「ゴリアテ」をボルクヴァルト社で試作したうちの1台。(Spielberger)

1942年夏、クリミヤで行動した第300戦車大隊第3中隊所属の有線操縦ブレン輸送車。

水陸両用の爆薬運搬車として運用するため改造されたVWシュヴィムヴァーゲン（129型）。（VW Museum）

VWシュヴィムヴァーゲン（129型）。（VW Museum）

小型指揮戦車（Sd.kfz265）は最初の指揮指令戦車の運用で基礎を築いた。車体には無線操縦用アンテナの取付け部があり、それに加えてこの車両には戦車長用に全周視察ペリスコープが1基装備されていた。

1942年晩夏に東部戦線の北方戦区に到着後、第301戦車大隊は5cmKwk39L／60戦車砲と追加装甲板を装備したIII号指揮指令戦車J型の新車を6両受領した。

新編成の第311（無線操縦）戦車中隊は1943年春に、III号突撃砲G型（Sd.kfz142／1）を基に改造した指揮指令車両を最初に受領した。この写真のIII号突撃砲は発煙弾発射装置をまだ装備しており、履帯保護の泥除けが変形し、平らになっていない。（Niepenberg）

1942年夏、セヴァストポリ周辺で第300戦車大隊第1中隊が運用した、5cmKwk39L／42戦車砲を装備のIII号指揮指令戦車J型。（Lock）

5cmKwk39L／42戦車砲を装備したこのIII号指揮指令戦車J型は、熱帯（遠隔操縦）試験隊に属し、砲塔と車体に装甲板を追加している。（Lehmann）

第314（無線操縦）戦車中隊のIII号突撃砲には、追加転輪を保持するため車体側面に特別成型された棚を装着していた。運転手席の周囲に追加された装甲板は、運転手用ペリスコープの開口部の周囲が切り欠かれている。戦闘室天井の前部にある無線操縦用アンテナ取付け部に注目。（Held）

1943年半ば以降、無線操縦戦車中隊のIII号突撃砲の大半は様々な形状の装甲スカートを装着した。この突撃砲は第316（無線操縦）戦車中隊に配備されたもの。（Lock）

第504重戦車大隊第3中隊と第508重戦車大隊第3中隊のティーガーIは、砲塔右側に無線操縦用アンテナを装着していた。（Herwig）

第301（ティーガー／無線操縦）重戦車大隊のティーガーでは、無線操縦用アンテナが車両左側の車体中央に装着された。連隊の各ティーガーは砲塔後部の個人装具入れに、燃料缶4個が装着できる棚を追加していた。このティーガーは履帯を失い、回収車の助けを待っているようだ。（Höland）

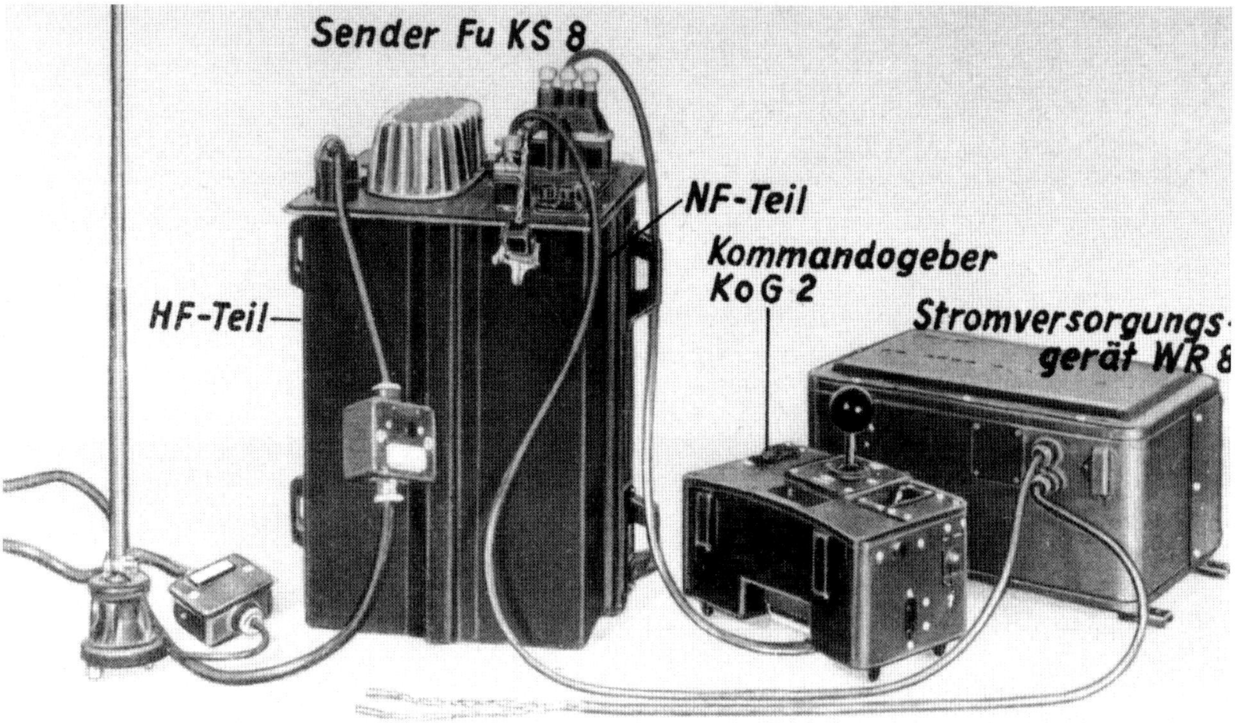

無線指令受信機。

この送信機は無線操縦戦車に搭載された。

上左／無線指令送信機（四つの設定位置：0、II、IV、VII、を備えた周波数帯域N／R075）と、電源トランスと電池。

上右／無線指令送信機（四つの設定位置：0、II、IV、VII、を備えた周波数帯域N／R049）。

無線制御卓。

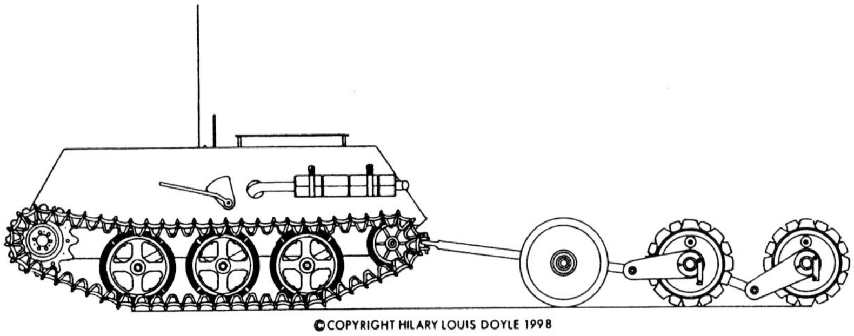

上から、「ボルクヴァルトＢＩ」と「ボルクヴァルトＢII」地雷処理車（Sd.kfz300）、小型指揮戦車（Sd.kfz265）。

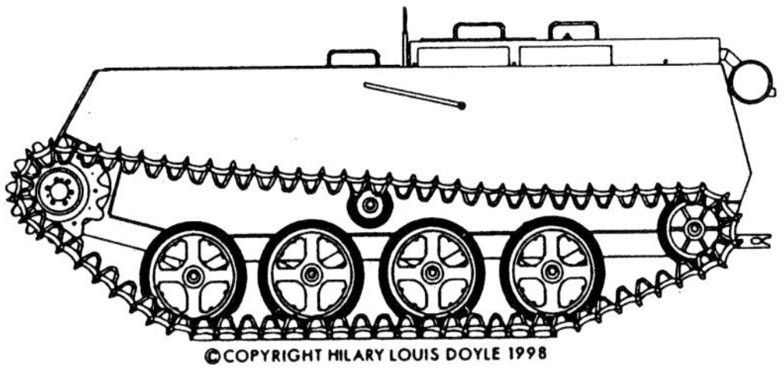

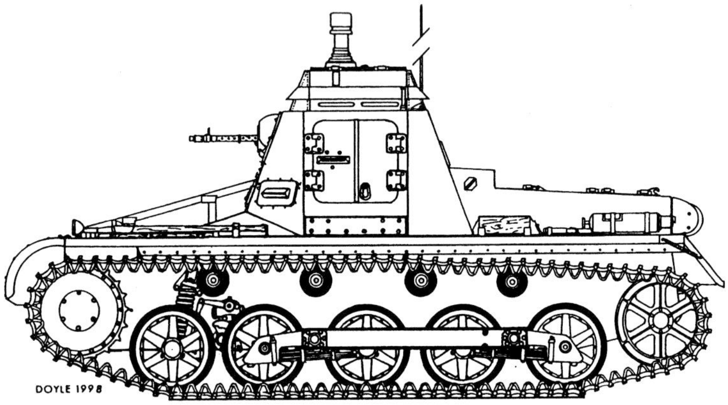

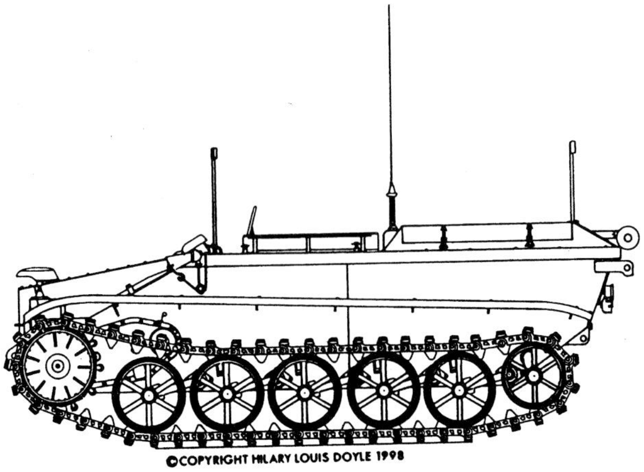

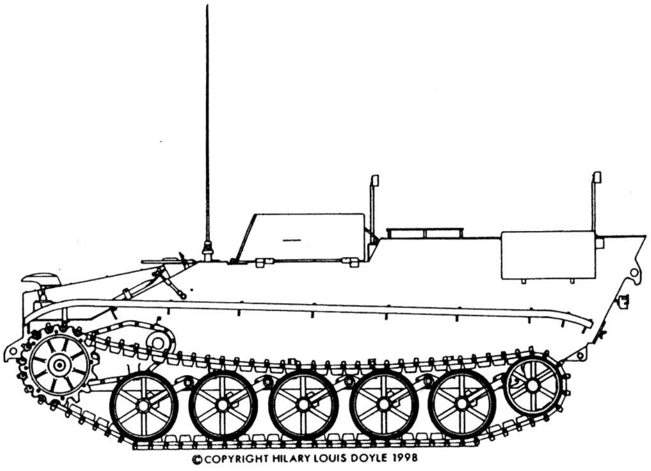

「ボルクヴァルトBIVA型」（左）、「ボルクヴァルトBIVC型」（右）爆薬運搬車。

「ボルクヴァルトBIVB型」爆薬運搬車(Sd.kfz301)。

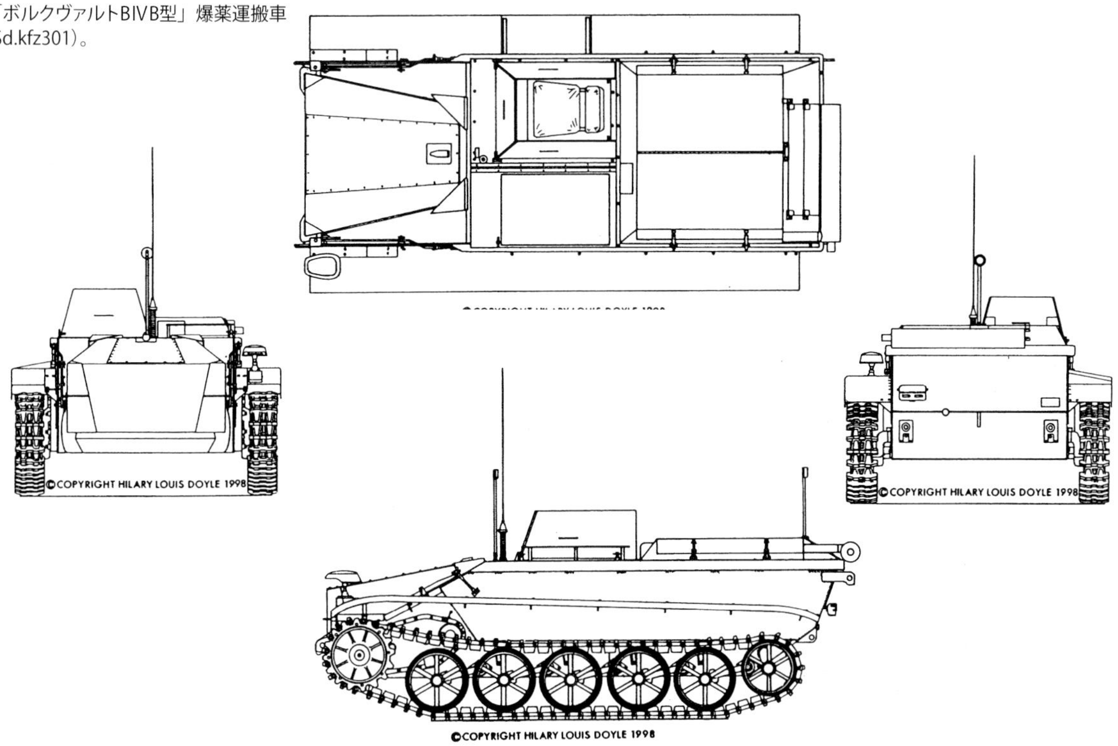

NSU「シュプリンガー」(Sd.kfz304)爆薬運搬車。

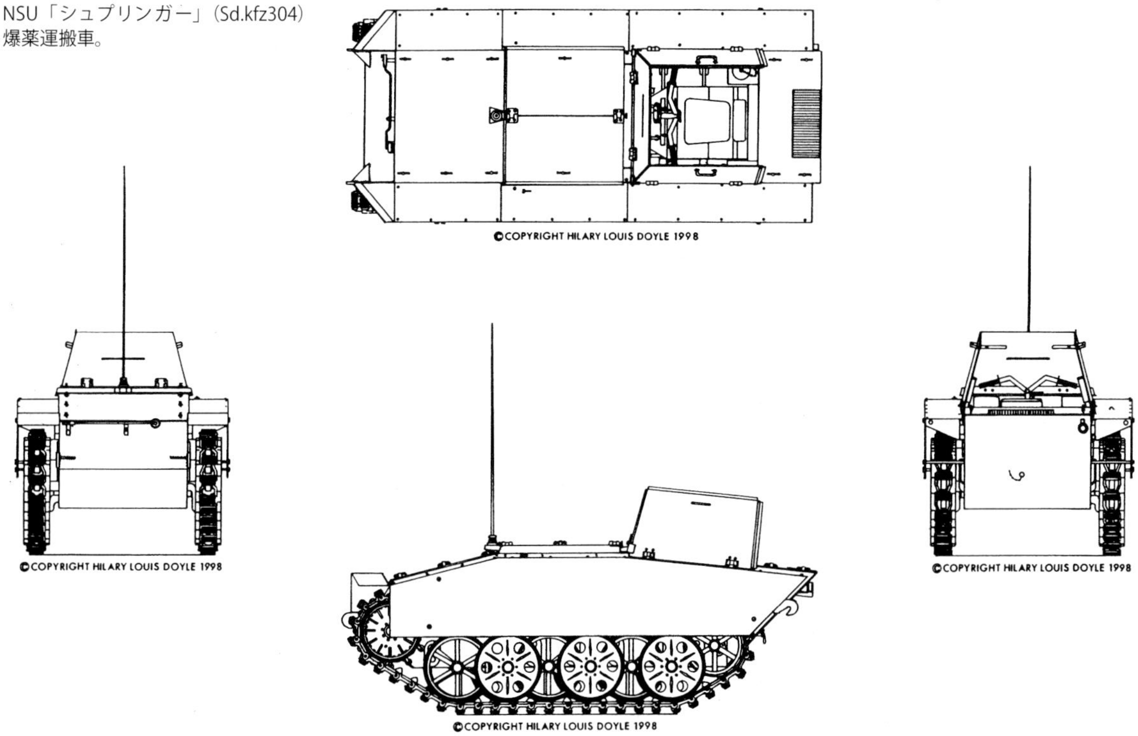

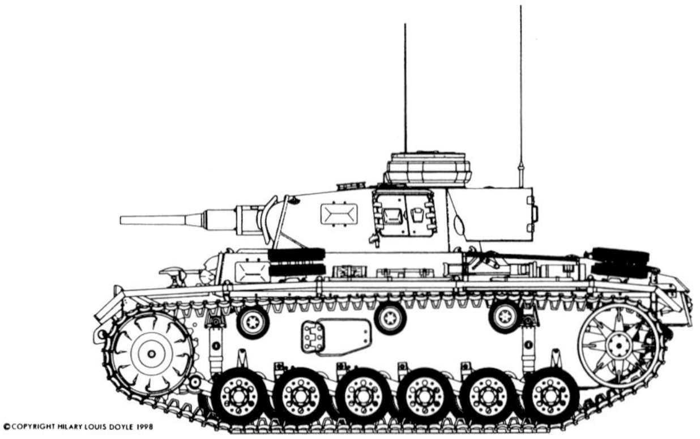

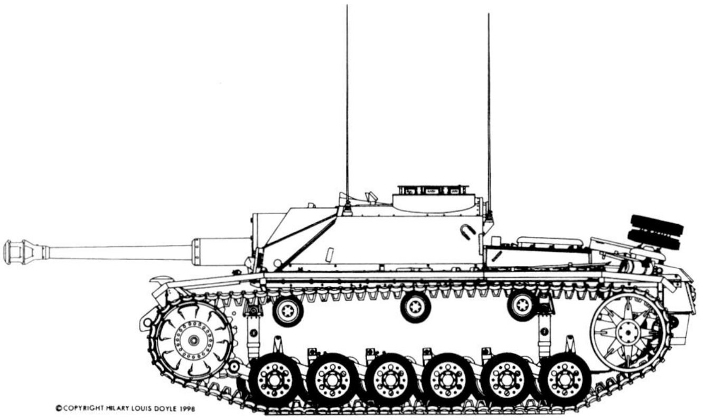

指揮指令車両として使われたIII号戦車J型（上）と、III号突撃砲G型（下）。

第302（無線操縦）戦車大隊の突撃砲乗員達は制御卓を用いて「BIV」を目標に誘導する。（Jenckel）

第2章
「無線操縦部隊の編成と運用」
Chapter 2 Organization and Operations of the Remote-Control Units

2.1編成表

ドイツ国防三軍の各部隊兵力と車両、装備の数量は戦力定数指標表（KStN＝Kriegstärkenachweisungの略）に記載、説明されていた。

それはまず人員（士官、事務員、下士官、兵）、武器（小銃、拳銃、機関銃、小口径砲、迫撃砲）、車両（自走車両、牽引車、装甲車両、それとオートバイ）の表題が付いた欄に分かれていた。

次に、部隊は隷下の各隊（例えば中隊本部分隊、小隊、分隊など）に分けられ、その人員もまた記載された。

一方、武器の欄には一般的な分類（小銃、拳銃など）が記載されるが、車両の欄はもっと詳細で、通常は特殊車両番号、あるいは車両番号が規定されていた。

戦力定数指標表を参照すると、必要とする人員、機材を正確に立案することが可能となる。全ての戦力定数指標表には、それぞれ固有の番号が与えられ、その戦力定数指標表が発効する日付もまた記載されていた。何年にもわたり、必要とされる要求と変更に合わせて戦力定数指標表は定常的に改訂された。

最初の遠隔操縦部隊である第1地雷原大隊の編成には以下の戦力定数指標表が使われた。

第1地雷原大隊本部の編成には1941年2月1日付、地雷処理大隊本部の戦力定数指標表（KStN1107a）。

第1地雷原大隊第1、第2中隊の編成には1941年2月1日付、地雷処理中隊の戦力定数指標表（KStN1159）。

第300戦車大隊が編成されると、先の戦力定数指標表は以下のものと置き換えられた。

第300戦車大隊本部の編成には1942年1月5日付、（遠隔操縦）戦車大隊本部の戦力定数指標表（KStN1157）。

第300戦車大隊第1、第2中隊の編成には1942年1月5日付、（遠隔操縦）軽戦車中隊の戦力定数指標表（KStN1159）。

第300戦車大隊第3中隊の編成は1942年1月5日付、（遠隔操縦）中戦車中隊の戦力定数指標表（KStN1160）。

1942年から1943年冬にかけて実施された遠隔操縦、無線操縦部隊の改編では、次の変更が実施された。以下は（無線操縦）戦車大隊に必要だった。

第301（無線操縦）戦車大隊本部の編成には1943年2月1日付、（無線操縦）戦車大隊本部の戦力定数指標表（KStN1107f）。

第301（無線操縦）戦車大隊本部中隊の編成には1943年2月1日付、（無線操縦）戦車大隊本部中隊の戦力定数指標表（KStN1150f）。

第301（無線操縦）戦車大隊第1～第3中隊の編成には1943年2月1日付、（遠隔操縦）軽戦車中隊の戦力定数指標表（KStN1171f）。

第301（無線操縦）戦車大隊整備小隊の編成には1943年4月1日付、（遠隔操縦）整備小隊の戦力定数指標表（KStN1185f）。

独立した無線操縦中隊を編成した結果、「KStN1171f」は1943年早々に改訂され、「KStN1171f A版」と「KStN1171f B」版ができた。

A版はⅢ号突撃砲指揮指令車両（Sd.kfz142／1）を装備した無線操縦軽戦車中隊に必要で、B版はⅢ号指揮指令戦車（Sd.kfz142）を装備した無線操縦戦車中隊に必要だった。

1943年には部隊規模を縮小したKStN1171fの過渡的とも言える版が登場した。それでは人員を一部減らしたほか、1トン牽引車（Sd.kfz10）、3トン牽引車　（Sd.kfz11）、3トントラックの台数が減らされていた。

無線操縦部隊の戦力定数指標表に更なる改訂が加えられたのは1944年6月1日だった。その時点で以下の指示が第301、第302（無線操縦）戦車大隊に適用された。

（無線操縦）戦車大隊本部の編成は1944年6月1日付、大隊本部の戦力定数指標表　(KStN1107f)。

（無線操縦）戦車大隊本部中隊の編成は1944年6月1日付、本部中隊の戦力定数指標表（KStN1150f)。

第1から第3／第4中隊の編成は1944年6月1日付、（無線操縦）軽戦車中隊の戦力定数指標表（KStN1171f)。

整備小隊の編成は1944年6月1日付、（無線操縦）整備小隊の戦力定数指標表（KStN1185f)。

1944年6月1日付の軽戦車中隊用の戦力定数指標表「KStN1171f」は、独立した無線操縦中隊にも適用された。「KStN1171f」の1943年2月1日付と1944年6月1日付を比較すると、後者の方が人員は約25％減少し、195名から137名になった。

無線操縦大隊の戦力定数指標表の最終版は1944年10月1日に発行された。最も顕著な変更は、一層の人員と装備の削減である。軽戦車中隊の「KStN1171f（f.G.)」(f.G.は自由組織の略）はその日付から発効したが、人員は79名だった。

整備部門の人員、装備と3個の無線操縦戦車中隊の戦闘・携帯装備輸送隊は補給中隊に統合された。これは1944年10月1日付の軽戦車大隊補給中隊の戦力定数指標表「KStN1151f（f.G.)」という分類番号が与えられた。

第504、第508重戦車大隊の、それぞれの第3中隊は、1944年2月1日付の（無線操縦）「ティーガー」重戦車中隊の戦力定数指標表「KStN1176f」を基に編成された。（無線操縦）軽戦車中隊の戦力定数指標表「KStN1171f」と比較すると、「KStN1176f」の方は3個小隊を擁していた。

1944年2月1日付の「KStN1176f」は、「ティーガーⅠ」(Sd.kfz181)、あるいは「ティーガーⅡ」(Sd.kfz182）を装備した部隊の両方に適用されたため、それを基にして戦車教導師団第130戦車教導連隊の第1（無線操縦）重戦車中隊が編成された。以下の指示はその後に編成された第301（「ティーガー」／無線操縦）重戦車大隊に適用された。

（無線操縦）重戦車大隊本部と本部中隊の編成には1944年8月1日付、大隊本部の戦力定数指標表（KStN1107f（f.G.))。

第1～第3中隊の編成には1944年8月1日付、（無線操縦）戦車中隊の戦力定数指標表（KStN1176f（f.G.))。

補給中隊の編成には1944年8月1日付、（無線操縦）重戦車大隊補給中隊の戦力定数指標表（KStN1151f（f.G.))。

整備中隊の編成には1944年11月1日付、（無線操縦）重戦車大隊整備中隊の戦力定数指標表（KStN1187f)。

1944年2月1日付の「KStN1176f」と8月1日付の「KStN1176f（f.G.)」を比較すると、やはり小隊が2個に減っていた。

先に示したものに付け加えて、遠隔操縦あるいは無線操縦部隊に適用される戦力定数指標表は更に三つあった。

（遠隔操縦）転換訓練戦車大隊の編成には、1942年5月8日付の「KStN1161」。

（遠隔操縦）戦車試験・訓練中隊の編成には、1942年5月8日付の「KStN101159」。

熱帯（遠隔操縦）試験隊の編成には、1942年6月24日付の「KStN：Versuchs－Kommando（Fernlenk）Tropen」。

2.2　実戦部隊

2.2.1

グリーネッケ中隊

1940年6月1日、ヴィンスドルフ戦車隊学校に地雷処理中隊の編成を命ずる指令が発せられた。陸軍前線指揮所番号「17031」が割当てられたそれは国防軍最高司令部隷下の特殊部隊で、「グリーネッケ中隊（Kompanie Glienecke)」という秘匿名が与えられた。

様々な兵科から、興味を抱いた志願者が極秘裏にグロース・グリーネッケに集められた。1940年7月、クラウス・ミュラー少佐がその中隊の指揮官に任じられた。

特殊車両が配備され、隊員を短期間訓練した後、その地雷処理中隊は7月末にベルリンからザール州のフェルクリンゲンへ移動した。そこで中隊は二分され、一方はフェルクリンゲンに残り、他方はプリースカステルに駐留した。

1940年晩夏にアルザス北部の「フォスゲス森林地帯」で始まった中隊最初の地雷処理任務には、地雷ローラーを牽引した「ボルクヴァルトBⅠ」地雷処理車が使われた。

敵の対人地雷は地雷処理車の履帯がその上を走行するか、牽引された地雷ローラーで掘り起こせば爆発すると考えられていた。この方法なら車両は軽微な損害しか被らないと期待されていた。しかし、対戦車地雷のような大型地雷の上を走行すると、走行装置と上部構造物が重大な損傷を被り、通常は車両の完全な破壊をもたらすことがすぐに判明した。

グロース・グリーネッケを離れたグリーネッケ中隊は1940年7月末にザール地方のフェルクリンゲンに到着した。（Hand）

「ボルクヴァルトＢＩ」地雷処理車の輸送にはビッシンクNAG500Sトラックが使われた。（Hand）

移動式傾斜路は相変わらず同中隊の備品の一つだった。（Hand）

同中隊は1940年8月から9月まで帝国勤労奉仕隊の元駐屯地に宿営した。（Hand）

通例、地雷はその形式を問わず多数が埋められるため、その爆発を利用することが期待された。そこで、大量の爆薬が車両内部に置かれた。地雷が踏まれて爆発したら、すぐに地雷処理車内の爆薬を爆発させる。爆薬の規模は必然的に、車両のすぐ周りにある他の地雷全部を着火させ、破壊する爆風を発生する。

その後、大隊の爆薬専門家に地雷処理車内の爆薬を遠隔操作で爆発させる方法を考案するよう要請された。しかし、この考案はすぐには実現しなかったので、部隊では引き続き改良を重ねた。新たに配備された「ボルクヴァルトBⅡ」地雷処理車の数台には、車両左側で起動輪上方のコンクリート製構造物に穴が1個開けられ、車両前面と平行して1本の金属レールが取付けられた。

1940年9月、アルザス州ヴァイセンブルクの新基地で下部部隊が編成された。その時点で地雷処理中隊の総兵力は依然として約400名であり、地雷処理中隊の規定兵力を遥かに上回っていた。

2.2.2
第1地雷原大隊

ヴァイセンベルク基地に駐留する第1地雷原中隊は、1940年12月1日以降は大隊に格上げされた。新部隊の名称は第1地雷原大隊で、信号分隊、車両修理分隊を擁する本部組織（陸軍前線指揮所番号17031）に加えて、第1地雷原中隊（陸軍前線指揮所番号08914）と第2地雷原中隊（陸軍前線指揮所番号10089）から成っていた。

大隊長は、自分の部隊で使われる地雷ローラーを引く地雷処理車に因んだ「ローラーならしのミュラー（Walzen-Müller)」というあだ名を持つクラウス・ミュラー少佐だった。

部隊の人員と装備数は、1941年2月1日付で発効した地雷処理大隊本部の編成を規定した戦力定数指標表「KStN1107」と、地雷処理中隊の編成を規定した戦力定数指標表「KStN1159」により規定された。

以下は1941年春時点の同大隊士官の官職表である。

大隊本部
大隊長：工学士ミュラー少佐
補佐官：ゼネ少尉
本部中隊長：シュトラック中尉
大隊付軍医：ヴィルト博士
第1地雷原大隊第1中隊長：ブラウ中尉
小隊長：デットマン少尉
小隊長：伯爵フォン・デア・レッケ少尉
小隊長：パイチ少尉
第1地雷原大隊第1中隊長：ヴァイケ大尉
小隊長：フリッチケン少尉
小隊長：フィッシャー少尉
小隊長：ヴィスペライト少尉

ヴァイセンベルクの駐屯地は、マジノ線の一番厳重な要塞化が進められる以前はフランス軍のハーゲナウ要塞地区だったところに在った。31㎞幅の地域に砲兵陣地2ヵ所、重掩蔽壕54ヵ所、大規模地下陣地15ヵ所、着弾観測用重掩蔽壕3ヵ所、これらに加えて何百ヵ所もの戦闘用小規模陣地が、1930年から1940年まで建設されていた。掩蔽壕の前と間には6列に及ぶ対戦車障害物、有刺鉄線障害物、それに敵の突破あるいは侵入の阻止を意図した地雷原があった。

1940年秋から41年春まで、そうした掩蔽壕が集中していた場所で「ボルクヴァルトBⅠ」、「BⅡ」地雷処理車の集中した試験が実施された。更にボルクヴァルト「BⅡ」の水陸両用型「エンテ」の試験も、せき止められたライン河の支流で何回か実施された。

5月末に、大隊は計画に沿って「バルバロッサ」作戦のために兵力集結を進めていた東プロイセン国境に移動を始めた。

移動の詳細は以下の命令に含まれている。（出典：ドイツ連邦公文書館／フライブルク軍事公文書館）

「極秘！」
ブラウロック要塞司令部　1941年6月11日
大隊ⅠaN3.3078／41gKdos
写し10部　3番目の写し
事項：ブラウロック要塞司令部作戦課
Nr.0329／41 gKdos.Chefs.v.10.6.41
題目：第1（自動車化）地雷原大隊

6月15日、16日に第1地雷原大隊の自走できる部隊は第Ⅷ軍団の砲兵部隊の先陣として、オルテルスブルクの南東地区のそれまで

開けた場所に放置された車両。手前の小型指揮戦車は全周視察ペリスコープをまだ装備していない。(Hand)

まだトラックの荷台に載ったままの地雷処理車は防水布に覆われている。(Hand)

現地に到着後、地雷処理車は移動式傾斜路を使ってトラックから下ろされた。(Hand)

地雷処理車に「30」という数字が記入されている。作戦運用の際は車両の位置を特定する助けとして、その上に旗が取付けられた。比較的小さな車両規模とローラーに注目。(Hand)

地雷処理車は交戦区域にトラックで運ばれる。(Hand)

の宿営地から、オルテルスブルク、ヨハニスブルク、アリス、リック、トゥロイブルク、ラツキ、それにスヴァルケンを経由し、第Ⅷ軍団の集結地に移動すること。

6月14日に地雷原大隊は、ストラスブルク東の休養地で第Ⅷ軍団の砲兵と連携することになる。

装軌式車両を装備した部隊は鉄道で6月18日にスヴァルケンに送られる予定（鉄道移送に関する命令は次の通り）。

大隊本部と第1地雷原大隊第2中隊はギビィ西方の集結地点（ギビィから少なくとも5㎞以上離れる）にとどまり、陸軍の指揮下に残る。情勢に応じ陸軍第Ⅷ軍団、あるいは第Ⅶ軍団のどちらかに隷属する。

担当地域は陸軍第Ⅷ軍団により割り振られるであろう。

第1地雷原大隊第1中隊は陸軍第Ⅷ軍団の作戦指揮下にある。

軍団の先鋒部隊は6月15日にリックで陸軍第Ⅷ軍団司令部に第1地雷原大隊第1中隊の集結地点の割振りと任務の受領に関して報告することになっている。

作戦幕僚に限定

参謀本部長（署名は判読困難）

1941年6月13日に第9軍で開かれた軍団会議で、敵の情勢が再び検討された。オリタ近くのニジェメン以外には要塞が発見されず、グロドノ近くのソ連軍は作戦予定地区の他の場所より強力だった。

この会合で第1地雷原大隊はヘルマン・ホト将軍指揮の第3機甲集団と共同作戦を張ることが提案された。第3機甲集団は第LⅦ（57）軍団と第ＸＸＸⅨ（39）軍団、それに軍集団単位の部隊と軍単位の部隊から構成されていた。

第LⅦ軍団は第12戦車師団、第19戦車師団、第18機械化歩兵師団から成り、一方第ＸＸＸⅨ軍団は第7戦車師団、第20戦車師団、第14機械化歩兵師団、それと第20機械化歩兵師団から構成されていた。

第3戦車集団が分担地域に到着後、実戦に参加する前に第1地雷原大隊は分割された。大隊本部と第1地雷原大隊第2中隊は第ＸＸＸⅨ軍団の作戦指揮下に入り、第1地雷原大隊第1中隊は第28軽師団（第Ⅷ軍）の指揮下に編入された。

作戦開始前に、最高司令部は地雷処理車運用に対する基本原則を危惧していた（4.2章：地雷原車両の作戦運用に関す

1941年2月1日以降の地雷原中隊の編成（KStN1159）

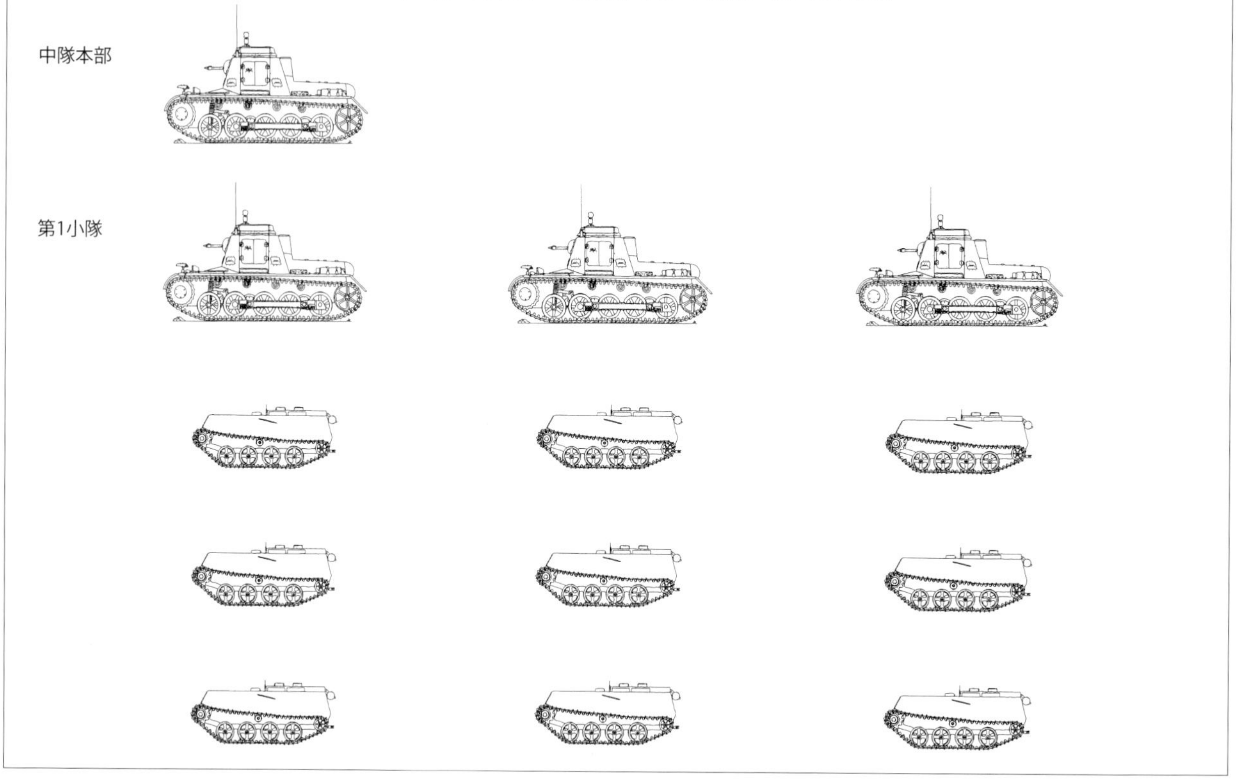

走行中の小型指揮戦車と地雷原車両「B I」。(Hand)

マジノ線の一部として、数えきれないほどの障害物が構築されていた。(Hand)

「竜の牙」は機甲部隊の進撃を妨げることを目的としていた。(Hand)

爆薬を積んだ地雷処理車が障害物に向けて誘導され、爆破された。(Hand)

爆破地点の上に巨大な噴煙が発生した。(Hand)

る注意書きを参照)。ソ連邦攻撃は1941年6月22日の0315時（午前3時15分のこと、以下同）から始まった。

スヴァルキの境界線から、第1地雷原大隊本部と第1地雷原大隊第2中隊は第XXXIX軍団の他の部隊と共に北東のカルヴァリアに向け進撃した。第3小隊が先鋒を務め、第7射撃旅団の擲弾兵小隊と第7戦車師団第58戦車工兵大隊の工兵小隊が続いた。地雷処理車は鋤（すき）で耕された前哨地帯を進んだが、そこには地雷が埋まっていなかった。

第83歩兵連隊（第28軽師団）の戦闘集団の一部として、第1地雷原大隊第1中隊は南東に向けて進撃し、ソポキニーを経由してグロドノには6月24日に到達した。その作戦の後、第1地雷原大隊第1中隊は第Ⅷ軍団を離れ、しばらくはグロドノ地区にとどまった。

一方、第XXXIX軍団の部隊は6月25日にヴィルナに到達した。状況に応じて、第1地雷原大隊第2中隊の小隊は第7戦車師団と第20戦車師団の指揮下に入った。クレヴォには6月26日に達し、ミンスクには6月29日に到達した。7月2日に第XXXIX軍団は北東のヴィテブスクに向かって進撃し、第1地雷原大隊本部と第1地雷原大隊第2中隊は当初はミンスク地区で軍団の指揮下にとどまる予定だった。だが、この命令はすぐに取消された。

第20戦車師団が7月1日1045時に発した午前報告では、遠隔操縦の地雷処理車を爆発させることで、第59射撃連隊の担当地区に対する敵の偵察行動を既に二度撃退した、と述べている。

7月3日に第1地雷原大隊第1中隊は、引き続き第LVII軍団の指揮下に止まりミカリツキに進出せよ、という命令を受けた。

7月5日、第1地雷原大隊第2中隊はレペルに達した。ソ連陸軍はディナ河東岸防衛のため戦力集中を図っていると想定されたため、第1地雷原大隊第2中隊の1個小隊が第7戦車師団、2個小隊が第20戦車師団の指揮下にそれぞれ編入された。ウラとベシェンコビッチでディナ河の渡河に成功した後、7月8日にヴィテブスクを奪取した。

7月8日に第1地雷原大隊はその上部組織から開放され、その地雷原大隊は第3機甲集団の作戦地域を離れた。

1941年2月1日以降の地雷原中隊の編成（KStN1159）

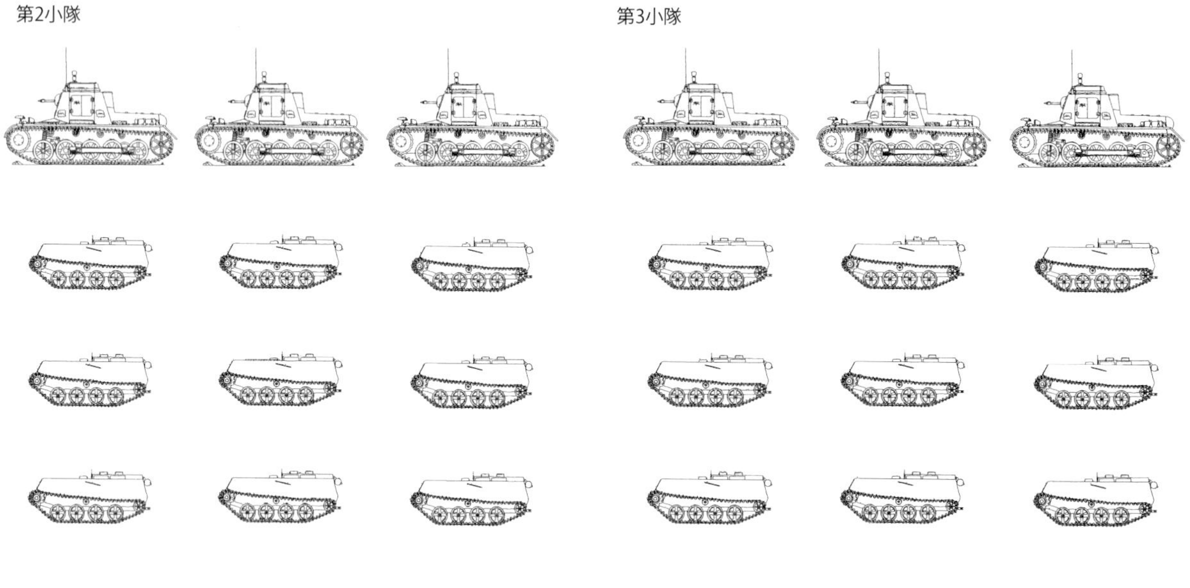

煙が切れると、その成果が明らかとなる。首尾よく爆破できた結果、障害物の間に車両が通れる隙間が生じた。(Hand)

この演習では事前に予定されていたが、地雷処理車1台が地雷上を走行した。履帯が分離し、コンクリート製の上部構造物は部分的に破壊された。(Hand)

マジノ線のこの地区における試験の過程で、数台の地雷処理車が破壊された。(Hand)

残骸は集められて排除される。残った車体と転輪はトラックに引上げられた。(Hand)

このSd.kfz265小型指揮戦車はこの作戦で回収車両として使われた。(Hand)

この「ボルクヴァルトBⅠ」もやはり大きな損傷を被った。コンクリート製上部構造の前部が千切れている。(Hand)

第3機甲集団司令部　1941年7月8日
作戦課

1.）第1地雷原大隊は後方に撤退するため、ヴィルナに集結する。
2.）従来は第LVII軍団の指揮下にあった第1地雷原大隊第1中隊は第LVII軍団の指揮から外れ、ヴィルナに向かう。
3.）ヴィルナに向かう本隊の先鋒は、到着後にヴィルナ地区の司令部に申告せよ。
4.）士官1名の指揮下の装甲車両5両を第3機甲集団司令部に配属する。レペルの軍団司令部に申告せよ。
上記に対する警告の命令は電話による
配付先：通常　　　　　　　　　署名　シュパッツ
（出典：ドイツ連邦公文書館／フライブルク軍事公文書館）

部隊はヴィルナを経由してトゥロイブルクに向かい、そこでヴィンスドルフへ帰還するために列車に乗車した。

その後の数週間は延び延びになっていた車両、装備に対する整備が行われ、ソ連邦相手の戦いに短期間従軍して得た経験が評価された。

1941年9月10日に工学士ミュラー少佐が交代した。大隊の新隊長は、元第1地雷原大隊第2中隊長のヴァイケ大尉だった。

2.2.3
第300戦車大隊／第300（遠隔操縦）戦車大隊／第301戦車大隊

1941年9月15日に第1地雷原大隊は第300戦車大隊と改称された（陸軍一般軍務局命令　Ｉc4169／41g.K.）。当初、大隊には大隊本部とその隷下の2個中隊しかなかった。

第300戦車大隊はヴァイケ大尉が指揮した。中隊長はミュラー中尉が第1中隊長、フリッチケン中尉が第2中隊長をそれぞれ務めた。

1941年11月にヴィンスドルフからコットブスに移動してから、大隊はⅢ号指揮指令戦車で訓練を始めた。同時に送受信機類の開発、試験を手伝うため、ベルリン・ダーレムのヘル社に要員が派遣された。それにより、新技術に早く馴染めると期待された。

1942年1月にミュラー中尉が事故死した後、アーベンドロト中尉が第300戦車大隊第1中隊長に就任した。

1942年2月9日、大隊は更に第300（遠隔操縦）戦車大隊と改称された。同時に第300戦車大隊第3中隊という新たな中隊を編成するための命令が発せられた（陸軍一般軍務局命令ＩaⅡ429／42g.K.)。既にある2個中隊は無線操縦爆薬運搬車を装備した（遠隔操縦）軽戦車中隊に改編することが計画されていた。一方、第300　（遠隔操縦）戦車大隊第3中隊は有線誘導の爆薬運搬車を装備した遠隔操縦中戦車中隊として予定されていた。

1942年春における大隊の士官表は以下の通り。
大隊本部
大隊長：ヴァイケ大尉
補佐官：博士シュミット少尉
上席士官：博士シュミット少尉
遠隔操縦装置士官：工学士ハンケ中尉
大隊付軍医：ヴィルト博士

第300（遠隔操縦）戦車大隊第1中隊長：フォン・アーベンドロト中尉
小隊長：氏名不詳の少尉
小隊長：シュレンツィヒ少尉

第300（遠隔操縦）戦車大隊第2中隊長：フリッチケン中尉
小隊長：フィッシャー少尉
小隊長：フォン・ローデン少尉

第300（遠隔操縦）戦車大隊第3中隊長：ゼネ中尉
小隊長：デットマン少尉
小隊長：ジグムント少尉

新型の有線操縦、無線操縦爆薬運搬車の最初の公開演習が1942年3月に総統の「狼の巣」司令部で行われた。

その当時は少尉で、第300（遠隔操縦）戦車大隊第2中隊の小隊長を務めていたユス・フィッシャーは、その時のことを自分の覚書きに記した。

東プロイセンの「狼の巣」総統司令部にて

それは1942年3月末の寒い乾燥した日だった。「狼の巣」の外部警備地区でⅢ号指令戦車1両、「BIV」2台からなる無

牽引用ケーブルが装着される。(Hand)

Sd.kfz265を巻揚げ機として使い、地雷処理車の残骸が滑車を介してトラックに引き上げられる。(Hand)

他の装甲戦闘車両の性能試験も同時に実施された。この場合は1両のSd.kfz265がもう1両を牽引する。

この小型指揮戦車は、霧の立込める悪天候のために道を踏み外したトラックを引き上げようとしている。

線操縦戦車分隊、それと爆薬運搬車3台の「ゴリアテ」分隊をアドルフ・ヒットラーの視察のために並べた。

ドイツ三軍最高司令官であるヒットラーは我々の展示物の前を大きな足取りで足早に去ったが、彼の顔は青白く厳粛そうだった。国防軍最高司令部総長ヴィルヘルム・カイテル元帥と国防軍参謀本部の数名の将軍達、武装親衛隊と親衛隊保安部隊の幹部、それにマルティン・ボルマンを含む党幹部がやや離れて彼に付き従った。

私はヒットラーに近付き報告した。彼は一言も喋らずに私を見つめ、我々が用意した大きなポスターと展示板を一度も歩みを遅らせずに歩き回って見た。無線操縦戦車の発達、西方障壁における試験結果、特殊車両や無線操縦装置の配置や性能の特徴、そして最後にそれらの運用の潜在的な可能性と実戦運用の要求などに関し、私は説明の合間に言及したかった。

私の部下達は何昼夜もかけて準備をした。その終り近くになって、2台の「BⅣ」の片方が故障した。代りの車両はボルクヴァルト社によりブレーメンから空輸され、最後の日に届いた。我々は公開展示当日の朝にどうにかその準備を完了した。

しかしヒットラーはどんな物にも何等興味を示さずに我々の前から歩み去った。私は彼の後を追って付いていった。

ヒットラーが私の小さな展示物の端に来た時、素早く説明をしたかったが、その機会はなかった。彼はぶっきらぼうに言った。「実演始め」

ヒットラーは不機嫌だ！　誰も寄せ付けず、自分の権力を充分に意識した人物という印象を私に植付けた。親しみやすさは微塵もなかった。

「ゴリアテ」分隊が始めた。兵士達は「ゴリアテ」3台の制御位置に素早く動き、数秒のうちに「ゴリアテ」は動き始め、約300m離れてあらかじめ準備された「敵陣地」に向かって巧みに進んでいった。敵は機銃陣地から撃って来た（もちろん空砲だが）。低い姿勢という優位性を生かし、「ゴリアテ」は機銃陣地に到達し、そこで爆発を模した発煙弾が上がった。遠隔操縦機動の間に電流が流れなくなるのを恐れ、爆薬運搬車が操縦ケーブル上を走行しないように細心の注意が払われ

1942年1月5日以降の（遠隔操縦）軽戦車中隊の編成（KStN1159）

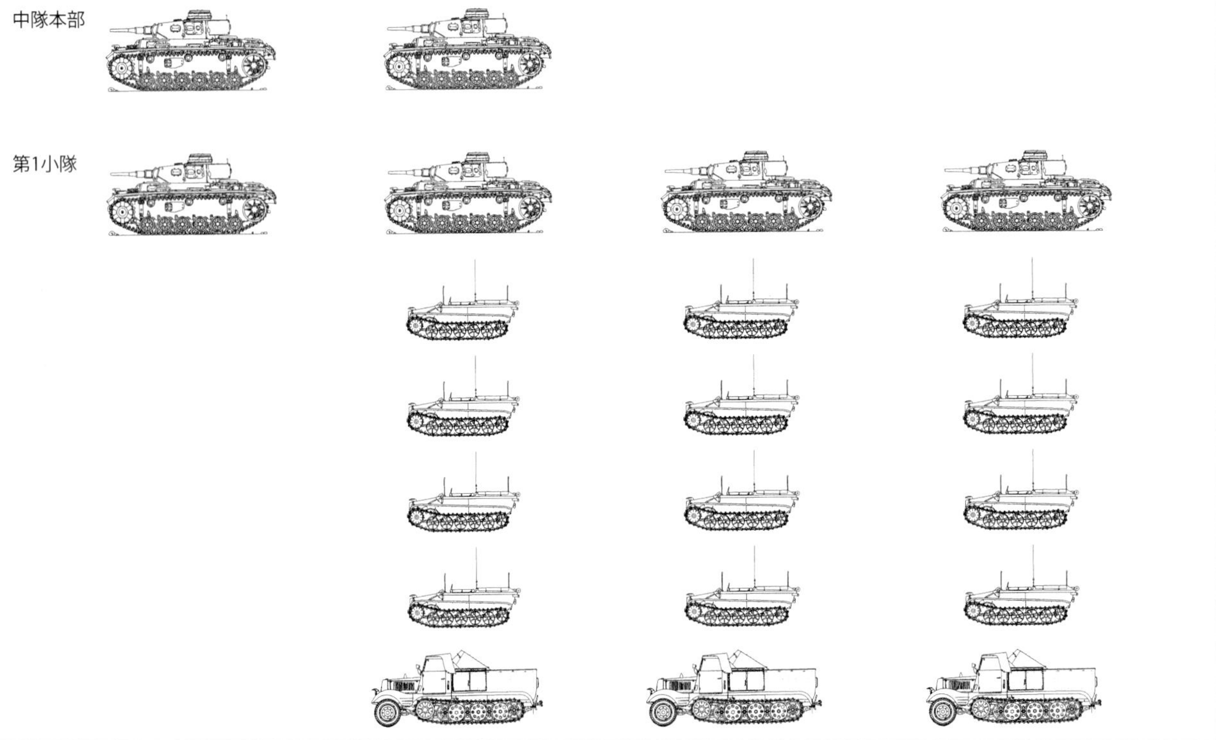

アルザスのヴァイセンブルクにある新たな駐屯地に移動後、新編成の第1地雷原大隊は保有車両の試験のため、マジノ線のハーゲナウ要塞地区内で障害物と防備物を与えられた。(Hand)

鉄条網の障害物以外に、おびただしい数の地雷が埋められていた。(Hand)

第1地雷原大隊の大隊補佐官ゼネ少尉が指揮をとる。同大隊の戦術標識はオートバイの泥除けだけでなく、サイドカーにも記入されている。(Schick)

休憩中の第1地雷原大隊の士官達。左からゼネ少尉(補佐官)、工学士ミュラー少佐(大隊長)、ブラウ中尉(第1地雷原大隊第1中隊長)、そしてヴィッケ大尉(第1地雷原大隊第2中隊長)。(Hand)

試験中はより大型の「ボルクヴァルトBII」が使われ、そして破壊された。(Hand)

た。実際の運用では爆薬運搬車が自陣内で爆発を引起こす危険性があり、それは不運にもレニングラードで発生した。

ともあれ、実演がヒットラーを変えた。彼は取巻き連中に向きを変え、無遠慮に笑い、嬉しそうに腿を叩いた。

技術者達は「BⅣ」の実演のために巨大な対戦車障害物を構築していた。実演の主題は「BⅣ」が爆薬を投棄し、障害物を通行可能にするのを見せることだった。「ゴリアテ」とは異なり、これは爆薬を実際に爆破させた実演で、爆薬量は450kgに達していた。全てがうまくいった。私の発案で、安全要求基準を無視していた。そのため私は神経質になっており、心の中で以前の不首尾に終った実演を思い出していた。

私はヒットラーにⅢ号指令戦車の車内に乗り込むように頼み、彼が踏み台を使うのを手伝った。私は彼に全てのハッチを閉めるよう頼んだ。戦車内にはカイテル元帥まで乗込む空間がなかったため、私は彼と他の高官に、実演の際は安全な線まで下がっているように依頼した。しかしカイテルは戦車後部の背後で私と共に身を屈めることを欲した。「私にも君と同じことならできる」と彼は言い、その通りにした。

戦車から分隊長が遠隔操縦で「BⅣ」を発進させ、それを対戦車障害に真っ直ぐ誘導し、爆薬を投棄した。爆薬運搬車は自動的に後退ギアに設定され、爆風範囲から高速で離脱した。

私とカイテルは戦車後部に回って爆風を退避した。爆発の直後、私は指令戦車に飛び乗り、それを始動させた。戦車にヒットラーを乗せたまま、我々は爆破口に向かった。カイテルは急ぎ足で我々の後を追った。戦車のエンジンを始動させた時、彼は排気ガスで制服が汚れる不運に遭った。彼は素早く立ち上がりはしなかった。実演が計画どおりに進んだのが嬉しく、私はあまりにも戦車を動かすことを早く命じた。同時に分隊長が2台目の「BⅣ」を誘導し、爆破口を通過して障害物の残骸を乗り越えての走行を実演した。「BⅣ」は爆破口の壁をゆっくりとよじ登る時に震えた。まるで停止するかのように見えたが、油圧装置がきっちり仕事を為し遂げた。

ヒットラーは爆破口で戦車から降り、私と共にカイテルの方に歩いて来た。彼は幾分か叩き付けるような断続音のような調子で喋った「私は想像した…。それをセヴァストポリで

1942年1月5日以降の(遠隔操縦)軽戦車中隊の編成(KStN1159)

第2小隊

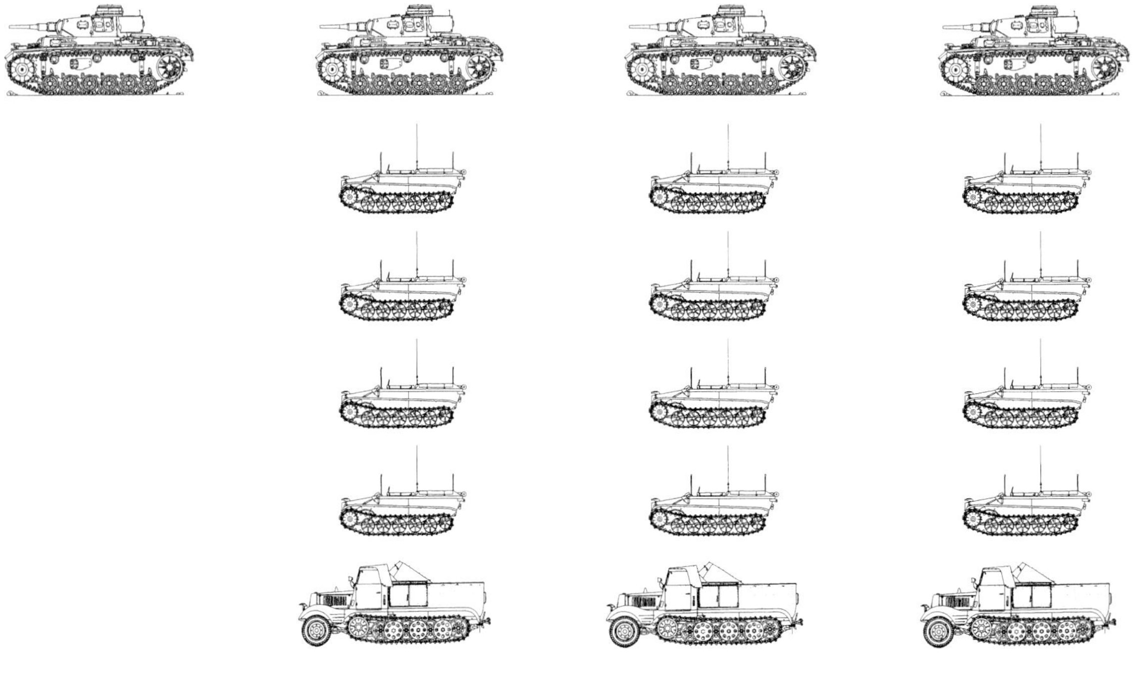

このビッシンクNAG500Sトラック（陸軍車両登録番号「WH155644」）は脇道にそれて転覆した。

トラックから下ろされた「ボルクヴァルトBⅠ」は、2両の小型指揮戦車265の助けを借りて自力走行に戻った。（Baumann）

1941年5月末、大隊は東方に向かって移動を始めた。この「ボルクヴァルトBⅡ」はこの後、列車に積込まれる。（Wizgall）

使うことを。最初は…小さな『ゴリアテ』だ。広大な前線の…歩兵陣地や塹壕網を攻撃し、それから…大型爆薬運搬車で突破する…！　これこそが、この複雑な敵陣地を突破する方法だ！」

ヒットラーはカイテルとだけ喋った。以前と変わらない謹厳実直なプロシア軍人の姿勢を崩さず、彼は半段落ごとに自分の元帥杖を持ち上げた。ヒットラーが言い淀むと、いつも彼は頭を少しだけ下げてこう言った。「そうですとも総統閣下」、「そうですとも総統閣下」、「そうですとも総統閣下」

私は「塹壕網」や「歩兵陣地」という言葉を耳にした！　それは遠隔操縦の「BIV」にとっては最悪の条件だった。装軌車両が塹壕網で簡単に身動きとれなくなることを知っており、数日前のトブルクでの公開展示を思い出していた。カイテルが最後の「そうですとも」を言ってすぐに、私は言った。「総統閣下、この最初の任務の成功は地形にかかっております。我々は戦車にとって好ましい地形と完全に同じものを必要とします」

ヒットラーは衝撃を受けたかのように真っ直ぐ前を見つめ、カイテルの前も通り過ぎた。私は大それたことをしでかしたと困惑してしまった。それともヒットラーは、自分の想像力に反する実際の情報にはまったく関心がないのであろうか？　短い休止の後、ヒットラーはカイテルに言った。「これを見たまえ」

彼はカイテルの前を通り過ぎ、カイテルは幾らか離れて彼に付き従った。そしてヒットラーの専用車が近付き、彼らを乗せて行った。

ヒットラーの不快な気分は行動からも明らかだったが、翌日の最高幹部との昼食の最中に、私はそれについて幾らか聞き出した。その前日に参謀総長のフランツ・ハルダー上級大将がヒットラーの戦略計画に強く反駁した。ヒットラーは彼の進言を退け、意固地に戦力の再展開を主張した。ラインハルト・ゲーレン将軍の「東部戦線の外国陸軍」に関する良い情報にもかかわらず、敵の潜在能力を軽視した。分離した実演が命じられたことも理由だった。

「狼の巣」における警備はその当時（1942年3月）、既に充分に厳重だった。私にはそれが過剰すぎるように思えた。

士官は拳銃を取上げられた。「ゴリアテ」は起爆薬が装着されていないことが厳しく点検された。爆薬を積んだ「BIV」の近くには数名のナチ党保安部の要員（SD）が常にいた。

安全責任者の工兵大佐と実演展示について討議していた時、彼は450kgの爆薬は全く受容できないと拒絶した。我が隊長が少量の爆薬では障害物を破壊できないと指摘し、それ

1942年1月5日以降の（遠隔操縦）軽戦車中隊の編成（KStN1159）

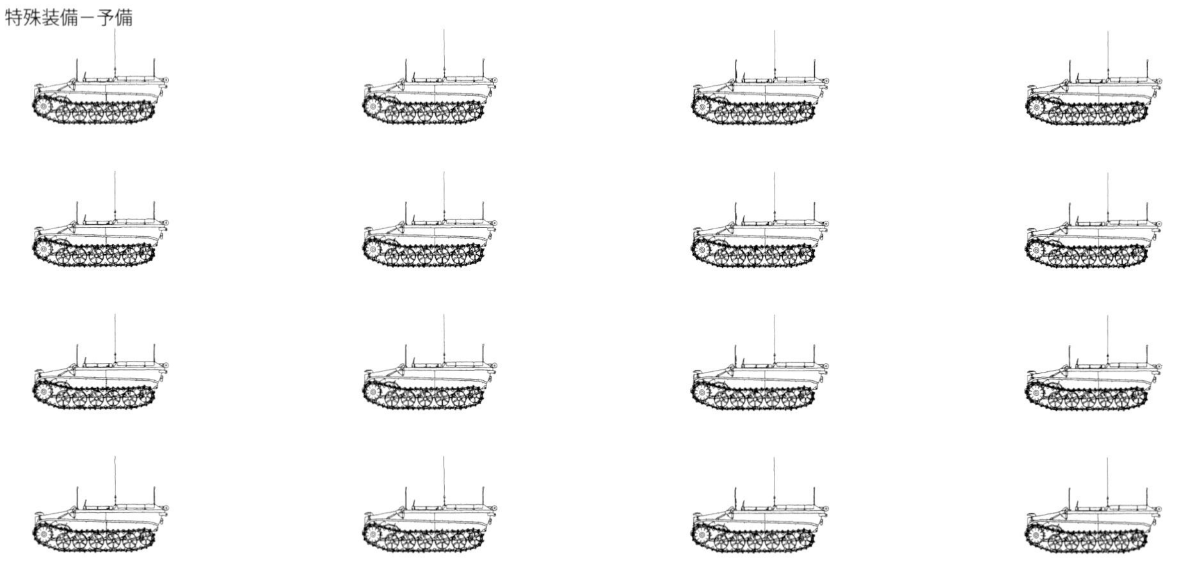

東プロイセン国境地区の第1地雷原大隊第1中隊に属する対空機関銃装備のkfz4。(Hand)

大隊は必要な場合、対空機関銃だけに頼ることができた。2㎝、3.7㎝といった口径の機関砲は配備されなかった。(Hand)

まだまだ平和だった時期の記念写真。この「BⅡ」は真っさらの新車に見える。(Ling)

1941年6月中旬から、第1地雷原大隊第1中隊は第Ⅷ軍団支配下の集結地を占拠し始めた。(Meier)

第1地雷原大隊第2中隊は第ⅩⅩⅩⅨ(39)軍団に配属された。(Ling)

なら実演展示を全くやらない方がましだ、と言った。戦闘工兵は主に爆破用雷管か橋梁爆破のためにせいぜい数kg程度の爆薬包しか扱わないため、我々の爆薬が工兵士官には膨大な量に思えるだろう、ということは明白だった。300kg爆薬を使うという我々の逆提案には返答がなかった。彼はそれ以前に最大200kgが限度だと言明していた。今までの開発では、そのような少量の爆薬では成功するかどうかは疑わしいということは我々も充分認識していた。だが、ヴァイケは何の決定も下さなかった。

私は危険を冒し、爆薬を全量置いたままにした。自分の為すべきことと信じた無線操縦の理論と実践に多くの時間と努力を費やして来たが、これに関しては、その後でさえも誰とも相談しなかった。また誰からも質問されることはなかった。その工兵大佐からも、私の隊長からも。そこで私は彼らから暗黙の同意を得たものと後で思った。

翌日、同じ実演を一般幕僚に対して行ったが、今度は爆薬は爆発させなかった。それでも彼らの関心は高く、システムの詳細と想定される実用上の問題に関する活発な討議が交わされた。ある歩兵科の将軍は「BIV」内に運転手が隠れているのでないかと疑っているようだった。

コットブスに戻ってすぐに大隊は、地形偵察の結果を待たずにセヴァストポリでの戦闘に備えた準備をせよとの命令を受けた。我々は地図と要塞構造と塹壕網を撮影した航空写真の助けを借り、守備軍にとって極めて好都合な地形に支援された要塞築城に対する作戦の準備することができた。

Sd.kfz301とSd.kfz302の配備は1942年4月から始まり、すぐに新型爆薬運搬車に関する集中した講義と訓練が続いた。

1942年5月初めに、第300（遠隔操縦）戦車大隊はクリミアのセヴァストポリに進出せよとの命令を受けた。そこではセヴァストポリ要塞攻略の「シュトルファンク（チョウザメの口）」作戦に参加する予定だった。

5月の第2週に部隊は鉄道列車への積込みを開始した。5月11日から13日の間に何本かの列車がコットブスを出発し、東に向かった。大隊はポーランド、白ロシア、ウクライナを経由してクリミアまで1週間の旅をした。

再訓練の後で大隊はジンフェロポルに初めて落ち着いた。

1944年10月1日以降の軽戦車中隊fの編成（KStN1171f（f.G.））

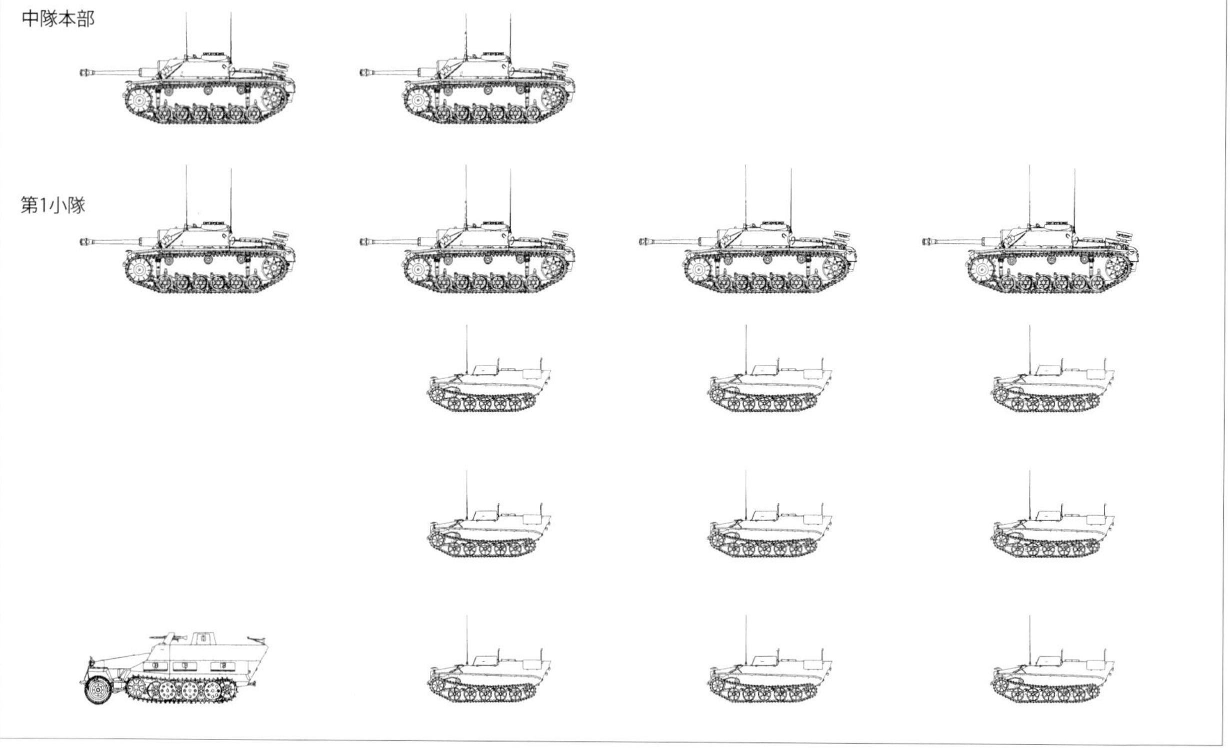

「バルバロッサ」作戦開始の数時間前。指揮指令戦車は迷彩効果を増すため、森の中の露営地に陣取っていた。(Aichele)

作戦開始直前の記録。集結地点の柔らかな地面に埋没した数台の「BⅡ」が回収された。(Hand)

この写真は車両に記入された識別標識が明瞭に写っている。平行四辺形の隣には丸で囲われた中隊番号が見える。その下の「21」は個々の車両番号を示す。識別標識が上部構造物と泥除け前面の両方に記入されていることに注目。(Hengstberger)

この写真ではSd.kfz265に加えられた改造が容易に見て取れる。全周視察ペリスコープが構造物上面のハッチに追加された。その前方にあるのは無線操縦用アンテナの取付け部である。(Bähr)

1941年6月22日早朝に撮影されたスナップ写真。ソ連への攻撃開始だ。(Aichele)

5月末までの数週間は無線操縦、遠隔操縦車両に対する更なる訓練と習熟に費やされた。それに付け加え、部隊は将来の作戦地域を偵察した。

フォン・マンシュタイン上級大将がセヴァストポリ要塞の攻略を命じた。彼の第11軍は2個軍団に分割された。第ＸＸＸ軍団は第28軽師団と第72、第170歩兵師団から構成された。一方の第LIV軍団には第22、第24、第50、第132歩兵師団が属していた。

第300（遠隔操縦）戦車大隊は一つの組織として関与できず、部隊は二つに分割された。第ＸＸＸ軍団と第LIV軍団にはそれぞれ無線操縦軽戦車中隊1個と無線操縦中戦車中隊の半分が配属された。それらの軍団は攻勢では指揮下の歩兵師団に無線操縦小隊あるいは同分隊が使えるようになった。歩兵師団の指揮官達に無線操縦部隊の基礎知識を与えるため、「遠隔操縦爆薬運搬車運用のための指針（第300戦車大隊）」が軍団を通じて隷下の各部隊に配付された。

第300（遠隔操縦）戦車大隊の各中隊は1942年5月29日から31日にかけてそれぞれの集結地区に移動した。

1942年6月2日0230時にフォン・マンシュタインの砲兵部隊が要塞施設に対し5日間におよぶ集中した砲撃を始めた。それから6月7日に第22、第50歩兵師団がメルツァー隘路から攻撃し、強力に守備されていたカミシュリィ隘路を通過して進撃した。

1942年6月11日に第ＸＸＸ軍団は戦線の南側を攻撃し、敵の防衛線を突破した後に第22、第24歩兵師団の部隊がセヴェルナヤ湾に到達した。

6月21日のフェデュキニィ高地占領に続いて、第ＸＸＸ軍団は見晴らしの利くサプーン高地を6月29日に攻略し、そこを翌日に占領した。

1942年7月1日、セヴァストポリはドイツ軍の手中に落ちた。敵の最後の要塞を7月3日に奪還し、7月4日にはケルソネス半島で最後の戦闘が終わった。

1942年6月7日から7月1日までの間に、第300（遠隔操縦）戦車大隊配下の部隊は、次の歩兵師団と共に様々な日に戦闘に参加した。

●第ＸＸＸ（30）軍団

1942年6月07日　第50歩兵師団

1942年6月10日　第22、第50歩兵師団

1942年6月11日　第22、第50歩兵師団

1942年6月12日　第22歩兵師団

1944年10月1日以降の軽戦車中隊fの編成（KStN1171f（f.G.））

第2小隊

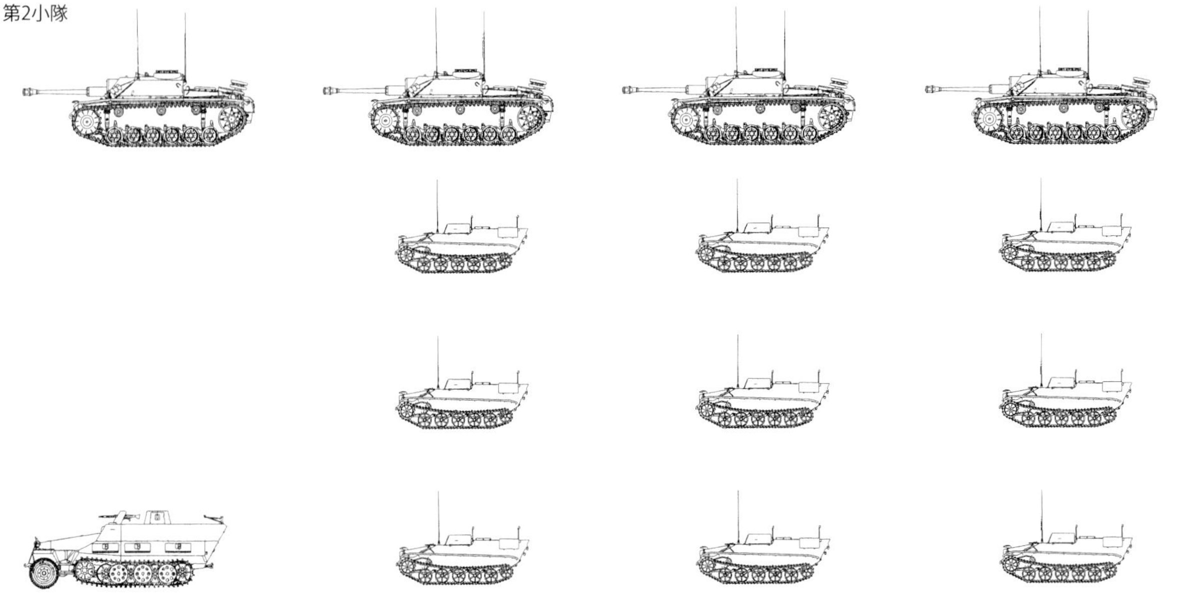

2台の「B II」地雷処理車が指揮指令戦車に付き従い発進地点に向かう。後面には車両番号が記入されている。（Bundesarchiv）

地雷処理車の運転手が「B II」を発進地点に向けて操縦する。敵に捕捉される機会を減らすため、車体に迷彩が施されていることに注目。（Bundesarchiv）

運転手は車両が発進地点に到達するまで運転しなければならない。（Bundesarchiv）

大隊長が個々の小隊の進撃を見守る。（Bundesarchiv）

大隊長の戦車は全周視察ペリスコープを装備していない。ミュラー少佐が進撃を見守っていた。（Bundesarchiv）

1942年6月13日　第170歩兵師団
1942年6月14日　第170歩兵師団
1942年6月16日　第170歩兵師団
1942年6月17日　第72歩兵師団
1942年6月18日　第72歩兵師団
1942年6月19日　第170歩兵師団
1942年6月30日　第28歩兵師団
●第LIV（59）軍団
1942年6月18日　第24歩兵師団
1942年6月30日　第132歩兵師団

第300（遠隔操縦）戦車大隊の無線手、ハインツ・プレンツリン（死去）の日記の抜粋は、1942年5月13日から7月1日までの作戦の詳細な状況を明かしてくれる。

1942年5月13日：0600時から1400時にかけてコットブスで列車に積込み、その後、ザガンに向けて出発。ザガンを2000時に出発しクロガウ、リッサを経由。

1942年5月14日：0340時にオストロヴォに到着。0450時に出発し、リツマンシュタットを経由して1000時にラドムに到着。

1942年5月15日：0015時にドゥロプキン、0600時にルブリン、1100時にザヴァドヴカに到着。

1942年5月16日：ザヴァドヴカを0900時に出発。0915時にコールムに到着。それからヤゴチン、ルンボムルを経由し、1515時にコヴェルに到着。

1942年5月17日：0650時にモーイラニ、1745時にツィトミールに到着。

1942年5月18日：0630時にミラノヴカ、1300時にボブリンスヤに到着。

1942年5月19日：0545時にピラティシャトキに到着。1130時にヴェルクホヴゼヴォに向けて出発。それからドネプロペトロヴスクを通過。そこでは最初の戦禍が見え、ドリエプル橋の間に合わせの修理、瓦礫を積み上げた工場煙突、火事と煙を上げる瓦礫がそこかしこにあった。1930時にシネルニコヴォに到着。

1944年2月1日以降の「ティーガー」（無線操縦）重戦車中隊の編成（KStN1176f）

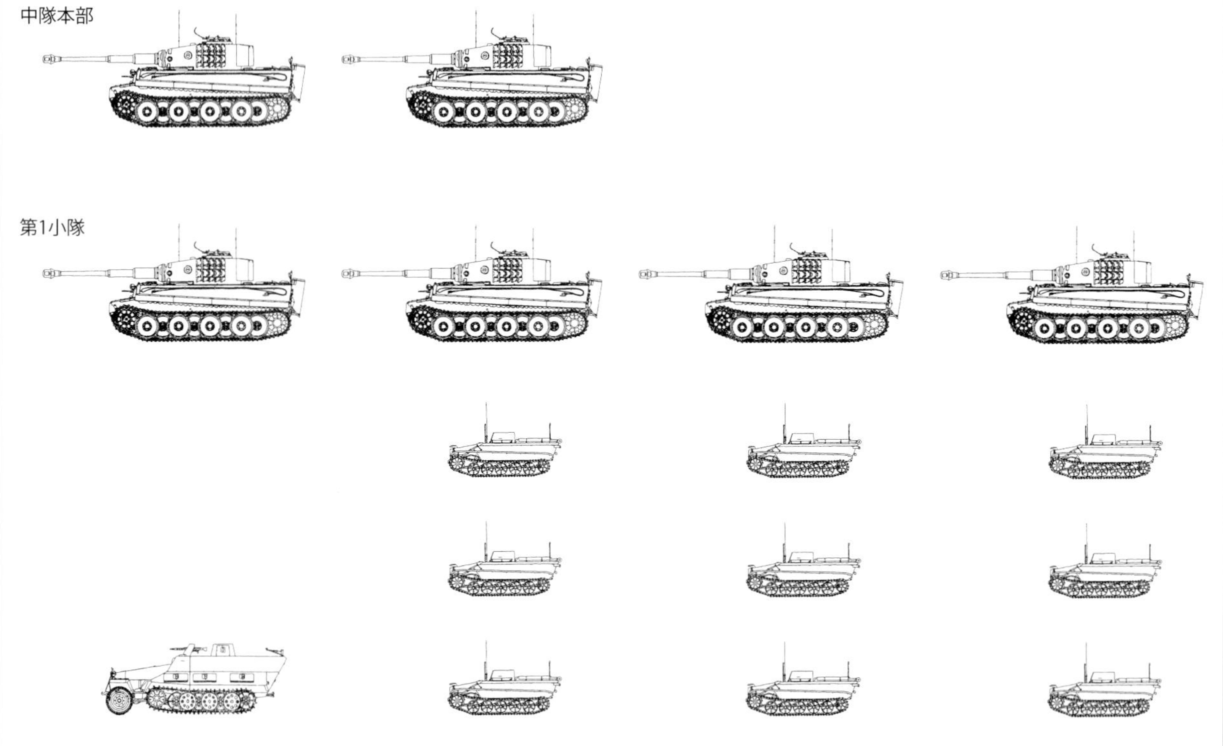

大隊長の指揮指令戦車はフレーム・アンテナを装備している。(Bundesarchiv)

第1地雷原大隊長の工学士、ミュラー少佐。(Bundesarchiv)

22号車が前進する。指揮指令戦車は目標となる獲物を監視中だ。(Bundesarchiv)

空からの攻撃から隊列を防御するため、Sd.kfz10／4は小高い場所に陣取っていた。(Bundesarchiv)

早朝の打合わせ。左からミュラー少佐、ヴァイケ大尉、それとピーパーホフ准尉(第1地雷原大隊第2中隊所属)。(Bundesarchiv)

この指揮指令戦車は第1地雷原大隊第2中隊に所属した。(Bundesarchiv)

1942年5月20日：1300時にクリミア最初の駅、ドシャンコイに到着。

1942年5月21日：0430時にサラブスに到着。そこで列車を降りてシムフェロポルへ向かい、車で移動する。そこで我々は掃除されたばかりの宿舎を使う。1730時にその都市はロシア軍の空爆に遭う。爆弾4発が我々の宿営地区に投下されたが、損害はなかった。

1942年5月22日：無線操縦装置を点検し、天候状態が異なるため放射強度を決定した。夕方に「ロシア軍の日課」で、軍用機が極めて低空を飛来し、ちっぽけな爆弾を撒き散らしていったが、大きな損害はなし。

1942年5月23日：前日と同じ。

1942年5月24日：前日と同じ。夕方に前線劇場（町中の劇場）で観劇。

1942年5月25日：前日と同じ。「ロシア軍の日課」は永久に続くようだ。

1942年5月26日：前日と同じ。我々の為すべきことは多いが、時間は限られている。

1942年5月27日：「BIV」の運転手達が特殊車両を起爆状態にする仕方を講義してくれた。

1942年5月28日：車長達が特殊車両をどういう風に誘導するか講義してくれた。今日は「ロシア軍の日課」が昼間もやって来た。昨日の朝以来、我々の地区は二つの対空砲、一つは8.8㎝砲、もう一つは4連装2㎝機関砲で守られていた。「ロシア軍の日課」（空軍機）は何度も接近したが、何時も撃退された。我々の対空砲は有能だ！

1942年5月29日：我々の機材、無線操縦車両、予備部品を運ぶトラックを整理し、新たな一団に水晶発振子を装着した。「ロシア軍の日課」は昨日と同じ。

1942年5月30日：我々にとっては休日。明日、我々は攻撃地点に移動すると言われていた。我々はどこに行くのか当てようとした。シュミット少尉は本部要員と一緒に前線偵察に出かけた。

1942年5月31日：「ロシア軍の日課」で起こされるが、何てばかな奴らだ！　奴らは日が経つにつれてますます活発になる。ゆっくりとだが、我々の興奮は高まってきた。1100時に我々は命令を受け取った。「移動準備！」。2100時に任務説明が行われ、トレの出発境界線までの行進経路が割当てられる。2200時に出発。

1942年6月1日：0130時に集結地点に到着。車両は道の両

1944年2月1日以降の「ティーガー」（無線操縦）重戦車中隊の編成（KStN1176f）

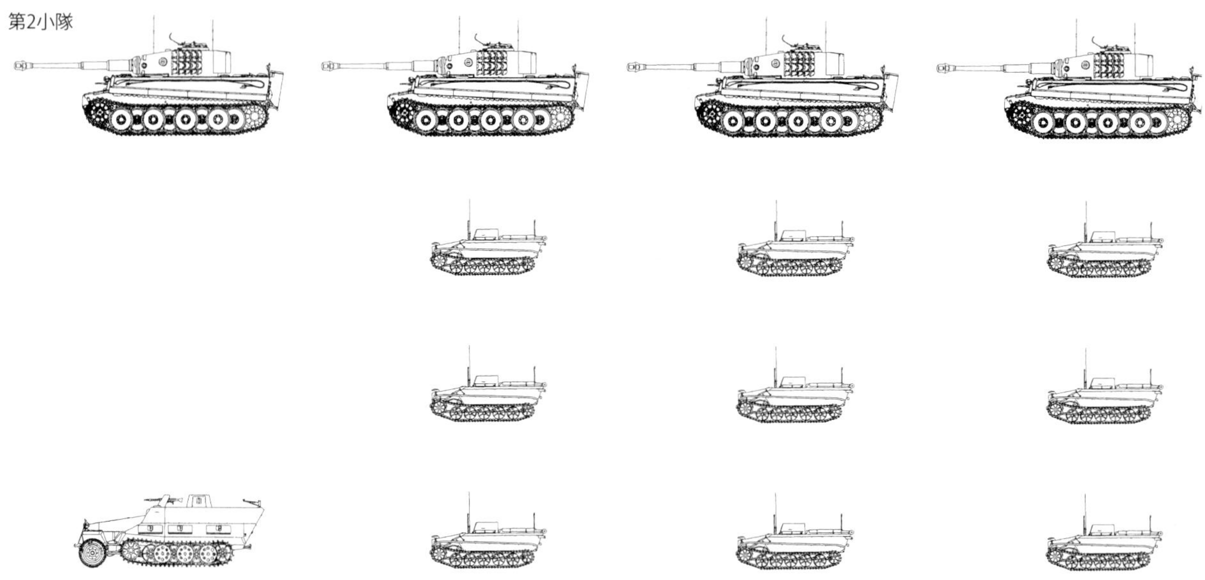

他のSd.kfz265とは異なり、大隊長の戦車には上部構造物に識別標識は何も記入されていない。（Bundesarchiv）

後方の確認。こちらにやって来るのは誰だ？（Bundesarchiv）

大隊長戦車の搭乗員の一人。（Bundesarchiv）

第1地雷原大隊第2中隊の指揮指令戦車1両（6号車）が前進中の歩兵を追い越す。（Bundesarchiv）

指揮指令戦車はできる限り民家から離れて前進した。（Bundesarchiv）

側に駐車し、迷彩が施された。その後、我々はきつい傾斜面に挟まれた谷底の道という大きな困難に直面した。昨日までと同じく「ロシア軍の日課」は今日も来襲。

1942年6月2日：0330時に日の出。0400時から2030時まで、我々の正面のロシア軍陣地に対しシュツーカとJu88が連続攻撃。「ロシア軍の日課」は一層大胆にやって来たが、我軍の戦闘機が奴らを蹴散らすため、目標に到達するのは稀だ。

1942年6月3日：前日と同じ。

1942年6月4日：前日と同じ。我々は「ドー・ヴェルファー」という新型のロケット弾発射器を使用した。それは我々の両側の丘の上に陣取っていた。初めて怯え、肌がむずむずした。そいつらは耳をつんざく騒音と咆哮を発し、最初はロシア軍の攻撃かと思った。

1942年6月5日：前日の地獄絵は終ることなく続いた。列車砲列が準備され、0800時から砲撃を始めた。口径80cmが1門と60cmが2門の長砲身の大砲だ。噂によると、それらはクルップ社工場の技術者によって操作される、世界最大の大砲だそうだ。45分毎に一斉砲撃が起こる。セヴァストポリ要塞の弾薬庫が目標と聞かされていた。私はシュミット少尉に従って砲撃戦果が観察できる観測所に行った。そして砲弾30発を発射する計画であることを聞かされた。2弾目が敵陣のすぐそばに着弾し、5弾目で弾薬庫が吹き飛んだ。ロシア軍は何度か反攻を企てたが、それは「ドー・ヴェルファー」の発射で食い止められた。

1942年6月6日：運用の準備。2200時に出発。私は病気になった誰かの代りに、第2中隊に無線手として配属された。第2小隊のシュナイダー上級曹長に申告。

1942年6月7日：0200時に出発境界線に到着。0530時にはもう砲撃が始まる。ロシア軍陣地に対しシュツーカとJu88の集中攻撃、更に砲撃とドー・ヴェルファーも加わる。我々は出動命令が下るまで待機。我々の砲撃が止んだ短い合間にイヴァン（ソ連兵）の砲撃あり。仲間のヘルツベルクが戦死した。

1942年6月8日：我々はメルツァー隘路にいる。終日、ロシア軍の砲撃あり。ロシア軍は地上攻撃機で攻撃するようになった。重傷者3名。

1942年6月9日：0330時に我々の戦車が偵察に出発。最

1944年2月1日以降の「ティーガー」（無線操縦）重戦車中隊の編成（KStN1176f）

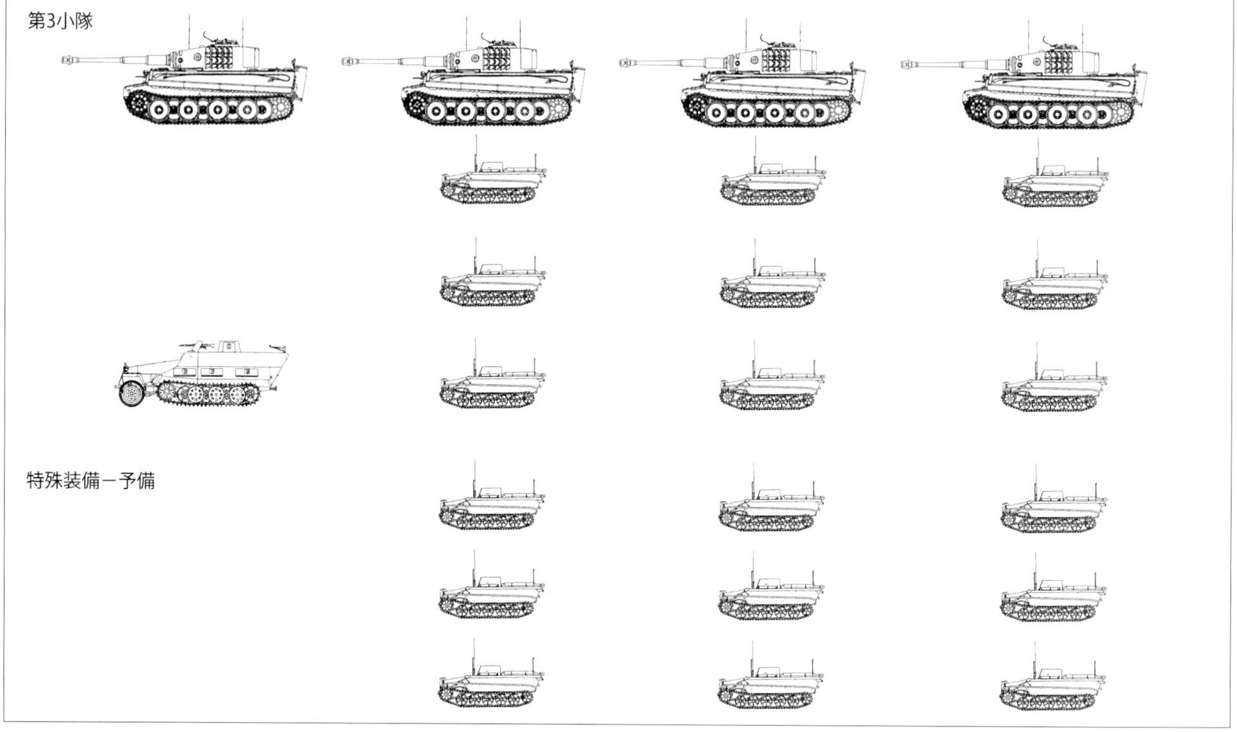

士官が報告を受けている間、隊長は自分の地図に印を付けていた。(Bundesarchiv)

分隊は広く分散して作戦展開する必要があるため、全ての情報伝達は秘密保持のために伝令兵を使って伝えられた。(Bundesarchiv)

宣伝中隊の兵士が第1地雷原大隊の作戦行動をフィルムに記録する。(Bundesarchiv)

住民達が大隊の先頭に近付いてきた。(Bundesarchiv)

この中型幕僚車（WH405943）は大隊本部に所属していた。(Gradolph)

初は「鉄道の丘」の第47歩兵連隊の指揮所、それから鉄道陸橋の第16歩兵連隊、その後で「鉄道の丘」に戻ったのは、第16歩兵連隊がそこに移動していたから。そこから第716高地から第643高地にかけて、更にそこから第630高地から第619高地まで偵察。それは兵舎とその先を攻撃する際の出発境界線だった。ハリネズミ陣地（有刺鉄線で囲われた陣地のこと）で夜を過ごす。

1942年6月10日：0730時に無線で呼び出され、711地点で他の者と合流。そこから「ホワイト・ハウス（白亜の館）」攻撃のため643、642、それと641地点を経由する。戦車3両が撃破された。1230時に対戦車壕がある712地点に戻る。そこで我々は燃料と弾薬を補給した。1330時に鉄道線路の右側から630、639、664地点を経由して「ホワイト・ハウス」を攻撃。「ホワイト・ハウス」攻撃が成功した後、夕方に対戦車壕まで戻る。

1942年6月11日：兵舎、「スターリン砦」、その先の619、628、638地点まで攻撃。そこから、639から712地点を横断し、夜に対戦車壕まで戻る。

1942年6月12日：我々の小隊はメケンジーヴィ・ゴリィの隘路と港を攻撃するために712、643、642、641、665地点を経由して進撃。そこから攻撃を加え、対戦車砲3門を行動不能にして蹂躙。コンクリートの掩蔽壕を使用不能にして「BIV」で爆破。港のオイルタンクまでの通路を掃討。視察孔を通して銃口の閃光を見た。弾丸がすぐそばで爆発し、火花が散った。車両の右側履帯が千切れてしまい、真っ直ぐには進めなくなった。我々は敵の射程から逃れるため、動き続けようとした。他の戦車に無線で助力を求めると、彼らが我々を援護した。そして車外に降りた。私は無線機類全てを破壊した。無線装置の爆薬に火を放ち、最後に脱出した。それから対戦車壕を通って712地点まで走って戻ったが、その間、ずっと激しい砲火を浴び続けた。シュナイダー上級曹長は我々と一緒ではなかった。その後、低空飛行する敵機から機銃掃射を浴びたが、幸いにも彼らの狙いは下手だった。午後遅い時間には、我々はメルツァー隘路まで押し返されていた。暗くなってからパウル・シェーファーが指揮する回収班が我々の戦車を回収した。

1942年6月13日：0800時にトーレ休養地区まで引揚げる。6月17日まで我々はそこで無線機や無線操縦機材の修理を行った。

1942年6月18日：1630時にシャパー、シェプラーと共に水陸両用のフォルクスワーゲンで南方の戦線に向かう。2030時にビルク・ムンスコムヤの休養地に到着。2100時に「ロシア軍の日課」が我々の宿営地の真ん中に爆弾5発を投下。本部の燃料輸送トラックが炎上。1名死亡、もう1名が重傷。私はその重傷者をバルタヴィの救護所に連れて行った。

1942年6月19日：0430時に博士シュミット少尉、シェプラーと共にビルク・ムンスコムヤの休養地を発ってスキー・ジャンプに向かう。1430時に「冬通り」にいる第170師団に帰着。そこでは司令官やマルテンス上級無線手長、リヒター、ギル、エーリヒマン、ザトリ、グラドフ、シュトッツ、それとゲッツェルが次の作戦準備のため情勢を分析、検討していた。

1942年6月20日から28日まで：「冬通り」の第170師団と合流。私は中隊長付きの無線手になった。大隊と第1中隊の間、あるいは他の師団との通信網で活発な無線交信あり。

1942年6月29日：0130時に「冬通り」から「礼拝堂の丘」に出発。そこから我々はサプーン高地に対する大規模砲撃を観測。全ての大砲が連続して発射し、くり返し高地を強打する。それは驚くべき光景だった。この事前攻撃の後で山岳猟兵が楔隊形で前進した。第170師団が後に続き、両側に散開した。地雷が埋まっていると想定されたため、できる限り蛇行は避けた。そして、それはそこにあった。今度は我々が活躍する番だ。我々は「BIV」を使い、2時間かけて頂上に達する道路を地雷除去した。爆薬包無しの「BIV」が5台使われた。0600時にサプーン高地を席巻。抵抗はほとんど無し。我々は側面を確保した。1800時にサプーン高地で第170師団と打合わせ。我々にとっての長い一日は終わった。

1942年6月30日：サプーン高地から幾つかの斥候急襲を実施。その都市は我々の前に開けている。ここから地形はセヴァストポリまで台形のように延びていた。我々の任務はまだ抵抗の兆しがあるかどうかを調べることだった。抵抗は水タンクとガスタンクから指揮されていることだけは判った。そして夕方、第170師団と出発地点に戻った。我々にとってはきつい一日だった。

1942年7月1日：セヴァストポリ攻撃は0300時に開始された。1300時までにセヴァストポリは陥落した。市街の上に我が軍の旗が翻った。ロシア軍はヤルタまで押し返され、罠にはまった。ロシア軍の残党を捕まえるため、歩兵を載せて

この指揮指令戦車には幾つものバルケン・クロイツが記入されていた。(Hand)

指揮指令戦車の整備。機銃と全周視察ペリスコープが取外され、予備の履帯の大半も外された。(Schott)

大隊車両が長い隊列を組んで東方に進撃する。(Hand)

第1地雷原大隊第2中隊に属する、この指揮指令戦車の乗員は作戦行動に備える。既に大半の乗員はヘルメットを被っていた。(Fritschken)

第1地雷原大隊第2中隊は1941年6月25日にリトアニアの都市ヴィルナに到達した。(Stolz)

第20戦車師団の作戦区域での運用に備えて準備中の「B II」地雷処理車。(Lock)

我々は何度も市街を縦横に動いた。その任務も1500時に終わり、引揚げ命令が下された。市街は1530時から略奪者に公開された。我々は2000時までそれに参加した。我々は幾つかの容器にはいったバターとジャムを手に入れた。私は海軍士官の上着とコサックの長靴1足を鹵獲した。その他にはめぼしいものは無かった。我々は2030時に集合し、ノヴォ・シュチへと向かった。

これについての追加情報は第300（無線操縦）戦車大隊第3中隊の元伍長、ヘルムート・グライナーの日記から得られた。

1942年5月28日（木曜日）：0400時に起床。整備任務を遂行。その後、車両は積載され、出発準備をする。0500時に大隊は整列し、隊長が訓示。

1942年5月29日（金曜日）：0030時に起床し、0145時に我々はシムフェロポルを発ち、バチサレイを経由してセヴァストポリに向かう。道すがらヤルタ、アバト、フォツィ、サラを通過する。美しいアスファルト道路をずっと運転し、周りの景色は素晴らしく、アルゴイのようだ。その後、我々は悪路に入り、そこから7㎞の上り坂が続いた。我々の車両は一時的に500mも運転の難しい場所に入った。しかしそれからはまた下り坂で、ウルクスタの外側で1台のブレン運搬車が溝にはまった。それを引上げたら、別の1台が溝にはまった。しかし我々はそれも引上げた。その後、1030時に宿営地に着いた。我々が到着した途端、対空砲が射撃を始めた。それは一晩中、続いた。

1942年5月30日（土曜日）：0600時に起床。我々は前線から8〜10㎞離れた果物農園に野営した。今日は妻からの2通目の手紙を入手した。その日はおおむね静かだった。夕方に我々はシュナップスを数杯飲んだ。

1942年5月31日（日曜日）：0600時に起床。私が起床する直前に、第1中隊が我々のそばを通過し、約300m先で止まった。昨日、その中隊は、我が大隊にとって最初の損害を被り、1名が戦死、1名が負傷した。我々は整備の任務に戻った。

1942年6月1日（月曜日）：0600時に起床してから、またも機械の整備任務に就く。今日、我々は多くの手紙を入手したが、私には1通もなかった。しかし私は航空便で1通の手紙を送った。

1942年6月2日（火曜日）：0600時に起床。またも機械の整備任務に就く。午前中に師団司令官や将軍達を前にした実演があり、そのさなかに第1中隊のケッテンクラート1台が故障した。

1942年6月3日（水曜日）：0600時に起床。またも機械の整備任務。今朝4時からドイツ空軍が我々の頭上を飛行してセヴァストポリに向かい、死と破壊をもたらした。

1942年6月4日（木曜日）：0600時に起床。いつもと同様に機械の整備任務。正午頃に砲撃が始まった。

1942年6月5日（金曜日）：0600時に起床。またも機械の整備任務。全ての車両に最後の準備。

1942年6月6日（土曜日）：0600時に起床。それから出発の準備。正午に我々は中隊本部に渡す前に車両を荷造りする。1900時に、私も含めた15名規模の戦闘団が攻撃地点に向けて移動した。我々はそこに2130時に到着。ロシア軍は今や800mしか離れていない。我々の陣地は10.5㎝砲列の隣で、それらは一晩中砲撃し続け、日曜になっても砲撃を続けていた。我々は小さな斜面で寝た。

1942年6月7日（日曜日）：0400時頃から激しい砲撃が近くに着弾し始め、それは午前中ずっと続いた。0600時頃、我々はラタ（I−16戦闘機）を1機撃墜した。それから1100時に我々の隣の10.5㎝砲に砲弾が当たり、恐らく砲の前面に着弾したものと思われるが、その結果1名が重傷、3名が軽傷を負った。それから我々は食料を待って横になった。昼に食事が届けられた時に我が大隊の少尉が、仲間の2名が戦死し、他に数名の負傷者が出たという悲しい知らせを持ってきた。ヴィマー、ビルナーの両軍曹が死んだのだ。負傷したのは我々の中隊長ゼネ中尉、上級輜重隊下士官、それにグロジ、ホーマンの両伍長だった。この日の夕方に我々は再び発進地点まで前進した。0315時に攻撃？　だが、攻撃の実施前に我々は後退した。

1942年6月8日（月曜日）：我々は再び3㎞ほど引き戻された。そこで命令が下るのを再び待った。作戦参加の前に我々が隊形を作っているさなかに今朝のニュースが届き、デットマン少尉率いる第1小隊は敵により約20名の死傷者を出した。我々は夜中ずっと路上で過ごした。

1942年6月9日（火曜日）：セヴァストポリに通じる路上で休養。

1942年6月10日（水曜日）：0130時頃に我々は集結地点を

休憩中の一コマ。第1地雷原大隊第2中隊のもう1台の「エンテ（アヒル）」が背後に写っている。（Bähr）

「ボルクヴァルトBII」の水陸両用型「エンテ」は1941年7月5日、ディナ河の渡河に使用された。（Aichele）

「エンテ」の走行装置は通常の「ボルクヴァルトBII」とほぼ同じである。（Kugler）

第1地雷原大隊第2中隊の「エンテ」2台が作戦運用のため待機している。戦術標識だけでなく車両番号も確認できない。（Kugler）

エンジンを整備中の第1地雷原大隊第2中隊の指揮指令戦車21号車。（Stolz）

大隊の作戦は1941年7月8日に終わりを迎えた。（Stolz）

離れて攻撃を待つため、約8km前進した。その攻撃は0520時に始まった。しかし、激しい事前砲撃とシュツーカの急降下爆撃にも関わらず、進展はなかった。1000時頃に我々のうち4名、私とゲルステル、シッターの両軍曹、それにガイベル上等兵が汎用輸送車と共に前進した。我々は隘路全体を迂回し、「礼拝堂の丘」の左を通らなければならなかった。不幸にも、ひどく荒れ果てた地形のせいで車両を移動させることはできなかった。そこで我々は車両を破壊することにし、それが敵の手に渡るのを防ぐため、教本に載っているあらゆる騙しのテクニックを使った。その間に歩兵が元の陣地まで退却した。みな一緒に戻れて幸運だった。攻撃は夕方6時に再び始まった。我々の「ゴリアテ」分隊の一つがそれに参加した。攻撃部隊が集結地を離れてすぐに直撃弾が当たり、歩兵1名が戦死し、我々の隊員も2名が負傷した。シュティールは頬を、ドラティウスは手をやられた。シュティールは野戦病院へ送られた。しかし少なくとも前衛部隊の大隊は目的地に達した。その一方で、我が隊はフォークト軍曹とカール・ハインツ・マイアー伍長の2名が戦死した。

1942年6月12日（金曜日）：今朝、我々が残骸まで退却しようとした時、ロシア軍が砲撃で妨害した。決して戻れるとは思わなかったが、私は救出され、第2休養地区に送られた。

1942年6月13日（土曜日）：一日中、夕方まで休養。シュッテ、ゲルステル、フリーダー・ノアクの3軍曹が負傷した後、私は前線に呼び戻された。

1942年6月14日（日曜日）：我々は一日中、上向きに傾斜している道路で過ごした。私はすぐに腹痛に襲われた。アルフレートが私と一緒にいてくれた。彼は対戦車壕からブレン運搬車を回収することになっていた。それは夜に回す！
私の腹のために彼は何かを持ってきたが、それは全く利かなかった。ついに、シュミート軍曹がコーヒー・トラックで私を後送した。

1942年6月15日（月曜日）：私は一日中、一人で横になっていた。まだ完全に回復したわけでないが、少なくとも幾らか良くはなっているように感じた。

1942年6月16日（火曜日）：まだ第2休養区にいるが、幾らか長く心配せずにやろうと心がけた。夕方に私はジクムント少尉に呼ばれた。

1942年6月17日（水曜日）：「礼拝堂の丘」に夜まで居た。それから我々はブレン輸送車2台と汎用運搬車2台と共に、発進地点まで再び進出した。

1942年6月18日（木曜日）：夜明け前に我々は戦車2両、車両4台と共に前進した。周囲が完全に明るくなると、我々の戦車が掩蔽壕に向かって射撃を始めた。砲撃が行われている間に、私は作戦遂行のため車両を準備した。最初のブレンが地雷上を走行したが、爆破に失敗した。一方、2台目は目標に到達し爆破した。幾らか速度は遅いが汎用運搬車は完全に機能し、目標の迫撃砲陣地に到達した。それもまた指令により爆破した。2台目の汎用運搬車は制御不能となり、火が放たれ炎上した。私の戦友が顎に破片をいっぱいに浴びた。その後で我々はロシア軍捕虜2名を連れて傾斜路まで退却した。最初の任務成功だ！　我々は水浴のために谷にとどまり、それから礼拝堂へ続く発進地点に戻った。そこでもう一晩を過ごした。

1942年6月19日（金曜日）：今朝、我々の全車両が第2休養区に後退した。我が娘の誕生日である今日は、有難いことに比較的平穏だった。

1942年6月20日（土曜日）：夜中にロシア軍機の襲撃が非常に活発。我々は何度も車両を点検し、それから警戒体制を解除した。

1942年6月21日（日曜日）：まだ平穏。我々は次の任務に備えて車両を点検した。

1942年6月27日（土曜日）：今日もまた平穏。

1942年6月28日（日曜日）：2300時に「マッシュルーム」まで前進する。

1942年6月29日（月曜日）：もう一度「マッシュルーム」の集結地点に進出。

1942年6月30日（火曜日）：我々は更にサプーン高地の麓まで前進し、そこはすぐに陥落した。我々はそこに1800時まで滞在し、その後で戦闘分隊3個がセヴァストポリの最終攻撃に向かった。我々はサプーン高地で夜を過ごし、翌朝にそこから歩兵の前線に移動した。

1942年7月1日（水曜日）：既に軽微な砲撃に襲われた。ドイツ空軍と砲兵は再びセヴァストポリに持てるもの全てを注ぎ込んだ。攻撃は1230時に始まる予定だったが、我々の左翼にいたルーマニア軍は既に1000時に市内に入っており、1045時に攻撃せよという命令が来た。そこで我々は戦車と特殊車両を市街戦に投入した。0100時までに潜水艦の港に、ほとんど抵抗なしで到達した。ロンカラ曹長率いる我が第1

部隊はヴィルナに集結した。ブラウ中尉の左は第1地雷原大隊第1中隊の小隊長フォン・デア・レッケ少尉。(Hand)

この「B II」は特殊な起爆装置を装備している。障害物の間に入り込むと、車両前面に取付けた金属製の枠を介して爆薬が爆発する。(Fritschken)

夏の熱気と休みなしの前進が兵員と車両の双方に悪影響を及ぼした。(Schott)

ヴィンスドルフの駐屯地における日課。(Scherer)

中隊は他の面から前線を圧迫した。我々は目標に到達し、発進地点まで戻った。0500時、旧休養地区に退却せよとの命令が届いた。既に昨日の1400時頃にはセヴァストポリ上に戦旗が翻っていた。セヴァストポリは陥落した。そして大きな疑問が沸き起こった。次はどこに？

第300（無線操縦）戦車大隊長のヴァイケ大尉はセヴァストポリ戦における大隊の経験を総括して、第11軍総司令部宛の2通の報告書にまとめた（出典：ドイツ連邦公文書館／フライブルク軍事公文書館）。

1942年6月22日
第300（無線操縦）戦車大隊
事務所01914
1通同封　宛先：第11軍総司令部

同封したものは、大隊の今まで戦闘に参加した部隊による報告書が含まれている。それらを総括すると、以下の如くとなる。

1.）セヴァストポリ外側の地形状況は、攻撃地区の前が急な上り坂のため貧弱な道路上を迂回しなければならず、大変困難であった。これにより、鹵獲された車両数台という損失を被った。

2.）攻撃地区には地図と偵察情報よりも多くの塹壕が横切っていた。

3.）目標からの攻撃距離が都合の良い、防御された集結地点がほぼ完全に欠如していた。その結果、ほぼ全ての場合において発進地点を開けた場所に選定せざるを得なかった。

4.）援護された地域であっても、全ての接近路が極めて激しい砲撃の目標となるのは、要塞戦の特質である。

5.）攻勢の初期に歩兵は到達が不可能なことが証明された遠くの目標が割当てられた。こうした離れた目標に時間通りに配置につくためずっと遠方まで特殊車両が進出した結果、後で判ったことだが、砲撃による損失を被った。

6.）多くの場合、歩兵は敵の塹壕網に到達し、敵の視野から隠れることに成功した。これは戦車や特殊車両にとっては不可能なことで、通例はそれらの車両が敵の濃密な砲撃を引き付けることとなった。

7.）大隊で戦闘に参加した兵員の大半はそれまでロシア戦の経験がなく、集中した防御手段により引き起こされた確実なショックを克服する必要があった。個人の失敗はこのショック効果により引き起こされた可能性がある。

8.）車両の40％が実戦に投入され、30％が任務達成に成功した事実は、無線操縦部隊の成功を疑問の余地なく証明した。それは最も困難な状況において達成された。

9.）充分な比較をするために、砲撃、ネーベルヴェルファー（発煙弾発射器）、それに爆撃機で達成された打撃の割合を考慮しなければならない。敵陣視察によれば、これが約1％であることを示している。空軍機と砲兵の損害（砲腔摩滅など）を考慮すると、無線操縦部隊に関連する費用はそうした他の兵科よりもかなり少ない。

10.）更に付け加えれば、無線操縦兵器は他のあらゆる新兵器と同様に、初期不良問題を抱えている。更にこうした初期不良を考慮する際は、1915年から16年にかけてイギリス軍戦車に対し帝政ドイツ陸軍がとった態度を比較すべきであろう。

11.）本官は、師団と軍団も戦闘後報告書をまとめることを要請する。戦闘終結後に本官はもう1通の簡明な報告書を提出するつもりである。

12.）本官は以前から知らされていたが、第1戦車軍団との合同作戦の計画は完全に実施する必要がある。それには以下の理由がある（1）戦車との混成兵科作戦を、（2）異なった地形で実施することで、新たに重要な教訓を得るであろう。それは我々の経験を発展させる上で不可欠と思える。

13.）遠隔操縦車両の分野でドイツが敵兵力に対して持っている優位性を、保持するだけでなく更に向上させるため、装甲された「BⅣ」と遠隔操縦の「ゴリアテ」の生産引上げを果たすよう全ての関係者に要請する。

14.）北方戦区で大隊は地雷により戦車1両だけを喪失した（それは後で砲撃により完全に破壊された）。他に2両が行動不能に陥った。一方は地雷を踏み、他方は砲撃により行動不能となった。これら2両とも回収された。もしも大隊の戦車が歩兵と突撃砲の前面で異なった5日間に運用されたことを考慮するなら、極めて強力な敵防衛力に対する損失は驚異的なほど低い。これは主に事前の遠隔操縦車両運用が敵の対戦車射撃を引き付け、対戦車砲を発見し除去する機会を戦車に与えたからである。戦車1両とその乗員、それに対戦車射撃による「BⅣ」1台の損失は（得られた戦果を考慮すれば）不釣り合いなほど少なく、この種の作戦はとりわけ有望に思える。

15.）ロシア軍が運用した前線陣地の形式（岩の中の深く幅が狭い塹壕）は、トブルクの要塞構築と極めてよく似ており、そこは砲

司令官の交代。ヴァイケ大尉は1941年9月に第1地雷原大隊長に就任した。大隊にはまだ少数の「B I」が残っていた。（Fritschken）

前大隊長の工学士ミュラー少佐は南方軍団の予備士官として異動した。（Fritschken）

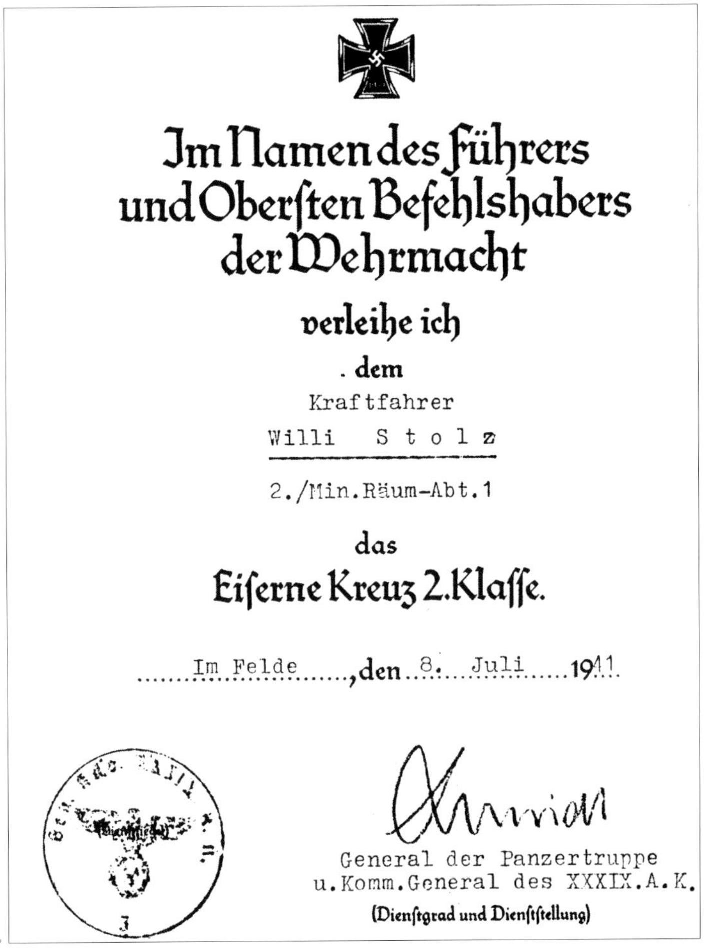

Im Namen des Führers
und Obersten Befehlshabers
der Wehrmacht

verleihe ich

dem

Kraftfahrer

Willi Stolz

2./Min.Räum-Abt.1

das

Eiserne Kreuz 2.Klasse.

Im Felde, den 8. Juli 1941

General der Panzertruppe
u.Komm.General des XXXIX.A.K.

(Dienstgrad und Dienststellung)

第1地雷原大隊のヴィリ・シュトルツ運転手に授与された功二等鉄十字章の証書。

撃とシュツーカだけで交戦したが困難を伴った。塹壕内で爆破した場合に、遠隔操縦車両は何時も（歩兵にとって）息をつく空間を生み出した。
16.）現在までのところ、特殊目的車両は1台も敵の手に渡ってはいない、ということを述べる必要があると思う。

署名　ヴァイケ大尉、大隊長

上に再録した1942年6月22日付の覚書きで触れている同封物の内容は次の通り。

1942年6月21日までの期間に36台の「BIV」が以下の理由で失われた。
8台は砲撃による。2台は機械故障による。2台は味方歩兵陣地の前の地雷原に手動操縦時に迷い込んだ。1台は弾薬運搬トラックの爆発で喪失。
20台の「BIV」は無線操縦で運用された。

＜無線操縦運用で喪失した内容＞
1台は無線操縦の失敗。1台は砲撃による。1台は砲弾爆裂穴に落下。7台は対戦車砲の射撃を浴びた。どの場合にも対戦車砲と交戦し、やれる限り破壊した。
3台は地雷を踏み、地雷検知機という役目を果たした。1台は戦車と交戦。負傷した無線手の軍曹によると、そのT26戦車は破壊された。
1台は対戦車砲弾が命中し、掩蔽壕の80m手前で行動不能に陥った。その対戦車砲と交戦した結果、多数のロシア兵が逃亡した。
1台は掩蔽壕の20m手前にある迫撃砲爆裂穴で立ち往生し、遠隔操作で爆破された。その後で掩蔽壕からの射撃は止んだ。
2台は掩蔽壕を破壊した。1台は敵歩兵陣地の前で砲弾が命中し、エンジン室が燃え始めた。ロシア軍は塹壕を放棄し、戦車と交戦した。
4台は味方の歩兵の前進を妨げ、他の兵器システムとは交戦することができずに、塹壕が掘られた歩兵陣地に対して投入された。ある場合には、以前に三度の歩兵攻撃に抵抗した敵陣地を特殊目的車両の使用で占拠した。全ての場合において効果は目覚ましく、我が軍の歩兵の前進を助けた。
運用された捕獲戦車は29両。

＜損失＞
13両は砲撃による。9両は機械的故障による。8両は遠隔操縦で運用された。その8両の損失内容は1両は200m後方からの砲撃による。
2両は地雷を踏み、通路を切開き、そして他は対戦車壕の40m以内に誘導された（歩兵からの不正確な情報に基づく）。それは我が軍のネーベルヴェルファー攻撃中に爆発した。そして目撃者によるとかなりの効果があった。
3両は塹壕網内に誘導され良好な効果を見せた。塹壕の距離は約20mに合わせられた。少なくとも100mの距離で壊滅的な効果が示された。ダニール中尉によれば、塹壕の中には50名以上の死んだロシア軍兵士が口と鼻から血を流し倒れていた。
1台のブレン運搬車は、2日間に渡って2個歩兵連隊の前進を阻んでいた対戦車弾薬庫を破壊した。その弾薬庫は周囲の全塹壕網に弾薬を供給していた（やはりダニール中尉の証言による）。
砲撃により喪失した「ゴリアテ」は7台。
1台は敵の掩蔽壕から20m以内まで誘導され、そこでカバン爆薬により止められた。にも関わらず、それは遠隔操作で爆破された。投げ付けられたカバン爆薬に対して歩兵が銃口を開いた。その直後にロシア軍は掩蔽壕の前の電気操作の地雷原を爆破した。
2台は土を盛って作られた掩蔽壕に対して用いられ、それらを破壊し使用不能にした。

〈今後の発展についての勧告〉
1.）捕獲戦車。機械的な理由により通常は無力化された結果に終る、運用困難な地形で遠く離れた距離から、捕獲された装甲戦闘車両を使う。将来は、捕獲車両の遠隔操縦は遠隔操縦部隊にとって二次的な任務となるに違いない。有線操縦の捕獲車両の全型式を装備する研究は続けねばならない。それらを装備した暁には、それらはある条件下、特にアフリカでは運用が成功するに違いない。
2.）無線操縦爆薬運搬車は小火器に対する防御能力と、車外に出ている運転手の頭部を保護する装甲を備えねばならない。これは（1）砲弾の破片による損失を防ぎ、（2）特殊目的の車両運転手が砲撃下で自分の戦車に追従するのを容易にする。細かな技術に関する勧告としては、安全装置の解除をより素早くし、その無線操縦化への切換、高速化（参謀本部からの要請と同じ）、そして無線操縦システムの更なる発展で、現下の機器は技術的訓練を受けた兵員に対し、運用前に余りに多くの仕事を要求し過ぎる。
3.）「ゴリアテ」の現下の形態は本来の潜在能力を全て引き出すのに失敗している。その主な理由は発進地点まで引き出すのに5名から6名の人員を要することである。そうした大規模集団の動き

Im Namen des Führers
und Obersten Befehlshabers
der Wehrmacht

verleihe ich
dem

Gefreiten Hans Gradolph
Panzer-Abteilung 300

das
Eiserne Kreuz 2.Klasse

A.H.Qu., den 11. Juli 19 42.

Der Oberbefehlshaber der
11. Armee
I.V.

General der Kavallerie
(Dienstgrad und Dienststellung)

第300戦車大隊のハンス・グラドフ上等兵に授与された功二等鉄十字章の証書。無線操縦（Funklenk）という言葉がどこにも出てこないのは、恐らく秘匿目的のためか、彼の部隊の正式名を承知していない他の司令部で申請手続きがされたためのどちらかであろう。

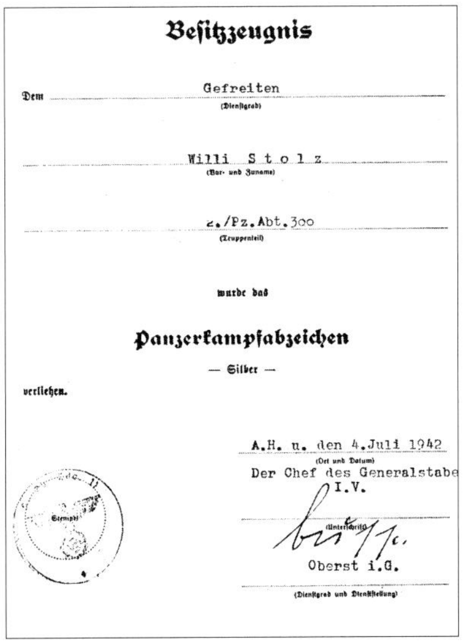

Besitzzeugnis

Dem Gefreiten
(Dienstgrad)

Willi Stolz
(Vor- und Zuname)

2./Pz.Abt.300
(Truppenteil)

wurde das

Panzerkampfabzeichen

— Silber —

verliehen.

A.H. u. den 4.Juli 1942
(Ort und Datum)

Der Chef des Generalstabe
I.V.

(Unterschrift)

Oberst i.G.

(Dienstgrad und Dienststellung)

第300戦車大隊第2中隊のヴィリ・シュトルツ上等兵に授与された戦車記章の証書。前出の証書と同じく、部隊名に無線操縦という呼称は出ていない。

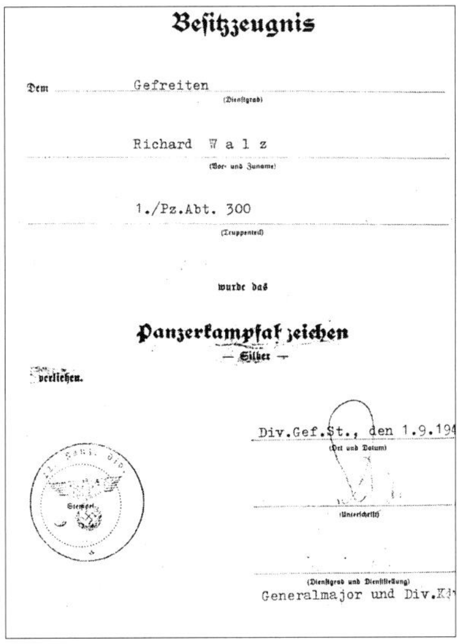

Besitzzeugnis

Dem Gefreiten
(Dienstgrad)

Richard Walz
(Vor- und Zuname)

1./Pz.Abt. 300
(Truppenteil)

wurde das

Panzerkampfabzeichen

— Silber —

verliehen.

Div.Gef.St., den 1.9.19
(Ort und Datum)

(Unterschrift)

(Dienstgrad und Dienststellung)
Generalmajor und Div.Kdr

第300戦車大隊第1中隊のリヒャルト・ヴァルツ上等兵に授与された戦車記章の証書。やはり前出の証書と同じく、部隊名に無線操縦という呼称は出ていない。

第301戦車大隊本部のジークフリート・フェルハウアー上等兵に授与されたクリミア戦従軍記念のクリミア楯の証書。やはり前出の証書と同じく、部隊名に無線操縦という呼称は出ていない。

BESITZZEUGNIS

IM
NAMEN DES FÜHRERS

WURDE DEM GEFREITEN
SIEGFRIED FELLHAUER
STAB/PANZER-ABTEILUNG 301

DER KRIMSCHILD VERLIEHEN.

GENERALFELDMARSCHALL

第301戦車大隊本部のハンス・グラドフ上等兵に授与された戦車記章の証書。やはり前出の証書と同じく、部隊名に無線操縦という呼称は出ていない。

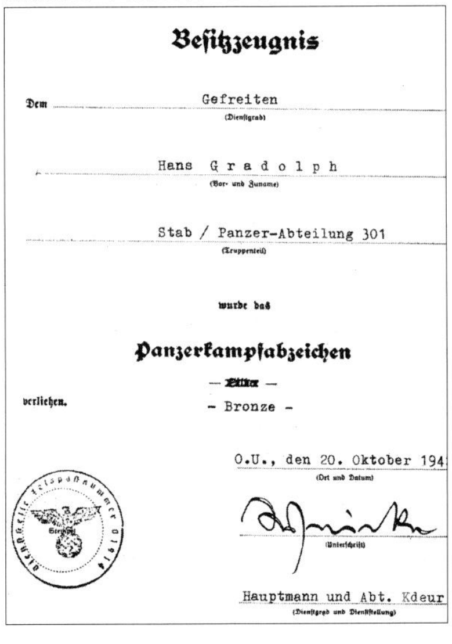

Besitzzeugnis

Dem Gefreiten
(Dienstgrad)

Hans Gradolph
(Vor- und Zuname)

Stab / Panzer-Abteilung 301
(Truppenteil)

wurde das

Panzerkampfabzeichen

— Silber —
- Bronze -

verliehen.

O.U., den 20. Oktober 194
(Ort und Datum)

(Unterschrift)

Hauptmann und Abt. Kdeur
(Dienstgrad und Dienststellung)

は敵の砲火を引き付け、往々にして人的損害を被る。そして極めて困難な地形も災いして、それは時には歩兵の直後に追従することを不可能にする。文中で触れた発進地点の欠如は、「ゴリアテ」の運用に極めて否定的な効果を及ぼす。歩兵は車両を熱望するが、もしもこの車両が自力走行することができ、1名の人員で前進できれば、この欲求に適うであろう。「ゴリアテ」の速度は時速12㎞ないし15㎞から増加させねばならない。

大隊長によるもう1通の報告書は1942年7月2日に書かれた。

第300戦車大隊　　1942年7月2日
第300戦車大隊による運用報告

大隊は第ＸＸＸ軍団、第LIV軍団に配属され、以下の各師団の指揮下で11日間の戦闘に参加した：第22歩兵師団、第24歩兵師団、第28歩兵師団、第50歩兵師団、第72歩兵師団、第132歩兵師団、そして第170歩兵師団。

1）特殊車両の運用（1942年6月22日付報告書も参照）にやはり関わったのは、以下の通り。
特殊車両「BIV」1台：地雷上を走行し、地雷検知機としての役割を果たす。
捕獲戦車1両：塹壕網に対し誘導した。
捕獲戦車1両：弾薬庫を破壊。
捕獲戦車2両：各々が別の掩蔽壕を破壊。
捕獲戦車1両：市街戦中に側面からの小銃射撃を除去。
「ゴリアテ」2台：鉄道のガード下に対し使用、乗員は破壊された。
2）爆薬運搬車と戦車の運用により、歩兵は約2,000名の捕虜を獲得できた。多くの場合には特殊目的車両と戦車の運用により、歩兵は前進を続けることが可能となった。
3）爆薬運搬車を援護する戦車は（いつも突撃砲の前面にいる）、歩兵に対してもかなりの支援を与え、以下の戦果を挙げた：多数の敵歩兵陣地が戦車の主砲と交戦し、歩兵が陣地網を突破することが可能となった。
掩蔽壕20ヵ所と小規模戦闘陣地10ヵ所を破壊し、対戦車砲10門、7.62㎝対戦車砲1門、迫撃砲4門が沈黙、あるいは破壊された。沿

グリーネッケ中隊の編成（1940年9月時点）

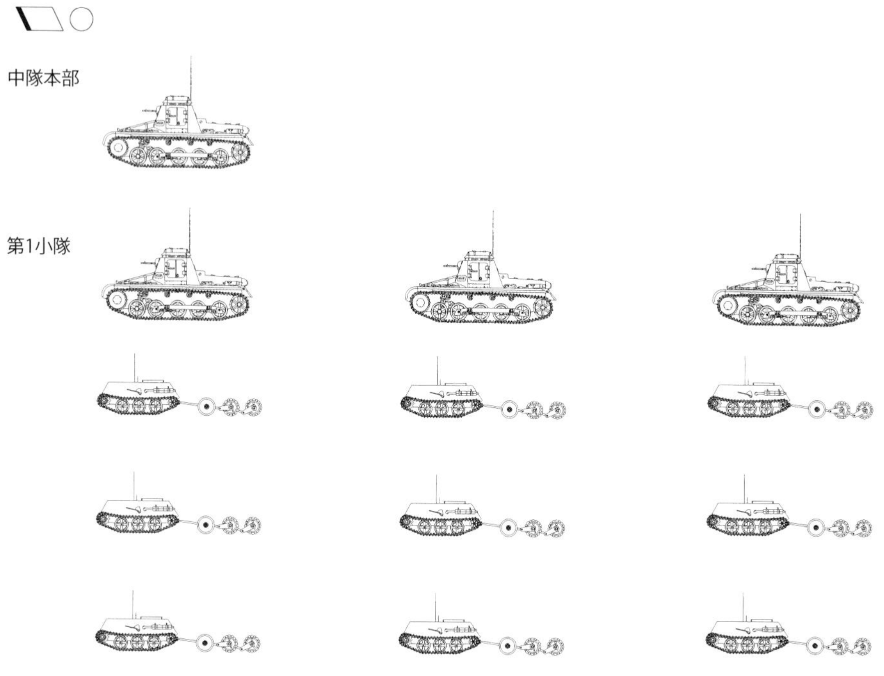

III号戦車J型が新型の指揮指令戦車として使われた。(Fritschken)

第300戦車大隊第2中隊長が移動準備中の同中隊車両の脇を歩く。(Fritschken)

多数の「ボルクヴァルトBIV」が最後尾の指揮指令戦車の後に続く。(Fritschken)

第300戦車大隊第3中隊は1942年2月初めに編成された。イギリス軍のブレン機銃運搬車もまた遠隔操縦爆薬運搬車として運用された。(Sigmund)

第300戦車大隊第2中隊は1942年春にコットブスで編成された。(Fritschken)

岸警備艇1隻を撃沈させ、もう1隻を射撃して発火させた。

4）ほぼ全ての戦車は砲撃、地雷、対戦車砲、それと対戦車ライフルにより相当重い損傷を被った。

戦車3両が登録抹消。

5）1942年6月22日付の書簡に記された経験と勧告は変更の必要がない。大隊の勧告を実現化するあらゆる努力が要請されている。

署名　ヴァイケ大尉、大隊長

セヴァストポリ要塞の陥落後、第11軍は1942年7月4日から1942年8月末までクリミア半島の掃討に投入された。

セヴァストポリ戦の期間中は第11軍の指揮下に編入されていた機甲部隊の大半は、南方軍集団に戻された。1942年7月7日、南方軍集団はA軍集団とB軍集団の二つに分割された。

第300（遠隔操縦）戦車大隊は移動命令を受け、1942年7月4日午後に列車に積込まれ、北東に移送された。チャルツィスク地区に到着後、大隊は第1戦車軍（第Ⅲ戦車軍団と第LⅣ戦車軍団）の指揮下に編入された。

7月9日に第1戦車軍はリジチャンスク両側のドネツに対し攻撃を開始した。第300（遠隔操縦）戦車大隊はソ連軍前線の突破に荷担し、ドネツ低地とドン河下流方面に敵軍を1942年7月24日まで追撃した。

7月21日から26日までのロストフとバタイスクの戦いの後、大隊は作戦地域の警護任務を与えられた。

1942年7月の作戦には無線操縦、あるいは有線操縦の爆薬運搬車はどれも使われなかったが、指揮指令戦車は戦車同士の交戦に何度か加わった。

ウスペンスカヤ近くでの短い休養期間中に、車両と装備品に必要な修理と整備が行われた。8月6日に大隊はアムヴロシイェヴカで列車に積込まれ、北西のレニングラード方面に移送された。

ドイツ国防軍はその都市を奪取しようと1年以上も試みて来た。セヴァストポリ陥落後、その要塞征服に参加した部隊はレニングラード前線に移送された。ヒットラーは経験のある第11軍に「北方の灯」作戦実施の任務を与えた。攻撃開始日は1942年9月11日に予定されていた。

10日間の旅行の後で、第300（遠隔操縦）戦車大隊は8月15日にクラスノグヴァルデイスクに到着した。列車を降り

グリーネッケ中隊の編成（1940年9月時点）

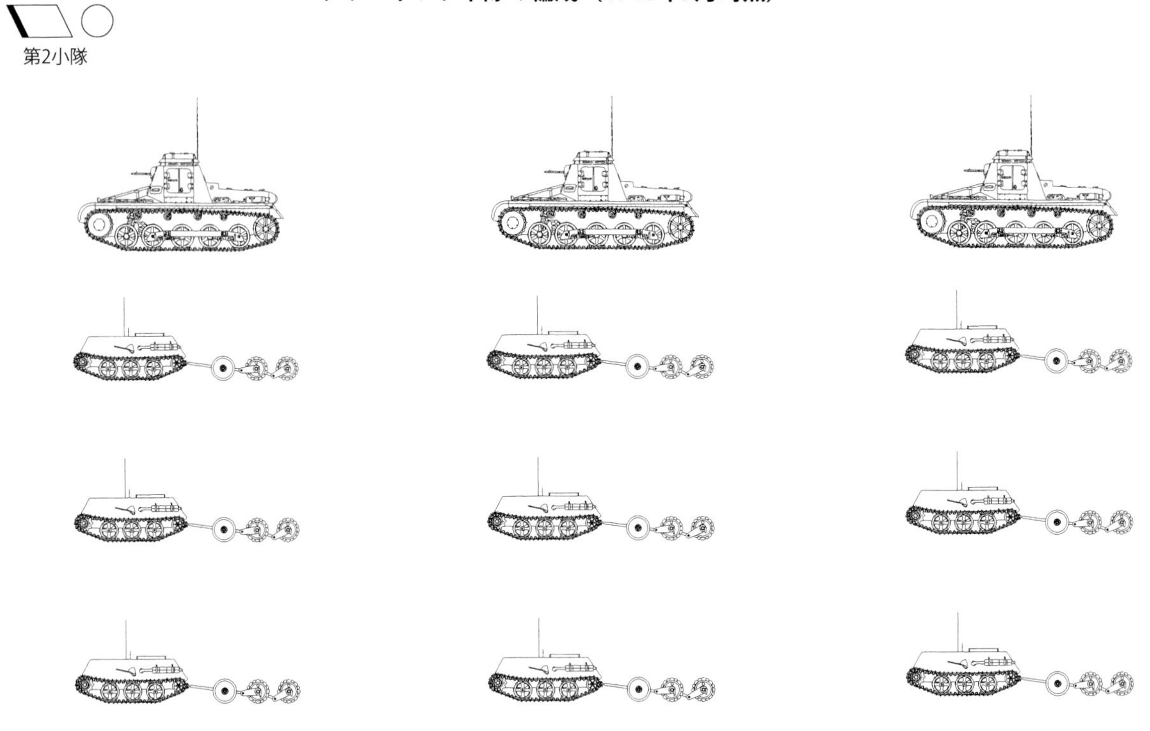

第300戦車大隊第1中隊長のフェルディナント・フォン・アーベンドロト中尉。(Gradpolph)

第300戦車大隊第2中隊長のギュンター・フリッチケン中尉。(Fritschken)

大隊は数台のVWシュヴィムワーゲンを装備していた。(Gradpolph)

第300戦車大隊のオペル・ブリッツ無線較正用トラック。車両の屋根のアンテナに注目。(Gradpolph)

た後で大隊は南に20㎞離れたティシュコヴィツィまで路上を行進し、そこで宿営した。

1942年8月27日にレニングラード、ヴォルチョウ前線のソ連軍が大攻勢を発動し、彼らは9月4日までに第18軍に対し大きな楔を打ち込んだ。第11軍は10月2日までに失地を挽回することに成功し、ソ連軍部隊に打撃を与えた。大隊は1942年9月9日に第301戦車大隊と改称されたが、ラドガ湖南方の防御戦闘に参加した。「北方の灯」作戦のために備蓄した弾薬は防御戦闘に消費され、予備が入手できなかったため、レニングラードに対する攻撃は延期された。

10月3日から30日までの期間に、第301戦車大隊は第11軍作戦地域の、その後、11月16日までは第18軍作戦地域のそれぞれ陣地戦に参加した。この間に大隊は内部再編を行った。第302戦車大隊第3中隊が1942年10月22日にノイルッピンから到着し、第301戦車大隊第2中隊として大隊に編入された。元の第301戦車大隊第2中隊は戦闘から外され、第302戦車大隊第3中隊と改称されてノイルッピンに移送された。更に、特殊遠隔操縦部隊としてアーベンドロト中隊が編成された。この部隊の大半は第301戦車大隊第1中隊から移籍し、追加の要員は第301戦車大隊第3中隊と大隊本部中隊から移って来た。

1942年10月23日から12月11日までの間、アーベンドロト中隊を除く第301戦車大隊は北方軍集団の第18軍作戦地域にとどまったが、同中隊は11月中旬に大隊を離れた。11月初めに極寒の気候に入ると気温が零下25度Cまで低下したため、戦車と爆薬運搬車の作戦運用を更に制限した。
1942年12月12日、第301戦車大隊はアルンスヴァルデに向け帰還するため列車への積込みを始めた。

ハインツ・プレンツリンは自分の日記の中で、1942年7月2日に大隊がクリミアを出発してから、ドネツ低地での戦闘、それからレニングラード戦の期間について述べている。

1942年7月2日：0830時にトレ休養地に向け出発。

1942年7月3日：トレ休養地では荷物を解かず、出発に備えて車両の簡単な点検を行い、小さな修理を実施。

1942年7月4日：サラブスに向け出発するため、0100時に列車積込みを始める。列車は1400時に発車。

1942年7月5日：0215時にメリトポル着、0500時に発車

グリーネッケ中隊の編成（1940年9月時点）

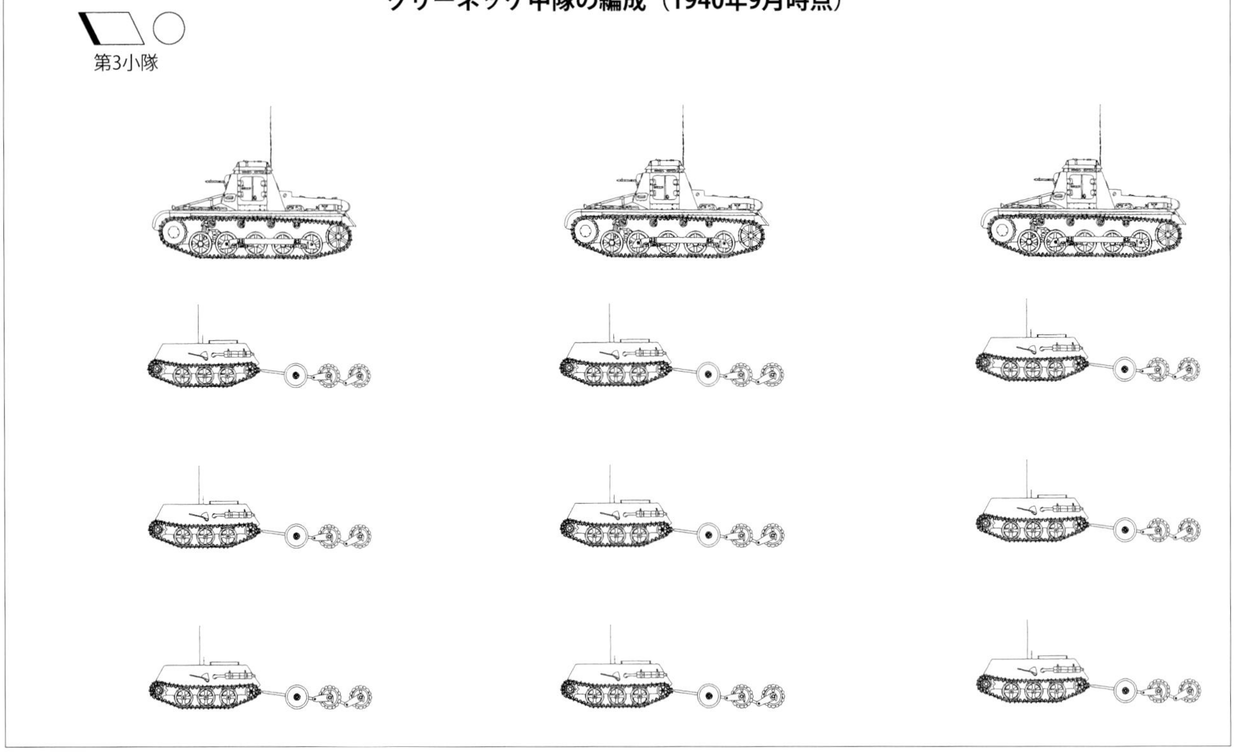

1942年5月11日からコットブスで大隊車両の列車への積込みが始まった。(Lock)

小隊の判別を容易にするため爆薬運搬車の後面には番号が記入されていた。(Lock)

最初の列車が出発の準備を完了した。(Stolz)

爆薬運搬車として運用されたブレン運搬車とそれらを操縦する指揮指令戦車のIII号戦車。(Gradolph)

第300戦車大隊第3中隊のブレン運搬車が積込まれた。左側の泥除けに戦術標識に加えて、上部構造物に記入された白いバルケン・クロイツが見える。(Gradolph)

しフェドロヴカ、サポロシェ、それにボロギを通過。

1942年7月6日：ヴォルノヴァチャで列車を降りる。1800時に休養地に向け出発。

1942年7月7日から11日まで：チャルツィスク陸軍浴場と呼ばれる休養地で休息日。ついに我々は身体の清潔を取戻し、泳ぎまくった。そこは野外プールだったのだ。衣服をもう一度、洗濯することもできた。

1942年7月12日：0330時に警戒警報。作戦の準備。1500時にアルテモヴスクに向け出発し、マケイェヴカ、ヤシノヴァタヤ、ゴルロ（舗道）、そしてニキトヴカを通過。そこで我々は休息し、燃料補給し、車両を点検し、何かを食べた。

1942年7月13日：0200時にリシチャンスクに向け出発し、0800時に到着。師団に報告し、作戦運用に関して打合わせる。

1942年7月14日：0200時に今日の任務に関する指令伝達。我々は道路上をプロレタルスクを経由してドネツまで前進し、最初の渡河をする。我々はほとんど抵抗に遭わなかった。どんなロシア人も稀にしか見かけることはなく、落伍兵の集団が散らばっているだけだった。彼らはほとんど抵抗しなかったので、全員を捕虜にした。その後、シャチタ・トマチタに向かった。2200時に到着。この日の目的地にようやく着いた！

1942年7月15日：0200時に出発。今日はミカイロヴァカ、ノヴォ・アストラカンを通って第二防衛線に移動し、2200時頃までに到着。およそ100㎞を走破した。

1942年7月16日：0300時に前進に戻り、オルメルコを通過。多少の困難に遭遇したが、我々は直接介入を必要とされなかった。今日の目的地に2100時に到着。

1942年7月17日：今日もまた同じことのくり返し。0300時に出発し、1300時にタラソヴカに到着、更に1600時まで前進。それは時計仕掛けのようで、すでに今日の目的地に着いたが、ロシア軍を見ることはめったになく、彼らは素早く走って逃げ去っていった。

1942年7月18日：今日は休養日。車両を点検し、履帯ブロックとショック・アブソーバー（緩衝器）を取換え、オイルを交換し、タイヤの空気圧点検などを行った。

1942年7月19日：イヴァンのせいで0500時に起こされた。6機による低空攻撃だったが、多分針路を外れたため何も起こらなかった。1500時に出発し、多少の問題はあったが更に20㎞走破した。

1942年7月20日：0200時に出発し、今日は再び前線に向かう。ニシュニジ・ブロチヤまでは敵と遭遇せず。その後、陸軍の8.8㎝対空砲を搭載した自走砲の支援を受けながら何度か交戦した。それからカメンスクに行ったが、二度目のドネツ渡河を体験。堤防上に戦車工兵を援護する陣地を設けたが、彼らは長さ180mの浮橋を建設していた。夜中、ずっと警備任務に当たった。

1942年7月21日：0300時に出発し、巨大な石炭炭坑があるシャチティを経由。歩兵の支援を得て地形を綿密に捜索したが、まだ蒸気を出すボイラーには驚かされた。一人のロシア人も見なかった。夕方近くからシャチティの南5㎞の地点で野営。空爆あり。

1942年7月22日：0130時にイヴァンの反攻。我々の3,000m以内まで進出したが、うまく撃退した。前進中に初めてロシア軍の戦車を見た。10両のT34で攻撃してきたが、6両を撃破した。それらはまだ適切に溶接されてなく、点溶接だけされていた。1700時まで続く空爆あり。

1942年7月23日：1100時に出発し、ノヴォシェルカスクの18㎞以内に向かう。敵機が何度か地上掃射し、爆弾を投下した。特に軍需品輸送隊で数名が負傷した。

1942年7月24日：非常に長い間隔を空けて、我々に対する航空攻撃が更にあった。我々を名前で呼びかけ、アーベンドロト中隊の誰も捕虜にはしないだろう、と言明した戦時ビラをイヴァンは投下した。我々にとっては好ましい態度だ。1400時に航空攻撃でシュミット博士が重傷を負う。1430時に我々は陣地を変えた。我々はノヴォシェルカスクに5㎞近付き、直ぐにキャンプを設営し、迷彩を施した。

1942年7月25日：ノヴォシェルカスクを攻撃。小規模の戦闘しか生起せず。前日の航空攻撃はロシア軍退却の時間稼ぎに、我々を止めておくためであることは明らかだ。我々はほとんど抵抗を受けなかった。全てが1530時に終わった。郊外の庭園に野営。それらはみな大学の教授、講師達の素晴らしい家だった。我々は随分久し振りに新鮮な果物を食べた。庭園はそれらで満ちていた。私は初めて熟した緑のイチジクを食べたが、凄く美味しかった。

1942年7月26日から29日まで：ロストフまでの道すがら、ノヴォシェルカスクの周辺地域を丹念に掃討し、ロシア軍落伍兵を捜索。この間に約1,000㎞を走破。

1942年7月30日：0315時にノヴォシェルカスクを発つ。

第1地雷原大隊の編成（1941年6月時点）

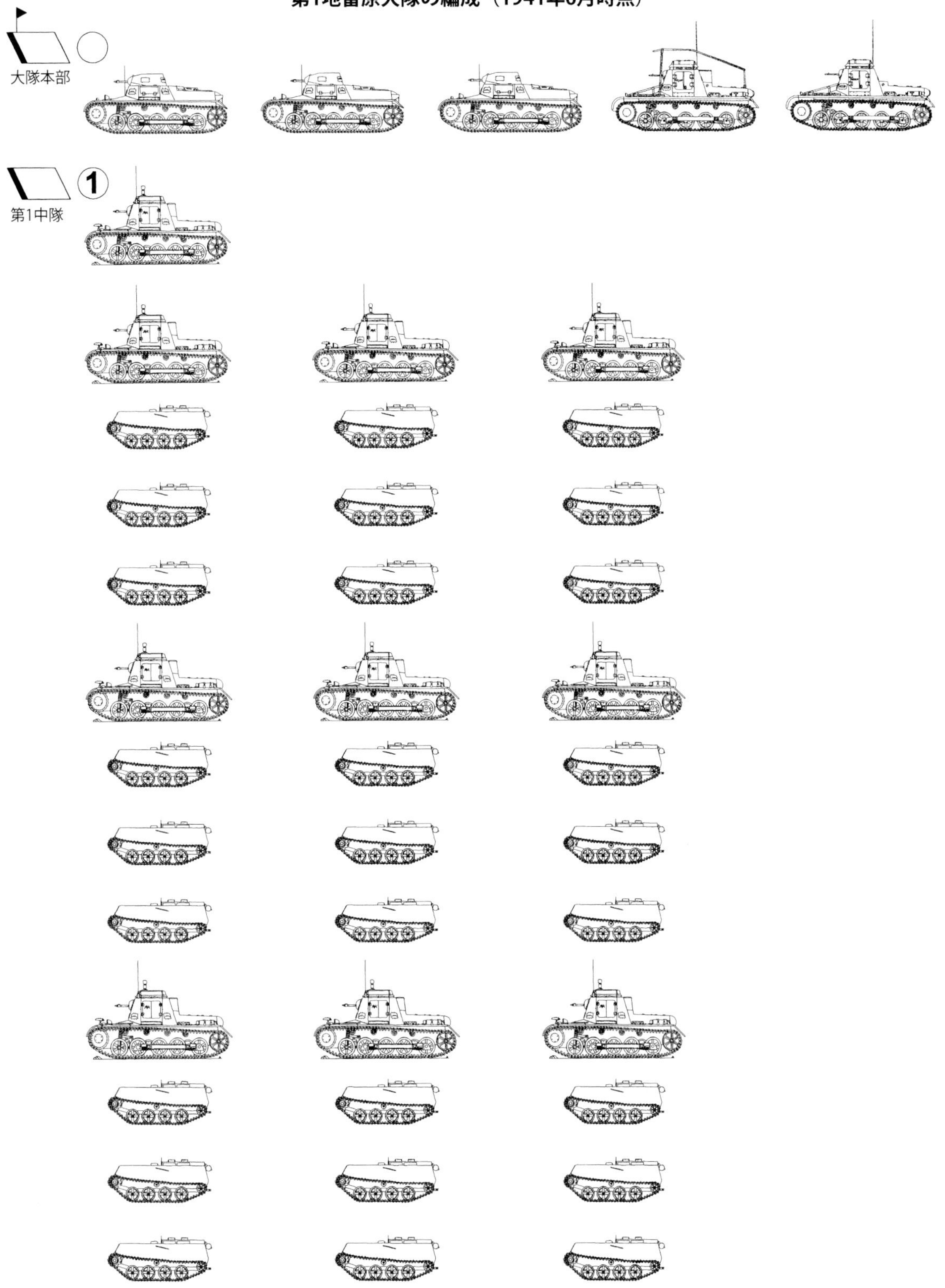

ロストフを通過してウスペンスカヤに到着し、そこでリンゴ園に野営する。

1942年7月31日から8月5日まで：ウスペンスカヤ休養地にいる。全ての車両は完全にオーバーホールした。修理分隊は手一杯だが、我々は互いのものぐさに不平は言えない。全ての修理の最終期限は8月6日。

1942年8月6日：休養地を発ってアムヴロジジェヴカに向かうため、0500時から駅で列車に積込み作業。1500時に発車し、1840時にイロヴァイスコヤに到着。1900時にチャルツィスク到着。2000時にチャンチョンコヴォ到着。

1942年8月7日：チャンチョンコヴォを1230時に出発。1700時にヤシノヴァタヤに到着。

1942年8月8日：0640時にアヴドイェヴカ、0730時にオチャレティノヴ、1200時にスターリノ、1435時にウヤノヴカ、1530時にピスメンスカヤ、1745時にシネルニコヴォ着。

1942年8月9日：0300時にドニエプロペトロヴスク、0910時にピヤティチャトキ、1130時にアレクサンドリヤ、1145時にコリストヴカ、1430時にクルユコヴ、1600時にクレメンチュク、1730時にグラビーノ、1900時にコロル、2030時にロモダン着。

1942年8月10日：1000時にスノヴスカヤ、1435時にゴメル着。

1942年8月11日：1200時にシュロビンを発ち、1400時にロガチェヴ、1530時にビション、1900時にオルシャ着。

1942年8月12日：1415時にオルシャを発ち、1845時にヴィテブスク。パルチザンが8回も線路を爆破したため、2200時にネヴェルから45km離れた地点で止まる。

1942年8月13日：1615時にようやく前進できた。1840時にネヴェル、2200時にノヴォ・ソコルニキ着。

1942年8月14日：0915時に引続き前進を始め、ドノを通過。

1942年8月15日：0700時にクラスノグヴァルデイスク。列車を降りて、ティシコヴィツィの南20kmの地点で野営。

1942年8月16日から9月19日まで：ティシコヴィツィ休養地に滞在。そこは30年間もほぼフィンランド人だけに占拠されていた村である。我々は全ての無線操縦装置をオーバーホールし、ここの天候状態は全く異なっていたため、電界試験強度を再設定した。その一方で、本部中隊全部が黄疸に罹った。食べることができない物を人が渇望するというのは恐ろしい状態だった。ギリシャにいるパパから乾燥果物の小包が届く。それは美味かった。

1942年9月20日から10月1日まで：10名収容の掩蔽壕を作る。シュリッセルブルクに行き、森から木を切り出した。そこからはレニングラードの尖塔を見ることができた。木を切り出す一方で、我々はその地域の斥候偵察もした。レニングラードはドイツ人捕虜で満ちていることを発見。

1942年10月2日から5日まで：変わりなし。

1942年10月6日：今日付で私は第2中隊に通信機整備兵として配属された。沢山準備をする必要があったが、特に私に割当てられたのは電界強度試験器、送信機試験器、受信機試験器などの試験装置だった。午後に第2中隊に報告。その後、私の「旧友」のマテス准尉と再会した。いいぞ、これは楽しくなりそうだ。私は鈍感だが、そんなことは構うものか、彼にもきっと判るだろう。彼は私をすぐに認めた。新しい陸軍前線指揮所番号は08914だ。

1942年10月7日から22日まで：第2中隊は定数を超えた実勢を有する特殊目的の部隊として改編された。特別隊長、整備兵、それと84名の運転手が第1中隊と本部中隊から異動してきた。同様に第3中隊から「ゴリアテ」小隊1個も移ってきた。誰もが落ち着かず、先任下士官から出される指示が気に入らなかった。我々は野戦試験部隊だということを、彼は恐らくまだ気付いていなかったのだろう。我々は来るべき作戦に向け準備を進めていた。次に何処へ移動するかも多く議論された。レニングラード攻撃が中止されたことを聞いた時、我々の計画は裏切られた。本部中隊と第1、第3中隊が列車積込みの準備に入った。恐らく改編のためドイツに戻るのだろう。本部中隊の第1小隊は教育担当小隊として当地にとどまった。

11月中旬にアーベンドロト中隊はB軍集団担当地域へ移動せよと命じられた。部隊は11月17日午後にガチーナで列車に積込まれ、列車は夜に出発した。第二戦線を旅行し、8日後にアーベンドロト中隊はオブリヴスカヤに到着した。そこはスターリングラードから南西に約100km離れていたが、同中隊は1942年11月26日に再び列車に積込まれた。

1942年11月19日にソ連軍は「ウラヌス」作戦と名付けた大規模な反攻を開始した。赤軍陸軍はスターリングラードの北西と南東でルーマニア軍部隊が担当していた前線を突破し、第6軍を包囲した。

第1地雷原大隊の編成（1941年6月時点）

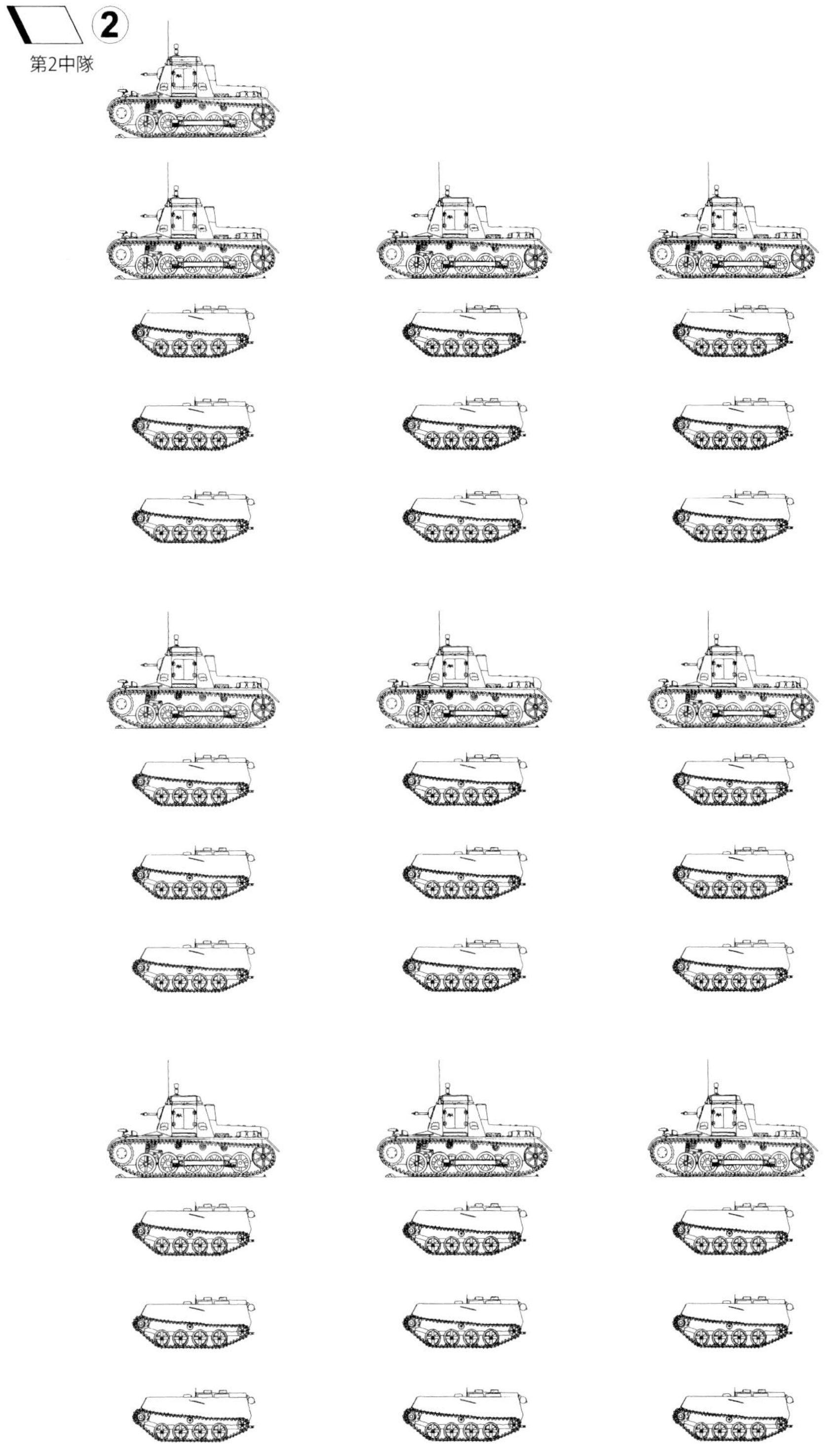

ロシア軍のスターリングラード前線突破の後で、陸軍第11上級軍団からドン軍集団が編成されたが、それは当該地域に11月中旬に送られ、A軍集団とB軍集団の間隙に配備された。失地回復を図ったドイツ軍の「冬の嵐」作戦は12月12日に始まった。11日間の戦闘の末、失地は幾らか回復したが、救援軍はスターリングラード包囲網の突破には失敗した。

この期間中にアーベンドロト中隊はドンとカルムック草原における防御戦闘に参加し、それからずっと退却した後でドネツ周辺の作戦で防御戦闘に参加した。反攻と防御戦闘の様々な場面で、有線操縦および無線操縦爆薬運搬車が使われた。

1943年1月30日、アーベンドロト中隊はリチャヤで列車に積込まれ、ドイツに向け出発した。おびただしい数の途中停車を強いられてほぼ6週間かかった旅の後で、同中隊は3月13日にアイゼンナハの新しい駐屯地に到着した。

ハインツ・プレンツリンは1943年3月初めまでの期間中のアーベンドロト中隊／第301戦車大隊の作戦について、以下のように記している。

1942年10月23日：我々は興奮したように働いていた。曹長は立派にヘマをやらかし、恐らくもはや状況を把握できないのだろう。私はこのようなことを以前に経験したことがなかったが、彼は直ちに階級に関わりなく初心者も同然の厄介者となった。先任下士官は我々が相変わらず駐屯地にいるが如く振舞い､大口を叩いている。その鼻柱を折ってやるから、今に見ていろ。

1942年11月5日：昨日と同じ。初めて霜が降りる。零下13度C 。

1942年11月6日：ますます寒くなり、零下16度。

1942年11月7日：零下20度。

1942年11月8日：どこまで気温が下がるのか？　零下22度。

1942年11月9日：車両で作業をするのはもはや不可能だ。先任下士官は相変わらず状況を把握していない。彼は人に悪態をつく以外のことをしておらず、誰に対しても軍法会議を要求した。彼の脳味噌は既に凍ってしまったらしく、次に何が起こるかについては考えてもいない。今日は零下26度。

1942年11月10日：中隊長が午前の隊形整列はもうやらないと言っていた。零下28度。これ以上寒くなると、我々の温度計が凍りついてしまう。今やエンジンを始動させることすら不可能だ。我々は戦車用に熱循環装置を受領した。何台かの車両は他の車両の事前暖気に使うため、いつもエンジンを回し続けている。

1942年11月11日：今日は暖かくなったが、気温はわずか零下10度。先任下士官は再び分隊に戻った。我々に関わる前に、地獄に落ちろ！！

1942年11月12日と13日：変わりなし。零下10度。

1942年11月14日：再び寒くなり、零下15度。

1942年11月15日：暖かい。零下2度。信じられないことだが、20㎝もの積雪がありながら、まだ降り続けている。巨大な雪片が次々と落ちてくる。

1942年11月16日：中隊全部が奇妙な不安に満ちていた。驚いたことに一人の士官を見かけた。その上、先任下士官も今日は随分と大人しい。1200時に我々は整列しなければならなかった。全部まとめて荷造りしろと言われ、その後、移動することになるが、どこへ行くかは誰も知らなかった。活発な議論が飛交った。一部の者は、我々は祖国へ行こうとしていると主張した。一部の者はクーアラントだと言った。更に他の者はスターリングラードだと言った。この部隊は恐ろしく厳重な軍事秘密が保たれていたのだ。私が本部にいた時とは全く違っていた。

1942年11月17日：出発の準備。我々は1200時に発ち、クラスノグヴァルデイスクに1330時、ガチーナに1600時に到着。そこで列車を降りる。再び先任下士官と喧嘩したため、彼は私をすぐに歩哨に立たせようとした。私は彼の裏をかき、自分は既に対空砲車両員に志願していると言い、そこへ向かった。

1942年11月18日：2400時に出発。オルカチェヴォに0730時、ルガに1015時、プレスコウに1615時着。

1942年11月19日：0300時にアブゼネ着、1130時に再び発つ。1700時にロシッテン､2030時にデュナベルク着。我々は故郷に戻ることを祝った。

1942年11月20日：0400時にヴィルナ。1330時にモルノデチェヴォ、1830時にミンスク着。

1942年11月21日：0515時にボブルイスク。0820時にシュロビン、1100時にゴメル着。我々は失望した。故郷へ帰るのではなかったのだ。スターリングラードに向かっている、

他の平床貨車には第300戦車大隊第3中隊の汎用牽引車を見ることができる。(Gradolph)

大隊幹部用車両の一部。(Gradolph)

滑落防止に木製の車止めブロックが使われ、この「ボルクヴァルトBIV」は固定された。(Stolz)

対空車両が連結された。背後には別の汎用牽引車が写っている。(Gradolph)

遠隔操縦型NSUケッテンクラートも数台運ばれた。(Schick)

この「BIV」には識別記号2／Iとその下に数字の「22」が記入されている。これは第2中隊第1小隊22号車を意味する。(Stolz)

という誰かの囁き声が聞こえた。

1942年11月22日：0700時にボロヴァーシャ、スムニ、1400時にスムロデヴォ着。我々は移動を傍観するだけだ。なぜ我々自身には決めることができないのか。

1942年11月23日：0500時にパヴログラード、1900時にシネルニコヴォ着。もはや疑いもなく、我々は南に向かっている。

1942年11月24日：0820時にアヴデイェヴカ、1020時にクラスノヴァダヤ着。

1942年11月25日：0300時にシャトヴォ着。ひどく寒い。我々は度々列車から雪を払う必要があり、停車の度に石炭を支給された。

1942年11月26日：0600時にヴァルコヴォ、1100時にモロゾフスカヤ、1500時にオブリヴスカヤ着。そして次の命令が下るのを待った。我々はスターリングラードの一つ手前のチルスカヤに行くと告げられ、1545時に列車を降りた。これ以上先には行けない。ロシア軍が我々の前方ほんの数km先にいる。

1942年11月27日：我々は一時的にオブリヴスカヤ鉄道駅に野営した。どこにも家屋は見えず、樹木もなく、80cmの雪が積もっていた。イヴァンは我々の前方15km先にいたが、ここは我々だけのように見えたので前哨所を幾つか設けた。無線準備体制が命じられたため、私は無線手として中隊長を助ける必要があった。フォン・アーベンドロトはいい奴だ。彼はいつも古参隊員に頼る。先任下士官が不平を言っている。

1942年11月28日：イヴァンは一晩中、我々を悩ましてくれた。今や奴らとは3kmほどしか離れていない。我々はもっと良い準備地域を探した。

1942年11月29日：我々は一番近い村に駐屯した。ここは少なくとも村に見える。全部の車両が迷彩のために白く塗られた。

1942年11月30日：ロシア軍は上空から我々を訪問し、修理部門に爆弾2発が命中した。

1942年12月1日：0600時に警戒警報で、臨戦体制をとる。0900時に（12km離れている）トルノヴコイに戻るため出発。

1942年12月2日から9日まで：ここからの作戦出動は小隊規模で行い、トルンヴコイに移動。

1942年12月10日：ノヴォ・デルビノヴスキイェに向け出発。

1942年12月11日：我々は「ヘルマン・ゲーリング」歩兵師団に配備された（原注：その部隊は実際には第7、あるいは第8空軍野戦師団）。そしてすぐに我々は攻撃のために展開した。イヴァンは戦車で力ずくの突破を試みた。我々はトラックで運んだ「ゴリアテ」を使い、その結果は良好だった。「ゲーリングの警護隊」は逃げ去り、おやじさん（隊長）が怒り狂った。我々は彼らが投げ捨てた自動小銃、軽機関銃、機関銃をかき集めた。彼らの機関銃はMG42で、我々の持っていた大半はまだMG34だった。

1942年12月12日：0800時に再集結のため撤退し、新たな戦線を形成する。我々は60km後退したペルシュチェヴスキェで野営するが、臨戦体制は維持していた。

1942年12月13日：我々は兵舎を占拠した。各小隊は戦車1両ずつを警戒任務に当てる。

1942年12月14日：装備と武器をできる限り最良の状態に修理。大変寒く、冬用衣服を脱ぐことはかなり困難だ。シラミがはびこり始めた。

1942年12月15日：昨日と同じ。私は12月1日付で上等兵に昇格した。

1942年12月16日：ペルシュチェヴスキェ休養地。車両と装備は作戦可能となった。

1942年12月24日：0400時に起床し0700時にモロゾヴスカヤに向け出発。我々はそこで夜を過ごし、クリスマスをできる限り最高の状態で祝うことにした。手紙はなく、既に4週間、何の手紙も受け取ってはいなかった。糧食係は幾らか甘みを加えたワインを我々に配り、我々は小さな羊を見つけ出した。ハイデッカーは忙しく働き、私は夕方からずっと用意に追われた。2400時頃までに準備が整い、我々はクリスマス・イヴを楽しんだ。先任下士官が嗅ぎ付け、もちろん彼は再び煽ろうとしたが、我々は彼を無視した。アーベンドロトがはしゃいでいた。

1942年12月25日：0800時に引続きコムシャックに向かう。約63km移動した。

1942年12月26日から1943年1月1日まで：コムシャクに止まり、そこに陣地を設ける。村は「バルカ」という場所にあるが、それはロシア人が言うところの浅い谷で、より正確に言うと窪地のことだった。我々は南側の丘の背後に塹壕を掘り、ロシア軍は反対側の北側の丘にいたが、何も起きなかった。イヴァンがしたことは落下傘付の照明弾を時々打ち上げることだけで、奇妙な状況だった。両軍とも大晦日には空に

指揮指令戦車の戦車長が「BIV」を遠隔誘導する。(Bundesarchiv)

クリミアに到着して列車から降ろされた大隊の装備は、第11軍に属する他の歩兵師団の指揮官達に披露された。(Lock)

車両には迷彩塗装が施された。(Bundesarchiv)

この「BIV」は公開演習に備えて準備された。(Bundesarchiv)

大隊長ヴァイケ大尉が公開演習の開始を待つ。(Bundesarchiv)

向けて弾を撃った。ロシア兵がラウド・スピーカーを使って新年の挨拶をし、我々もそれに答えた。

1943年1月2日：0400時に我々は退却し、0600時にカツェンスカヤを経由してチュダゴヴスキに向かうため出発した。我々はそこで宿営したが、いつも警戒待機のままだった。車両は2時間毎に暖気運転された。

1943年1月3日から12日まで：臨戦体制のままここにとどまっている。

1943年1月13日：0700時にビイェラヤ・カリトヴァに向け出発。

1943年1月14日から16日まで：ビイェラヤ・カリトヴァで待機。

1943年1月17日：0830時にリシャヤに向け出発。途中、空から敵の戦術用機に攻撃されたが、何も起こらなかった。私は熱が出始め、ひどく寒気がした。1900時に私はリシャヤの野戦病院に入院する。

1943年1月18日から28日まで：入院中。

1943年1月29日：おやじさんが病院の私を訪ねて来て、部隊へと連れ戻した。道すがら理由を説明してくれた。我々はロシアから引揚げることになっており、適当な機会があり次第、ドイツに移動する列車に乗るそうだ。

1943年1月30日：リシャヤで列車に積込み。

1943年1月31日：残った車両の積込み。昼近くに西リシャヤに向け出発。

1943年2月1日：まだここにいるが、機関車がない。砲撃がますます近付いてきて、状況はゆっくりと悪化して来た。ようやく1345時に我々は機関車2両を手に入れた。1400時に出発。

1943年2月2日：0230時にクラシニ・コロス。ここでもう一度止まるが、誰も理由を知らない。朝に我々が機関車の管

第300（無線操縦）戦車大隊の編成（1942年9月13日時点）

公開演習の参加者達がじっと見つめている。（Bundesarchiv）

「BIV」が目標に到達した。（Bundesarchiv）

爆薬が投棄される。（Bundesarchiv）

公開演習を視察した司令官が、ヴァイケ大尉に感謝を告げた。（Bundesarchiv）

第300戦車大隊第1中隊の指揮指令戦車全部が集結した。（Lock）

理を引き受けた。機関士と石炭係はポーランド人だった。おやじさんは彼らを信用してはいなかった。午後に我々はスターリングラードの友軍が降伏したことを知った。私にとって惨めな誕生日となった。

1943年2月3日から5日まで：まだここに足止めされている。ロシア軍は我々の進路の先で前線を突破したそうだ。

1943年2月5日：1400時にとうとう再び動きだした。1530時にシュチェトヴォ着。

1943年2月6日から8日まで：チャヴォ・チノウから8km離れた線路上で釘付け状態。

1943年2月9日：移動を続け、0300時にチャヴィチン・デベルザノヴォを通過。

1943年2月10日：0630時にヤシノヴァターヤ着。

1943年2月11日から20日まで：またも先に進めなくなる。ロシア軍はヤシノヴァターヤからドニェプロペトロヴスク間の幅広い前線を突破していた。ヤシノヴァターヤはロシアで二番目に大きな操車場で、鉄道支線が445本もあった。駅は列車で大混雑していた。イタリア軍、ルーマニア軍、ハンガリー軍、病院列車、弾薬列車、燃料列車、それと糧食列車。洗濯物、制服、冬服、それに長靴を運んでいる貨車もあった。イタリア人は鼻が利き、彼らはいつも何かしら新しい物を見つける。

1943年2月21日：カラーホフ曹長、リリングス、エルデル、ザルツヴェンデル、クラウゼの各軍曹と共にスターリノの映画館に行き、その後で歌劇場へ。それは楽しく素晴らしい一日だった。

1943年2月22日から27日まで：まだここに足止め。SS「ヴィーキング」師団が我々をここから連れ出すそうだ。

1943年2月28日：ヤッシィの多彩な見せ物を見に行く。それは非常に面白かった。イタリア人、ハンガリー人、ルーマニア人が反抗し始めた。彼らは列車を降り、列車の運行を中止した。

1943年3月1日から2日まで：まだヤッシィにいる。誰も列車から離れることが許されなくなった。SS「ヴィーキング」師団の指示だ。鉄道線路を鉄道工兵が修理している。

1943年3月3日：ついに1530時、我々は旅へと戻ることができた。1600時に我々は西スターリノを通過。

1943年3月4日：1015時にザレコンスタンティノヴカ着。私は具合が悪く、病気が再発した。

1943年3月5日：0500時に東サポロシェ、0600時にサポロシェ中央駅。2000時に旅行を再開。

1943年3月6日：0700時にシネルニコヴォ着、0900時に旅行を再開。1100時にウゼル着。1330時に再び動き、1645時にヴェルチョヴゼヴォ着。

第300（無線操縦）戦車大隊の編成（1942年9月13日時点）

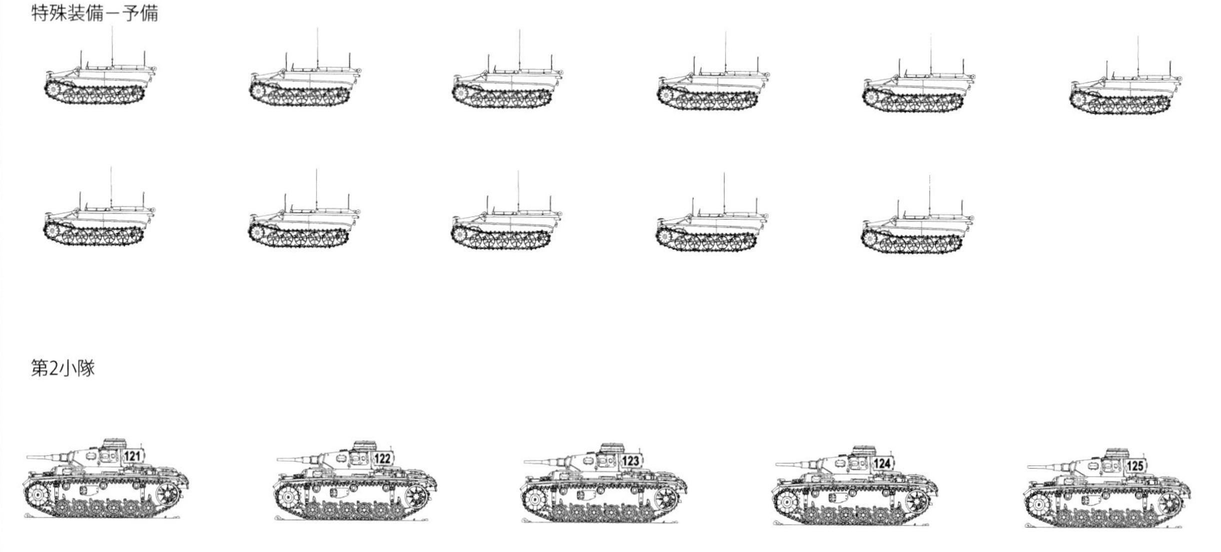

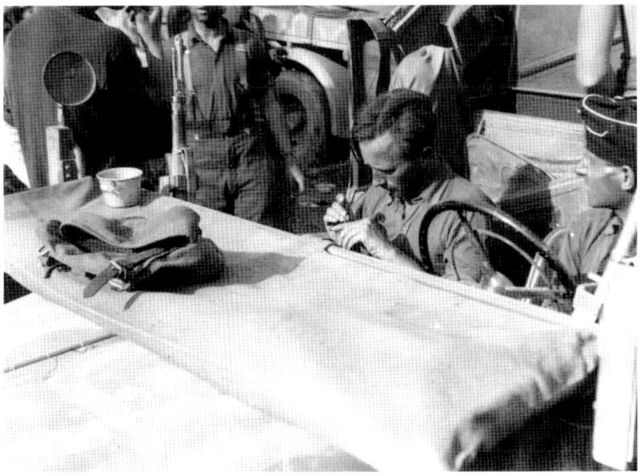

第300戦車大隊第2中隊のフリッチケン中尉とフィッシャー少尉が偵察の準備をしている。(Stolz)

指揮指令戦車の整備。上部転輪にグリースが注入される。(Stolz)

そして転輪が交換された。手前の転輪のゴム製保護キャップが損傷を受けていた。(Stolz)

作戦開始前のスナップ写真。(Lock)

指揮指令戦車の運転手。車両のシャーシ番号 (73350) が無線機類カバーに記入されている。(Stolz)

自分の指揮指令戦車内にいる第300戦車大隊第2中隊の小隊長フィッシャー少尉。(Stolz)

1943年3月7日：0800時にスナメンカ、1140時にキロヴォグラート、1645時にノヴォ・ウクラインカ・ホボ、1745時にポモシュナーヤ、2015時に国境。我々はルーマニア領内に入り、国境の町ブクニエノに到着。

1943年3月8日：1330時にスロボダ、1630時にポペリウキ着。

1943年3月9日：1215時にポドヴォロツィスカ、1715時にタルノポル、2315時にレンベルク着。

1943年3月10日：0630時にレンベルクを立ち、1015時にプルツェミスル着。そこでシラミ駆除を行ってから食事をとる。1500時に旅行に戻る。

1943年3月11日：0600時にライクスホフ、1200時にタルノウ、1800時にクラコウ着。

1943年3月12日：0600時にカトヴィッツ、0700時にグライヴィッツ、0800時にハイデベック、1100時にナイセ、1445時にカメンツ、1730時にシュヴァイトニッツ着。

1943年3月13日：0530時にドレスデン・フリードリヒシュタット、1115時にヴァイセンフェルス、1300時にヴァイマール、1445時にエアフルト、1600時にゴータ、1700時にアイゼンナハに到着。6週間に及ぶ鉄道旅行の終着駅だ。我々は列車を降りた。

1943年3月14日：0700時から1100時まで自分の装具を積込む。1500時から1800時まで手紙を読む。幾つかの手紙は昨年に出されたものだった。小包の大半は駄目になっていた。1800時から有効な市街に行ける通行証を与えられた。どこでも人々が寄って来て、どこから戻ったかを尋ね、我々に質問を浴びせた。

1943年3月15日と16日：車両を清掃し、制服を洗濯。士

第300（無線操縦）戦車大隊の編成（1942年9月13日時点）

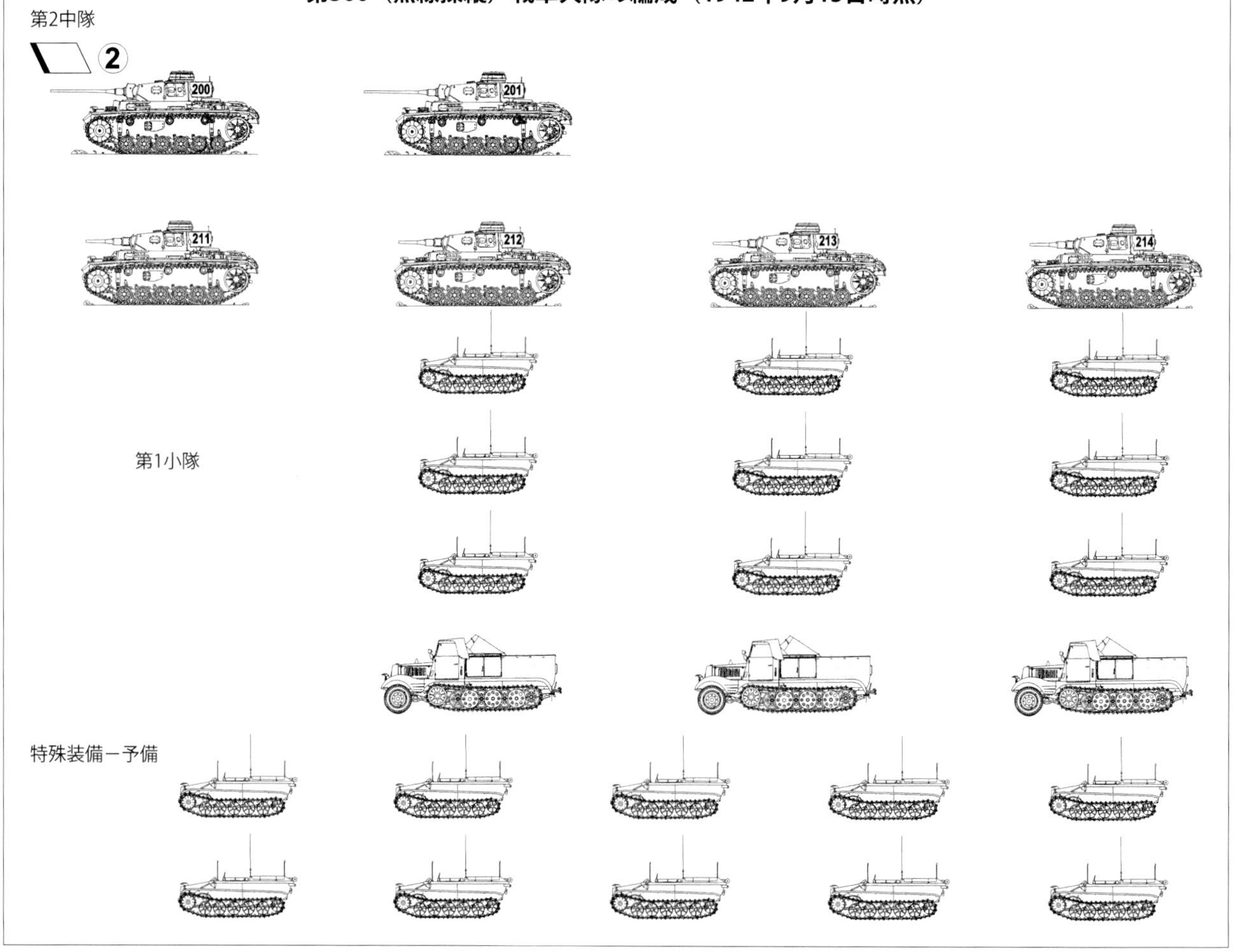

このIII号戦車J型の初期生産型は後部デッキに、空気取入口の装甲板カバーをまだ装着していない。（Osterried）

次の作戦に備え待機中の、砲塔に「Strolch（ならず者）」と記入されたIII号戦車。無線操縦用アンテナは既に取付けられている。（Stolz）

予備の履帯が追加装甲として指揮指令戦車の前面に装着された。（Lock）

古参の下士官が戦場で髪を切ってもらっている。背後に充分な迷彩が施されたIII号指揮指令戦車が見える。（Stolz）

戦車搭乗員達は束の間の自由な時間に手紙を書く。（Stolz）

官と下士官には新しい制服が支給されたが、我々のは古いままだ。

1943年3月17日：総統命令により、我々には3週間の休暇が与えられた。これは私にとって最初の故郷への帰還だった。

アルンスヴァルデに帰還した第301戦車大隊の各部隊は、1943年1月25日にノイルッピンへ再編のため移送された。そこでは解隊された第302戦車大隊の一部から第301（無線操縦）戦車大隊が編成された。

予備部品欠乏のため、交換用転輪が指揮指令戦車の左側のフェンダー前部に取付けられている。（Seeger）

第300（無線操縦）戦車大隊の編成（1942年9月13日時点）

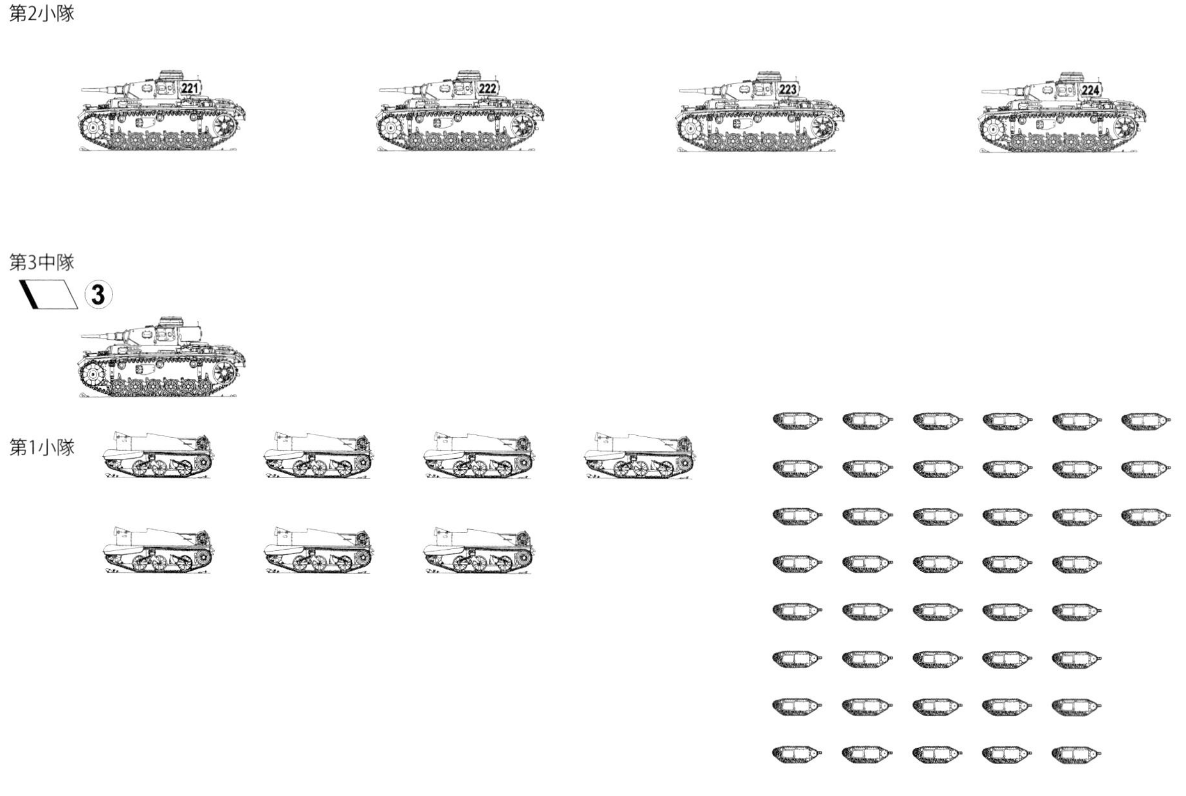

最初の「ゴリアテ」の1台。(Rettig)

運転手と彼の「BIV」。(Seeger)

使える時間には機銃の弾帯を編む。このIII号指揮指令戦車はJ型の初期生産型である。(Lock)

遠隔操縦部隊が発進地点へ進む。(Rettig)

発進地点に到着後、運転手達は命令が下されるのを待つ。(Fiedler)

作戦区域は植物もまばらで荒涼としているが、大量の地雷が埋まっている。(Fiedler)

「BIV」の爆薬投棄装置がもう一度点検される。(Seeger)

対空トラックkfz4は航空機の奇襲攻撃に対する備えだ。（Paust）

トレーラー付3トン牽引車が追加の爆薬を運んできた。（Mohrhäuser）

他の小隊が発進地点に向かって移動している。トレーラー付牽引車と指揮指令戦車がkfz4の後に続く。（Baisch）

彼らは轍の跡が無い地形を通って、発進地点に到着。（Fiedler）

川底を横断し…（Fiedler）

…そして、隘路を通る。(Fiedler)

爆薬運搬車もまた出動した。(Fiedler)

作戦準備中の第300戦車大隊第3中隊の汎用牽引車。(Rettig)

別の汎用牽引車が位置に付いた。(Witzgall)

時にはケッテンクラート爆薬運搬車が他の目的に使われることもあった。この写真では整備部門の兵員が、行動不能に陥った戦車に到達するのにその不整地用車両を使っている。(Off)

この指揮指令戦車の後部デッキには「ゴリアテ」2台が積まれている。「ゴリアテ」用に準備された輸送車は岩だらけの地形には適さなかった。(Wizgall)

少数の指揮指令戦車とケッテンクラート爆薬運搬車が後背傾斜地で作戦準備をしている。(Wizgall)

第300戦車大隊第1中隊の「BIV」の整備風景。(Off)

「BIV」のための爆薬もまたトレーラー付きのオペル・ブリッツ3トン・トラックで運ばれた。(Paust)

次の作戦命令を待つ弾薬部門の兵員達。輸送手段は背後に見える2台のトレーラー付きのSd.kfz11である。(Kornmeier)

クリミア戦で運用された装輪・装軌車両の大半はこの種の迷彩パターンが施されていた。(Fiedler)

通常とは異なる迷彩パターンも見られた。(Lock)

この第300戦車大隊第1中隊のSd.kfz11は地雷の上を走行した。右側の走行装置が大きく損傷している。(Kornmeier)

行動不能に陥った「BIV」を動かし修理を試みる整備部門の兵員は、BMWオートバイ／サイドカーの組合わせを使っている。(Paust)

戦闘工兵もSd.kfz11搭乗員の一員だ。彼らは爆発物の適切な取扱いを確保する責任を負っていた。(Kornmeier)

第300戦車大隊第1中隊のSd.kfz11軽牽引車。(Schick)

より長い路上走行に備え、指揮指令戦車の主砲には砲口カバーが付けられた。（Paust）

第22歩兵師団の作戦地域内にある集結地点。（Paust）

第300戦車大隊第3中隊のブレン爆薬運搬車と同第1中隊の「BIV」が作戦投入に備えている。（Lock）

発進地点で予備の「BIV」が作戦投入に備えている。（Fiedler）

この第300戦車大隊第1中隊に属する指揮指令戦車の乗員は遠隔操縦の「BIV」の運用を監視している。（Wizgall）

1942年6月11日にセヴァストポリ要塞の北西の外縁に到達した。(Gradolph)

第300戦車大隊第2中隊の1個小隊が新たな作戦地区に進入する。指揮指令戦車には追加の歩兵が便乗している。(Bundesarchiv)

指揮指令戦車は歩兵の支援にも使われた。

任務の移譲。こうした光景は時々見られた。（Stolz）

第300戦車大隊第2中隊所属の指揮指令戦車。（Bundesarchiv）

トレの再編地点。「ゴリアテ」の大半と、損傷を被ったIII号指揮指令戦車と数台の「BIV」もここに並べられた。(Seeger)

第300戦車大隊第1中隊の第2小隊がセヴァストポリの最後の攻撃に向け準備している。(Seeger)

III号指揮指令戦車122号車は破壊された目抜き通りを抜け、掃討中の歩兵を援護している。(Münch)

市街はほぼ完全に破壊された。(Wizgall)

この第300戦車大隊第2中隊の「BIV」は地雷上を走行した。その結果、左側の走行装置が破壊された。(Müller)

1942年7月1日夕方に、分断されていた大隊の部隊が集結した。(Wizgall)

破壊された市街の目抜き通りを通過するIII号指揮指令戦車の123号車は、援護のための歩兵を便乗させている。(Wizgall)

ノヴォーシュチへ帰還の行軍が始まった。（Off）

大隊は1942年7月3日までセヴァストポリ地区にとどまった。写真はヤルタにおける第300戦車大隊第1中隊の整備部門の兵員。（Paust）

1942年7月1日のセヴァストポリ。（Paust）

ノヴァ・シュルチにおけるIII号指揮指令戦車。追加の履帯が置かれていることに注目。（Paust）

第300戦車大隊第1中隊長のフォン・アーベンドロト中尉はセヴァストポリの最後の戦闘中に負傷した。（Wizgall）

市街の占領後、セヴァストポリの要塞設備の視察が行われた。（Baisch）

鉄道輸送の積込み地点への出発は1942年7月4日から始まった。写真では無数のロシア人捕虜の姿を見ることができる。(Baisch)

カルツィスク地区に到着後、大隊は第1戦車軍の指揮下に入った。(Paust)

攻撃は1942年7月9日に発動された。第1戦車軍隷下の第300戦車大隊はドネツに向けて進撃を開始した。(Off)

攻撃側は頑強な抵抗に遭った。第300戦車大隊もまた損害を被った。(Wizgall)

重牽引車を欠いたため、指揮指令戦車もまた行動不能の装軌車両を回収するために使われた。(Stolz)

東に向かう進撃は仮借なく続いた。(Scherer)

ドイツ空軍は戦車部隊の作戦遂行を支援した。(Stolz)

第1戦車軍は広い前線を進撃した。(Scherer)

ロストウとバタイスクへ向かう戦いで、指揮指令戦車が戦車同士の交戦に何度か参加した。(Mohrhauser)

1942年7月末までに、第300戦車大隊第3中隊に残っていた汎用牽引車は機構上の問題で失われた。補修部品の不足から修理は不可能だった。(Rettig)

草原での小休止。1両のSd.kfz4が空からの奇襲攻撃に備え、守りを固めている。（Sigmund）

III号指揮戦車が先頭を進む。（Jenckel）

数台の「ボルクヴァルトBIV」がその中に含まれている。（Scherer）

しかし有線操縦、無線操縦の爆薬運搬車は使われなかった。（Bürck）

全損。このIII号指揮戦車の走行装置と上部構造物は甚大な損傷を被っている。（Mohrhauser）

1942年7月26日以降、大隊は後背地域の警備任務を命じられた。ウスペンスカヤにて束の間の休息。(Stolz)

車両は整備を受け、弾薬が積込まれる。(Jenckel)

このNSU爆薬運搬車は整備部門で引き続き支援車両として使われた。その不整地における行動能力が歓迎された。（Off）

8月初めから装軌、装輪車両はアムヴロシイェヴカの鉄道積込み地点に向け移動した。（Paust）

大隊全部が列車に積み込まれ、行く手には10日間の鉄道旅行が待っている。（Paust）

皆ができる限り快適に過ごそうと心掛けた。停車時にはそこの地元住民から食料が購入された。（Fiedler）

8月15日に列車はクラスノグヴァルデイスクに到着した。（Wizgall）

列車から降ろされた後、大隊は20㎞離れたティシュコヴィツィに移動した。（Lock）

車両に対する整備が行われた。それは数週間も延び延びになっていた。（Stolz）

第300戦車大隊第2中隊のBMWオートバイ／サイドカー。（Hoffmann）

大隊は冬期兵舎を設置するよう命じられた。全員総出で掩耐壕の建設を手伝った。（Off）

ティシュコヴィツィにおける第300戦車大隊第1中隊第2小隊の車両置場。（Lock）

「ボルクヴァルトBIV」は地面と凍結するのを防ぐため、木材の上に履帯が載るまで運転され、それから保護シートで覆われた。（Scherer）

第300戦車大隊第1中隊のIII号指揮戦車に白で新たな数字が記入された。（Lock）

このIII号指揮戦車は改称された第301戦車大隊第2中隊に属する。(Stolz)

1942年9月中旬に、長砲身の5cmKwk39L60を装備した新しいIII号指揮戦車6両が大隊に配備された。(Schick)

隙間を空けた装甲板（スペースド・アーマー）が容易に見て取れる。(Paust)

個人装具を入れる木製の箱はまだ装着されていない。通常それらは右側泥除けの上に見られる。(Schick)

馬蹄は幸運をもたらすとされた。(Schick)

III号指揮戦車213号車が軟弱な地面に沈んだ。(Ling)

転輪の消耗は激しい。転輪リムに付いているゴムはすぐに摩耗する。損傷を被った転輪が戦車の上に取付けられている。(Wizgall)

1942年10月末、天候は日ごとに悪化した。III号指揮戦車122号車とSd.kfz250が新たな命令を待っている。(Lock)

1942年11月17日、アーベンドロト中隊はガチーナで列車への積込みを始めた。この行動不能となった「ボルクヴァルトBIV」はSd.kfz250に牽引されている。(Rettig)

III号指揮戦車の積込みが始まる前に、木製傾斜路の安定性が確認された。(Lock)

第301戦車大隊第2中隊の指揮指令戦車は白色水性塗料が塗られたが、砲塔番号「213」は塗り潰されていない。(Mohrhauser)

大隊の残余は更に数週間にわたって北方軍集団隷下の第18軍の指揮下にとどまった。第300戦車大隊第3中隊はまだ数台のブレン爆薬運搬車を装備していた。(Rettig)

厳しい寒さのため、屋根無しのSd.kfz250は防水布で覆われている。(Rettig)

指揮指令戦車が無蓋貨車に用心深く移動する。(Lock)

第300戦車大隊第3中隊長のデットマン中尉。(Rettig)

第301戦車大隊の残余はガチーナで1942年12月12日から列車への積込みを始めた。（Fiedler）

車両はアルンスヴァルデで降ろされ、一時的にそこにとどまった。(Rettig)

III号指揮戦車121号車もまた列車から降ろされた。(Rettig)

アーベンドロト中隊は新編成のドン軍集団の担当地区にある兵舎を占拠した。爆薬運搬車が吹き晒しの場所に放置されている。(Jenckel)

寒冷のため、爆薬運搬車の運用機会は制限された。(Jenckel)

これらのIII号指揮戦車は短砲身の5cm主砲を装備している。(Jenckel)

中隊長フォン・アーベンドロト中尉の指揮指令戦車は長砲身の5cm主砲を装備している。特製の冬期履帯に注目。(Fiedler)

天候が許す場合には、再び「ボルクヴァルトBIV」を使った作戦が実施された。（Paust）

作戦のさなかの小休止。（Fiedler）

車両は時には機械的な故障で行動不能となる。起動輪の外側が壊れ、履帯が投げ出された。（Lock）

アーベンドロト中隊は1943年1月末にリシャヤで列車に積込まれた。1943年3月13日にアイゼンナハに辿り着くまでの、6週間に及ぶ放浪の旅が始まった。（Lock）

2.2.4
熱帯（遠隔操縦）試験隊

1942年6月24日、陸軍一般軍務局は熱帯（遠隔操縦）試験隊の編成を命じた（第3240／42 g.Kdos）。同部隊は総員78名を擁し、2個小隊に加えて車両整備分隊、実地試験分隊、軍需品輸送隊で構成された。第1小隊は「ボルクヴァルトBⅣ」各5台を装備する2個分隊から成っていた。第2小隊は有線誘導の「ゴリアテ」を装備していた。それに加えて、同部隊にはⅢ号戦車J型3両とその乗員が配備された。それらは指揮指令戦車として使われたが、編成表には載っていなかった。

同部隊はノイルッピンの海岸駐留地で第5戦車補充大隊から編成され、主として補充大隊から抽出された兵員に第300（無線操縦）戦車試験・補充大隊の隊員が加わった。同部隊には前線指揮所番号「23514」が与えられた。試験隊長はJ・フィッシャー中尉だった。「BⅣ」小隊はクノプラウフ少尉に率いられ、「ゴリアテ」小隊はヘッカー少尉に率いられた。

熱帯（遠隔操縦）試験隊の使命は、北アフリカ戦線において遠隔操縦車両の運用で経験を積むことにあった。

1942年夏にトブルクが陥落した後、ドイツ軍とイタリア軍部隊の前進はエル・アラメインとカッタラ低地の間で止められた。この地域は平坦な砂漠地帯で、築城陣地に対して遠隔操縦車両を運用するには理想的な地形に思われた。

数回の実地演習が実施され、隊員達に熱帯用衣服が支給された後で、部隊は8月12日に列車に積込まれ、イタリアに輸送された。そこでは部隊はナポリ近くのチアーノ伯爵大学に一時的に駐留した。

ナポリで部隊の装輪、装軌車両は海上輸送のため船に積込まれ、タレントとベンガジに向かった。車両と一緒に運ばれたのは運転手だけだった。残りの隊員は列車でブリンディジに9月8日に移送され、そこから彼らはクレタを経由し、トブルクには9月15日に着いた。

輸送された車両が一旦降ろされると、装軌車両はまだ機能していた鉄道を使って、ヴィア・バルビアからエル・アラメイン西方のエル・ダバへ輸送された。装輪車両は新しい宿営地に向け自力で走行した。

無線操縦、有線操縦の爆薬運搬車の試験が再び始まった。今度は技術士官の博士オットー少尉が部隊に加わった。部隊は試験を実施しただけでなく、エルヴィン・ロンメル上級大将やドイツ軍、イタリア軍の将官に向けた公開演習を行った。

更なる訓練過程で、アフリカでは無線操縦爆薬運搬車が満足に動作しないことが明らかとなった。

元少尉で「ゴリアテ」小隊長だったクルト・ヘッカーがその時の状況を説明する。

一日のうちでも時間と温度差により、また距離によって「BⅣ」の無線受信機が干渉を受け、指令の受信を阻害する。そうした場合にはオートバイ／サイドカーを併走させて「逃亡車両」を追いかける必要があった。「BⅣ」を捕獲するため、サイドカーに乗った者が動いている車両に飛び移り、エンジン始動キーを引き抜かなければならなかったのだ。

日中は照りつける太陽の強烈な反射とちらつきのため視界は減少した。それに加えて、遠くから見えない地面の窪みが早すぎる操縦機能停止を引起こす原因となった。

試験の全期間を通じ、実際に爆薬を爆発させる試験は行われなかった。熱帯（遠隔操縦）試験隊は捕獲戦車を使った実験も実施しており、ブレン運搬車1台が有線操縦爆薬運搬車に改造された。

予想されていたエル・アラメインにおけるイギリス軍の攻勢は1942年10月23日に始まった。その結果、10月26日に予定された「ゴリアテ」小隊による作戦は実施されなかった。

試験隊の指揮指令戦車3両は第90アフリカ（自動車化）軽師団の指揮下に編入され、同師団はエル・アラメインの北側沿岸路に沿って展開した。Ⅲ号戦車3両の任務は前線に向かう補給隊列の護衛だった。

残りの熱帯（遠隔操縦）試験隊はフィッシャー中尉に率いられて、1942年11月3日からハルファヤ峠、トブルク、デルナ、ベンガジを抜け、トリポリに向けて退却した。トリポリ地区で後に3両の指揮指令戦車が合流した。

1942年11月27日に同部隊の装軌、装輪車両の大半は各1名の運転手と共に、第90アフリカ（自動車化）軽師団の指揮下に編入された。無線指令受信機を取外された後に「BⅣ」は砂漠で爆破され、有線操縦の「ゴリアテ」も同じ処置を受けた。

1943年1月11日から残った熱帯（遠隔操縦）試験隊の隊員はHe111でイタリアとギリシャに飛んだ。そこから彼らは第300戦車試験・補充大隊に戻った。1943年2月初めに熱

ノイルッピンで列車に積込まれた後、部隊は南方に送られた。オペル・ブリッツ・トラックの左側泥除けの上に記入された熱帯（遠隔操縦）試験隊の戦術標識に注目。（Lehmann）

指揮指令戦車の1両、短砲身主砲を装備したIII号戦車J型。（Lehmann）

全車両は全面サンド・ブラウンの迷彩が塗られ、一部の車両には灰色の不規則な斑点が追加された。この迷彩は陸軍通達「1942年315号」に規定されている。（Lehmann）

帯（遠隔操縦）試験隊は解隊され、試験隊の隊員は第300戦車試験・補充大隊の各中隊に振分けられた。

2.2.5
第302戦車大隊

1942年9月10日、陸軍一般軍務局はもう一つの遠隔操縦部隊を1942年10月15日に編成するよう命じた。新部隊は第302戦車大隊と呼ばれ、大隊本部、本部中隊、3個の戦車中隊、それと整備小隊を擁することになった。大隊の駐屯地はノイルッピンが予定された。大隊の基幹要員は既存の部隊から引抜かれた。

新部隊の大半の隊員は第10戦車連隊第Ⅲ大隊から移って来た。同大隊は東部戦線で甚大な損害を被った後に連隊から分離され、グロースグリーネケで第10戦車補充大隊により補強された後、ノイルッピンへ送られた。

加えて1942年9月29日に、第11戦車連隊と共にパーダーボルンに駐留していた第1軽戦車中隊「f」がノイルッピンに移動して来た。フリードリヒ・フランツ駐屯地という新たな宿営地に到着後、その日のうちに同部隊は第302戦車大隊第3中隊と改称された。

その当時、第302戦車大隊は有線操縦、無線操縦作戦に関する経験が全くなかったため、更なる組織変更が実施された。それから10月後半に第302戦車大隊第3中隊は警戒体制に置かれ、冬用衣服が支給された後にレニングラードに向けて移送された。

そこで彼らは第301戦車大隊に編入され、新たに同大隊の第2中隊となった。同時に以前の第301戦車大隊第2中隊は大隊から切り離され、第302戦車大隊第3中隊と改称され、ノイルッピンに送られた。

1942年11月1日に第300戦車補充大隊が編成され、第301戦車大隊の組織変更が実施された後に、前線での運用に触発されて再び組織改編が実施された。

陸軍一般軍務局の命令（1943年1月9日付、ＩａⅡ　第721／43）により、第302戦車大隊第1中隊は第311（無線操縦）戦車中隊と改称され、第302戦車大隊第2中隊は第312（無線操縦）戦車中隊に、第302戦車大隊第3中隊は第313（無線操縦）戦車中隊にそれぞれ改称された。この変更は1943年1月25日付で実施された。

第302戦車大隊本部、本部中隊、それと整備小隊からは新たな第301（無線操縦）戦車大隊を編成するために要員が抽出された。

部隊名改称が完了した後、第302戦車大隊は正式に解隊された。

2.2.6
第301（無線操縦）戦車大隊

1942年11月20日、陸軍は10個無線操縦戦車部隊の編成を求めた。同時に既存の無線操縦装備と兵員を、ノイルッピンに駐留する戦車隊学校の無線操縦教育部隊として結集させることも提案していた。

この要求は遠隔操縦部隊改編の端緒となったが、関連する各部隊は独立した無線操縦戦車中隊、無線操縦部隊の補充大隊、それと第301（無線操縦）戦車大隊の改編だった。

第301（無線操縦）戦車大隊は1943年1月25日にノイルッピンで編成されたが、解隊した第302戦車大隊の隷下部隊と、ポンメルンのアルンスヴァルデにいた第301戦車大隊から抽出された部隊から構成されていた。

第301（無線操縦）戦車大隊は大隊本部、本部中隊、整備小隊、それと3個の戦車中隊（第2から第5中隊まで）から成っていた。アーベンドロト中隊はまだロシア南部で作戦していたが、後に第1戦車中隊として同大隊に編入が予定されていた。

編成が完了した時点で、新大隊に編入されなかった兵員はアイゼンナハの第300（無線操縦）戦車補充大隊に移籍された。

1943年春の時点で第301（無線操縦）戦車大隊には以下の士官が在籍していた。

大隊長：ライネル少佐
補佐官：グッケル中尉
特別参謀：ジッケンディック少尉
無線操縦士官：フォス中尉
本部中隊長：シュタイン中尉
大隊付軍医：博士ヴィック上級軍医
第301（無線操縦）戦車大隊第2中隊長：ホイアー中尉
第301（無線操縦）戦車大隊第3中隊長：クレマー中尉
第301（無線操縦）戦車大隊第4中隊長：ブッセ中尉
整備小隊長：マイアー少尉

III号指揮指令戦車の砲塔後部には四角い箱が装着されたことで、他のIII号戦車と識別できる。(Lehmann)

全ての装輪・装軌車両は到着後、バグノリ(ナポリの近く)のチアーノ伯爵大学の周辺に停車された。(Lehmann)

左側の指揮指令戦車は装甲が追加されている。(Lehmann)

警備任務!(Lehmann)

部隊は北アフリカに到着後、エル・ダバ周辺の地区で集結した。このIII号指揮指令戦車は「シュトロルヒII(ならず者II世)」と命名された。(Lehmann)

1943年3月中旬にアーベンドロト中隊がドイツに帰還した時はノイルッピンには送られなかった。その代り、アイゼンナハの補充大隊に移動した。従って、同中隊を第301（無線操縦）戦車大隊第1中隊として編入する計画は実施されなかった。第315　（無線操縦）戦車中隊として改称するまで、アーベンドロト中隊は独立した無線操縦中隊の地位にとどまっていた。

この時点で独立した新編成の無線操縦中隊、第311、第312、第313、第314の各（無線操縦）戦車中隊は、やはり第301（無線操縦）戦車大隊の指揮下に入ったが、第312（無線操縦）戦車中隊は既に1943年1月29日にアイゼンナハの第300（無線操縦）戦車補充大隊の駐屯地に移動していた。

最初の指揮指令突撃砲と爆薬運搬車の配備に続き、1943年春に戦車戦術と無線操縦手順を重視した車両と装備の訓練が始まった。燃料が配給制だったにも関わらず、必要な訓練と演習は近くのノイルッピン演習場で無事に実施された。

1943年7月、ライネル少佐とグッケル中尉は、遠隔操縦中隊の作戦運用に関する報告書を作成せよとの命令で、東部戦線へ視察に赴いた。

1943年9月初め、第301（無線操縦）戦車大隊は臨戦体制を確立したことを報告し、西部方面最高司令官の管轄地域への移動を命じられた。到着後は第14戦車師団に配属されたが、同師団はスターリングラードで壊滅した後、1943年夏にアンガス地区で再編成された。

第301（無線操縦）戦車大隊を輸送するのに幾つかの列車を要したが、同大隊はトロヤ、オルレアン、ツールを経由し、ポティエからさほど離れていないミレブーに向かい、そこで幾つかの町に散らばって宿営した。10月中旬に先発した小部隊はボルドー、ツールーズ、モンペリエを経由してニムスに移動し、第301（無線操縦）戦車大隊の本隊がコート・ダジュールに到着する受入れ準備をした。

地中海沿岸の鋭い崖は戦車と爆薬運搬車の運用には全く不向きだったため、命令は破棄され、同部隊はアミアン地区に移動した。そこでペロンネとロアゼル地区の約40㎞東に宿営した。

そこで第301（無線操縦）戦車大隊は臨時に戦車擲弾兵師団「フェルトヘルンハレ」の指揮下に編入されたが、同師団は既に東部戦線の中央軍集団に移動準備の最中だった。戦術的には同大隊は再編されたSS第9戦車師団「ホーエンシュタウフェン」に配属された。

1943年11月1日現在の現有戦力表によると、第301（無線操縦）戦車大隊は戦力定数指標表に規定された定数通りの、突撃砲32両と爆薬運搬車108台を保有していた。

1943年11月にSS第9戦車師団「ホーエンシュタウフェン」は大規模な演習を実施し、それをハインツ・グーデリアン機甲兵総監とガイア・フォン・シュヴェッペンブルク戦車兵大将が視察した。

1943年12月から実施されたが、第301（無線操縦）戦車大隊は独立した無線操縦戦車中隊である第315（無線操縦）戦車中隊を行政上の支配下に置いた。

1944年1月22日早朝、連合軍はローマの南西でアンツィオからネツノまでの海岸に上陸し、橋頭堡を築いた。その後の数日間にドイツ軍部隊は、1月末に敢行する第14上級軍団指揮下の部隊による反攻を目的として、上陸地帯を封鎖することに成功した。

国防軍作戦参謀は計画された攻撃にできる限り最強の部隊を振り向けることを命じた。その結果、第301（無線操縦）戦車大隊を西部戦線から可及的速やかに投入する命令が下された。

だが、攻撃命令は決して実行されなかった。1944年1月30日に敵は3個師団をもって橋頭堡から攻撃に打って出た。米英連合軍はアプリラまで追撃に成功した。

1944年1月31日、第301（無線操縦）戦車大隊は直ちにイタリアへ向かうよう命じられた。部隊は2月1日までに出発準備が完了することになっていた。大隊が1月31日にロイゼルで列車に積込みを終えた後、列車はカールスルーエ、アウグスブルク、ミュンヘン、ブレナー峠、それにフローレンスを経由してオルヴィエトの北方フィクレに向かった。列車を降りてから、大隊は陸路を南に進んだ。2月5日の夜明けに部隊はローマを通過し、その後でローマから南に5㎞離れたローマ農業大学に宿営した。

2月7日、第14軍総司令官のフォン・マッケンゼン上級大将は第301（無線操縦）戦車大隊を視察し、部隊の遠隔操縦技術を見学した。2月11日、彼は南西方面軍最高司令官アルベルト・ケッセルリンク元帥に付き従って部隊を再訪した。

南西方面軍最高司令官が指揮下の様々な機甲部隊をまとめることができるよう、グーデリアン機甲兵総監は第69戦車連隊本部を配した。

このオペル・ブリッツ・トラックには、追加された無線操縦用アンテナの取付け部が装着されている。（Susenbeth）

「ゴリアテ」爆薬運搬車（Sd.kfz302）がトラックに積込まれた。（Susenbeth）

北アフリカの砂漠における、「ゴリアテ」を積んで充分な迷彩が施されたトラック。（Susenbeth）

公開演習中に1台の「ゴリアテ」が吹き飛んだ。その爆薬運搬車は通常より少量の爆薬を積んでいた。普段の爆薬60kgではあまりに危険なはずだ。（Hecker）

上と同じ車両が部分的に塹壕の中に入っている。（Hecker）

1944年2月10日までに、ドイツ軍は連合軍橋頭堡の周囲に阻止陣地を構築し、大半の陣地を維持することに成功した。しかし、攻撃準備がすぐに進められはしたが、悪天候に阻まれた。

2月15日、第301（無線操縦）戦車大隊はゲンツァーノ・ヴェレトリ・アルバーノ地区の集結地点に移動した。そこから戦闘中隊は前線近くの発進地点に進出した。

展開が完了した後、秘匿名「赤い空」作戦というドイツ軍攻撃が2月16日に始まる予定だった。主力はヘル戦車兵大将指揮下の第LXXVI戦車軍団が担った。それに加えて他の様々な機甲部隊が参加したが、第一波には第301（無線操縦）戦車大隊が含まれていた。第301（無線操縦）戦車大隊第4中隊は第508重戦車大隊に配属された。第301（無線操縦）戦車大隊第2、第3中隊は42号線の両側に第715歩兵師団隷下の第735歩兵連隊と共に展開した。

ドイツ軍部隊は敵の主要な前線、あるいは抵抗線に小規模ながら侵入に成功したが、艦砲射撃により釘付けにされ、2月20日に攻撃は頓挫した。そこで大規模な再集結と、2月29日に予定されていた再攻撃の準備が進められた。

第LXXVI戦車軍団はムッソリーニ運河とスパッカサッシ川の間に展開していた。そこに陣取っていたのは第1028戦車擲弾兵連隊が加わった第114駆逐戦車師団だった。その東には第362歩兵師団が展開し、第4戦車連隊第8中隊、「ゴリアテ」中隊、それに第60工兵大隊が支援した。主力は第26戦車師団（第4戦車連隊第I大隊、「BIV」中隊1個、それと第216突撃戦車大隊で増強）と、「ヘルマン・ゲーリング」戦車師団（第508重戦車大隊と第653重駆逐戦車大隊第1中隊で増強）が担っていた。

攻撃は0445時に始まった。昼までに敵の砲撃により重大な損害を被り、再び攻撃が頓挫した。攻撃地区の大抵の天候状態は装甲戦闘車両にとって不向きだった。2月29日、南西方面軍最高司令官は攻撃中止を命じる。

第14上級軍団の担当地域の軍隊を再配置するのに必要な「マルガレーテ」作戦、つまりドイツ軍のハンガリー占領の準備が3月初めに整った。しかし、2月に派遣された戦車部隊は、第301（無線操縦）戦車大隊以外は全て南西方面軍最高司令官の指揮下にとどまった。

イタリアでの戦闘で第301（無線操縦）戦車大隊が被った損害は、戦死25名、負傷31名、行方不明2名で、それに加え車両の15％を喪失した。部隊は前線から引揚げられ、1944年3月10日にオルヴィエトまで後退した。3月14日にフィクレで列車に積込まれた後、大隊はイタリア中部、ポー平野を通ってウィーンまで輸送され、そこで3月17日に列車を降りた。そこに滞在したのは短かった。3月22日夕方に部隊はウィーン・ペツラインスドルフで再び列車に積込まれた。

第301（無線操縦）戦車大隊はフランス北部のアラスで3月26日から28日までの間に列車から降ろされた。同部隊は完全な休養と再編が予定されていたが、アラス・カンブライ・バポーム地区に駐留していた第2戦車師団の指揮下に置かれた。

第301（無線操縦）戦車大隊第1中隊はまだ編成されていなかったため、陸軍参謀本部は1944年4月2日に独立した第312（無線操縦）戦車中隊を同大隊の組織に編入するよう命じた。

1944年4月28日、29日に第301（無線操縦）戦車大隊はアラス・マロイル・ベチュヌ地区の第2戦車師団による師団演習に参加した。大隊はその後、1944年4月30日にアミアン東方のコービー近くの新しい駐留地域に移送された。5月前半にいわゆる「ロンメルのアスパラガス」と呼ばれた障害柱を設置するのに、大隊の隊員とフランス軍捕虜が駆り出された。

更に再移送された後、大隊隷下の各部隊は5月15日にアミアンから北に5㎞離れたフレル・ベルタングル地区に駐留した。この頃はフランス北部の都市に対する連合軍の空爆が目立って増加していた。大隊の対空砲小隊は5月19日と28日の二度に渡って連合軍の空爆に対する防衛努力に加わった。

5月20日に指揮官の交替が行われた。ライネル少佐が大隊を離れ、フォン・アーベンドロト大尉が後任に納まった。第301（無線操縦）戦車大隊は5月末までに人員の数は規定数まで回復した。

1944年6月1日、陸軍参謀本部は第301（無線操縦）戦車大隊にレンブルクの北ウクライナ軍集団に移動するよう命じた。第4中隊を除いた同大隊は6月5日に東方に移動し始めた。

ヴィッター中尉率いる第301（無線操縦）戦車大隊第4中隊は、後の時期に新編の第302（無線操縦）戦車大隊への編入が意図されていた。

熱帯（遠隔操縦）試験隊の編成（1942年10月時点）

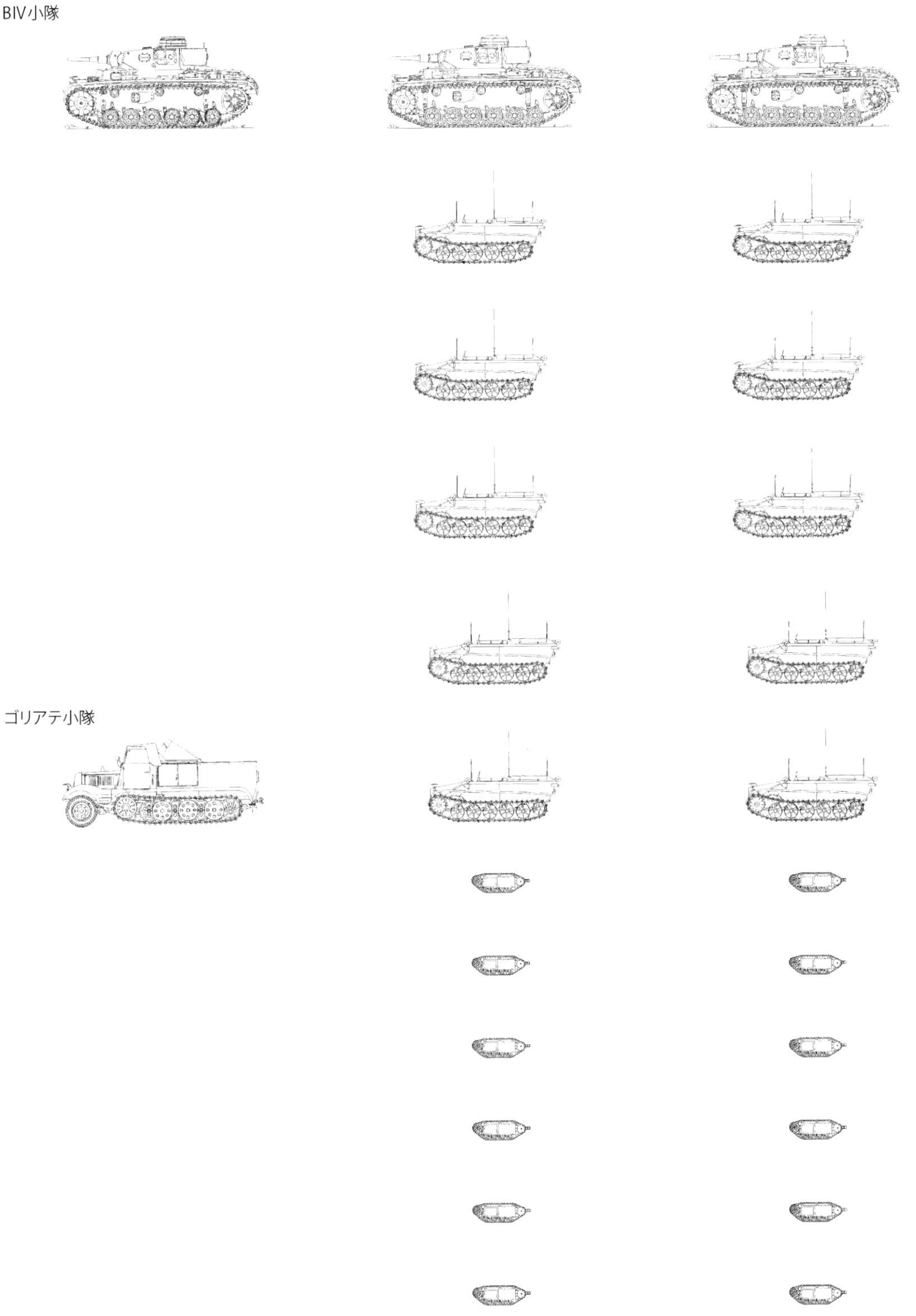

熱帯（遠隔操縦）試験隊の指揮指令戦車は、時には第90軽アフリカ師団を支援するため、その指揮下に入った。（Lehmann）

熱帯（遠隔操縦）試験隊の撤退は1942年11月から始まった。水容器を追加したこの「ボルクヴァルトBIV」は西に向かって走行中だ。（Lehmann）

3両の指揮指令戦車は、たびたび他の部隊を支援するためにその指揮下に入った。（Lehmann）

撤退中は指揮指令戦車もまたあらゆる種類の追加装備で飾られた。その結果、彼らはたびたび「ジプシー隊列」と言われた。(Hinzmann)

交戦で指揮指令戦車もまた損傷を被った。このIII号指揮指令戦車は左前の履帯保護板が失われている。(Hinzmann)

「シュトロルヒII」はイタリア軍隊列が撤退するのを援護した。(Lehmann)

「ゴリアテ」小隊の兵員が「ゴリアテ」運搬車を組立て中。(Susenbeth)

熱帯（遠隔操縦）試験隊の隊員の多くが明るい茶色の上下の繋ぎ服を着用していた。(Susenbeth)

先頭車両が運搬車に載せた「ゴリアテ」を牽引している。(Susenbeth)

ハルファヤ峠を越えての撤退。(Susenbeth)

2台のボルクヴァルト「BIV」が続く。(Lehmann)

北アフリカで鹵獲されたブレン運搬車は、有線誘導爆薬運搬車に改造された。(Susenbeth)

砂漠の中の1台の「BIV」。(Susenbeth)

カプッツォの軍人墓地の脇を1台の「BIV」が通過する。(Susenbeth)

戦いで破壊された北アフリカの村にいる熱帯（遠隔操縦）試験隊のSd.kfz10。半装軌車の円筒形容器の用途は知られてない。（Susenbeth）

「ゴリアテ」小隊のヘッカー少尉が、自分のVWキューベルワーゲンの脇にいる。（Susenbeth）

熱帯（遠隔操縦）試験隊はトリポリに到達した。数台の「BIV」がトレーラーに積まれている。（Susenbeth）

大半の車両は第90軽アフリカ師団に譲渡された。(Susenbeth)

「ボルクヴァルトBIV」は敵の手に渡るのを防ぐため、後で爆破された。(Susenbeth)

熱帯（遠隔操縦）試験隊の隊員達はトリポリからドイツ本国へ引揚げるのを待っている。(Susenbeth)

Besitz=Zeugnis

Dem

Gefreiten
(Dienstgrad)

Günther Rettig
(Vor- und Zuname)

3./Pz.Abt.(Fkl) 301
(Truppenteil)

verleihe ich das

Panzer =Sturmabzeichen

- Silber -

Rgt.Gef.St., den 11.3.1944
(Ort und Datum)

(Unterschrift)

Oberst und Rgt.-Kommandeur
(Dienstgrad und -stellung)

Im Namen

des

Führers

und Obersten Befehlshabers der Wehrmacht

verleihe ich

dem

Gefreiten Günther Rettig
3./Pz.Abt.(Fkl) 301

das

Kriegsverdienstkreuz 2. Klasse

mit Schwertern

Div.Stabsqu., den 20. April 1944

Dienstgrad und Dienststellung

Generalleutnant und stellv.Kdr.2.Pz.Div.

第301（無線操縦）戦車大隊第3中隊のギュンター・レティヒ上等兵に授与された銀色戦車戦闘記章の証書（連隊は彼に記章を授与するに当り、明らかに適切な書式に則っておらず、一般突撃記章、あるいは歩兵突撃記章の書式を使っていることに注目）、それと二等従軍記章。

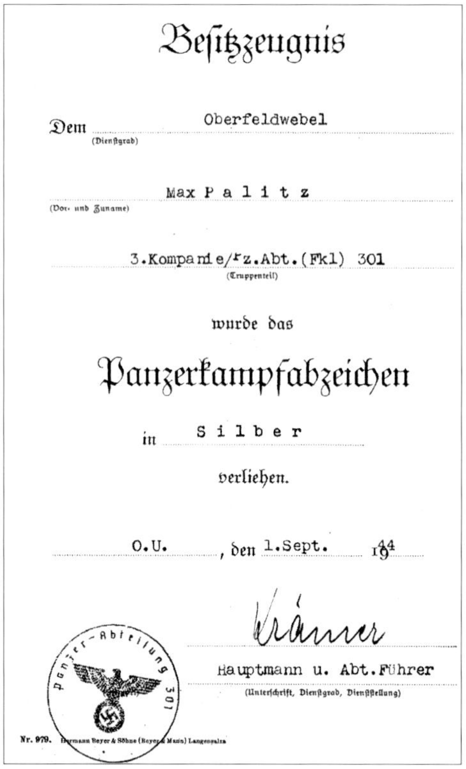

Besitzzeugnis

Dem Oberfeldwebel
(Dienstgrad)

Max Palitz
(Vor- und Zuname)

3.Kompanie/Pz.Abt.(Fkl) 301
(Truppenteil)

wurde das

Panzerkampfabzeichen

in Silber

verliehen.

O.U., den 1.Sept. 1944

Hauptmann u. Abt.Führer
(Unterschrift, Dienstgrad, Dienststellung)

Nr. 979. Hermann Beyer & Söhne (Beyer & Mann) Langensalza

第301（無線操縦）戦車大隊第3中隊のマックス・パリッツ上級曹長に授与された銀色戦車戦闘記章の証書。

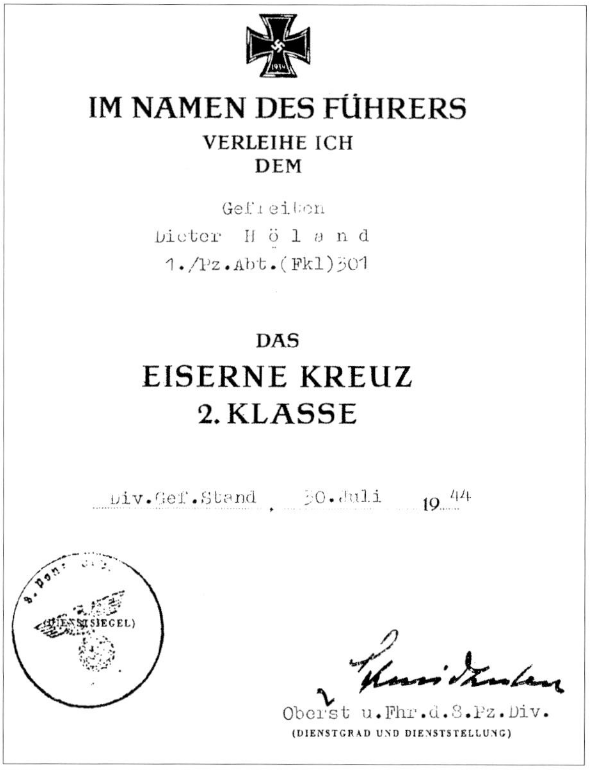

IM NAMEN DES FÜHRERS
VERLEIHE ICH
DEM

Gefreiten
Dieter Höland
1./Pz.Abt.(Fkl)301

DAS
EISERNE KREUZ
2. KLASSE

Div.Gef.Stand, 30.Juli 1944

(DIENSTSIEGEL)

Oberst u.Fhr.d.8.Pz.Div.
(DIENSTGRAD UND DIENSTSTELLUNG)

第301（無線操縦）戦車大隊第1中隊のディーター・ヘラント上等兵に授与された功二等鉄十字章の証書。

第301（無線操縦）戦車大隊の隊員訓練は1943年春からノイルッピンで始まった。ホフマン戦車兵と彼の「BIVA型」。（Hoffmann）

風防を清掃。「314」という数字は第3中隊第1小隊4号車を意味する。（Hoffmann）

シュライナー少尉が少数の爆薬運搬車を点検している。（Hoffmann）

大隊最初の少数のIII号突撃砲が子供たちの関心を引き付けた。(Rettig)

訓練場に向けて進む。(Weiß)

指揮指令車両の整列。（Weiß）

突撃砲から無線装置が降ろされた。整備兵が背後の「BIV」の無線指令受信機を点検している。（Rettig）

実弾射撃訓練中に中隊長車の突撃砲は砲身を失った。中央の人物は大隊長ライネル少佐。(Schreiner)

第301（無線操縦）戦車大隊第2中隊の整備部門の重オートバイ／サイドカー。(Fender)

大隊は1943年9月中旬にフランスへ送られた。この突撃砲は第301（無線操縦）戦車大隊第3中隊に属する。運転手の視察孔カバーに記入されたシャーシ番号「95004」が見える。(Rettig)

大隊規模の訓練は1943年10月に他の場所へ移動した後で再開され、今回はアミアン周辺地区で行われた。指揮指令車両の後ろに無線操縦部隊が付き従っている。爆薬運搬車の後部に車両識別番号「452」が記入されていることに注目。(Beer)

列車で移動中に「BIV」の脇で食事の準備をしている。(Rettig)

ビルシュタイン回転式クレーンを装備したビッシンクNAG4.5トン・トラック。この車は整備小隊に属している。(Franzen)

爆薬運搬車の演習は1943年11月、12月に行われた。指揮指令突撃砲と第301（無線操縦）戦車大隊第3中隊の「BIV」には印象的な迷彩パターンが適用されている。(Rettig)

無線操縦車両の大半は新しい「BIVB型」で占められていた。これらの爆薬運搬車は既にサンド・カラーに塗られている。(Bodsch)

このIII号指揮指令突撃砲は第301（無線操縦）戦車大隊第2中隊に配備された。（Franz）

この突撃砲は溶接作業中に発火し、その直後の爆発で車両は破壊された。III号突撃砲はIII号戦車M型の車体を使って製作されている。（Franzen）

III号指揮指令突撃砲を整備作業中。主砲と上部構造物の上面板は外された。運転手の視察孔カバーに記入されたシャーシ番号「92933」が見える。この車両もまたIII号戦車8／ZW型の車体を使って製作された。一体型の前方開閉式車体点検カバーに注目。（Franzen）

1943年11月、コンプレにおける第301（無線操縦）戦車大隊第2中隊の指揮指令車両は…（Franz）

1944年1月末に連合軍がアンツィオ／ネツノに上陸した後、1944年1月31日に第301（無線操縦）戦車大隊はイタリアに向け、列車で急いで移動した。（Rettig）

突撃砲の戦闘室は防水布で覆われている。兵員達は各自の車両の前に小さな野外用ストーブを用意した。（Rettig）

爆薬運搬用牽引車も全ての装備を完備した。（Franz）

…1943年12月19日にはロイテルにいた。（Franzen）

フィクレで列車から降ろされた大隊は、ローマに向け引続き南下した。（Franz）

大隊がアプリラで最初に交戦した直後の、1944年2月16日（1600時頃）に撮影された写真。これは第301（無線操縦）戦車大隊第3中隊のパリッツ曹長率いる無線操縦分隊である。（Palitz）

アグラリア・ローマ大学に到着後、「BIV」は敷地内の階段を上っていく。（Franz）

ドイツ軍の攻撃は1944年2月20日に頓挫した。前線近くに爆薬運搬車が置かれ、迷彩が施されている。（Bischlepp）

整備小隊の兵員が破損した転輪を交換中。このIII号戦車H型は大隊長車である。砲塔には装甲スカートが追加されている。車体と泥除けにもスカート取付け金具が見える。(Franzen)

「BIV」の運転手達の小休止。この爆薬運搬車の後部には戦術標識と車両識別番号が記入されている。(Beer)

ドイツ軍の二度目の攻勢は1944年2月29日に始まった。第301(無線操縦)戦車大隊から1個中隊が抽出され、攻撃部隊に加わった。この指揮指令戦車の脇には空軍の「ヘルマン・ゲーリング」戦車師団に属する擲弾兵がいる。(Bundesarchiv)

この「BIV」の背後は第4戦車連隊第Ⅰ大隊の戦車が固めている。攻勢は成功せず、夕方には中止された。(Bundesarchiv)

1944年3月中旬に第301（無線操縦）戦車大隊は再び列車に積込まれた。整備小隊のビッシンクNAGクレーン車（WH1310239）のもう1枚の写真。この車両は前の写真撮影後に迷彩塗装が施された。（Franzen）

1944年春に大隊がフランスに戻ってから新兵の訓練が行われた。この写真は第301（無線操縦）戦車大隊第4中隊のグレッセル少尉と「BIV」の運転手、それに戦闘工兵達である。（Weiß）

補給車両のうちで最も重要なものの一つは、給食車である！　後輪の上に記入された「K（Küche＝調理場）」に注目。（Weiß）

それまで独立中隊だった第312（無線操縦）戦車中隊は、1944年4月中旬に第301（無線操縦）戦車大隊に編入され、その第1中隊となった。この指揮指令突撃砲の指揮官はエンデマン少尉である。（Höland）

この「BIVB型」は第301（無線操縦）戦車大隊第1中隊の戦術標識を付けている。（Höland）

爆薬運搬車の整備風景。手前には取外された減速歯車機構の一部が見える。（Franzen）

東部戦線に移動後、大隊は第8戦車師団に配属された。III号突撃砲が開けた場所に分散して置かれている。（Weiß）

1944年6月後半に第507重戦車大隊、第301（無線操縦）戦車大隊、それと第8戦車師団の士官達による地形踏破が数回実施された。（Höland）

突撃砲は前線近くに配備され、迷彩が施された。（Geissel）

ソ連軍の攻勢は1944年7月14日にこの地区で発動された。第301（無線操縦）戦車大隊は直ちに応戦した。このSd.kfz251C型は大隊本部に属する。（Weiß）

後のこの時期でさえも、III号戦車N型は大隊に配備されていた。これはヘラント戦車長の指揮下、防御戦闘に従事した。（Franzen）

珍車両！　ボルクヴァルト3トン・トラックをベースにしたマウルティアー（半装軌トラック）はわずか2台が製作されたのみ。この牽引車は整備小隊で使われた。（Franzen）

1944年8月初めの激しい土砂降り雨により、前線の道路という道路はぬかるみ、すぐに通行不可能となる。このビッシンクNAGトラックは前輪にチェーンを巻いている。（Franzen）

ボルクヴァルト・マウルティアーが行動不能となり、クレーン車に牽引されている。（Franzen）

ボルクヴァルト・マウルティアーの整備風景。走行装置（転輪と履帯）は3トン牽引車から流用されたものである。（Franzen）

1944年8月中旬に第301（無線操縦）戦車大隊は第8戦車師団の指揮下を離れた。フメンネの鉄道積込み地に向かう途中の整備用トラック。（Franzen）

後方への移動が始まった。ボルクヴァルト・マウルティアーを後ろから見た写真。（Franzen）

2.2.7
第311（無線操縦）戦車中隊

遠隔操縦、並びに無線操縦部隊改編の一環として、陸軍一般軍務局は1943年1月25日に第302（無線操縦）戦車大隊第1中隊は第311（無線操縦）戦車中隊と改称するよう命じた。

戦力定数指標表「1171f」によれば、第311（無線操縦）戦車中隊はⅢ号指揮指令突撃砲G型を装備する予定だった（KStN1171f Ausf.A）。部隊には陸軍前線指揮所番号「17589」が割当てられ、中隊マークはヴィルヘルム・ブッシュの絵本に出てくる悪魔をわずかに変えたものだった。

中隊長はバハマン中尉で、小隊長と無線操縦士官はそれぞれエプケ、ヒツデルト、ヴェルトのいずれも少尉だった。

訓練中の中隊は当時、ノイルッピンで編成された第301（無線操縦）戦車大隊の指揮下にあった。3月に中隊は突撃砲と爆薬運搬車を受領し始めた。新装備に関する訓練を数週間行った後、第311（無線操縦）戦車中隊は5月にノイルッピンからアイゼンナハに移動した。

1943年7月11日、陸軍参謀本部編成部は中隊のティーガー重戦車大隊との合同作戦を含む広範囲の更なる試みのため、「グロースドイッチラント」戦車連隊第Ⅲ大隊の指揮下に中隊は置かれる、との命令を下した。

1943年7月18日、第311（無線操縦）戦車中隊は東部戦線のハリコフへ輸送されるため、アイゼンナハで列車に積込まれた。「ツィタデレ（城塞）」作戦中、第312（無線操縦）戦車中隊はティーガー部隊の第505重戦車大隊の指揮下にあったが、遠隔操縦車両とティーガー戦車が一つの隊形で効果的に作戦が進められるかを探る職務を第311（無線操縦）戦車中隊が果たした。

列車から降りた後で、第311（無線操縦）戦車中隊は「グロースドイッチラント」戦車師団の作戦地域に送られ、アチルカの森に集結した。8月14日、「グロースドイッチラント」戦車師団隷下部隊のベルスクへ向かう北東方向の進撃に中隊は加わった。

中隊長バハマン中尉によって作成されたその後の報告書が現存している（出典：ドイツ連邦公文書館／フライブルク軍事公文書館）

第311（無線操縦）戦車中隊　1943年10月25日

8月14日のベルスクに対する威力偵察にBIVを運用、及び1943年8月14日に橋梁爆破にBIVを運用した報告

（1）任務：1個遠隔操縦小隊と1個擲弾兵小隊を投入したベルスクに対する威力偵察。

地形を偵察した後、2個小隊は市街の西にある低地に展開した。無線操縦小隊は後背傾斜面に陣取った。突撃砲の援護射撃の下で、擲弾兵小隊は街から600m以内まで前進した。同時に「BIV」3台が偵察に送り出され、1台が街外れに到達した。敵の激しいライフル銃、機関銃射撃は「BIV」が接近するに従い減少した。敵は当惑しているように見えた。前進を再開した後、擲弾兵達はコテルワの北側外縁の方角から激しい迫撃砲と砲撃を浴びた。街から短時間退却した後、「BIV」は再び街外れに移動し、その爆薬を投棄した。その「BIV」は呼び戻された。爆薬が爆発した後で敵はしばらく射撃を止めたので、その隙を逃さず擲弾兵達は後退した。射撃の中断は5分から7分間続いた。

結果：偵察任務は完遂し、敵を多数殺傷。機関銃数挺と迫撃砲3門を破壊した。

損害：なし

［戦訓］

指揮指令突撃砲と「BIV」を準備地域で注意深く同期させたおかげで、「BIV」の使用が可能となった。各任務遂行に要する時間は5から6時間。もしも車両が移動する（10㎞）必要があるか、点検から出撃まで12時間以上空いた場合には、装備を再点検しなければならない。

地形もまた「BIV」の運用に都合が良い必要がある。敵の視野から外れた街の西側の低地で、「BIV」にはもう一度必要な点検と準備を行うことが可能なことを実証した（所用時間10分）。しっかりした上り坂の地形は1,200m離れても操縦することを可能とした。砲弾爆裂穴、谷間、あるいは林といった妨害物はなかった。

「BIV」2台の喪失は無線操縦操作中に発生した問題が原因で、もう1台の「BIV」はリレーが故障した。

（2）任務：「BIV」1台を使いチョロヴデヴチア近くの橋を破壊する。

目標の橋は敵の射撃に晒されていた。そこで、ここを破壊するために「BIV」1台の使用が必要となった。「BIV」は後背傾斜面から橋に向かって移動した。敵の反応は慎重でためらっており、橋に「BIV」が到達するのを見過ごした。しかし爆薬投棄の指令が

1943年春、ノイルッピンにおける第311（無線操縦）戦車中隊の陣容。（Geuss）

中隊は10両の指揮指令突撃砲、III号突撃砲G型を装備した。（Hitzfeld）

幾つかの突撃砲はIII号戦車M型の車体から改造された。（Hitzfeld）

無線操縦中のこの企ては失敗した。「BIV」は暴走したあげく、傾斜面の下で身動きできなくなった。（Hitzfeld）

失敗したため、そのまま爆破させねばならず「BIV」は一緒に破壊された。

結果：任務は完遂。

損害：なし

［戦訓］

「BIV」は後背傾斜面陣地から橋まで約500mの距離を困難もなく移動した。敵はさぞ驚いたようで静かだった。18トンの橋は完全に破壊され、全ての杭を破壊した（破壊は水面下まで達した）。橋の全長は25mだった。

署名　バハマン中尉、中隊長

ハリコフ西方の防御戦闘は1943年9月中旬まで続いたが、その後でドニェプルのクレメンチュグ方向にあるポルタヴァを通る戦闘が続いた。

「グロースドイッチラント」戦車師団は、ミシュリン・ログとリヴィ・ログとキロヴォグラードのドニェプル河屈曲部の防御戦闘に1943年末まで加わった。1944年春にドイツ軍はブグを横断し戦闘しつつ退却し、その後はベッサラビア北部のターグル・フルモス周辺とカラパチア山麓の丘で防御戦闘を行った。それは1944年4月末まで続いた。

爆薬運搬車は「グロースドイッチラント」戦車師団の様々な防御行動の過程で、1943年9月から1944年5月まで戦闘に参加した。無線操縦中隊の指揮指令突撃砲もまた対戦車任務と師団の歩兵、擲弾兵連隊の支援に使われた。

1944年5月18日、陸軍一般軍務局は第311（無線操縦）戦車中隊にアイゼンナハの駐屯地に可及的速やかに移動するよう命じた。その時、中隊はルーマニアのバカウ地区にいた。

ドイツへの輸送の後に、中隊はアイゼンナハと他の基地に宿営し、戦力回復に努めた。1944年7月25日、陸軍一般軍務局は第311（無線操縦）戦車中隊を第302（無線操縦）戦車大隊にその第4中隊として編入することを命令した。

2.2.8
第312（無線操縦）戦車中隊

1943年1月9日、陸軍一般軍務局は独立した第312（無線操縦）戦車中隊の編成を求める指示を発行した。編成過程はノイルッピンで新たに編成された第301（無線操縦）戦車大隊の駐屯地で行われることになった。

新中隊は、名称変更された後に解隊された第302戦車大隊第2中隊の元隊員を小さな中核として構成された。その後、1943年1月後半に第301戦車大隊第2中隊の大半がアルンスヴァルデからノイルッピンに到着。1943年1月29日、第312（無線操縦）戦車中隊はアイゼンナハに移動した。

第312（無線操縦）戦車中隊には陸軍前線指揮所番号「04717」が割当てられた。中隊長は引続きノルテ中尉が務め、第1小隊はゴットシャルク少尉、第2小隊はエンデマン少尉がそれぞれ率いた。第312（無線操縦）戦車中隊は中隊マークに「ノルテおじさんの頭」を選んだが、やはりヴィルヘルム・ブッシュの絵の登場人物だった。

駐屯地における理論面の講義だけでなく、新たに配備されたⅢ号突撃砲と爆薬運搬車を使った実地訓練に多くの時間が費やされた。野営とベルカとオールトルフの演習場での訓練、それに基地周辺の長い行軍が日課だった。

中隊は1943年4月末に展開命令を受ける。部隊は列車2本に積込まれ東方に向かうため、4月30日に鉄道駅に移動した。積込みのさなかに事故が発生し、ノイバウアー戦車兵が中隊最初の犠牲者となった。

ドイツとポーランドを通過する旅行の後で、ゴットシャルク少尉率いる最初の列車は1943年5月3日午前にパルチザンが埋設した地雷にぶち当たった。貨車2両が脱線したが人的損害はなかった。中隊の隊員と国鉄修理列車の隊員が線路を修復し、列車は26時間遅れで旅を続けた。

中隊は1943年5月6日の猛烈な航空攻撃の最中にオリョール駅で列車を降りた。ソ連軍爆撃機はなんらかの損害を与える前に、ドイツ軍対空砲と戦闘機によって追い払われた。広く散らばったが、第312（無線操縦）戦車中隊はソコロヴカの村近くで最初の野営をした。

5月19日に中隊はフィルソヴォ近くの幾らか林がある休養地区に移動した。移動は雨で道路がほとんど通行不可能になったため、非常に困難を伴った。5月26日、ノイハウス上等兵とダーメン戦車兵が不発弾事故で死亡した。

その後の数週間に、ドイツ軍上級指揮官が何度か第312（無線操縦）戦車中隊を訪問した。ヴァルター・モーデル上級大将とフォン・クルーゲ元帥の二人も無線操縦爆薬運搬車の実戦下での可能性を探るために来訪した。

7月3日、4日に戦闘隊列と戦闘車列Ⅰ、Ⅱは休養地を別々

第311（無線操縦）戦車中隊の編成（1943年8月1日時点）

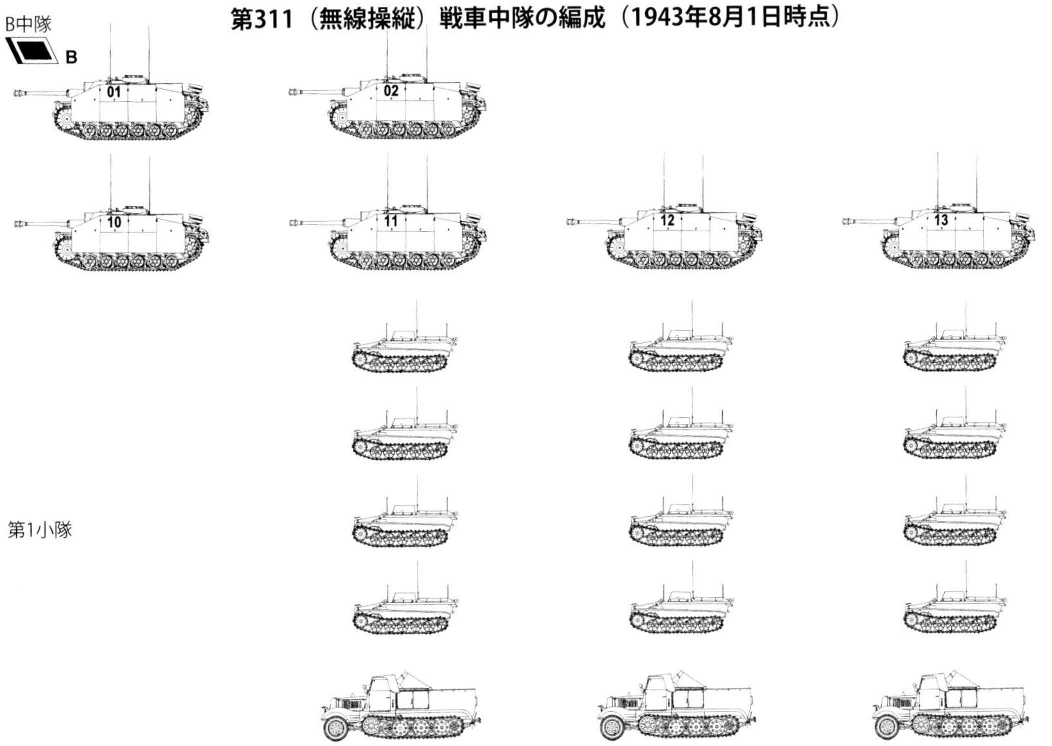

第311（無線操縦）戦車中隊の編成（1943年8月1日時点）

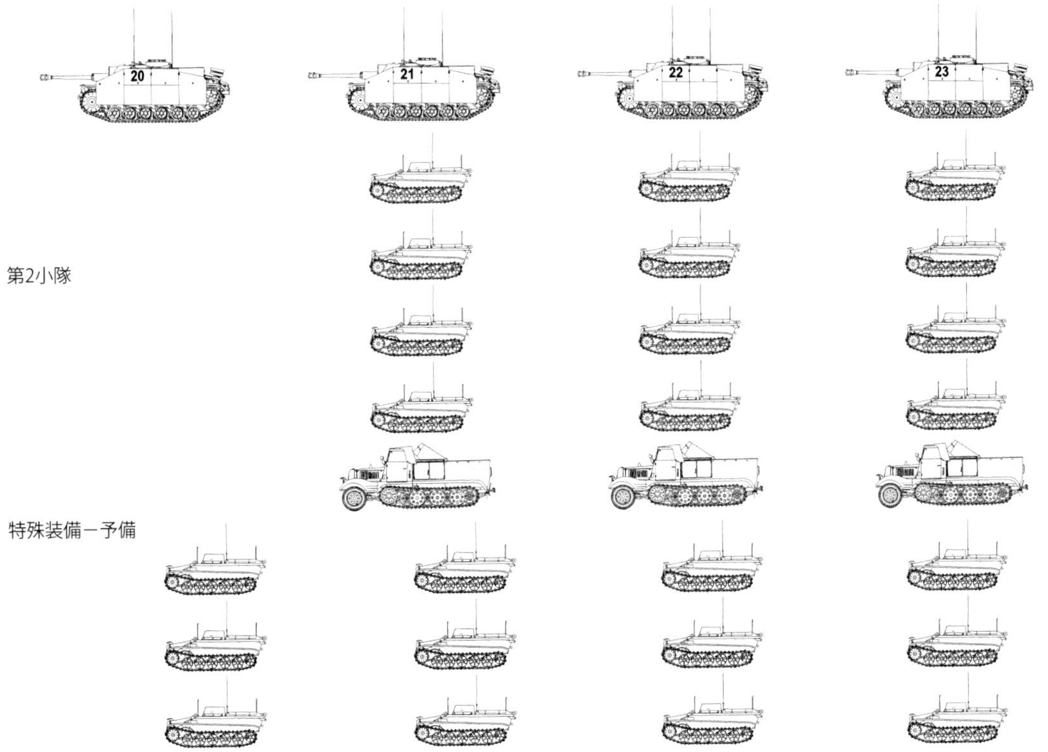

に離れ、それぞれの集結地に向かった。当時、中隊は第505重戦車大隊の指揮下にあり、同大隊は第21戦車連隊に配属されていたが、第20戦車師団、第6歩兵師団と一緒だった。この装甲戦闘部隊はブルマイスター大佐が指揮し、前線の南方で攻撃の楔打込みを意図していた。

攻撃は激しい砲撃、急降下爆撃、地上攻撃の後で、1943年7月5日0320時に始まった。

その後の数日間に、第312（無線操縦）戦車中隊はポドリヤン近く、ヴェルク・タジノ、シュテップ、サボロヴカ、グラウノヴカ、トロスナ、クラスニコヴォ、ミシュ・ムコノヴカ、それとこれらの町近くの高地で戦闘に参加した。そして敵戦車56両、大砲と対戦車砲28門、車両18台を撃破した。

第312（無線操縦）戦車中隊の負傷者は驚くほど少なく、戦死者は3名だけだった。

中隊長ノルテ中尉は1943年7月5日から8日までの期間の詳細な戦闘後報告書をまとめたが、その当時の作戦に優れた洞察を与えてくれる。（出典：アメリカ合衆国公文書館）

ノルテ中尉、中隊長
場所に関しては秘密　1943年7月13日
第312（無線操縦）戦車中隊
8部中3番目「極秘！」
1943年7月5日から8日までの作戦報告

1943年7月5日にタギノ主要抵抗線に対する第6歩兵師団の攻撃のため、突撃砲3両、「BIV」12台を含む第2小隊は第505重戦車大隊に配属された。友軍の歩兵がヤスナヤ・ポルヤナとヴィーデホプフ森林地帯、それと第240.4高地に到達した後、第312（無線操縦）戦車中隊第2小隊が加わった第505重戦車大隊は、歩兵の前線を蹂躙し、第230.7高地の方向を目指して攻撃した。

私は第505重戦車大隊長と同乗した。部隊はブルマイスター大佐戦闘集団の構成員だった。小隊は第505重戦車大隊第1中隊の前方で立て続けに戦闘偵察を実施。いつもティーガー中隊の前方に「BIV」3台が配置されていた。それらの主要任務は地雷探知だったが、一つも地雷は見つからなかった。敵は第230.7高地とシュテップの北西に防御兵器を配備し、それらを弱体な野戦陣地で結んでいた。対戦車砲2門から3門の集団に「BIV」1台が送り込まれたが、敵陣地の前に小さな溝があり、「BIV」はその中にはまり込んでしまった。すぐに50名から60名の歩兵が動かない「BIV」の周りに集まった。操縦手は爆破指令を送って対戦車陣地を破壊し、50名から60名の歩兵を道連れにした。距離は700mから800mだった。残りの目標は砲撃でほぼ破壊した。爆破した「BIV」以外に我々に損害はなかった。

1943年7月6日0800時頃、中隊はサバロヴカから第230.4高地の方向に展開の可能性を探るため、斥候を派遣せよと命じられた。サバロヴカの南側外縁では既に第20戦車師団が、第230.4高地とその両側にいた、主にT34から成る敵戦車と交戦していた。町そのものは激しい砲撃に見舞われていた。私はサバロヴカの南側縁の窪地から第1小隊（突撃砲3両、「BIV」12台）を派遣し、第2小隊（突撃砲1両と「BIV」2台、他の突撃砲2両は機械的故障で行動不能）はサバロヴカの北側縁に待機させた。第1小隊は「BIV」2台を丘の上のT34に対して発進させたが、それは少なくとも1,800mから2,000m離れていた。しかしどちらの「BIV」も目標に到達する前に破壊されてしまった。同時に小隊が砲撃戦に加わった。

1300時にブルマイスター戦闘集団（第3戦車連隊第Ⅱ大隊、第304戦車擲弾兵連隊第Ⅰ大隊、第38工兵大隊第3中隊、第312（無線操縦）戦車中隊から成る）は、サバロヴカを通過し、第230.4高地を攻撃した。第1小隊は第3戦車連隊第Ⅱ大隊の戦闘中隊に配備され、第2小隊は第304戦車擲弾兵連隊第Ⅰ大隊の前進支援の任務を与えられた。しかし結果的には、それもまた第3戦車連隊第Ⅱ大隊の尖兵部隊に組入れられた。

第3戦車連隊第Ⅱ大隊の前方には多数のT34とKVⅡがおり、特に南と南東に集中していた。砲撃戦は距離2,000mから2,500mで始まった。距離は南東の方が幾らか短く、400mほどだったので、私自身も装甲戦闘大隊の半ばまで移動し、南東のより接近した目標に対して中隊を交戦させた。1両のT34が「BIV」と衝突しようとした。操縦手がすぐさま爆破指令を送るとT34は破壊された。そのT34に加え、多数のロシア軍歩兵を我々は殲滅した。

第230.4高地と第238.5高地は厳重な前線要塞が構築され、守られていた。「BIV」3台は距離400mから600mで大砲装備の掩蔽壕3ヵ所に対し、うまく作動して目標を破壊した。この作戦中、「BIV」1台が友軍の前を移動中に撃たれて炎上した。2台目の「BIV」はガソリン爆弾を積載してロシア軍陣地を攻撃した。それは爆発後、見える限りではロシア軍陣地にかなりの損害を与えていた。

それから私は中隊を率いて右翼の南側に回った。そこでは「BIV」を使う機会はなく、中隊の唯一の行動は砲撃戦に参加した。砲撃戦は距離1,800mから2,500mで行われた。この攻撃中に、突撃砲1両が起動輪を撃たれて行動不能となった。しかし、その車両は回

中隊の鉄道列車への積込みは1943年7月18日にアイゼンナハで始まった。（Susenbeth）

オートバイ／サイドカーはしっかりと固定される。（Susenbeth）

中隊長バハマン中尉の頭文字「B」に平行四辺形の戦術標識と、中隊マークが全ての車両に記入された。（Susenbeth）

列車輸送に際しては側面の装甲スカートが外され、車両の前に置かれた。（Susenbeth）

収され、翌朝には出撃可能となっていた。

1943年7月7日時点の中隊保有戦力：突撃砲5両、「BIV」10台は第2戦車師団の師団予備兵力として配備されている。第304戦車擲弾兵連隊第Ⅰ大隊と共に南に対する守備についた一方で、第2戦車師団の残りの部隊はアイアー森林地帯に対し南東から攻撃した。

7月8日、中隊（戦力：突撃砲5両、「BIV」10台）はブルマイスター戦闘集団（2個装甲戦闘大隊と1個戦車擲弾兵大隊から成る）の第238.1高地、テプロイェ、第253.5高地に対する攻撃に加わった。中隊は第35戦車大隊の先鋒隊と一緒に運用され、そこから戦闘に加わった。

それは第238.1高地に対して用いられた。まず1台の「BIV」が後背斜面の掩蔽壕（たぶん対戦車壕）に向けて送り込まれた。その「BIV」は掩蔽壕の約10m手前で着火し、目標に達して爆発した。掩蔽壕は破壊された。距離はおよそ400mだった。2台目の「BIV」は大砲の掩蔽壕に対して送り込まれ、それを破壊した。3台目の「BIV」は後背斜面の歩兵陣地に対して送り込まれたが、そこは突撃砲の主砲では届かなかったのだ。その「BIV」は爆破と同時に砲3門を破壊し、その操作員を殺戮した。距離はおよそ800mだった。

攻撃はそれからテプロイェに対して進められたが、そこは擲弾兵が占領した。突撃砲1両が敵の攻撃で撃破された。第253.5高地はあらかじめシュツーカが爆撃していたが、それに対する攻撃準備として、中隊は地域偵察を調べる（特に地雷の発見）よう命じられた。装甲戦闘部隊の攻撃はテプロイェの東側で展開され、第253.5高地と第272.9高地の間の窪地を巻き込み、南西を指向した。地域偵察は「BIV」2台で実施された。だが、地雷はまったく発見できなかった。中隊の突撃砲のうち4両が第一波攻撃に参加した。地域偵察に使った「BIV」のうち1台が砲撃でやられ、破壊された。2台目の「BIV」は大砲の掩蔽壕の爆破に使われた。

攻撃は窪地で難行した。突撃砲1両が撃破されたが回収された。中隊は第253.5高地に対する砲撃戦に加わった。更に実施された攻撃で、中隊の残った突撃砲4両はテプロイェの東南東で射撃位置に着き、第253.5高地を砲撃した。戦闘が幾らか下火になった後で、中隊は第334.5高地の方角から途切れない側面砲撃を浴びた。その方角には砲口の閃光が見えず、敵の存在を示す印は何もなかった。敵の兵器は後背斜面上にあると判断された。私は「BIV」1台を送り込む決断を下した。「BIV」は丘を駆け上ると突然、姿を消した。敵が「BIV」を鹵獲するのを阻止するため、エンデマン少尉に2両目の突撃砲が援護射撃をしている間に「BIV」を確保するよう命じた。すると「BIV」は爆裂穴に落ちたことが判った。

煙幕の保護下でもっとも困難な状況であったが、敵の歩兵が占拠していた小麦畑の真ん中でその装備は除去された。そして「BIV」は手榴弾で破壊された。夕方に暗闇が訪れると、中隊は第35戦車大隊に戻るように命じられた。中隊は戦場にどんな車両も放置せずに、第2戦車師団の通過位置に到達した。

［戦訓］

戦闘が進行している間に、装甲戦闘部隊と一緒に作戦を進める訓練が不充分だったことが極めて明瞭となった。大抵の場合、中隊は「BIV」をそれだけで運用した。装甲戦闘部隊の攻撃中には疑いもなく「BIV」がもたらすであろう成功を促す協調関係はなかった。もっとも重大な障害の一つは、我々と強調して働く予定の部隊で運用される戦闘装備が、我々にとって全く馴染みのないものであり、我々との統合を不可能とした事実だった。任務は完全に我々自身の責任の下で進められ、指揮指令車両が装甲戦闘部隊の先鋒隊と協調した場合、無線操縦部隊が完璧に有効性を発揮することが示された。

砲撃戦は概ね2,000mから2,500mで始まるが、それは我々の兵器の能力範囲に納まっていた。ここで明らかにされたことは、「BIV」が成功する可能性が高いのは少なくとも距離2,000m以上で、700mから800mではなかったことである。無線封鎖のため、中隊は装備する試験用アンテナを点検するのが攻撃の直前に限られていたために、距離を正確に測定することができなかったのだ。中隊が遠隔操縦装置を受領したのが実に出発の2日前で、装置をドイツで較正することは不可能だった。更に付け加えるなら、装置の感度は路上走行のため、条件によって損なわれた。装置そのもの、あるいはその支持架の安定性が改善されたかどうかを測定する点検はすべきだろう。爆薬の投棄は、「BIV」の回収が問題外となるような激しい砲撃に晒されているため、今のところまずまずとはいえない。

車高が低い「BIV」をトウモロコシ畑や植物が密生した草原で使う場合、「BIV」がトウモロコシ畑や浅い窪地からすぐに見えなくなることが判った。中隊は攻撃前の幾度かの演習でこのことを知っていたため、その解決法としては（1）アンテナに小さい旗を取付ける、（2）およそ2mの長さの棒を「BIV」の左右両側に取付けることだった。棒は操縦手が車両の向きをより容易に知るための手がかりを与え、遠くからでも進路変更が判断できた。しかし旗と共にいつも「BIV」の方向測定を可能にするというわけで

この突撃砲には追加の発煙弾発射筒が装備されている。（Susenbeth）

列車輸送時の揺れで滑り落ちるのを防ぐため、爆薬運搬車はケーブルで固定された。（Susenbeth）

泥除けに固定された木箱の後ろに車両番号が記入されている。後方の突撃砲には「20」と記されている。（Susenbeth）

車両の積込みは終わった。（Susenbeth）

はなく、距離が延びた時に限っていた。「BIV」には折畳み式の棒2本を標準装備することを考慮すべきだ。

誘導中に敵の砲火を避ける確かな方法は、「BIV」に鋭いジグザグ走行を維持させるということだった。真っすぐ進路を取続けることは「BIV」を確かな破壊へと導く結果となり、常にジグザグに操縦することが目標に到達させせる方法であるということを、訓練で強調しなければならない。

「BIV」は指揮指令車両の背後を、極めて接近しながら付いて行かなければならないということも経験から判った。以下の発見は訓練で評価することが要求される。

（1）突撃砲が「BIV」を幾らか防御する、（2）突撃砲と「BIV」間の通信は大距離になると不可能。接近したままでいることが特に重要で、例えば「BIV」が溝にはまった場合には突撃砲の援助を必要とする。

ティーガー戦車大隊と地域偵察中に、「BIV」の不整地における速度が不足していることが判明した。「BIV」はティーガー戦車の速度に付いて行くことができない。

側面の出入口ハッチは必要なかった。運転手は上面からの方がより素早く出入できる上に、砲火に晒されない。側面ハッチから這い出るには時間がかかり、タコつぼからの狙撃を容易とした。

「BIV」が何かに飛び込んだ時や爆薬が持ち上がった時に、5本ピン・プラグが抜けてしまうと「BIV」を爆破するのが不可能となるため、抜けない方法で装着すべきだ。従って5本ピン・プラグは運転手席の近くに配置することを勧告する。

爆破用リレーは私が命じて接続を遮断させた（主に総司令官の指示でもあった）が、以下の理由からである。

「BIV」が地雷を踏んだ時は、爆破用リレーがなくてもすぐに判る。「BIV」が爆破されると、どんな車両も通過できないほどの爆裂穴ができるからだ。この点は道路や橋の近くでは特に重要である。更に、どんな爆弾や砲弾の爆発でも「BIV」がつられて誘爆する恐れがある。

それより遠方では交戦しなければならない目標(敵)が突然、姿を現すことがあるため、距離計は100mに設定すべきだと判った。

「BIV」のエンジンは故障とは無縁なことを示していた。

攻撃の開始直前に、第312（無線操縦）戦車中隊は無線操縦用の周波数を他の装備が使っていることを発見した。それは以下の

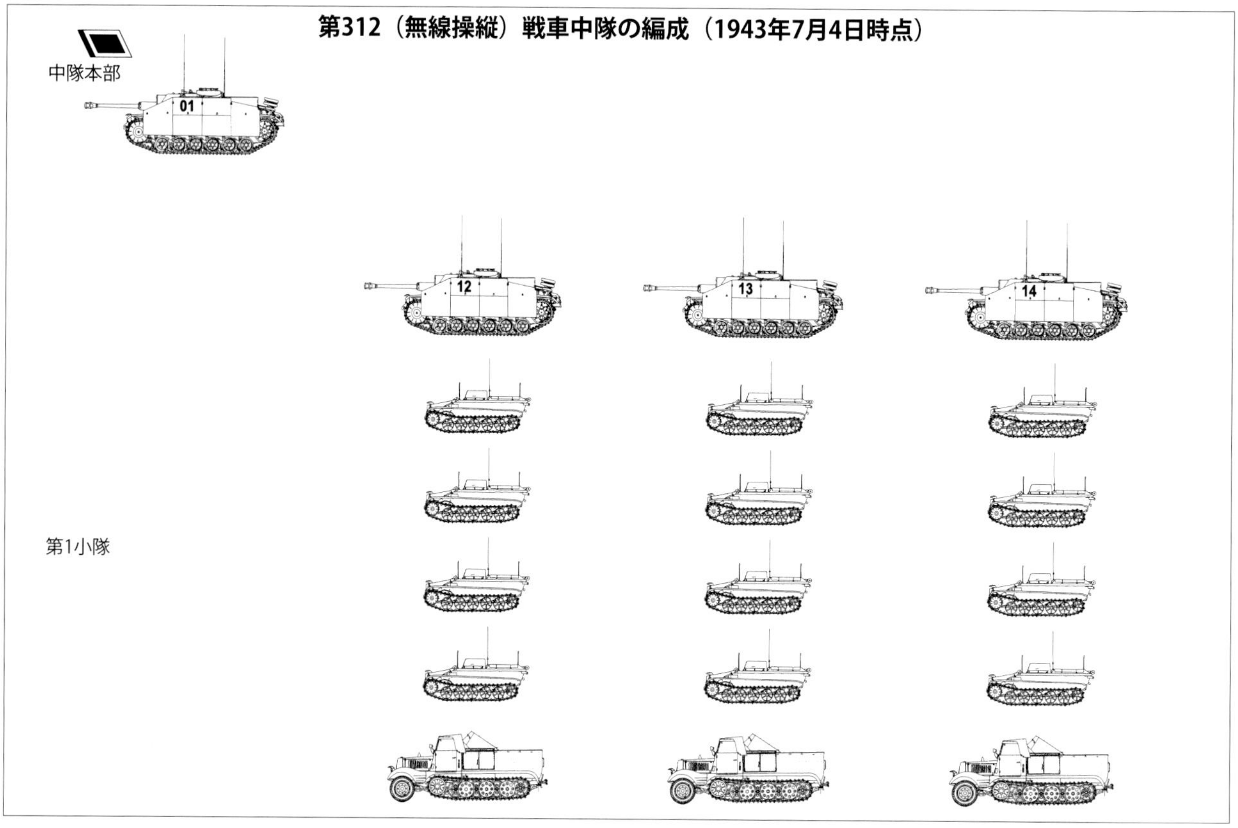

出発前に、バハマン中尉が集合した中隊員に向けて訓示を行った。（Susenbeth）

アクティルカで林の中の集結地点。運転手側ドアに記入された中隊マークに注目。（Kurnik）

ハリコフ西方における防御戦闘は9月中旬まで続いたが、その間に多数の無線操縦車両を用いた作戦が実施された。（Kurnik）

鉄道輸送中であっても、3トン牽引車はその運搬能力が買われて、爆薬収容箱の代りの運搬車として使われた。（Kurnik）

点で不利な点を示した。

（1）中隊は周波数を知らない、（2）他の装備が同じ周波数を使うのを阻止する何の手段も取られていない。これは試験によって、突撃砲の無線が無線操縦用周波数に干渉することが判った。無線操縦用の周波数を確保するため、より高い指令周波数帯域を点検することが要請された。陸軍信号士官の介入で、攻撃の数日前に間に合わせ的な解決法が見つかったが、それはどの部隊にとっても同様に不便なことだった。同じ地区で幾つもの中隊が、同じ周波数帯域を使っていることも判明した。この理由から中隊が集結地点に移動する2日前に、当時の中隊にとって心配の種だった第313（無線操縦）戦車中隊と装備を交換する必要があった。

もしも装甲が施されていない「BIV」を先頭に配置した場合、手動操縦することが困難なため、中隊はこの「BIV」の運用を拒絶し、「BIV」を補充大隊に送り返すことを提案した。仮にそれを実戦で使用した場合、砲弾の破片で運転手が無力化する結果を確実に招き、車両の喪失へとつながってしまう。

指揮指令車両に突撃砲を使用したのは成功だった。だが中隊の見解によるところの唯一の欠点は、突撃砲の全てが装甲スカートを装着していなかったことではなく、もっと重要な事柄、中隊が予定数の突撃砲10両を受領していなかったことである。突撃砲を作戦に投入し、先頭の装甲戦闘部隊の一員として戦闘に参加し、判明したことは機関銃の未装備が不利となっていることだった。突撃砲は限られた量の榴弾弾薬しか積込めないので、機関銃を装備していないため、開けた地形で敵の歩兵と交戦することが不可能である。トウモロコシ畑で協議中、指揮官達は軽機関銃と手榴弾で自衛していた。

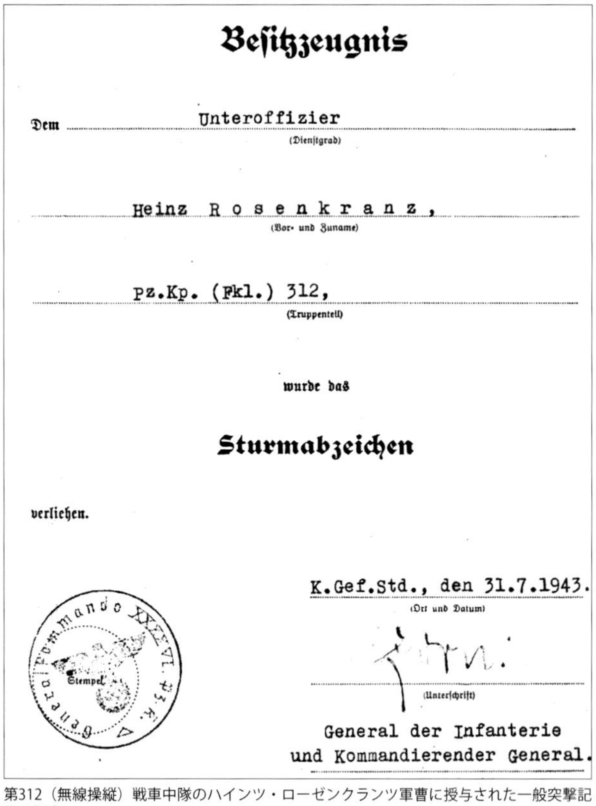
Besitzzeugnis

Dem Unteroffizier
(Dienstgrad)

Heinz Rosenkranz,
(Vor- und Zuname)

Pz.Kp. (Fkl.) 312,
(Truppenteil)

wurde das

Sturmabzeichen

verliehen.

K.Gef.Std., den 31.7.1943.
(Ort und Datum)

(Unterschrift)

General der Infanterie
und Kommandierender General.

第312（無線操縦）戦車中隊のハインツ・ローゼンクランツ軍曹に授与された一般突撃記章の証書

この地域のそうした場所で戦闘に入ると、牽引車が前進するのは困難となる。歩兵すら困難を覚えるのだ。戦場では「BIV」から降りた運転手を拾うことが最大の問題として残った。作戦時は命令通り突撃砲が「BIV」の運転手を拾った。牽引車の代わりに、自走車両の配備を検討してもらいたい。「BIV」は戦闘前に出動の準備がなされるため、戦闘工兵と通信要員が攻撃中に戦場にいる必要はない。

総括すると、4日間の戦闘で「BIV」20台が参加し、「BIV」の爆破で破壊したのはT34戦車1両、2門から3門の対戦車砲を備えた対戦車砲陣地1ヵ所。それに歩兵が50名から60名と、掩蔽壕9ヵ所（大砲あるいは対戦車砲用）、銃3挺を備えた歩兵陣地1ヵ所。「BIV」2台はロシア軍陣地内でガソリン爆弾に着火させ、その結果、敵の歩兵多数を殲滅した。更に付け加えるなら、各々の爆発の際に結果として人数不明の歩兵を殲滅した。私の考えでは、武装装甲部隊との協調で、より一層大きな成功を招くと思われる。

署名　ノルテ中尉、中隊長

配付先：第IX戦車軍最高司令部：2部、第21連隊本部：2部、第2戦車師団：1部、第300戦車試験・補充大隊：1部、内部で使用：2部

1943年7月11日に始まったロシア軍の反攻で、ドイツ軍部隊は攻撃を中止して撤退を開始した。退却が成功した後、中隊はモギレヴに向かうよう命じられた。

中隊はシュロビンに移動し、そこに1週間滞在したが、それからモギレヴに向かった。部隊は1943年8月1日にブリアンスクで列車に積込まれたが、行先はアイゼンナハだった。しかしそれはすぐさま変更され、第312（無線操縦）戦車中隊はグラーフェンヴェール演習場に移送され、8月13日に到着した。それから中隊の隊員は休暇を貰った。

休暇から戻った後、戦車乗員の多くはエアランゲンでパン

第312（無線操縦）戦車中隊の編成（1943年7月4日時点）

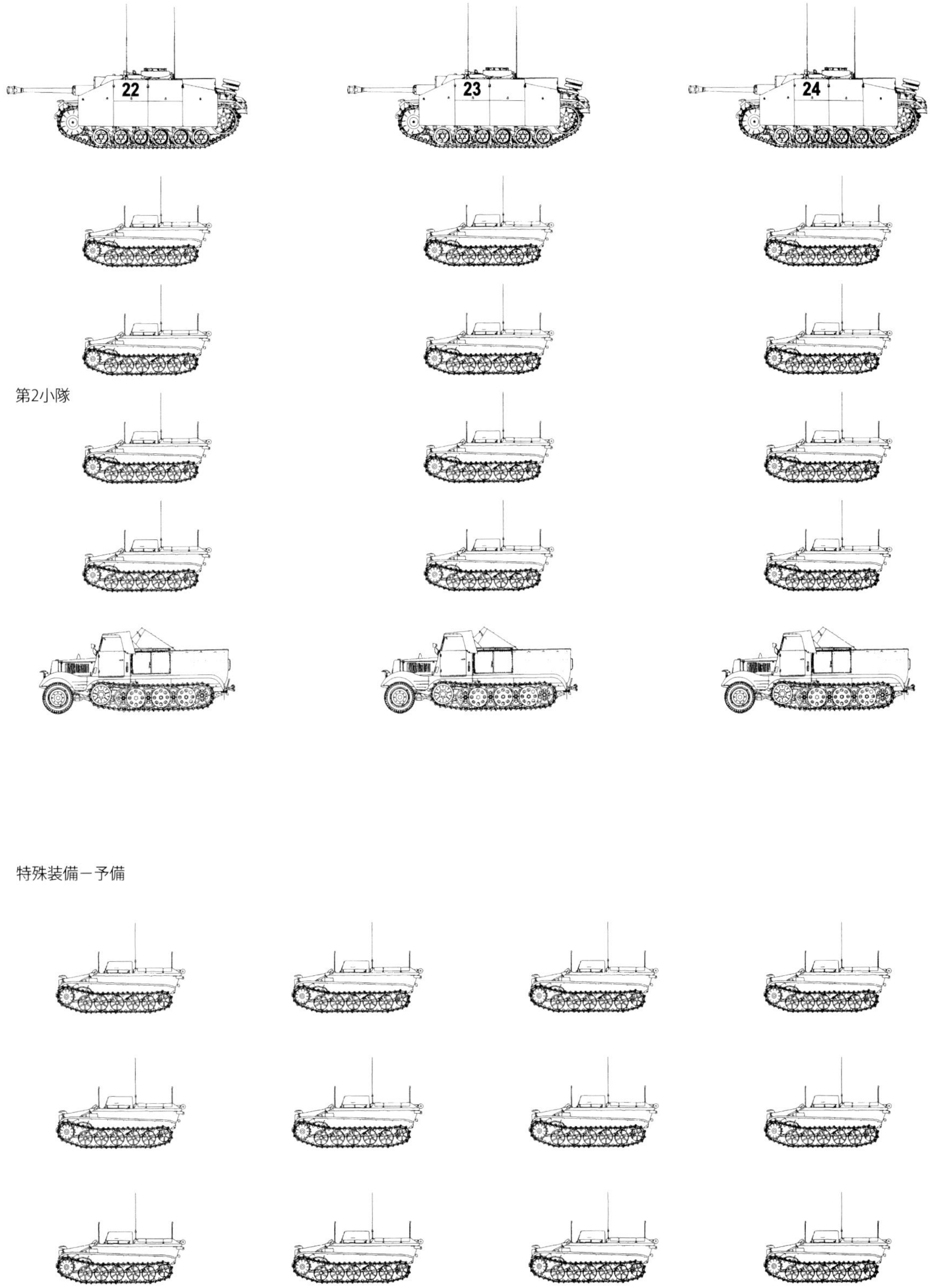

ター課程を履修した。その理由は、パンターを指揮指令戦車に使うためだった。同時に、第300（無線操縦）戦車試験・補充大隊がアイゼンナハで試験を実施した。パンターに装備した指令送信機が抱える問題のため、結果は満足にはほど遠いものだった。

1943年10月18日、中隊は再び移動命令を受けた。10月23日にグラーフェンヴェールを列車で発ち、オランダのエペに向かう。そこでは臨時に貿易学校に宿営した。後に第312（無線操縦）戦車中隊は、ツヴォレ近くのオルデブロック／ヴェゼップの演習場そばに移動した。1943年11月27日、陸軍一般軍務局は部隊の装備と人員を規定数まで引上げることを命じた。

1943年12月20日、（敵が地雷の使用を増加したことに対応し）グーデリアン機甲兵総監はティーガー戦車装備の重戦車大隊に無線操縦車両を装備した第3中隊を配備するよう命じた。第312（無線操縦）戦車中隊は第508重戦車大隊の第3中隊として編入されることが決まったが、この命令はすぐ後に破棄された。

1944年1月25日に新たな命令が出され、同中隊は、今度は第507重戦車大隊に編入されることになった。中隊は1944年3月31日までに第507重戦車大隊第3中隊として新たな役割に対する準備を命じられた。しかし、そのティーガー大隊は予想していたよりも早く東部戦線に送られたため、合同は実施されなかった。

最後に、1944年4月2日に陸軍総司令部／編成部は同中隊に第301（無線操縦）戦車大隊への編入を命じた。そして1944年4月17日に同中隊は第301（無線操縦）戦車大隊第1中隊と改称した。

2.2.9
第313（無線操縦）戦車中隊－第508重戦車大隊第3中隊

第313（無線操縦）戦車中隊は1943年1月9日付の陸軍一般軍務局第Ⅰa課命令（第721／43　機密）により、アイゼンナハの第302戦車大隊第3中隊が改称して創設された。

部隊は引続きフリッチケン中尉が指揮した。第1小隊はジクムント少尉に率いられ、第2小隊はフォン・ローデン少尉に率いられた。無線操縦士官はシュタルク少尉だった。

戦力定数指標表「1171f（B版）」によると、第313（無線操縦）戦車中隊にはノイルッピンにおいてⅢ号指揮指令戦車10両が配備された。中隊長と小隊長には7.5㎝砲KwKL／24装備のⅢ号戦車N型がそれぞれ支給された。その他の指揮指令戦車は5㎝砲KwK39L／60装備のⅢ号戦車J型、あるいはN型だった。

全ての指揮指令戦車は完全にオーバーホールされ、新たな任務に合わせて改造された。しかし、異なった型式の様々な特徴はまだ確認できた。特色の一つは指揮指令戦車の砲塔側面に記入された識別用のアルファベットと数字だった。砲塔数字の前方に記入された大きな「F」は中隊長の頭文字だった。

中隊隊員の大半は、第1地雷原大隊第1中隊、あるいは第300（無線操縦）戦車大隊第2中隊に勤務し、無線操縦任務に経験を有していた。ノイルッピンで数ヵ月間の訓練と休養を終えた第313（無線操縦）戦車中隊は、東部戦線に向かうよう命じられた。

部隊はオリョール地区に向け移送のため、1943年6月10日に列車に積込まれた。数日間の旅行の後に到着し、列車を降りた中隊は第656重駆逐戦車連隊の集結地点に向かった。陸軍一般軍務局作戦部の送ったテレックスによれば、中隊は第654重駆逐戦車連隊（第656重戦車連隊第Ⅱ大隊としても知られる）に配属された。

作戦地域を偵察した後、第313（無線操縦）戦車中隊は7月最初の数日間は前線近くの割当てられた集結地点にとどまった。部隊は戦闘に加わる最後の準備を、グラスノヴカ南方のオリョール－クルスク間鉄道線路のそばで行った。

攻勢が1943年7月5日に始まったのに従い、午前の早い時間に無線操縦分隊は第654重駆逐戦車連隊のフェルディナントと共に前進した。第1小隊と第2小隊は別々の地区に配置された。

攻勢が始まってすぐに、第1小隊の爆薬運搬車数台がはっきりしない友軍の地雷原に入り込んだ。フリッチケン中尉は、第2小隊の予備の爆薬運搬車と指揮指令戦車と共に集結地点にいた無線操縦士官のシュタルク少尉と連絡をとり、代りの車両を直ちに送るよう指示した。

しばらくして「BⅣ」の1台が砲撃によって爆発した。近くにいた「BⅣ」2台も誘発して爆発。その爆発力は指揮戦車F23号をも破壊した。それほど遠くに離れていなかったもう1両の指揮指令戦車とフェルディナント1両も破損した。

1944年1月にマルイェフカで第311（無線操縦）戦車中隊は兵舎を占拠した。この写真は、厳寒の天候下に行われた3トン牽引車整備の情景。（Kurnik）

雪に覆われた地形はBMW大型オートバイ／サイドカーにとっては全く問題ないが、BIVはその油圧操向箱に問題が生じるため運用は困難となる。（Niepenburg）

第311（無線操縦）戦車中隊の突撃砲は「グロスドイッチラント」戦車師団の戦車とたびたび共同運用された。そうした戦闘の最中に、第1小隊長ヒッツフェルト少尉の突撃砲は主砲の防盾に被弾した。（Hitzfeld）

この写真（以下4枚）は突撃砲10の主砲を完全に取外すところを示す。ヒッツフェルト少尉と乗員達が修理作業にあたる。18トン牽引車に6トン回転式クレーンを装備したSd.kfz9／1は「グロスドイッチラント」戦車師団の整備部門に属する。（Hitzfeld）

日中の攻撃で更に無線操縦任務が実施され、人的損害も追加された。第313（無線操縦）戦車中隊は7月7日だけで17名の戦死者を出した。2名の隊員が何日か後にその怪我が元で、野戦病院で死亡した。

4日間の戦闘で、中隊はそうした重大な損害を人的にも装備にも被り、実戦力が極めて低下したため、前線から引揚げられた。1943年8月7日、陸軍一般軍務局は中隊にグラーフェンヴェールの演習場に帰還するよう命じた。

しかし、中隊はグラーフェンヴェールに長くはいなかった。1943年10月18日、第313（無線操縦）戦車中隊はフランスのマイレィ・ル・キャンプ演習場に移るよう命じられた。部隊はそこで戦力定数指標表「1171f」に規定された人員、装備数の回復が予定された。

1943年12月5日に装備の変更が命じられる。1944年1月初めから中隊はⅢ号戦車から突撃砲に転換した。

1943年12月中旬までに、中隊長フリッチケン中尉と小隊長ジクムント少尉、フォン・ローデン少尉は第300（無線操縦）戦車試験・補充大隊に異動した。

1943年12月末に陸軍一般軍務局は第313（無線操縦）戦車中隊に第508重戦車大隊にその第3中隊として編入することを命令した。そして第508重戦車大隊もマイレィ・ル・キャンプに移送された。中隊は1943年12月28日付の戦力定数指標表「1171f」に従って編成された。全ての余剰兵員と不要のⅢ号戦車、「BⅣ」爆薬運搬車は第300（無線操縦）戦車試験・補充大隊に移籍された。

不要装備は全てマイレィ訓練本部（元の第39戦車連隊本部）に運ばれた。第313（無線操縦）戦車中隊の全ての元隊員には第508重戦車大隊第3中隊の前線指揮所番号が割当てられたため、陸軍前線指揮所番号「40153」は抹消された。かつてティーガー戦車大隊に編入されていたこともある第313（無線操縦）戦車中隊は、解隊されたと見なされた。

第3中隊は指揮指令車両として運用できるように改造されたⅥ号戦車ティーガーを装備した。1944年1月初めから、第3中隊の戦車長と砲手は無線操縦爆薬運搬車の運用に関する集中した訓練を受け、その知識を数回の演習の後、実地で試された。

1944年1月22日のアンツィオ・ネッツノ地区への連合軍上陸に応じ、ドイツ軍司令部は計画されていた反攻に加わる追加の装甲戦闘部隊をイタリアに派遣した。

1944年2月6日、部隊はイタリアに急行列車で輸送された。列車の通った経路はマイレィ・ル・キャンプ－ルネヴィル－シュトラスブルク－シュトゥットガルト－インスブルック－ブレナー－ヴェロナ－フロ－レンス－フィキュレだった。2月11日に列車を降りた大隊は、陸路をローマの近くのチブルチーナに向かったが、行軍中に最初の人的損害を被った。曲がりくねった通過困難な道路を移動したため、エンジンから発火し、これが爆発したためティーガー 1両を失った。

そこから第508重戦車大隊の戦車中隊は前線近くの地域に移動した。2月16日、中隊はアプリラの敵の主要抵抗線に対する攻撃に参加した。2月16日から17日にかけた夜に、アプリラの南1kmの路上でティーガーは夜間戦闘に巻込まれた。2月17日には「フィンガー・ウッド」とリゼルヴァ・カンポ・ディ・カルネへの攻撃が続いた。2月18日に大隊は「キロメーター 25」近くの東西道路を確保し、オヴィタ農場に向け前進した。その後の数日間に、東西道路を確保するため戦車は防御戦闘を行った。2月24日には第508重戦車大隊第3中隊は更なる成功を記録した。ジン軍曹はアメリカ軍戦車11両を撃破し、一方、ハマーシュミット曹長は6両撃破した。

こうした戦闘の日々の間に、第508重戦車大隊は猛烈な敵の砲火に遭遇し、最初の戦闘による損害を被った。その後の数日間に、ドイツ軍は二度目の攻撃のため部隊を再集結させ、大隊はアルバノ－アラツィアー－チェンザーノを経由し、システルナ近くの集結地点に向かった。

2月29日に大隊はイソ・ベラ／ムッソリーニ運河地域を攻撃した。この戦闘には無線操縦爆薬運搬車も参加した。数両のティーガーが地雷を踏み、あるいは対戦車砲のために戦闘から外れた。部隊は数名の戦死者と多数の負傷者を出した。3月1日に数両のティーガーが、損傷を被ったティーガーと、第653重駆逐戦車連隊第1中隊のフェルディナントを回収することに成功した。

3月5日に戦車中隊はローマに移動し、10日間そこにいた。3月16日夜に中隊は前線近くの集結地点に戻った。1944年5月末までの数週間にティーガーは時折、臨時の大砲代りに運用された。多数の無線操縦爆薬運搬車も使用された。5月24日、第508重戦車大隊はローマに撤退するよう命じられた。コリには可動不能なティーガーが8両あったが、アメリカ軍が接近したため、5月25日午後遅くに爆破された。

第508重戦車大隊は1944年6月初めにローマを離れ、ヴィ

テルボを経由しシエナの方面に移動した。そこからエンポリとフローレンスの方面に戦闘しつつ撤退し、大隊は6月末にフローレンスに到着した。7月には戦車中隊はコレ・ヴァル・ドエルザチカク近く、ポッギボンシ、メルカターレ、それとチアチアーノで防御戦闘に参加した。7月25日には大規模な戦車戦が発生し、その結果、更に戦車の損失を生じた。その後にはフローレンス、ピサを通ってヴィアレッジォに向かう更なる退却が続いた。

指揮指令戦車から無線指令送信機を取外してから、残っていた「BⅣ」爆薬運搬車はパドゥアで列車に積込まれ、その運転手達と共に10月20日にアイゼンナハの第300（無線操縦）戦車試験・補充大隊に送られた。

その時点から第508重戦車大隊第3中隊は、無線操縦装置なしの通常の戦車中隊としてもっぱら運用された。

2.2.10
第314（無線操縦）戦車中隊－第504重戦車大隊第3中隊

1942年8月初めに、第25戦車補充大隊（新大隊）がエアランゲンで第25戦車補充大隊の要員から編成された。

第25戦車補充大隊（新大隊）第2中隊は第2軽戦車中隊「f」という隊名と、陸軍前線指揮所番号「34368」を与えられた。

その中隊にはまだ車両が配備されなかったため、必要に応じて第25戦車補充大隊の待機車両に頼らなければならなかった。

1942年9月30日、第2軽戦車中隊「f」は鉄道でノイルッピンに輸送され、そこでその時、編成されたばかりの第302戦車大隊に編入された。

ノイルッピンで中隊にはⅢ号戦車と多数の「BⅣ」爆薬運搬車が配備された。戦車と爆薬運搬車の技術知識に関して訓練を受けた後、中隊隊員に対する無線操縦の基礎訓練は1942年12月に始まった。

この時期の経緯についてギュンター・ホプフ（当時は上等兵で第1小隊の砲手）は以下のように記している。

ノイルッピン、1942年12月

ついに我々砲手も遠隔操縦技術に関する訓練を開始した。講義は0800時に始まった。突然、ケンプフ少尉が部屋に入って来て、軍曹の号令の下、我々は急いで立上った。その若い戦車隊士官は感謝しながら答礼した。厳しく見える青い目で彼は部下達の顔を見つめたが、部下達も彼を見ていた。彼は帽子に少し触って、きしり声で「お早う諸君」と挨拶した。彼のぶっきらぼうな命令は、「講義をやめて外套をとり、外で整列」だった。我々は部屋を飛び跳ねるようにして出て、中隊の建物の前に分隊はすぐに集合した。そこにトラックが待っていた。全員が乗込むと、エンジンが唸り声をあげ、市街を急いで通過し、ゲンツローデ演習場の方角に向かった。

我々はこの経路を何度も車で通っているが、決してうんざりはしなかった。我々が飛行場を車で通り過ぎる時、それは道の左側にあり、いつも何か目新しい発見があった。格納庫の前に止めてある種々の飛行機が戦車兵にとっては興味深く見えた。私はJu87が好きだった。

我々のお気に入りの観覧場所だが、寒さのめ背後の防水布が降ろされ、間もなく空気はほとんど我慢できないほど鬱陶しくなった。仲間達は絶え間なく無駄口を叩いていた。ブレーキがキーッと悲鳴を上げた時に不快な空気は消え、我々は車両から飛び出した。

我々の前には演習場の一部があった。開けた地形だ。その左の道路上にうずくまる黒い「BⅣ」の長い列が延びていた。運転手達はそのそばに固まって立ち、暖をとるため足踏みしながら、腕を振り回していた。遠隔操縦無線機置場は右の防空車両のそばに設置されていた。さほど遠くないところに2台の「BⅣ」が遠隔操縦のために用意されていた。

我々は送信機に向かって急いで前進した。この行為により血液が循環し、冷たい足が幾らか暖まった。我々が装置の周りに群がった時、冷たい朝の空気に我々の息が白く漂った。

クレプス曹長が装置を再点検し、彼は無線操縦の実際面について我々砲手で習い始めの者達に説明し始めた。我々は既に理論は知っていた。仲間内で、講義で教わったことを復習していた。この新兵器が誇らしく、早く実戦で使ってみたかった。我々は熱心に説明を聞き、何か判らないことがあれば質問し、素早く基礎を吸収した。さあ、次は動かす番だ！

砲手の一人が、小さな灰色の箱に様々なツマミやレバーが上面と側面に付いた制御箱に取り付いた。彼は用心深く始動ボタンを押した。車両のエンジンが息を吹き返した。彼は大きな黒いレバーに加えた圧力を緩め、「増速」の指令に触った。エンジンが加速し、車体が急に揺れ出し、履帯をガタガタ鳴らして「BⅣ」が動き出した。立て続けに様々な指令が素早

第313（無線操縦）戦車中隊の編成（1943年7月1日時点）

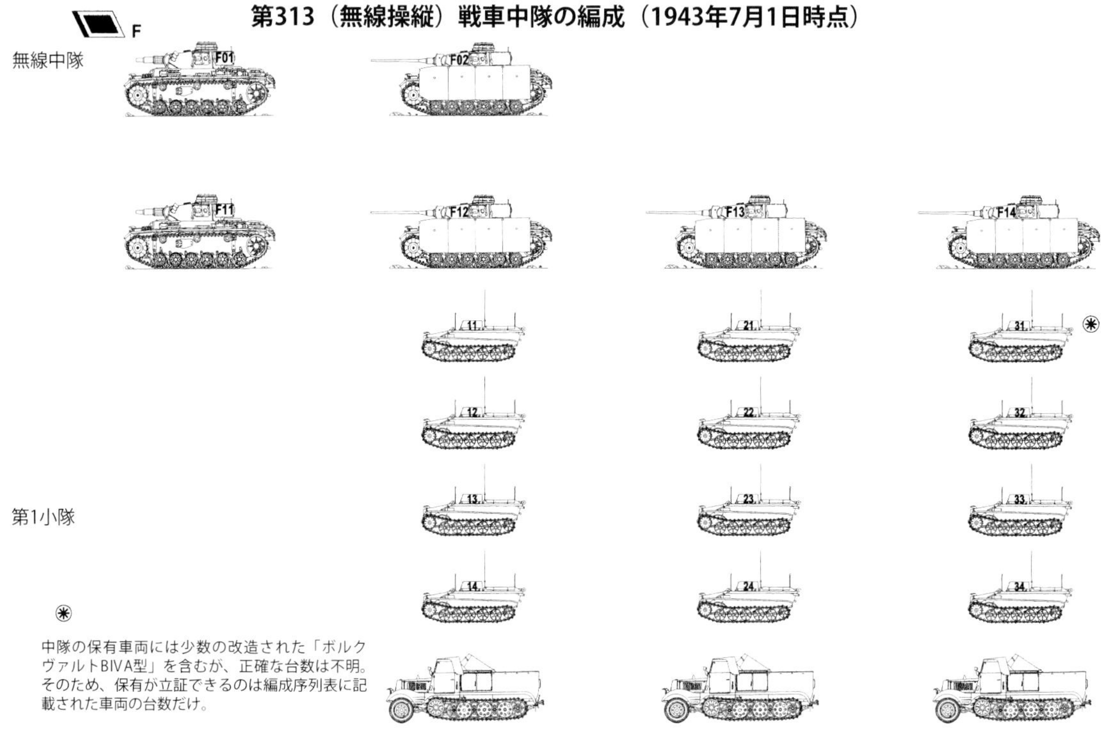

第313（無線操縦）戦車中隊の編成（1943年7月1日時点）

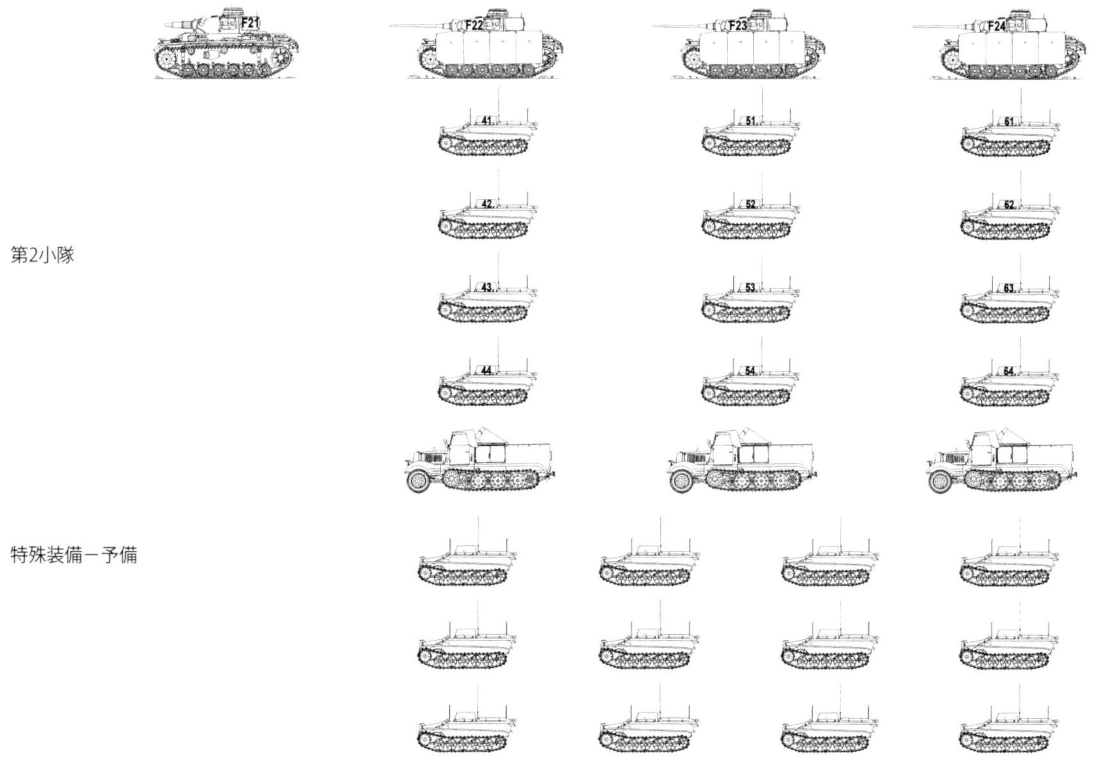

く送られたが、車両はそれらをうまくこなしながら、その幅広い鼻先を左に向け、それから右に回り、平坦ではない地面の上で滑稽に飛び跳ねると、細長いアンテナが前後に揺れた。ジグザグの進路に従って、大きなボール紙でできた目標の終点に向かってそれは近付いていった。

車両の中で見えないように座っている運転手は、車両が全速力で轍や穴の上を通過した時に揺さぶられたに違いない。我々は「BⅣ」の地形を物ともしない恐るべき能力に絶えず驚かされた。

目標に小さな灰色の男がいたのか？　双眼鏡の助けなしで、それをはっきりと認識するには熟練した目が必要だった。しかし我々は、このような状態でも距離が測れるようにならなければならない。我々はそれを度々訓練した。車両と目標の間隔は100mから400mだろうか？

全員が目標を凝視した。目標はまだ車両のいくらか右だった。目標を走り越すよう車両に指示しようと操縦者は最善をつくした。しかし彼は長く待ち過ぎた。右への旋回は大き過ぎ、「BⅣ」は側面を目標に向けて、いたずらっ子のように急いで走り去った。車両が指令に反応し、再び左に曲がるまでに数秒が費やされた。それは目標のすぐ背後を通り過ぎた。残念！

車両が大きな弧を描いて戻ってきたので、操縦者は再び試みた。「BⅣ」は、今度は目標までの残りの100mを真っ直ぐ進み、それを踏み倒した。回れ右！

陸軍一般軍務局第Ⅰa課の命令（1月9日付　第721／43）により、1943年1月25日、部隊は第314（無線操縦）戦車中隊と再度改称した。ブラーム大尉が引続き中隊長職に留任した。カイテル少尉が第1小隊を率い、ケンペ少尉が第2小隊を率いた。遠隔操縦士官はヘルマン少尉だった。

部隊は1943年1月1日付の戦力定数指標表「1171（A版）」に従って、直ちに再編が予定されていた。中隊は1943年3月中旬に必要な突撃砲の支給を受けた。

行政面と訓練目的で無線操縦部隊が改編されたため、第314（無線操縦）戦車中隊はノイルッピンの第301（無線操縦）

第508重戦車大隊第3中隊の編成（1944年1月時点）

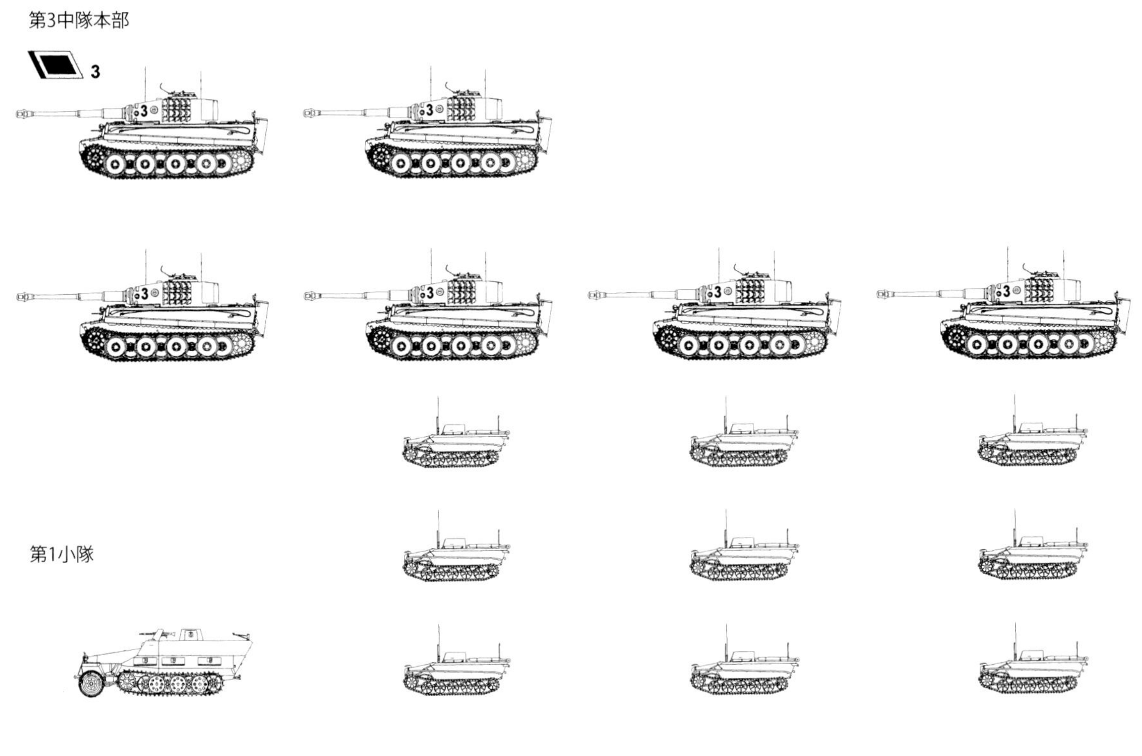

10

戦車大隊に配属された。

1943年5月初めに第314（無線操縦）戦車中隊は列車に積込まれ、オーストリアのブルック・アン・デア・ライタに移送された。やはりそこに駐留していたのは第653重駆逐戦車大隊で、新式のフェルディナント駆逐戦車を装備していた。

1943年5月24日、25日にグーデリアン上級大将が部隊を視察し、フェルディナントと爆薬運搬車の合同演習を見学した。第653重駆逐戦車大隊第3中隊と第314（無線操縦）戦車中隊は地雷原突破を実演した。

ブルック・アン・デア・ライタで、突撃砲には装甲スカートが装着された。

1943年6月8日、第314（無線操縦）戦車中隊は直ちに東部戦線の中央軍集団に移動するよう命じられた。到着して、同中隊は第656重駆逐戦車連隊に配属されたが、その連隊は第653重駆逐戦車大隊（第656重駆逐戦車連隊第Ⅰ大隊）、第654重駆逐戦車大隊（第656重駆逐戦車連隊第Ⅱ大隊）、それと第216駆逐戦車大隊（第656重駆逐戦車連隊第Ⅲ大隊）から成っていた。

1943年6月10日、中隊はブルック・アン・デア・ライタを発ち、列車に積込みのためウィーン・シュヴェハトに移動した。列車は6月11日午前中に出発し、東方に向かった。5日間旅行の果ての6月16日午後に、中隊はシュミイェヴカで列車を降りた。路上行軍の後で、中隊はオリョールから南に35㎞離れたダヴィドヴォの野営地の新たな区域に落ち着いた。第656重駆逐戦車連隊はその周囲にいた。

中隊はそこに1943年6月末までとどまった。そして7月1日、小部隊に分かれて前線近くの集結地に移動した。そこでは車両は塹壕に隠され、迷彩が施された。

1943年7月4日の夕方、連隊長の男爵フォン・ユンゲンフェルト中佐と打合わせをした後に、カイテル少尉と数名の下士官は割当地域の工兵が地雷原を切開いた通路を彼ら自身で偵察した。

攻勢は1943年7月5日0300時に始まった。30分間の一斉砲撃と数波の爆撃に続いて、爆薬運搬車と指揮指令戦車は第653重駆逐戦車大隊のフェルディナントの前を前進した。

数台の「BⅣ」が地雷を踏んで爆発した。しかし、地雷は他にも犠牲者を生んだ。数両の指揮指令戦車とフェルディナントが地雷で行動不能に陥った。それはソ連軍の新型木箱地雷によるもので、ドイツ軍工兵の使用する地雷検知器では発見できなかった。更に、ロシア軍の地雷原は識別できるような埋め方はされていなかった。地雷は不規則に埋められ、奥行き数㎞にまで散らばっていた。

第508重戦車大隊第3中隊の編成（1944年1月時点）

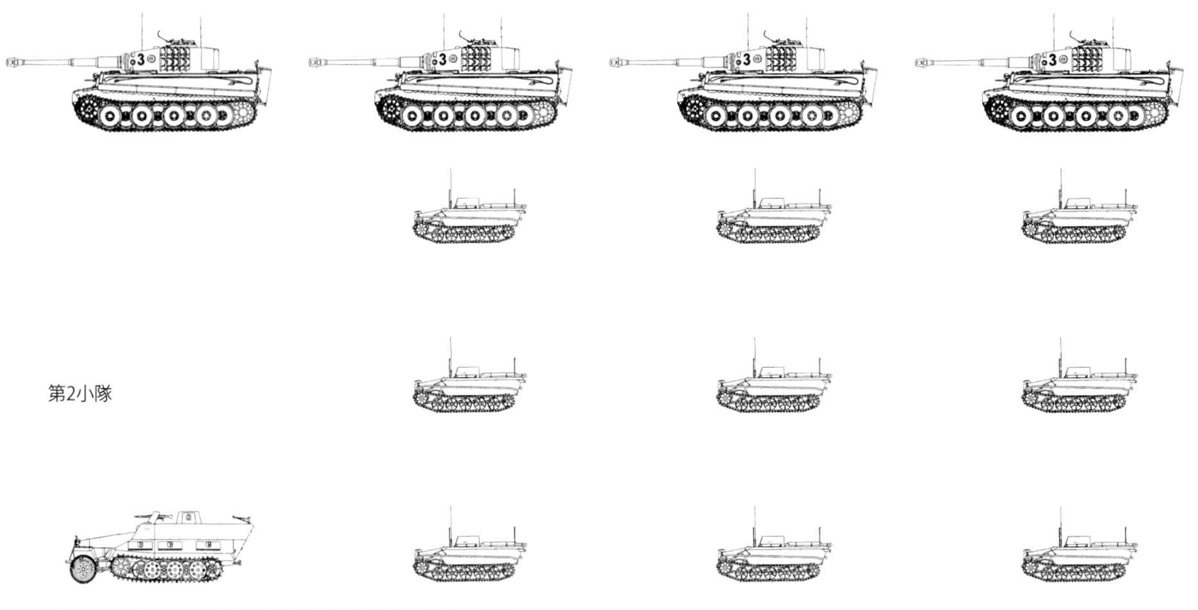

その資格がある搭乗員に勲章が授与される。（Hitzfeld）

1944年春にルーマニアのバカウ地区における中隊長バハマン中尉と第1小隊長ヒッツフェルト少尉。（Hitzfeld）

走行装置に新式の履帯を採用した場合には、履帯が起動輪から投げ出され歯の外側に載ることが頻繁に発生した。（Hitzfeld）

1944年春に再び無線操縦爆薬運搬車が時々運用された。この「BIV」はまだ十文字の起動輪を装着している。（Hitzfeld）

1943年7月5日夕方、第314（無線操縦）戦車中隊は戦死者5名と数名の負傷者を出した。戦死者には遠隔操縦士官ヘルマン少尉が含まれており、ソ連軍狙撃兵に頭を撃たれた。

第314（無線操縦）戦車中隊は7月6日から8日までに更に攻撃をくり返した。7月7日にブラーム大尉が負傷した後、カイテル少尉が一時的に中隊の指揮をとった。

7月9日から16日まで短い休養をとった後で、第314（無線操縦）戦車中隊は進行中の退却に関連した幾つかの作戦に参加した。7月29日に中隊はブリアンスクに到達し、そこから列車に積込まれた後、西方に輸送された。

1943年8月2日、新中隊長ディール中尉が新任の遠隔操縦士官ヘッカー少尉と他の補充隊員を伴って中隊に赴任してきた。8月4日に中隊はミジリューで再び列車に積込まれた。5日間の鉄道旅行の後で、8月9日に中隊はパーダーボルン近くのゼネ駐屯地に到着した。

日誌の中で、ギュンター・ホプフは中隊の東部戦線移動と1943年7月のクルスク－オリョール地区の作戦について以下のように記している。

1943年6月10日：ブルック・アン・デア・ライタの野営地をたたみ、列車積込みのためウィーン・シュヴェハトに向かい路上行軍する。

1943年6月11日：0500時起床、0600時隊形整列、それから武器の清掃。0900時に列車はウィーンに向け出発。旅行は快適だった。無線担当者達はラジオのラウド・スピーカーを大半の車両に装備していた。ブリン、ツヴィタウ、メーリッシュ・トリバウ、グラッツ／シレジアを通過。

1943年6月12日：列車は1100時頃、ブレスラウに到着。中隊長が短い訓示。話題は「消火」。0200時にモドリン着。大量の委託された干し草が列車に積込まれた。前線に向かう列車は最大限利用しなければならない。

1943年6月13日（聖霊降臨の日曜日）：野戦厨房が本物のコーヒーを配った。1100時にワルシャワ。戦争の爪痕が見える。子供たちが列車に乗込み、パンと煙草をねだった。2400時にブレスト・リトヴスク。パルチザンの脅威のため列車が不安だ。ミンスク着。見通しのよい、一つながりの線路で地雷を線路床から除去。野戦厨房員はロシア人にも何か食べ物を与えていた。

第508重戦車大隊第3中隊の編成（1944年1月時点）

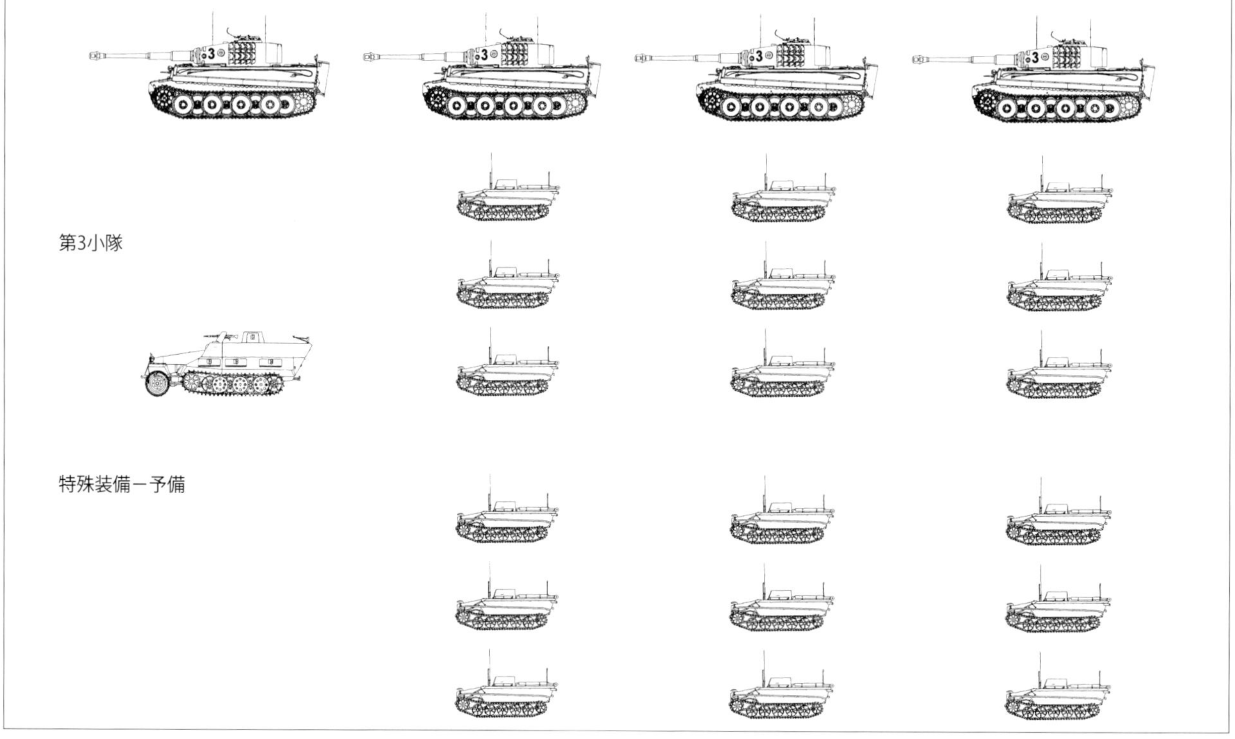

元第302戦車大隊第2中隊、あるいは元第301戦車大隊第2中隊のIII号指揮戦車J型を使って中隊の隊員訓練が行われた。（Geissel）

1943年6月16日：1000時、オリョールに到着。前線からの砲撃が聞こえる。午後にシミエヴカで列車を降りる。オリョールの南25kmのダヴィドヴォに向かって路上を行軍。

1943年6月16日から6月30日まで：ダヴィドヴォで野営。

1943年7月1日：0530時に戦闘隊列はゴスチノヴォ、シュミイェヴカを経由してソロチ・クスチィに向け出発。我々が属している第9軍の攻撃部隊は前線の手前の集結地点に向かって小部隊で集結し始めた。その日の終わり、各乗員は車両のために陣地を掘った。

1943年7月2日：0530時にソロチ・クスチィを発ち、15km離れたノヴォポレヴォに向かう。そこで塹壕を掘って車両を隠す。

1943年7月3日：2000時にラディレヴォとオリョール－クルスクの鉄道線路間にある集結地点に向け出発。2400時頃、野営の準備をしてから車両に迷彩を施し、0200時までテント用の塹壕掘り。

1943年7月4日：集結地点にいる。夕方に連隊長が、集まった兵士に向けて演説。

1943年7月5日：オリョール－クルスク間の鉄道線路の左側、マスロヴォ外縁に布陣した敵陣に対し、0330時、ポニリの方向にいる第656（フェルディナント）重駆逐戦車連隊の一員として攻撃開始。中隊は地雷を通過する際に装備に大きな損害を被る。戦死者はヘルマン少尉、フリッツ・メーネルト上等兵、ヒネブルク戦車兵、オズヴァルト上等兵、ヴィトクーン上等兵、負傷者はブラーム大尉、ハンス・ハバーコルン伍長、アルノルト・バイエルタイン上等兵、ドイッチマン上等兵（リストは不完全）。

1943年7月6日：ハインツ・ヴィト上等兵が戦死。

1943年7月7日：博士カイテル少尉が中隊長代行を務める。

1943年7月8日：戦闘隊列はクレニンスキ後方の鉄道土手に待機。移動中に爆撃に遭う。バーテル軍曹が負傷。

1943年7月9日から16日まで：警戒中隊としてラディレヴォの古い野営地にいる。突然の一斉砲撃で、ヤーコプ軍曹が軽傷。

1943年7月17日：突撃砲9両以外の車両隊はシュタラポレヴォに後退する。突撃砲はマソロヴォの外縁に戦闘前哨所として配置。砲撃で2名が負傷。

1943年7月19日：戦闘隊列はシュタラポレヴォに退却し、ラスノヴカとシュミイェヴカを経由してドムニノ（オリョールの東）に向け路上を行軍した。オプツシャの左側にある飛行場の警護とドムニノ地区の数ヵ所で警備任務についた。

1943年7月25日：小部隊がコファノヴォ（オリョールの南）に移送される。博士カイテル少尉が率いる突撃砲5両はチョテトヴォ地区（オリョールから南に30km）で反攻に加わる。

1943年7月26日：ベック曹長、ビナー曹長の突撃砲が撃破された。ホルスト・シュムッカー砲手とエンゲルベルト装塡手が戦死。カイテル少尉の突撃砲は敵の砲火にやられ行動不能。戦闘隊列はシュタノヴォイ・コロデスにいるが、中隊の補給隊はオリョールから西に20kmの地点にいる。

1943年7月28日：突撃砲3両が爆破処分された。

1943年7月29日：カラチェウを通りブリアンスクまで路上を行軍した後、列車に乗る。

1943年8月1日（中隊の最初の誕生日）：クリチェウで長時間停車。線路がくり返しパルチザンに破壊される。

1943年8月2日：モギレウに到着。町外れの宿営地に移動。中隊は20名の補充を受ける。新中隊長はディール中尉、ヘッカー少尉は新任の遠隔操縦士官。

1943年8月4日から9日まで：モギレウで列車に乗る。オルシャ、ミンスク、ブレスト・リトヴスク、ワルシャワ、ポーゼン、ハレ、パーダーボルンを経由してゼネ駐屯地まで戻る旅だ。

1943年10月18日、第314（無線操縦）戦車中隊は人員、装備とも変化なく、西部方面最高司令部が指揮するフランスのマイレィ・ル・キャンプ演習場に移動せよと命じられた。ここで1943年12月に、中隊は補充兵員を受け入れる。装備更新の一環として、第313（無線操縦）戦車中隊のⅢ号戦車を受領する予定だった。しかし、それは実施されなかった。1944年1月までマイレィ・ル・キャンプに滞在していた間に、中隊は陸軍と武装親衛隊の大規模な装甲戦闘部隊との演習に参加した。

1944年2月初め、第314（無線操縦）戦車中隊はマイレィ・ル・キャンプを離れ、オランダのツヴォレにあるオルデンブレック／ヴェゼップ演習場の新しい宿営地に移った。1944年3月10日、陸軍一般軍務局参謀Ⅰ課（1）の命令により、中隊は第504重戦車大隊に第3中隊として編入された。

隊員の大半が新部隊に移籍した後、第314（無線操縦）戦車中隊は1944年3月15日に解隊されたと見なされた。

第312（無線操縦）戦車中隊は1943年春にIII号突撃砲G型を受領した。（Höland）

オールドルフ演習場での演習期間中に戦闘部隊はミュールベルクに宿営した。（Höland）

第504重戦車大隊第3中隊は1944年2月1日付の戦力定数指標表「1176f」に従い、ティーガー（無線操縦）重戦車中隊として編成された。元の突撃砲乗員はパーダーボルンで開かれた第500戦車補充大隊による新装備訓練課程で、ティーガーについて再訓練を受けた。

第504重戦車大隊第3中隊はヴリート中尉が指揮した。博士カイテル少尉とヘッカー少尉が第3中隊の小隊長を務めた。ケンペ少尉は大隊本部に信号士官として異動した。

オランダに3ヵ月駐留した後、第504重戦車大隊はフランス西部のポアチエ近くのマイレィに移送され、1944年5月1日にそこで列車を降りた。その後の数週間は、大隊はニオールーラ・ロシェル地区でSS第17戦車擲弾兵師団「ゲッツ・フォン・ベアリヒンゲン」との合同演習に参加した。

1944年の6月初めに、第504重戦車大隊はイタリアに向かうよう命じられた。大隊は6月4日、5日にパーテネイで列車に乗った。数本の輸送列車が部隊をフランス、ドイツ南部、そしてオーストリアを経由してイタリアへと運んだ。大隊はイタリアのラ・スペッツァ東のサルザーナで列車を降りた。それから路上を行軍し、ピエトラサンタの東のヴァル・デ・キャステロに向かった。

路上では機械的故障が多数発生した。大隊は6月後半にピモビーノ北方のサン・ヴィセンツォ近くに集結した。1944年6月20日、21日に第504重戦車大隊第1中隊はグロセト近くで初めて敵と交戦した。

第504重戦車大隊第3中隊の最初の交戦は、爆薬運搬車時代を除くと、1944年6月22日、23日にフォロニカからマッサ・マリッチマの方向に向かう途中で発生した。6月25日の夜間、サリノ・デ・ヴォルテラの南にいた大隊の補給隊から、何台かの爆薬運搬車がラルデレロに移動した。そこではティーガーが第26戦車師団の第26偵察戦車大隊とともにアメリカ軍相手に防御戦闘をくり広げていた。アメリカ軍が前進した時に橋の上で爆薬運搬車が爆発し、橋を破壊した。

1944年6月29日、30日に第504重戦車大隊はチェシーナーリヴォルノの南のロジグナノへと更に退却を重ねた。第504重戦車大隊第3中隊はSS第16戦車擲弾兵師団「ライヒス・フューラー」の部隊と行動を共にした。8月12日に大隊は行軍命令を受けとった。路上を進みピサ、マッサ・カララ、アウラ、ポントレモリ、それとシザ峠を通ってパルマに移動せよというものだった。そこからは鉄道で輸送され、ヴォゲラを経由しラヴェナの南のフォーリンポポリに行き、9月10日に列車を降りた。大隊は夜間に旅行し、リミニ戦線の新たな作戦地域に移動した。

1944年秋に爆薬運搬車とその運転手はアイゼンナハの補充大隊に鉄道で輸送された。戦意を向上させる上で遠隔操縦兵器の明白な効果が時に示されはしたが、それ以前の3ヵ月間の退却中に遠隔操縦作戦はわずかしか実施されなかった。

1944年秋以降は、第504重戦車大隊第3中隊は純粋な戦車中隊として運用され、部隊名から（無線操縦）の部分が脱落した。

2.2.11
第315（無線操縦）戦車中隊

第315（無線操縦）戦車中隊は陸軍一般軍務局の命令（1943年7月6日付ⅠaⅡ　第25489／43　機密）で、アイゼンナハで独立した無線操縦中隊として編成された。中隊の隊員はアーベンドロト中隊と第301（無線操縦）戦車大隊から移籍した。中隊の陸軍前線指揮所番号は「08914」で、以前は第301（無線操縦）戦車大隊第1中隊が使っていた。

フォン・アーベンドロト中尉が引続き中隊長職にとどまった一方で、遠隔操縦士官にはピーパーホフ少尉が任官された。第1小隊はタイヒ少尉が率い、第2小隊はクイリツ少尉が率いた。

中隊はその車両と装備を7月中旬から8月初めにかけて受領し、1943年8月15日に作戦可能な態勢に達したことを報告した。中隊の指揮指令車両であるⅢ号突撃砲G型は新品だった。しかし、「ボルクヴァルトBⅣ」はほとんどが使い古しで、一部はゴム・パッド付きの履帯だった。爆薬運搬車は幾つかの装備を作業場で後から取付けられた。装甲板が側面と後面に溶接され、可倒式の運転手防護板がしかるべき位置に取付けられた。

中隊は第300（無線操縦）戦車試験・補充大隊と共にベルカとオールドルフの演習場で演習を行った。この時期、陸軍兵器局と自動車化隊総監部の高級士官と担当者に対しても実演が行われた。

1943年9月23日、第315（無線操縦）戦車中隊を西部方面最高司令部隷下の第25戦車師団に送る、という命令が下された。中隊は列車に積込まれ、9月27日にフランスに向け

走行装置近くの車体側面に追加の履帯が装着された。(Geissel)

この「BIV」の後部に、中隊マークの「ノルテおじさん」が確認できる。(Hochgreef)

第312(無線操縦)戦車中隊を乗せた2本の列車は1943年4月30日に東方に向かう。パルチザンが線路の一部を爆破した後、5月3日に先頭の列車はブレスト・リトヴスクの東60㎞の地点で脱線した。(Höland)

損傷を被った車両を回収するために待機中の整備部門の1トン牽引車。(Höland)

出発した。その2日ないし3日後に到着し、アラスの近くで列車を降りた。中隊は臨時にオフで宿営した。

戦術的には、中隊は第25戦車師団、第9戦車連隊の指揮下にあった。10月21日に陸軍参謀本部は指揮指令車両から無線指令送信機を取外すように命じた。第87駆逐戦車大隊第3（突撃砲）中隊の編成で使用するため、突撃砲10両が第25戦車師団に引き渡されることになった。しかしこの命令は、師団が急にロシア南部に移送されたため､すぐに取り消された。

第25戦車師団の指揮下にもう入ってない第315（無線操縦）戦車中隊は、10月後半にアミアン近くのクレリイ・ソルコアに移送された。そこでは中隊はSS第9戦車擲弾兵師団「ホーエンシュタウフェン」の指揮下に入った。12月初めからは中隊は行政的には第301（無線操縦）戦車大隊に編入されたが､その大隊は同じ地区に駐留していた。中隊は戦術上、「ホーエンシュタウフェン」の指揮下にあったが、そこはその後、戦車師団に改編される。

陸軍一般軍務局第Ⅰ部の命令（第15255）により、中隊は1944年1月15日に第21戦車師団に配属された。1月21日に第315（無線操縦）戦車中隊はルーアンの東でジゾール近くのヴェスリィに移動し､そしてすぐ後にはサン･マルク･ル･ブランに移動した。1944年4月末に中隊はカンの南東約35㎞のサシィの新たな宿営地に再び移った。

侵攻前の最後の数週間に新たな警備方法が適用され、要塞化が強化された。5月中旬に第315(無線操縦)戦車中隊は「ロンメルのアスパラガス」と呼ばれた障害柱をサシィ周辺の宿営地に設置し始める。町の南北の入口両方には突撃砲5両が警護に立った。車両は塹壕に隠れ迷彩が施された。それに加えて、乗員が乗った突撃砲1両が何時も警戒態勢を維持していた。

1944年6月6日に第315（無線操縦）戦車中隊はカンに出発した。しかし、連合軍が制空権を確保していたため移動はほとんど不可能だった。中隊はオルン川を渡って北西に向かったが、鉄道橋がひどく破損していたために後退を余儀なくされた。中隊はカルピケ飛行場が見わたせる場所に陣取った。状況は常に変化し､敵との接触はなかったにも関わらず、中隊はその後、数日間は頻繁に居場所を変えることを余儀なくされた。

第2小隊長クイルツ少尉は侵攻初日に負傷していたが、1944年6月9日にアレンコンの軍事病院で空爆により死亡した。

第315（無線操縦）戦車中隊は1944年6月18日にカン北東のバヴェントの森で敵と初めて接触した。突撃砲は歩兵と共に森を通過することになっていたが、その途中に木に隠れていた敵の狙撃兵から攻撃された。

1944年6月23日に、中隊はバヴェントの森の西方でサン・オノリーヌ・ラ・シャドロネッテの村近くで最初の無綿操縦作戦を実施。第315（無線操縦）戦車中隊はフォン・ルック戦闘集団（第21戦車師団）の一員として進撃してきたイギリス軍部隊を攻撃した。

この交戦について、当時、第315（無線操縦）戦車中隊の突撃砲21号車の装塡手で上等兵だったヨアヒム・ブラントナーが次のように述べている。

1944年6月23日にサン・オノリーヌ近くで第2小隊の無線操縦の「BⅣ」と突撃砲4両が第22戦車連隊の何両かのⅣ号戦車と共にイギリス軍部隊に対して、小麦畑を通り北に攻撃を仕掛けた。

我々は「BⅣ」特殊車両を敵の砲火を引き付けるために使った。しかし、背が高い小麦畑の中で無線操縦の「BⅣ」を敵が発見するのは稀で、この企みは成功しなかった。我々ですら車両の通路を目で追うのが困難だった。敵は砲火を開かなかった。

そこで我々の突撃砲と戦車は集結地点から移動した。我々は直ぐに激しい対戦車砲撃に見舞われた。そばにいた第22戦車連隊のⅣ号戦車2両が撃たれて炎上した。我が軍の突撃砲の前面、傾斜面に対戦車砲弾が命中した。溶接された継目がぱっと開いた。我々の攻撃は激しい対戦車砲撃のために頓挫した。

秘匿名「エプソム」（ロンドン南方の町）というイギリス軍の攻勢は、カン西方のブレッテヴィル・スール・オドンとティリィ・スール・スレ間で6月23日0500時に始まった。第315（無線操縦）戦車中隊は何度か、第21戦車師団とSS第12戦車師団「ヒットラーユーゲント」の他の装甲戦闘部隊と共に戦闘に加わった。第315（無線操縦）戦車中隊は主にムン周辺の地区で戦ったが、そこでは1944年6月26〜28日に無線操縦爆薬運搬車が使われた。

1944年6月末に、第315(無線操縦)戦車中隊は出撃可能なⅢ号突撃砲5両と作動するSd.KFZ301を19台保有していた。

第314（無線操縦）戦車中隊の編成（1943年7月1日時点）

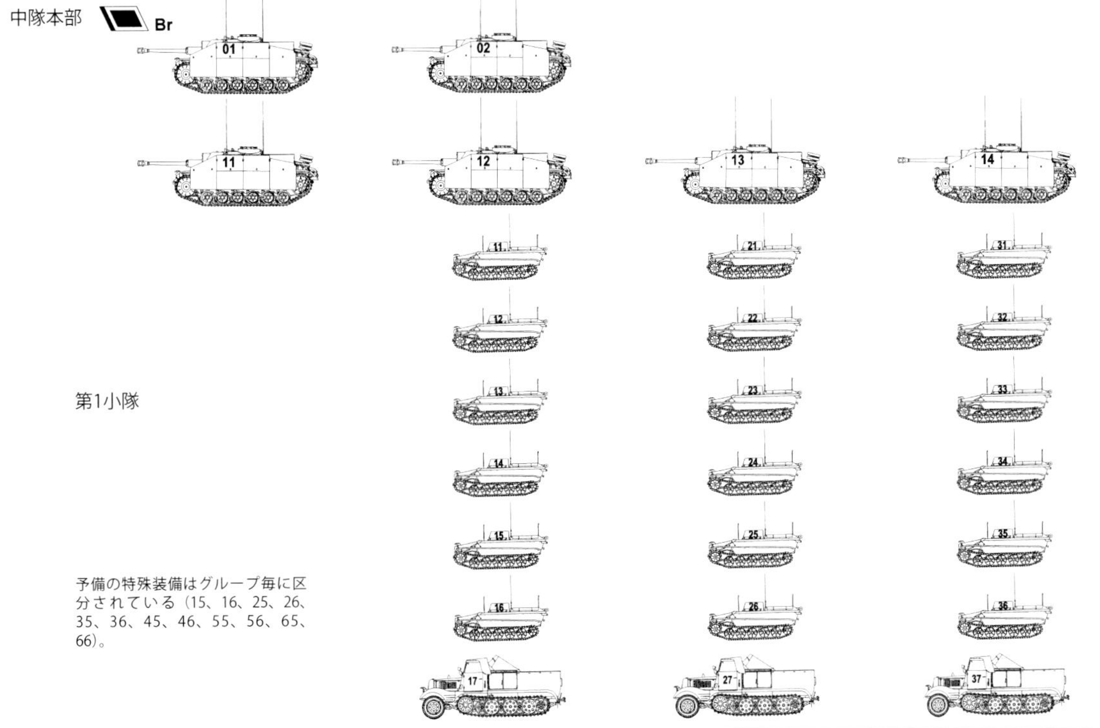

第314（無線操縦）戦車中隊の編成（1943年7月1日時点）

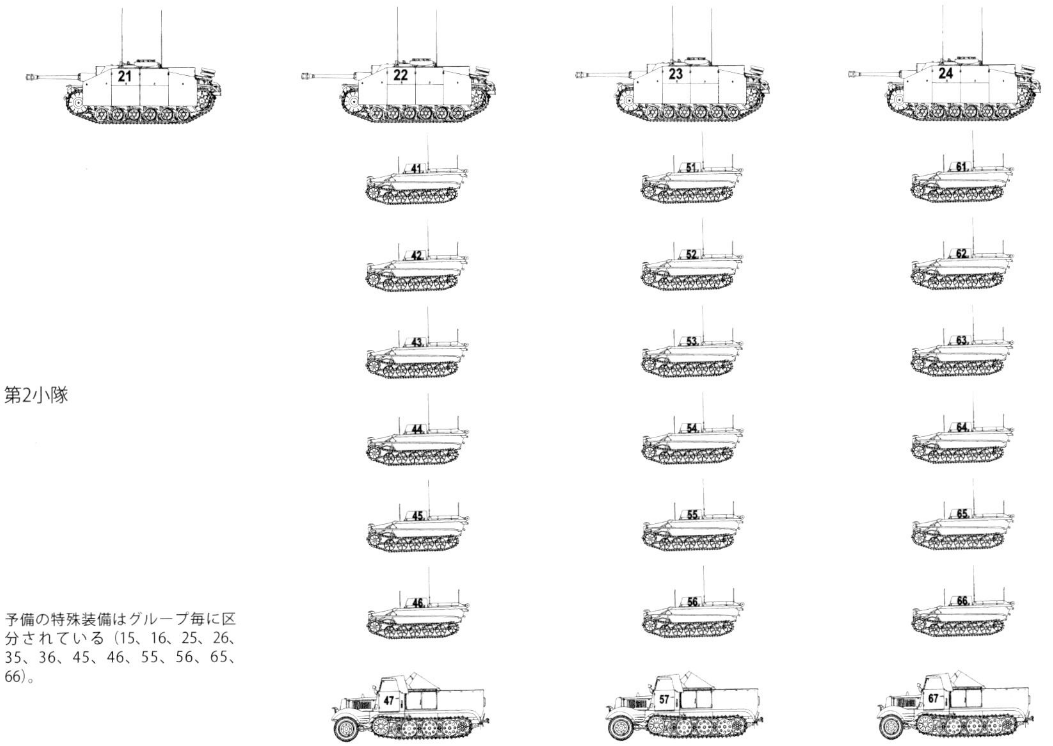

その一方で、陸軍一般軍務局から中隊に命令（本部Ｉ（1）第27220／44　機密　1944年6月22日付）が届いた。その命令は、第315（無線操縦）戦車中隊は第302（無線操縦）戦車大隊第2中隊と改称され、当時、ランス地区で編成された同大隊に加わることとされていた。

「ツィタデレ」作戦は1943年7月5日に発動された。第312（無線操縦）戦車中隊は第21戦車連隊に配属された。（Höland）

第504重戦車大隊第3中隊の編成（1944年5月時点）

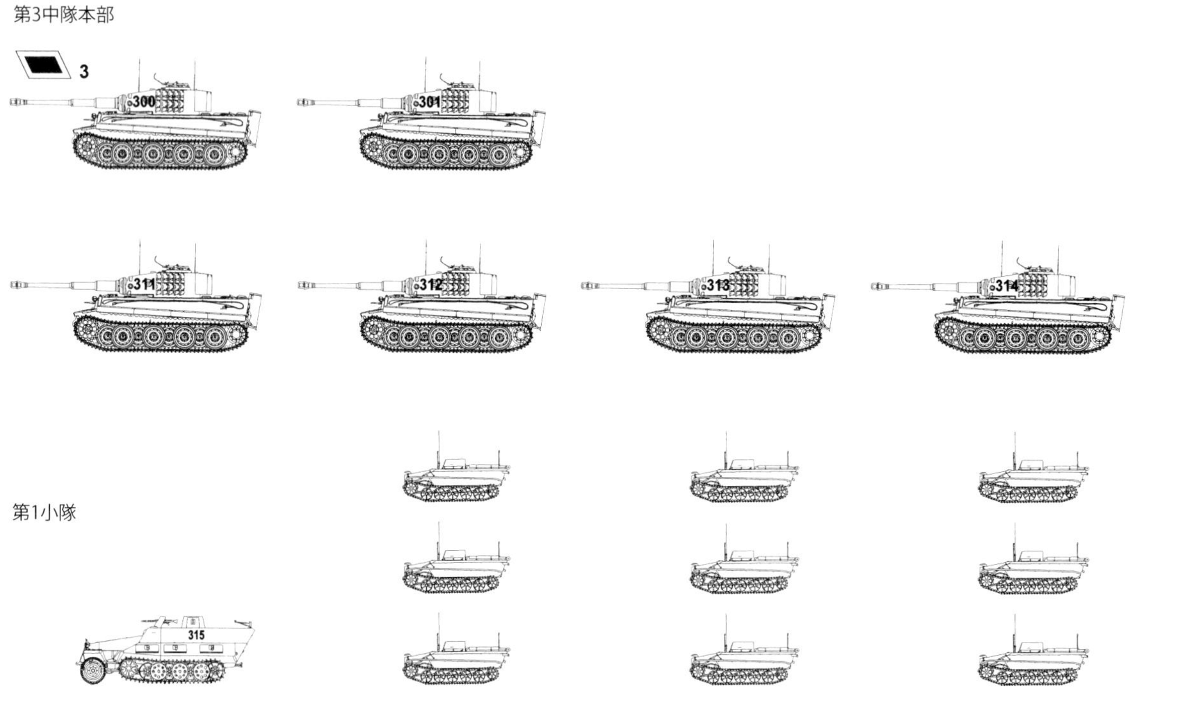

1943年6月に無線操縦小隊は将軍達への公開展示の準備をしている。左側の突撃砲は水深の深い渡渉に対応した排気管を装備していた。(Höland)

中隊の隊員達は宿営地区における平和で静かな数日を享受した。(Geissel)

1943年5月19日に、中隊はフィロソヴァの森を目指して移動した。(Höland)

第504重戦車大隊第3中隊の編成（1944年5月時点）

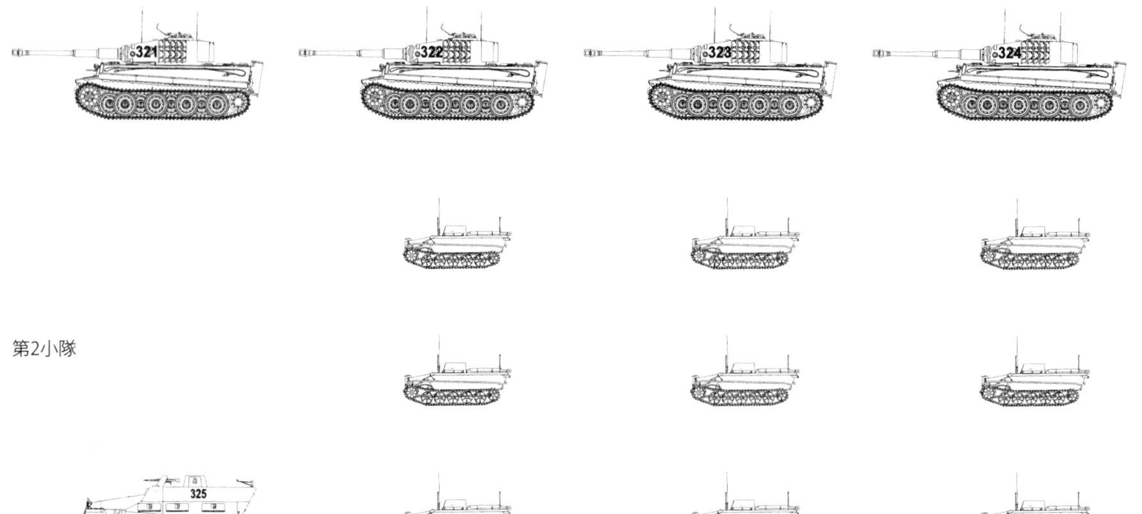

「BIV」とその運転手が後背地で次の任務を待機している。(Hochgreef)

ヴェシュ・タギノにおける指揮所。ノルテ中尉がテントの下に座り、地図を調べている。(Hochgreef)

弾薬と爆薬はこの3トン牽引車が前線まで運んだ。(Geissel)

爆薬運搬車を使った作戦はたびたび実施された。(Münch)

厳しい戦闘が続く。突撃砲の乗員達は忍耐が尽きた。(Hochgreef)

ロット軍曹の突撃砲。攻勢の第1日目に第2小隊は第505重戦車大隊の指揮下に入った。（Hochgreef）

第504重戦車大隊第3中隊の編成（1944年5月時点）

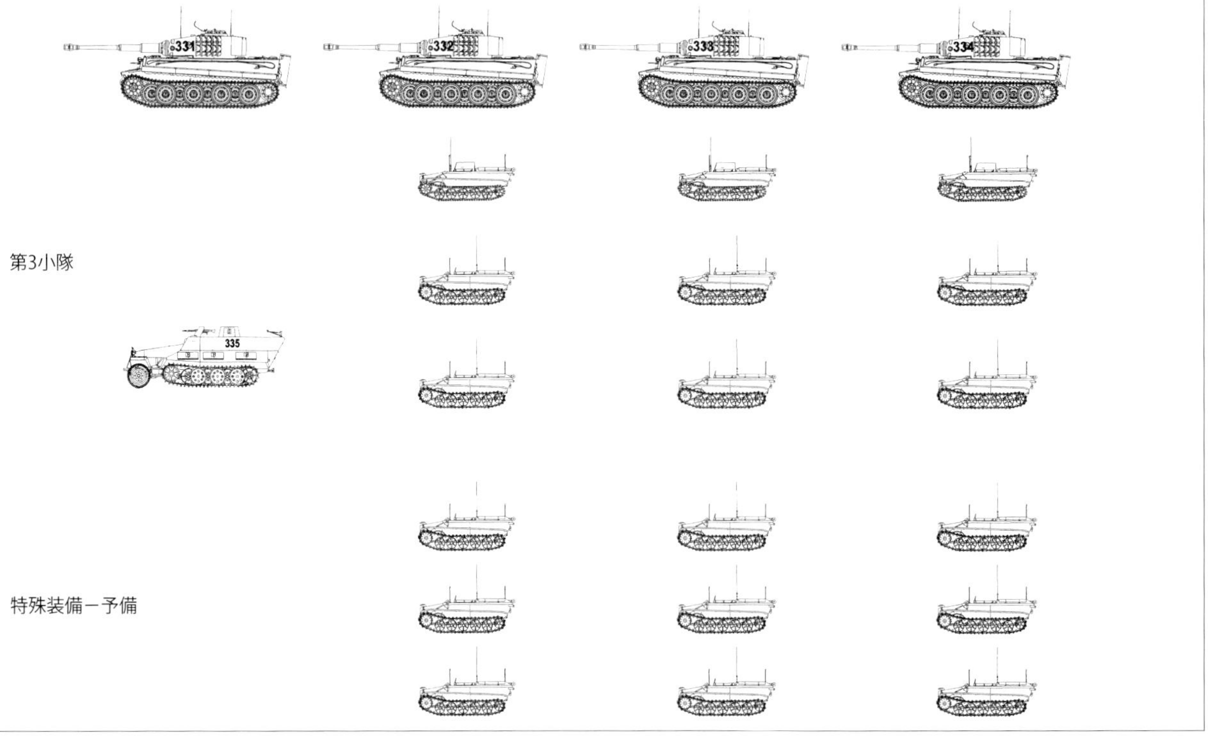

この整備部門の18トン牽引車はずっと使われ続けて来た。（Höland）

転倒したトレーラーは再びその車輪で地面に立つ。（Höland）

7月中旬に第21戦車連隊長のブルマイスター大佐は第312（無線操縦）戦車中隊の兵員に勲章を授与した。（Höland）

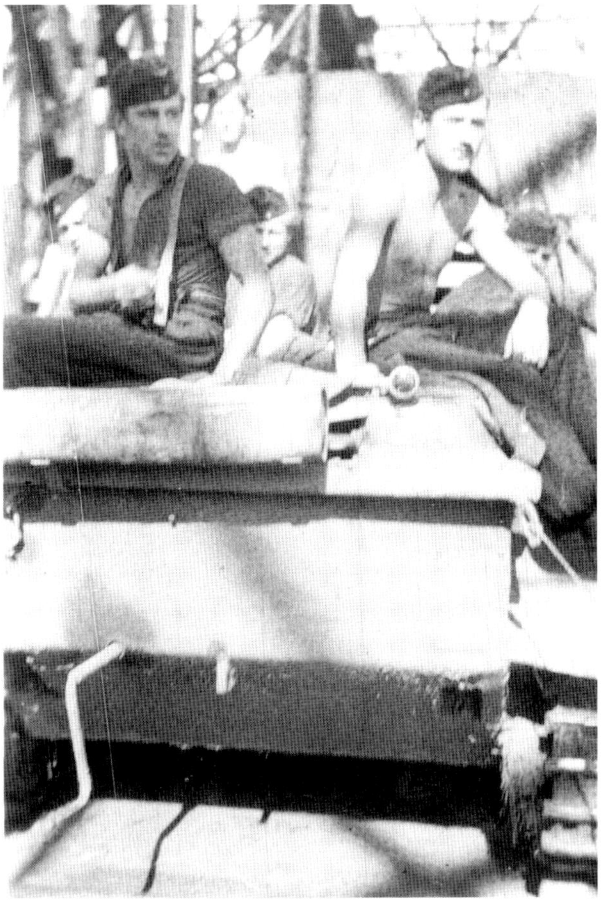

グラーフェンヴェール演習場へ向かって鉄道で移動する間の情景。(Schlagloth)

III号突撃砲G型(シャーシ番号95992)の内部。戦闘室は非常に狭い。(Höland)

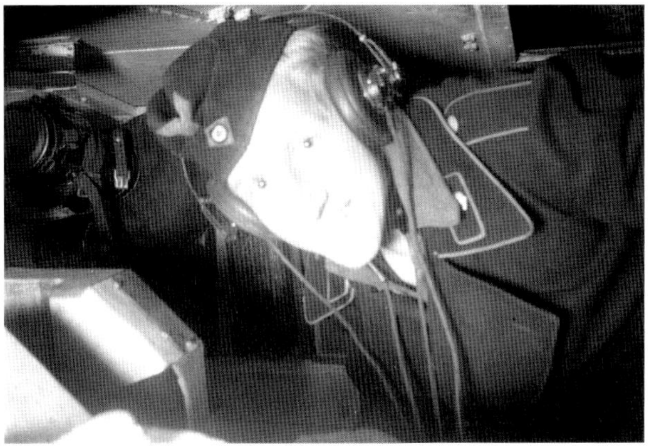

第656駆逐戦車連隊の「フェルディナント」。(Höland)

中隊は1943年8月1日にブリアンスクで列車に積込まれた。(Höland)

第315（無線操縦）戦車中隊の編成（1944年6月1日時点）

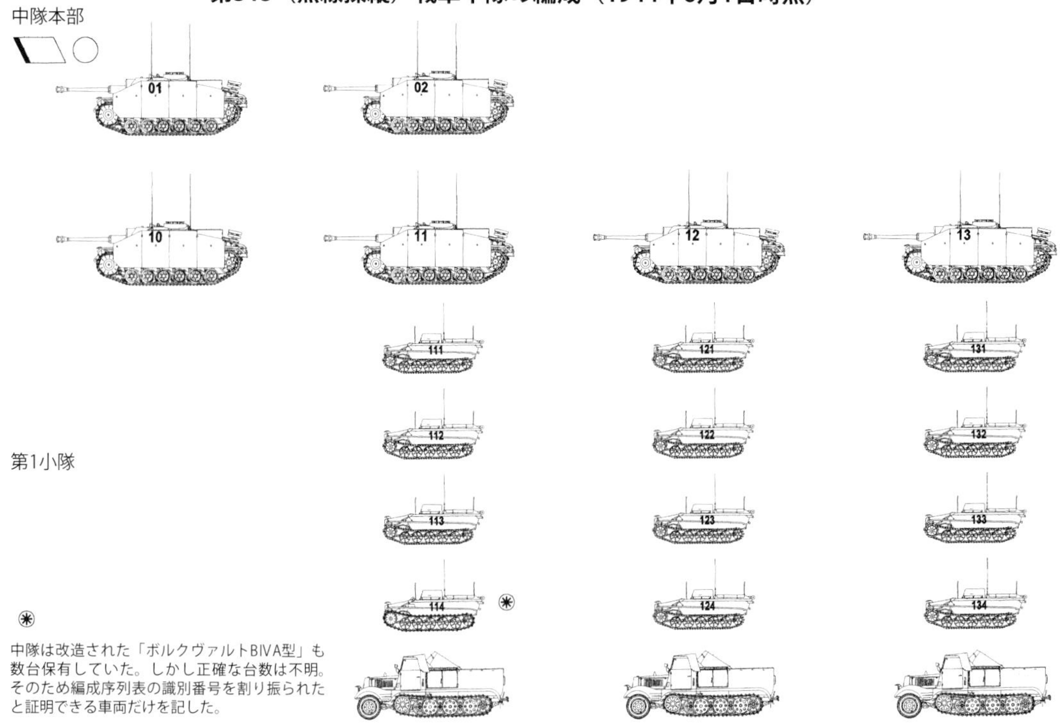

※中隊は改造された「ボルクヴァルトBIVA型」も数台保有していた。しかし正確な台数は不明。そのため編成序列表の識別番号を割り振られたと証明できる車両だけを記した。

ここでは第656駆逐戦車連隊の一部が見える。「ツィタデレ」作戦中に連隊は「フェルディナント」重駆逐戦車を運用した。（Höland）

第315（無線操縦）戦車中隊の編成（1944年6月1日時点）

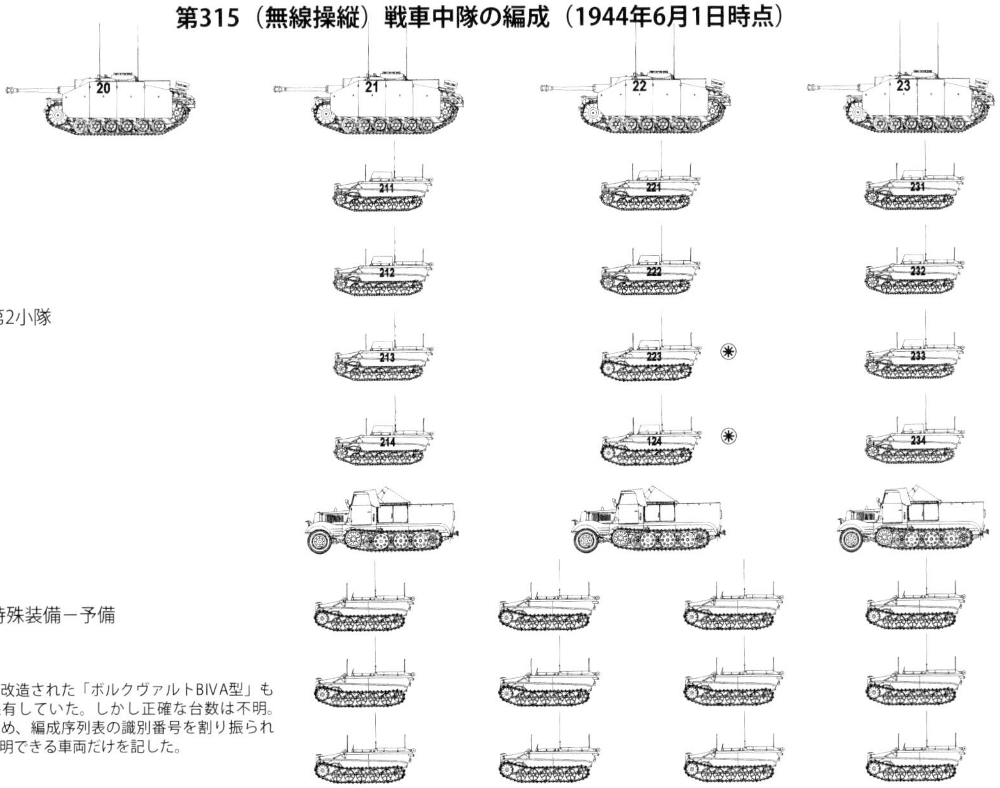

第2小隊

特殊装備ー予備

✱

中隊は改造された「ボルクヴァルトBIVA型」も数台保有していた。しかし正確な台数は不明。そのため、編成序列表の識別番号を割り振られたと証明できる車両だけを記した。

第312（無線操縦）戦車中隊にはオルデブロック演習場にいた間にIII号指揮戦車M型も1両配備された。以前、その車両は第313（無線操縦）戦車中隊に所属していた。砲塔に記入されたF11はこの車両が第1小隊長ジクムント少尉の車であることを示す。（Höland）

突撃砲の乗員は支給装備品をそれぞれぴったりと収まる場所に装着した。1944年4月中旬に全ての装甲戦闘車両は第312（無線操縦）戦車大隊第1中隊に統合された。（Höland）

新たに編成された第313（無線操縦）戦車中隊はIII号N型戦車3両とIII号J／L型指揮司令戦車7両を受領した。このIII号L型は「F02」というアルファベットと数字の組合せを記入している。（Ling）

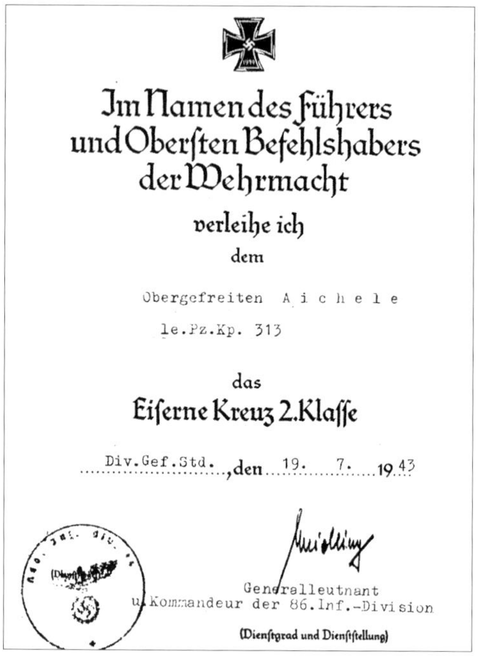

Im Namen des Führers
und Obersten Befehlshabers
der Wehrmacht

verleihe ich

dem

Obergefreiten Aichele
le.Pz.Kp. 313

das

Eiserne Kreuz 2.Klasse

Div.Gef.Std., den 19. 7. 1943

Generalleutnant
u. Kommandeur der 86.Inf.-Division

(Dienstgrad und Dienststellung)

第313軽戦車中隊のアイキレ伍長に授与された功二等鉄十字章の証書

改造されたIII号J型指揮司令戦車の幾つかはエンジン部カバーに初期のエンジン点検カバーと換気カバーが付いていた。（Hoffmann）

ノイルッピンの鉄路に向かう途中の情景。少数の子供が上に乗るというめったにない機会を楽しんでいる。(Fritschken)

トラック数台と指令戦車（F12とF13）は既に貨車に積込まれている。(Hoffmann)

爆薬運搬車が移送準備を受けている。「31」の番号が記入された最後尾の「BIV」は改造されたA型である。(Hoffmann)

1943年6月末に第656重戦車連隊の集結地点における「BIVA型」爆薬運搬車。この「BIV」は1943年春に生産された。(Baisch)

宣伝隊の隊員が「ツィタデレ」作戦開始直前の7月初めに第313（無線操縦）戦車中隊を訪れた。（Fritschken）

宿営地における休息。兵員の大半は明るいネズミ色の戦車兵作業服を着用している。（Mohrhäuser）

整備部門の隊員が側面のスカート装着を準備中。（Stolz）

爆薬運搬車は1943年7月4日の攻撃地点に進出する。「フェルディナント」重駆逐戦車が背後に見える。（Münch）

もう1台の改造された「BIVA型」が前進する。（Münch）

攻勢が始まった。「フェルディナント」1両が鉄道線路に向け前進する。（Mohrhäuser）

地平線にたなびく煙から最初に撃破された車両であることが判る。（Mohrhäuser）

攻勢は信じられないほどの激しさで敢行された。第656重戦車連隊は最初の損害を被った。(Stolz)

攻勢初日の午前中に大事故が発生した。「BIV」1台が砲弾を受けて爆発し、そばにいた指揮指令戦車F23もその爆発で破壊された。(Mohrhäuser)

「フェルディナント」623号車が損傷を被り、左側の履帯保護板が千切れ飛んだ。（Mohrhäuser）

中隊長車F01は連隊の一部として攻撃に向かうため前進する。(Mohrhäuser)

指揮司令戦車F13は2台の爆薬運搬車の行動を監視している。(Mohrhäuser)

「フェルディナント」722号車の前のフリッチケン中尉とジクムント少尉。(Fritschken)

中隊長車F01の無線手シュトルツ伍長。(Stolz)

第654重戦車大隊（第656重戦車連隊第II大隊）の「フェルディナント」702号車が通り過ぎる。（Fritschken）

フリッチケン中尉は追加の車両に前進を命ずる。IV号駆逐戦車「ブルムベア」が画面右端に見える。(Sigmund)

第216重戦車大隊（第656重戦車連隊第III大隊）の「ブルムベア」2両。(Scherer)

III号指揮戦車L型。運転手用視察孔の右側に第313（無線操縦）戦車中隊の戦術標識が見える。（Sigmund）

1943年7月5日の夕刻。フリッチケン中尉とF22号車の乗員達。それまでに中隊の隊員17名が戦死した。（Hoffmann）

攻勢は1943年7月6日の午前中も続いた。中隊長車前の乗員達と車体から身を乗り出した乗員達。戦車長ハッチから身を出しているのが（下）フリッチケン中尉。（Stolz）

このⅣ号駆逐戦車「ブルムベア」は集結地点で迷彩が施された。(Mohrhäuser)

第654重戦車大隊幹部の「フェルディナント」II 03号車が戦場を援護する。(Mohrhäuser)

第313（無線操縦）戦車中隊もまた攻勢第2日目に損害を被った。1台の爆薬運搬車が回収された。（Wild）

中隊長車F01もまた損傷を被ったように見える。（Fritschken）

1943年7月10日から15日にかけての事実確認の旅のさなかに、第656重戦車連隊に配備された遠隔操縦中隊の両方とも機甲兵総監ハインツ・グーデリアン上級大将の査閲を受けた。中央がグーデリアン上級大将。フリッチケン中尉の隣は第314（無線操縦）戦車中隊のカイテル少尉。（Fritschken）

兵員、装備共に重大な損害を被った中隊は1943年8月に前線から引揚げられた。そして中隊はドイツに移送された。中隊長の専用車メルセデス・ベンツL1500Aが低湿地帯を牽引されて行く。（Stolz）

鉄道路へ向かう途中の情景。（Stolz）

Ⅲ号指令戦車N型（たぶんF11号車）の固定が完了。F24号車も同様に積込んだ。この指揮指令戦車もまた古いエンジン室ハッチと換気カバーを装着している。（Stolz）

軍事病院の看護婦達にさよならを言う。中隊員は負傷した後にそこで手当てを受けた。（Scherer）

フランスのマイレイ・ル・キャンプ演習場にて。（Dürr）

運転手の緊急脱出ハッチそばの泥除けは、ハッチと一緒に下げることができた。(Dürr)

この「BIV」は1943年春に生産された。この爆薬運搬車はまだ十文字の起動輪を付けている。(Dürr)

第313(無線操縦)戦車中隊は1943年12月に第508重戦車大隊に編入され、その第3中隊となった。ティーガー戦車は砲塔右側面に既に無線操縦用アンテナの取付け基部を装着している。(Herwig)

大隊の士官達が爆薬運搬車の性質とその運用方法に関する講義を受けている。(Herwig)

「BIV」はマイレ・ル・キャンプ演習場の宿営地区だけでなく、森林地区にも駐車していた。(Dürr)

基本装備品が外され、点検された。(Dürr)

演習中のティーガー指令戦車と「BIV」。(Dürr)

冬期戦闘訓練もまた雪で覆われた地形で行われた。(Herwig)

8.8cm砲の実弾発射!　ティーガーIはプロパン・ガスを燃焼するように改造された。エンジン室の上のガス・ボトルに注目。(Dürr)

1944年2月初めにフィクレで列車を降りた後、大隊は前線に向かった。(Stolz)

アンツィオ／ネツノに連合軍が上陸した直後に、大隊は素早くイタリア戦線に移送された。旅行中に下士官兵は箱型貨車の中で寛いだ。(Stolz)

隊員には冬季迷彩服が支給された。(Stolz)

このティーガーには鉄道輸送用履帯が装着されている。(Stolz)

第508重戦車大隊第3中隊長シュタイン中尉がティーガーの戦車長ハッチから身体を出している。(Stolz)

待機中のティーガー。(Stolz)

Sd.kfz251の助けを借り、新しい履帯1組がティーガーに装着される。(Wild)

アプリラにおける第508重戦車大隊第3中隊の3トン牽引車。左側に戦術標識が見える。(Wild)

爆薬運搬車2台とティーガー 1両が作戦投入の準備中。(Schneider)

「BIV」は追加のジェリ・カンを運んでいる。先頭の爆薬運搬車は発煙弾発射筒を装備していた。（Osterried）

東西を結ぶ道路上のティーガー。（Osterried）

食事中！　交替の爆薬運搬車がこの3トン牽引車に積まれている。（Dürr）

第508重戦車大隊は1944年5月24日にイタリアの首都へ退却した。（Wild）

1台の「BIV」が建物の間で待機している。1944年3月18日、チェチナ・アルバーノにて。

大隊の車列と数台の爆薬運搬車はそこに短時間だけとどまった。（Stolz）

イタリアの田舎道の爆薬運搬車2台と3トン牽引車1台。（Ling）

前線近くのティーガーの幾つかは塹壕に潜んだ。(Stolz)

援軍のティーガーが、前線近くの破壊された地区の路上を進撃する。(Stolz)

このティーガーは戦闘中に損傷を被った。前面機銃の周辺、防楯の弾痕に注目。（Stolz）

大隊は撤退の途中、1944年6月初めにシエナに辿り着いた。爆薬運搬車と戦車は束の間の休息をとった。(Wolfer)

第508重戦車大隊第3中隊のティーガー。この戦車はまだ旧型の転輪を装着している。車体前面の機銃は撤去されていた。(Stolz)

1944年7月25日にこの戦車は数えきれないほど被弾した。泥除けの一部が千切れ飛び、吸着爆弾に対する防護のツィンメリット・コーティングも剥がれ落ちていた。(Stolz)

撤退の間、ティーガーは戦闘に明け暮れた。中隊長戦車の前に立つシュトルツ無線手。(Stolz)

何発かの弾丸はエンジン室のハッチも貫通していた。（Stolz）

1944年9月初めに、第508重戦車大隊はアドリア海沿岸のリミニに到達した。（Stolz）

ティーガーは特製のSSYMS6軸貨車に積込まれた。(Wild)

移動中は常に上空の警戒を怠らなかった。(Stolz)

第314(無線操縦)戦車中隊のギュンター・ホプフ上等兵に授与された銀色戦車戦闘記章の証書

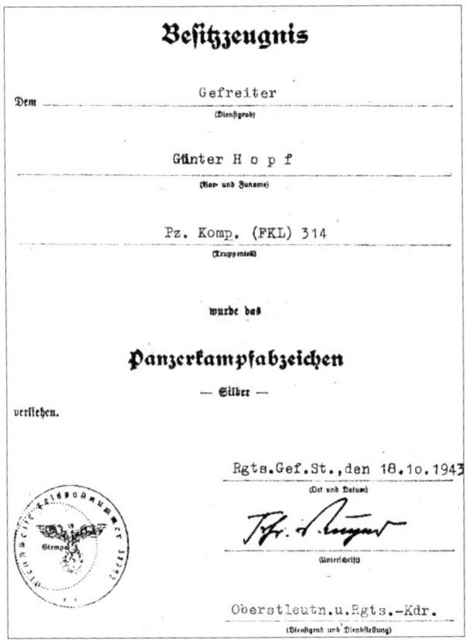

Besitzzeugnis

Dem Gefreiter
(Dienstgrad)

Günter H o p f
(Vor- und Zuname)

Pz. Komp. (FKL) 314
(Truppenteil)

wurde das

Panzerkampfabzeichen

— Silber —

verliehen.

Rgts.Gef.St.,den 18.10.1943
(Ort und Datum)

(Unterschrift)

Oberstleutn.u.Rgts.-Kdr.
(Dienstgrad und Dienststellung)

シュタイン中尉の戦死後、ヘルヴィヒ中尉が第508重戦車大隊第3中隊の指揮をとった。迷彩が施されたティーガーが集結地点への入口の守備についている一方で、他の戦車が修理を受けている。(Herwig)

その後の数週間、数ヵ月に渡って多数の戦車が撃破あるいは破壊された。この写真は、既に脅威ではなくなったティーガーを調べる機会を連合軍兵士が得たことを示している。(Leon)

ノイルッピンにおけるIII号戦車上の軽戦車中隊fの訓練兵士と「BIV」爆薬運搬車。（Hopf）

制帽を被った中央の下士官は指令送信機をぶら下げている。指令送信機とその関連装置は臨時に幹部専用車に搭載された。（Hopf）

ゲンツローデ演習場で爆薬運搬車の運転手達が「BIV」の操縦方法について講義を受けている。(Keitel)

この「BIV」は無線操縦訓練中に溝に滑り落ちた。(Keitel)

破損した車両は3トン牽引車の助けを借りて回収される。（Keitel）

1943年3月に新品のIII号突撃砲が部隊に配備された。同時に部隊は第314（無線操縦）戦車中隊と改称された。（Hopf）

無線操縦分隊が公開展示の準備を済ませた。「BIV」はまだグレイの塗装のままだ。（Hopf）

無線操縦される1台の「BIV」。1943年春にはまだ初期生産型が使われていた。（Hopf）

数台の突撃砲は追加装甲板を溶接していたが、その一方で他の突撃砲はボルト止めされていた。（Held）

第314（無線操縦）戦車中隊の中隊長ブラーム大尉と第1小隊長カイテル少尉。（Keitel）

カイテル少尉と第2小隊長ケンペ少尉。（Keitel）

1943年4月にサンド・イエローの突撃砲には緑色と茶色の迷彩パターンが追加された。（Held）

1943年5月24日、25日にグーデリアン上級大将が部隊を査閲した。（Keitel）

第314（無線操縦）戦車中隊は1943年5月にオーストリアのブルック演習場に移動し、その演習場にいた第653駆逐戦車大隊と合同演習を行った。（Keitel）

公開演習では「フェルディナント」が披露されただけでなく、爆薬運搬車も爆薬を投棄して爆破させた。写真から爆薬の威力がはっきりと判る。(Keitel)

鉄道輸送の道中。「BIV」14号車（第4小隊4号車）の識別数字がはっきりと写っている。その下の数字「2」の意味については不明。（Hopf）

到着後、中隊はダヴィドヴォで野営した。この充分な迷彩が施された突撃砲は2本の高深度渡河用排気管を装備している。（Held）

1943年6月11日に第314（無線操縦）戦車中隊は鉄道で東に向かった。この3トン牽引車は航空攻撃に備えて乗員室に対空機関銃を装備している。（Hopf）

1943年7月1日から装甲戦闘車両は前線の集結地点に向かった。その場で注意深く迷彩が施された。（Keitel）

攻勢は1943年7月5日に始まった。充分な迷彩が施された突撃砲が「BIV」を敵陣へ誘導する間、「フェルディナント」が援護している。（held）

第656重戦車連隊の「フェルディナント」が続く。（Hopf）

中隊は最初の損害を被った。（Hopf）

数台の「BIV」が溝と塹壕にはまった。（Keitel）

「BIV」の運転手は車両のそばにとどまって自軍の陣地に戻るため、周囲が暗くなるのを待った。（Keitel）

「フェルディナント」との合同による攻撃は攻勢4日間続いた。(Hopf)

行動不能に陥った突撃砲の数は上昇した。このIII号突撃砲02号車は地雷を踏んでしまった。(Keitel)

7月中旬の短い休息の合間に、戦死した戦友の墓を訪れる。(Hopf)

大部分の突撃砲の側面の装甲スカートは砲撃で吹き飛んでいた。(Keitel)

多くの中隊隊員がその功績によりカイテル少尉から勲章を授かった。（Keitel）

1943年7月25日に中隊の突撃砲5両がチョテトヴォで運用された。（Keitel）

車両番号「61」はこの車両がどこに所属しているかを示しており、この場合は第6小隊1号車となる。(Held)

1943年10月に第314（無線操縦）戦車中隊は列車に積込まれ、フランスのマイレ・ル・キャンプ演習場に送られた。(Held)

ドイツに帰国後、第314（無線操縦）戦車中隊はパーダーボルン近くのゼネ演習場に2ヵ月間駐留した。その間に中隊の隊員は「BIV」の無線操縦装置の操作方法に関する集中講義を受けた。(Held)

新たに到着した中隊の隊員訓練はすぐに始まった。（Held）

中隊でオリョールの戦いを生き延びた少数の突撃砲の1両。車長のヘルト軍曹が車長ハッチから身を乗り出している。上部構造の側面に予備転輪が装着されていることに注目。（Held）

中隊は1944年2月初めにマイレ・ル・キャンプからオランダのオルデブロック演習場に移動した。1944年3月に中隊は第504重戦車大隊に編入され、その隷下の第3（無線操縦）中隊となった。（Held）

ティーガーI後期型は指揮指令戦車として配備された。（Hopf）

それまで部隊は突撃砲を装備していたため、ティーガーに馴染む訓練が必要とされた。これはヴァクナー上級曹長のティーガー323号車。（Großkopf）

第504重戦車大隊は1944年5月4日、5日にパルテナイで貨車に積込まれ、イタリアに移送された。（Hopf）

列車はフランス、南ドイツ、オーストリアを抜けて進んだ。(Hecker)

Sd.kfz251の後ろに1台の「BIV」が。「315」の数字はこのハーフトラックが第1小隊の予備爆薬の運搬車であることを示している。(Schneider)

カイテル少尉は1944年夏まで、第504重戦車大隊第3中隊の小隊長を務めた。背後に写っているのは第504重戦車大隊第2中隊のSd.kfz251。（Keitel）

爆薬運搬車は当初は大隊の隊列にとどまった。最初の「BIV」の作戦投入は1944年6月25日に実施された。（Großkopf）

列車はラ・スペツィア近くのサルザーナに到着した。（Hopf）

大隊は1944年8月12日にチザ峠を越えてパルマに移動し始めた。（Hecker）

301

爆薬運搬車は1944年秋にアイゼンナハに送り返された。第504重戦車大隊第3中隊は戦車だけで構成された部隊として運用された。しかし、砲塔側面の無線操縦用アンテナ取付け部は撤去されなかった。多数のティーガーが以後、数週間、数ヵ月の防御戦闘で失われた。（Leon）

機甲兵総監部のミルデブラト大佐と中隊長フォン・アーベンドロト中尉が爆薬運搬車の運用を視察している。第300（無線操縦）戦車試験・補充大隊のヴァイケ少佐とフィッシャー中尉が突撃砲の横に立っている。（Susenbeth）

フォン・アーベンドロト中尉は1943年8月3日に金のドイツ十字章を授与された。（Susenbeth）

1943年夏に新編成の第315（無線操縦）戦車中隊の演習がベルカ演習場で行われた。泥除けに記入された戦術標識と無線操縦用アンテナの取付け部に注目。（Susenbeth）

爆薬運搬車が突撃砲の後ろに続く。（Susenbeth）

運転手が爆薬運搬車を発進地点に移動させる。（Susenbeth）

別の「BIVA型」車両が待機している。（Susenbeth）

3台目の「BIV」が静止した。これは改造された「BIVA型」である。（Susenbeth）

第300（無線操縦）戦車試験・補充大隊の士官数名が演習後の検討を行っている。シュヴィムヴァーゲンに第315（無線操縦）戦車中隊の戦術標識が見える。

アイゼンナハの宿営地にて。左側の泥除けに戦術標識が記入されている。

数台の「BIVA型」爆薬運搬車が開けた場所に駐車している。

鉄道積込地に向かうため出発。突撃砲の上部構造物に「121」の数字が記入されている。同中隊を第301（無線操縦）戦車大隊第1中隊に改編するのは実施されなかったため、数字はすぐに塗り潰された。(Susenbeth)

爆薬運搬車が続く。(Susenbeth)

隊列はアイゼンナハを抜けて進む…。(Susenbeth)

…そして鉄道の駅の方に向かった。(Susenbeth)

「BIV」と数台のトラックが貨車に積込まれた。全ての車両がサンド・カラーに塗られている。(Susenbeth)

貨車の間に背の高い無蓋車が連結され、そこに対空機関銃が備え付けられた。(Susenbeth)

当時、中隊は「BIVA型」爆薬運搬車を装備していた。1942年6月から1943年6月までに生産された運搬車を保有していたのである。(Poggensee)

最初の列車が出発する。行先はアラスの第25戦車擲弾兵師団だ。(Susenbeth)

中隊に到着した突撃砲はオイフに駐車した。ここで全ての車両が3色迷彩に塗装された。上部構造物は防水布で覆われている。(Poggensee)

オイフでの駐留は長くは続かなかった。1943年10月中旬に中隊は再び貨車に積込まれた。この突撃砲は予備履帯も迷彩色に塗られている。(Poggensee)

整備部門の1トン牽引車が貨車に積載するため傾斜路を進む。(Jenckel)

突撃砲の側面の装甲スカートは外されていない。(Poggensee)

車両に対する数多くの変更は兵員自らが行った。手製の収容箱が泥除け上に装着されている。(Poggensee)

全ての装輪車両や装軌車両を積載するためには時間がかかった。(Poggensee)

爆薬運搬車が列車に積込まれた。(Jenckel)

手前の「BIV」は改造されたA型。その爆薬運搬車の右側面に中隊の戦術標識が記入されている。(Poggensee)

「BIVA型」の2種の派生型（初期型と後期型）。走行装置の相違に注目。(Poggensee)

1943年10月中旬にクラリィ・ゾウルコアに移動した第315（無線操縦）戦車中隊は第9SS戦車擲弾兵師団「ホーエンシュタウフェン」の指揮下に編入された。陸軍、空軍、そして武装親衛隊の士官達に向けて、爆薬運搬車の実戦運用の可能性が公開された。(Walther)

自分の中型司令部用車に乗っているフォン・アーベンドロト大尉。同乗者側のドアに記入された「上品なヘレン」の絵に注目。(Grumptmann)

この改造された「BIVA型」の傾斜面には爆破キャップを挿入する穴が見える。(Kornmeier)

残念ながら画質は悪いが、これらの車両に以前の中隊マーク「沈みつつある赤い太陽」がどういう具合に記入されていたかが判り、興味深い。(Poggensee)

1944年春の、光学機器に関する砲手の訓練風景。7.5cm40L／48突撃砲の照準装置一式が三脚上に取付けられている。(Jenckel)

中隊の突撃砲も集結した。(Walther)

サッシィでの小休止。2台の「BIVA型」が後方に見える。うち1台は古いゴム・パッド付き履帯の走行装置を装備している。もう1台は弾力のない履帯を履いている。(Poggensee)

第315(無線操縦)戦車中隊は1944年6月6日にサッシィからカンに移動した。爆薬運搬車114号車はそこで路上を走行中に行動不能となった。(Poggensee)

突撃砲は何時でも臨戦態勢が維持されている。(Knott)

III号突撃砲21号車は1944年6月23日にサン・オノリーヌの戦闘で上部構造物に対戦車砲弾が命中し、損傷を被った。(Walther)

戦場で必要な修理が行われる。(Walther)

III号突撃砲には草木を用いて迷彩が施された。搭乗員と数名の小隊本部隊員が作戦運用に備えて待機している。右が小隊長ピーパーホフ少尉。(Walther)

連合軍が制空権を握っていたため、車両は何時も迷彩が施されたままだった。（Walther）

第315（無線操縦）戦車中隊は1944年7月末にランスへ移動命令を受けた。まだ稼働する突撃砲が貨車に積込まれた。（Walther）

Zw Br. Unt6d25.4.44

2.2.12
第316（無線操縦）戦車中隊

1943年4月、第300（無線操縦）戦車試験・補充大隊は余った隊員から第1軽戦車中隊を編成した。1943年6月1日、その部隊は臨時に第300（無線操縦）戦車試験・補充大隊第6中隊という非公式名称を付けられ、陸軍前線指揮所番号「56041」が与えられた。

陸軍最高司令部参謀本部編成第Ⅰ部が第316（無線操縦）戦車中隊の編成に関わる命令（1943年7月13日付第6039／43　機密）を発表した時、第300（無線操縦）戦車試験・補充大隊第6中隊の訓練済み隊員がその中隊に移籍した。

1943年8月4日、装備に関する指示が出された。1943年1月1日付の戦力定数指標表「1171f」によると、中隊は「ボルクヴァルトBⅣ」爆薬運搬車36台と突撃砲10両を装備することになっていた。中隊長はマインハルト中尉で、小隊長はH.フィッシャー少尉とF.シュナイダー少尉、遠隔操縦士官はシュテルテン少尉だった。

支給された装備が1943年9月中旬までに全部揃ってから、1943年8月21日に第316（無線操縦）戦車中隊はアイゼンナハからファリングボステル演習場に移送され、戦車教導連隊に配属された。中隊はそこで連隊規模の部隊との合同作戦が試験された。

戦車教導連隊はⅥ号戦車ティーガーを1943年9月30日に3両、10月8日にはもう7両を受領した。これらは第316（無線操縦）戦車中隊に配備され、ティーガーを指揮指令戦車の任務で試験することになっていた。

1944年1月中旬、第316（無線操縦）戦車中隊は実験的な遠隔操縦中隊として再編される前に、Ⅵ号指揮指令戦車ティーガーⅡを装備するよう命じられた。その結果、第1（無線操縦）重戦車中隊という部隊名に変更された。当時、戦車教導師団はフランス北部にいた。第130戦車教導連隊はヴェルダンに駐留していた。

1944年2月末、10組の戦車乗員と技術要員がティーガーⅡ重戦車の訓練のため、パーダーボルンの第500戦車補充大隊に派遣される。

第130駆逐戦車教導大隊はまだⅣ号駆逐戦車を装備しておらず、作戦可能態勢に達していなかったので、遠隔操縦中隊は保有するⅢ号突撃砲10両を第130駆逐戦車教導大隊第3中隊に引渡すよう命じられた。

1944年3月6日、戦車教導師団はウィーン地区に移動の命令を受けた。ハンガリーがドイツとの同盟関係から離脱しようとする恐れがあった。そのため、ドイツ軍司令部はドイツ軍がハンガリー国内に入る必要が生じた場合に備え、国境地域に配備する充分なドイツ軍部隊を要求した。その作戦の秘匿名は「マルガリータ」と付けられた。

師団は四つの連続進軍集団に分割された。進軍集団Bには第130戦車教導連隊、他の師団の部隊と第1（無線操縦）重戦車中隊が含まれていた。進軍集団Bの全ての部隊はノイジートラー湖そばのカイザーシュタインブルッフ演習場に宿営した。

1944年3月14日、Ⅵ号戦車ティーガーⅡの最初に製造された5両がそこに到着した。ティーガーⅡの訓練のためパーダーボルンに送られていた隊員が、3月22日に原隊に復帰した。この時までに中隊のティーガーⅠは3両に減っていた。

中隊の正確な車両定数とその準備状態は以下の表に含まれている（出典：ドイツ連邦公文書館／フライブルク軍事公文書館）。

第1（無線操縦）重戦車中隊から戦車教導師団へ
1944年4月2日　場所は秘密
題目：中隊作戦可能状況報告
準拠：戦車教導師団後方派遣隊からの要請

中隊報告：中隊が入手した車両

車両型式	数量	作戦可能数	作戦不能数	作戦可能数（4月10日までに）	状態	注記
ティーガーⅡ	5	2	2	4	―	1両は新しい動力装置が必要
ティーガーⅠ	3	3	―	3	―	
爆薬運搬車 Sd.kfz301	51	45	6	51	―	
3トン牽引車	4	3	―	3（4）	1	戦車教導連隊第Ⅱ大隊の補給中隊が使用
1トン牽引車	1	1	―	1		
大型トラック	9	7	1	7（8）	3	戦車教導連隊本部が使用
軽装軌トラック	3	3		3（3）	3	1台は戦車教導連隊が使用し、2台は師団幕僚が使用（野戦厨房）
中型トラック（較正用）	1	1	―	1	―	
小型幕僚車	3	3	―	1（3）	2	連隊幕僚
オートバイ／サイドカー	6	3	3	6	―	
小型オートバイ	2	2	―	―	―	

戦力定数指標表「1176f」で規定の定数に対する不足数

ティーガーII	9
小型幕僚車	3
中型装甲兵員輸送車	3
ケッテンクラート	1

人員の不足：ティーガー乗員4組、第500戦車補充大隊から異動の予定（既に戦車教導連隊を通じて要請済み）

補給のため緊急に必要な物品：重履帯13本、それと共にVI号戦車ティーガーII14両のための燃料と弾薬。これに加えティーガーIIの補修用部品がまったくない。中隊はそれらの引き渡しを大至急要請する。

最後に、1944年4月10日までにVI号戦車ティーガーII4両、VI号戦車ティーガーI3両、およびそれらに見合った台数の爆薬運搬車が作戦可能な状態に達するであろうことを中隊は報告する。

しかし、この点については配備された車両の返還を中隊は緊急に要請する。それらは中隊が実際に作戦可能な状態となるのに必要である（野戦厨房は特に！）。

中隊はVI号戦車ティーガーIIのエンジンと操向減速機に重大な困難を抱えており、ヘンシェル社と連絡をとった結果、それらが原型であり、会社としては実戦任務に投入可能とは保証できないと教わった。事実、以前に報告した問題点の大半は改修により克服された。

これら5両を前線で使用できるのは、中隊が必要な回収車両を確保したと考えた場合だけである。連隊は13台の牽引車（18トン）を保有しているため、この要件は満たせるに違いない。

ティーガーIIに更に技術的作業をするために正確な予定表を準備するかもしれないので、中隊の移動、あるいは実戦参加が何時と予想されているのか、より詳細な情報を中隊は要求する。もしも予想される移動が同一地域内を越えないのであれば、その部隊活動が完了するまでそれらを現在の宿営地に置いておくことを中隊は要請する。なぜなら、我々のすぐ近くのウィーン兵器廠は技術的援助のために最良の可能性を提供するからである。

署名　マインハルト中尉、中隊長

1944年4月末に戦車教導師団は、連合軍が上陸した場合

第316（無線操縦）戦車中隊の編成（1944年5月19日時点）

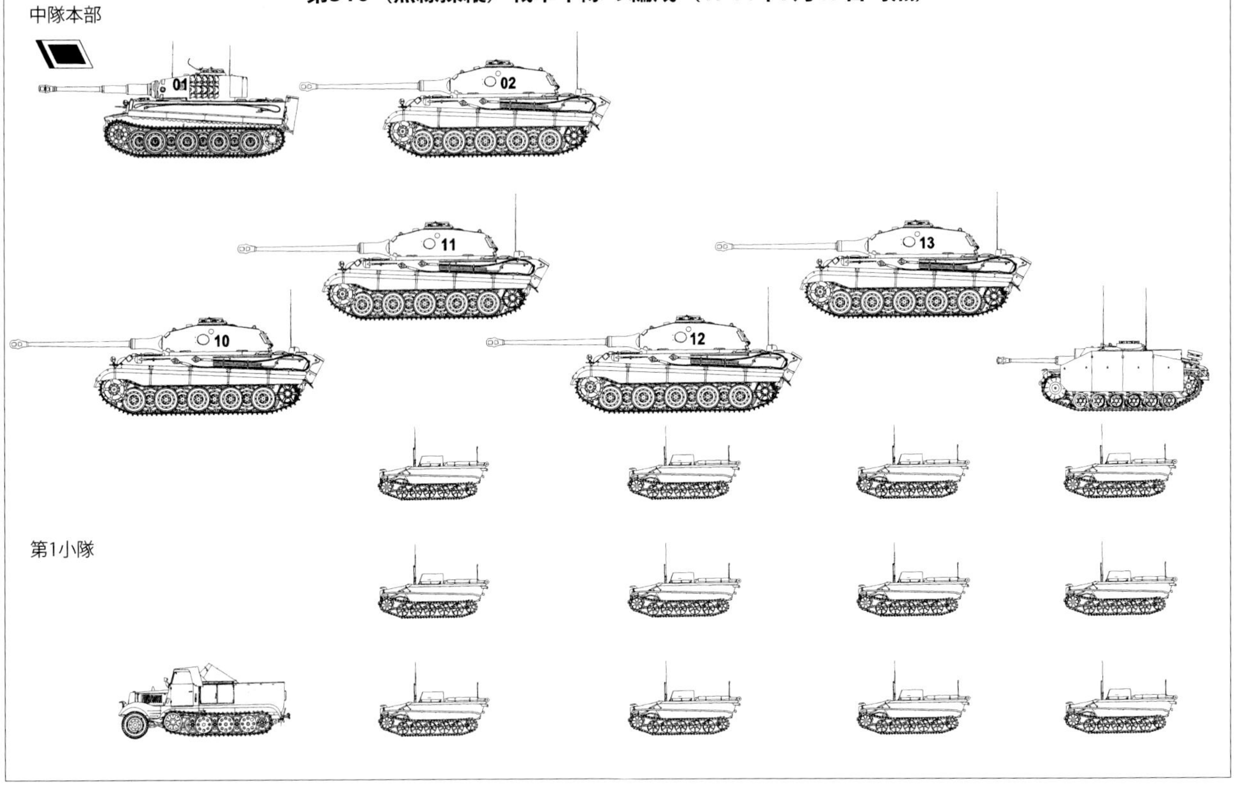

アイゼンナハにはほんの短期間しか滞在しなかった。中隊は1943年9月までにファリングボステル演習場に移動した。(Lock)

この突撃砲は「エルナ」と命名された。(Lock)

第316(無線操縦)戦車中隊は1943年晩夏に装輪車両と装軌車両を受領した。(Lock)

の西部方面最高司令部の作戦部隊予備として、フランスへ移動せよとの命令を受け取った。5月中旬まで師団の全ての部隊はシャトレール・マンーオルリアン地区に宿営した。

1944年5月18日、ティーガーIIに生じた重大な技術的不具合のため、師団司令部は遠隔操縦中隊に装備を一度に改変するよう命じた。第130駆逐戦車教導大隊第3中隊は突撃砲を元の中隊に返還するよう命じられた（出典：ドイツ連邦公文書館／フライブルク軍事公文書館）。

テレックス
宛先：機甲兵総監
差出：作戦士官、戦車教導師団

ヘンシェル社の声明と今までの経験に基づき、5両のティーガーII（シャーシ番号280001～280005）はいまだに実戦運用態勢には達していない。

もしもそれらを実戦に使うならば、機械的故障から敵の手中に落ちる危険性が存在する。そのため師団は作戦上の安全確保の理由から、これら5両のティーガーIIを更なる運用試験のためにドイツ国内の駐屯地に送るよう要請する。

目下のところ、実戦に投入可能なティーガーIIの配備はありそうもないため、師団は臨時手段として、ティーガーI 3両を補完するため、突撃砲9両を駆逐戦車教導大隊第3中隊から遠隔操縦中隊に配備した。それ故、中隊は作戦可能態勢となったと見なされた。

承認を要請する。

戦車教導師団作戦部
第1436／44、1944年5月19日

1944年6月6日、連合軍がノルマンディに上陸した。戦車教導師団は同じ日の1430時に出動命令を受け取った。師団の縦隊は前進接近中に戦闘爆撃機に攻撃され、遠隔操縦中隊は最初の戦死者を出した。ティーガーIIはシャトウダンに置いておかれた。

師団の全ての部隊が到着した後に、戦車教導師団はブレットヴィレーサン・クロワ地区に最初の反攻を仕掛けることになっていた。6月9日に師団はバイユーに対する攻撃準備が整ったが、すぐに攻撃は中止された。

同日、イギリス軍部隊がティリィ・スール・スレ郊外のサ

第316（無線操縦）戦車中隊の編成（1944年5月19日時点）

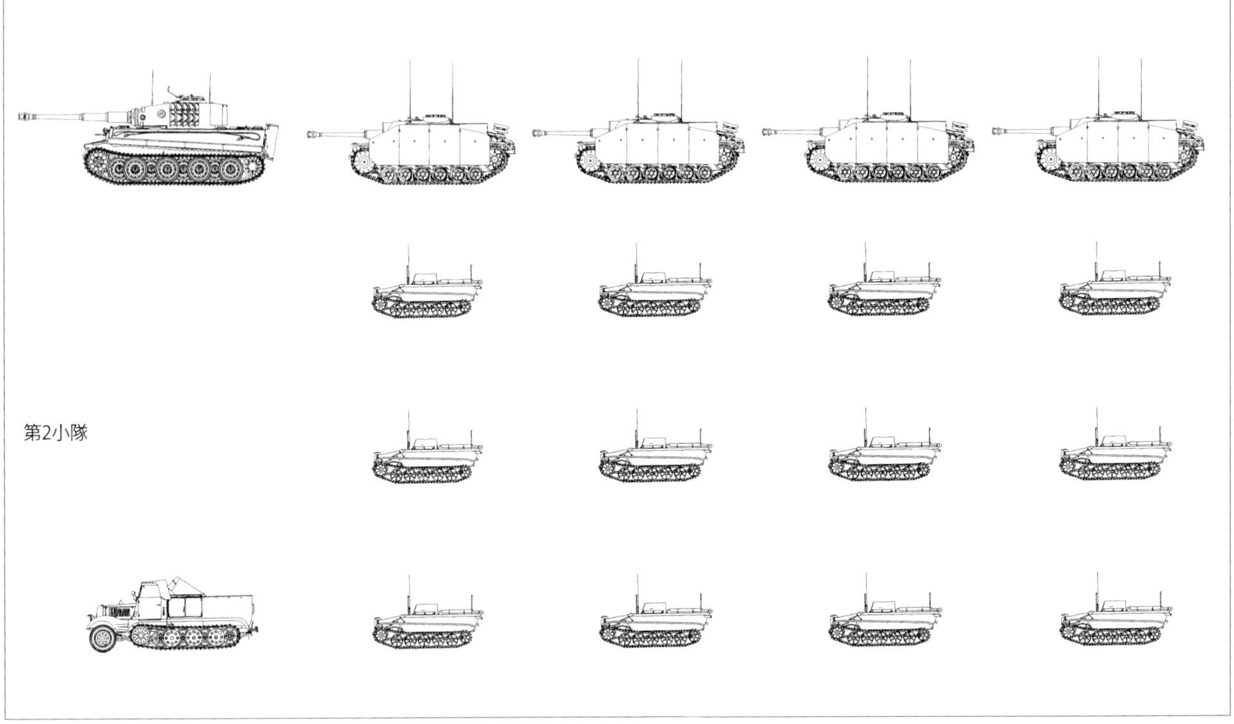

ファリングボステルでは戦車教導連隊との合同演習が行われた。(Lock)

ン・ピエールを占領した。だが、その町は6月10日に敵から奪還された。

6月11日、イギリス軍は戦車教導師団の作戦区域に対し激しい攻撃を仕掛けた。遠隔操縦中隊はその後の反攻で成功した役割を演じた。激しい戦闘で、戦車教導連隊第Ⅱ大隊長と数名の士官が戦死した。

その後の数日間に、遠隔操縦中隊の突撃砲は第901、第902戦車擲弾兵教導連隊の支援に使われた。遠隔操縦任務はわずかしか実施されなかった。6月19日に遠隔操縦中隊は待伏せしていた敵戦車約40両と遭遇した。この交戦で中隊の大部分の突撃砲は損傷を被り、幾つかは完全に撃破された。中隊長マインハルト中尉と第2小隊長フィッシャー少尉がこの日、戦死した。

この交戦の後、大幅に戦力が低下した遠隔操縦中隊はかろうじて作戦運用に適合し、この頃から戦車擲弾兵教導連隊と共に戦闘に加わった。

陸軍一般軍務局の命令（本部Ⅰ（1）第27220／44　極秘　1944年6月22日付）により、第316（無線操縦）戦車中隊は第302（無線操縦）戦車大隊第1中隊と改称された。師団に配属されていた後で、同中隊は第302（無線操縦）戦車大隊に加わるため、ランスに移送された。

2.2.13
第317（無線操縦）戦車中隊

1943年8月15日、解隊された熱帯　（遠隔操縦）試験隊の構成人員と第300　（無線操縦）戦車試験・補充大隊第3中隊の隊員から、（無線操縦）軽戦車中隊（中核グループ）がアイゼンナハで編成された。

ファスベック中尉が中隊を率いた。第1小隊長はクノプラウフ少尉で、第2小隊長は伯爵キンスキィ少尉だった。

中核部隊として中隊は戦車あるいは車両を保有せず、それ故に第300（無線操縦）戦車試験・補充大隊の支援に頼らねばならなかった。

1943年11月4日付の命令（Org Nr.1780／43 g.Kdos）で機甲兵総監は、新品のⅢ号突撃砲10両を第317（無線操縦）戦車中隊に割当てる計画に初めて言及した。

この時点で第317（無線操縦）戦車中隊に編成命令はまだ

第316（無線操縦）戦車中隊の編成（1944年5月19日時点）

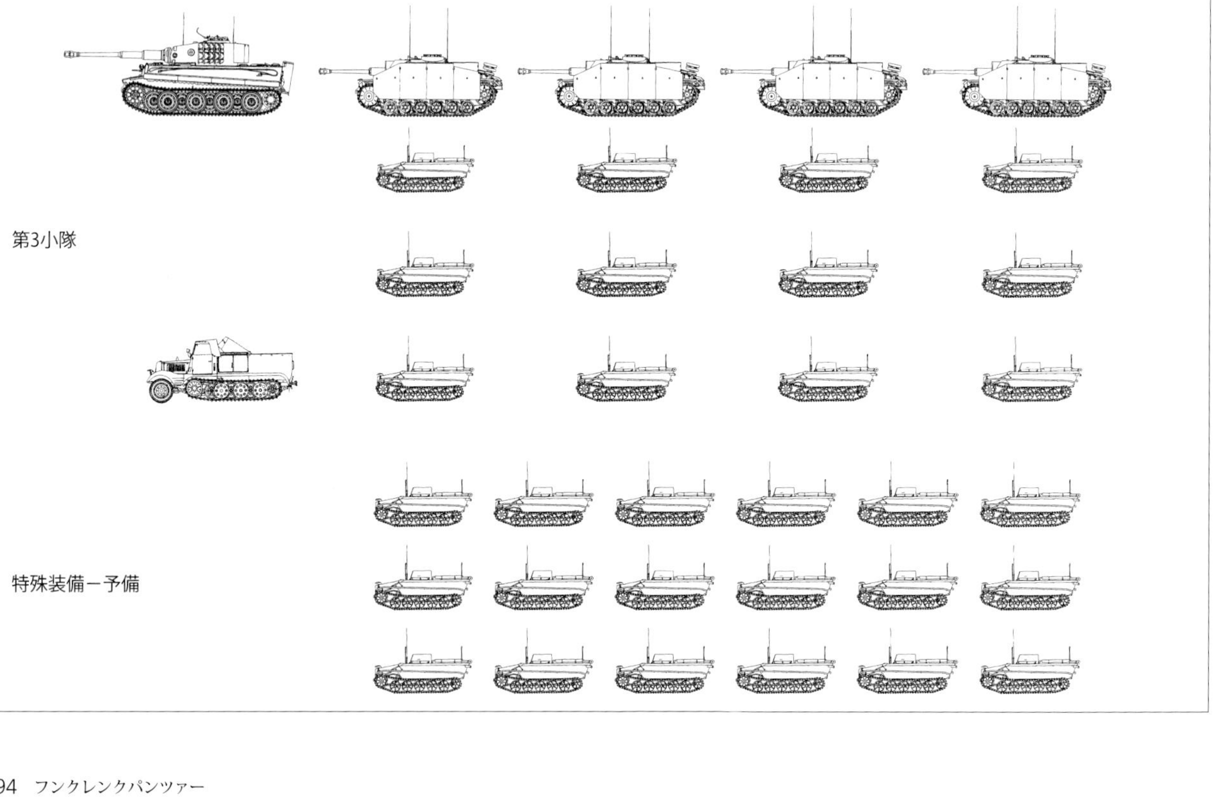

第316（無線操縦）戦車中隊の突撃砲の車長達。（Lock）

突撃砲の車長、ロック軍曹。上部構造物上面前部にある無線操縦用アンテナの取付け部に注目。（Lock）

下されていなかった。にも関わらず、中核グループの棒給帳簿と認識板にはこの部隊名が使われていた。

1944年4月6日、部隊はアイゼンナハからファリングボステルの演習場に移動し、そこに約8週間とどまった。6月6日に連合軍の侵攻があった直後に、部隊は列車に乗ってフランス北部のランス地区に移送された。そこではヴジエに宿営した。

1944年6月16日、独立部隊である第317（無線操縦）戦車中隊の編成に関わる一連の命令が下された。しかし陸軍一般軍務局は数日後、同中隊を新たに編成された第302（無線操縦）戦車大隊に編入し、第302（無線操縦）戦車大隊第3中隊と改称する、との命令を発した。

2.2.14
第302（無線操縦）戦車大隊

1944年6月22日、陸軍一般軍務局はもう一つの大規模遠隔操縦部隊である第302（無線操縦）戦車大隊の編成を命じた（本部Ⅰ（1）第27220／44　機密）。

大隊本部、本部中隊（斥候小隊、工兵小隊は除く）、整備小隊に必要な人員は第Ⅸ防衛管区から提供され、その後で彼らは西部方面最高司令部の管轄地域に送られた。斥候小隊、工兵小隊は第Ⅳ防衛管区から抽出された。

既存の独立中隊が大隊隷下の3個遠隔操縦中隊として編入された。第316（無線操縦）戦車中隊が第302（無線操縦）戦車大隊第1中隊となり、第315（無線操縦）戦車中隊が第302（無線操縦）戦車大隊第2中隊に、そして第317（無線操縦）戦車中隊が第302（無線操縦）戦車大隊第3中隊となった。

大隊はフランス北部のランス地区で創建された。その後、大隊はランス作業本部に配属されたが、それは第10戦車旅団の一部だった。第302（無線操縦）戦車大隊の指揮官はライネル少佐で、1944年5月末にフォン・アーベンドロト大尉に指揮を委ねるまで、彼は第301（無線操縦）戦車大隊を率いていた。

大隊本部、本部中隊、整備小隊、それに第302（無線操縦）戦車大隊第3中隊は人員も装備でもほぼ定数に達していたが、第302（無線操縦）戦車大隊第1、第2中隊は6月にノルマンディ戦線で被った損害を埋め合わせる必要があった。

1944年8月1日付の現有戦力報告によると、大隊は士官22名、民間の軍属2名、下士官185名、兵423名を擁していた。保有する装甲戦闘車両はⅢ号突撃砲24両、「BⅣ」爆薬運搬車108台、それと装甲兵員輸送車10台だった。残りのⅢ号突撃砲6両と部隊の装甲戦闘車両（Ⅳ号指令戦車）3両は輸送途上にあった。

爆薬運搬車の大半は新型のBⅣC型だった。隊員はこの派生型にまだ慣熟していないためと、大隊の戦闘隊列の一部として各中隊を運用するには実地訓練が必要なため、大隊長は第302（無線操縦）戦車大隊を8月中旬まで戦闘に参加させ

Der Inhaber dieses Soldbuches ist als Angehöriger der Pz.Abt. 302(Fkl) Spezialist der Fkl. Waffe u. darf nicht zu anderen Einheiten versetzt werden.
O.U., d.10.11.44
Oblt.u.Kp.-Fhr.

Soldbuch
zugleich Personalausweis
Nr. 2389
für
Beschriftung und Nummer der Erkennungsmarke
Blutgruppe
Gasmaskengröße 2
Wehrnummer

給与記録簿は特殊部隊の隊員であることと（この場合は第302（無線操縦）戦車大隊）、他の部隊には異動ができないことを証明する。この記載は、無線操縦部隊の隊員にとっては余計な「生命保証」であることを証明していた。

IM NAMEN DES FÜHRERS
VERLEIHE ICH
DEM
Obergefreiten
Horst Martens
Pz.Kp.(Fkl.)Pz.Lehr-Rgt.130
DAS
EISERNE KREUZ
2. KLASSE
Div.Gef.St., den 12. Juli 1944
Generalleutnant und Kommandeur
(DIENSTGRAD UND DIENSTSTELLUNG)

第130戦車教導連隊（無線操縦）戦車中隊のホルスト・マルテンス伍長に授与された功二等鉄十字章の証書

1944年5月中旬までに、戦車教導師団の全部隊はフランス北部に移動した。それには同師団に配備されていた第1（無線操縦）重戦車中隊も含まれていた。（Martens）

ティーガーの砲塔に記入された巨大な数字はひと際目立っていた。（Schatz）

中隊は1944年3月14日にカイザーシュタインブルッフ演習場で、量産された最初のティーガーII5両を受領した。その時までに中隊は第1（無線操縦）重戦車中隊と改称された。（Schatz）

ないように要請した。

1944年6月22日にソ連軍は大規模な攻勢を発動。その結果は中央軍集団の崩壊へとつながった。増援部隊が東部戦線に急派されたが、ドイツ軍が再集結し、ポーランドとウクライナで前線が安定化するのは1944年7月中旬になってからだった。

第302（無線操縦）戦車大隊はその影響を受けた部隊の一つだった。1944年8月5日、大隊はクラカウに移動しそこで北ウクライナ軍集団に加われ、という命令を受け取った。この命令は8月8日に修正され、大隊はワルシャワを目指して進むことになる。

ワルシャワにいたポーランド本国軍（アルミア・クラヨワ）は伯爵ボア・コモロヴスキ将軍が指揮していたが、1944年8月1日1700時に反乱を企てた。ワルシャワのドイツ軍当局はいつか蜂起を予想していたため、反乱軍は虚を突いて望んでいた成果を得ることに失敗した。

反乱の初日にポーランド本国軍は旧市街と中心部の広い部分を占領しただけでなく、ヴォラ、オチョタ、ゾリボルツ、モコトウ、オケシエ、クゼルニアコウの各地区や、ヴィスツラ河右岸のプラガといった場所のかなりの地域を占領した。しかし数週間前にドイツ軍は守備と警護部隊を増強したため、要衝となる重要地点は彼らの手中にあった。

ポーランド軍の約2,000名に達する甚大な損失は、アルミア・クラヨワの内部に反乱は失敗したという印象を与えた。その後、反乱軍の一部は市街地周辺の森の中に撤退し、1944年8月2日に最初の近郊を再び失った。

警察隊および武装親衛隊の部隊の組織化された派遣は8月4日に始まった。それらの部隊の大半の隊員はドイツ軍に志願した外国人だった。こうした部隊は重火器を欠いていたため、反乱軍との戦闘は当初は歩兵戦の様相を見せていた。ライネファールト戦闘集団は反乱鎮圧の任務を課せられたが、戦車、戦闘工兵、火炎放射器、突撃砲の緊急配備を要求した。

フランス北部にいた第302（無線操縦）戦車大隊は8月の第一週に列車積込みを開始する。列車は敵機の攻撃目標だったため、戦闘隊列の各中隊は移送中に装輪車両と爆薬運搬車に最初の損害を被った。

最初に到着した第302（無線操縦）戦車大隊第2、第3中隊は積み降ろし用傾斜路から真っ直ぐ戦闘に加わった。フランス北部から遠隔操縦大隊を輸送した5本の列車全てが1944年8月21日までに到着した。

それに加え、陸軍一般軍務局はそれまでは独立していた第311（無線操縦）戦車中隊を、第4中隊として第302（無線操縦）戦車大隊に編入することを1944年7月末に命じた。この遠隔操縦中隊はドイツで休養と再編を進めている最中だった。数ヵ所の宿営地に散らばっていた隊員に待機態勢をとらせた後、第302（無線操縦）戦車大隊第4中隊には必要な指揮指令車両、爆薬運搬車、装輪車両が2日以内に支給され、ワルシャワへ移送された。

更に、この作戦のためだけに1944年8月16日付で編成された第218特別任務突撃戦車中隊を戦術的に第302（無線操縦）戦車大隊の指揮下に置いた。その特別任務突撃戦車中隊には、15cm突撃榴弾砲を搭載したⅣ号突撃戦車「ブルムベーア」（灰色熊）」10両が配備されていた。

それらが到着した後、大隊の全ての部隊はワルシャワ西方のヴロチィ郊外に宿営した。

1944年8月中旬時点で大隊には以下の士官が在籍していた。

大隊長：ライネル少佐
大隊本部付及び本部中隊長：シラー少尉
大隊付軍医：博士カウスコプフ上級軍医
第302（無線操縦）戦車大隊第1中隊長：デットマン中尉
第302（無線操縦）戦車大隊第2中隊長：ヴァイヒャルト少尉
第302（無線操縦）戦車大隊第3中隊長：ファスベック中尉
第302（無線操縦）戦車大隊第4中隊長：バハマン中尉
整備小隊長：ハルボルト少尉

都市を抜ける東西の回廊を確保する目的で、ドイツ軍主力の攻撃は1944年8月12日に始まった。

第302（無線操縦）戦車大隊の戦闘隊列は、ライネファールト戦闘集団と改称されたドイツ軍攻撃部隊に直接配属され、旧市街に対して爆薬運搬車による最初の作戦を8月14日に実施した。その後の数日間に、旧市街と市中心部に対し爆薬運搬車による作戦が更に実施された。

突撃戦車、突撃砲、爆薬運搬車を別個に投入するのは効果的でないことがすぐに明らかとなった。そこで戦術を変更する必要があり、急降下爆撃機を含め、使えるだけの重火器を目標に集中させることになった。集中爆撃の後、歩兵が破壊

第302（無線操縦）戦車大隊の編成（1944年8月15日時点）

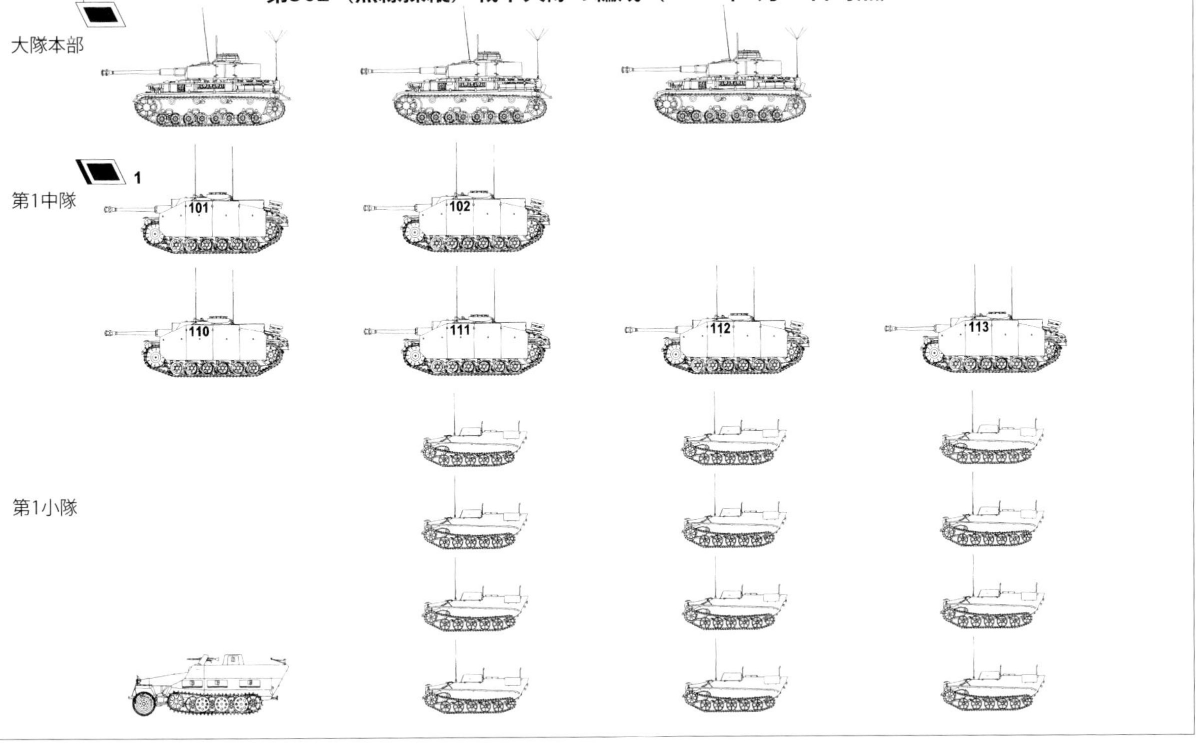

第302（無線操縦）戦車大隊の編成（1944年8月15日時点）

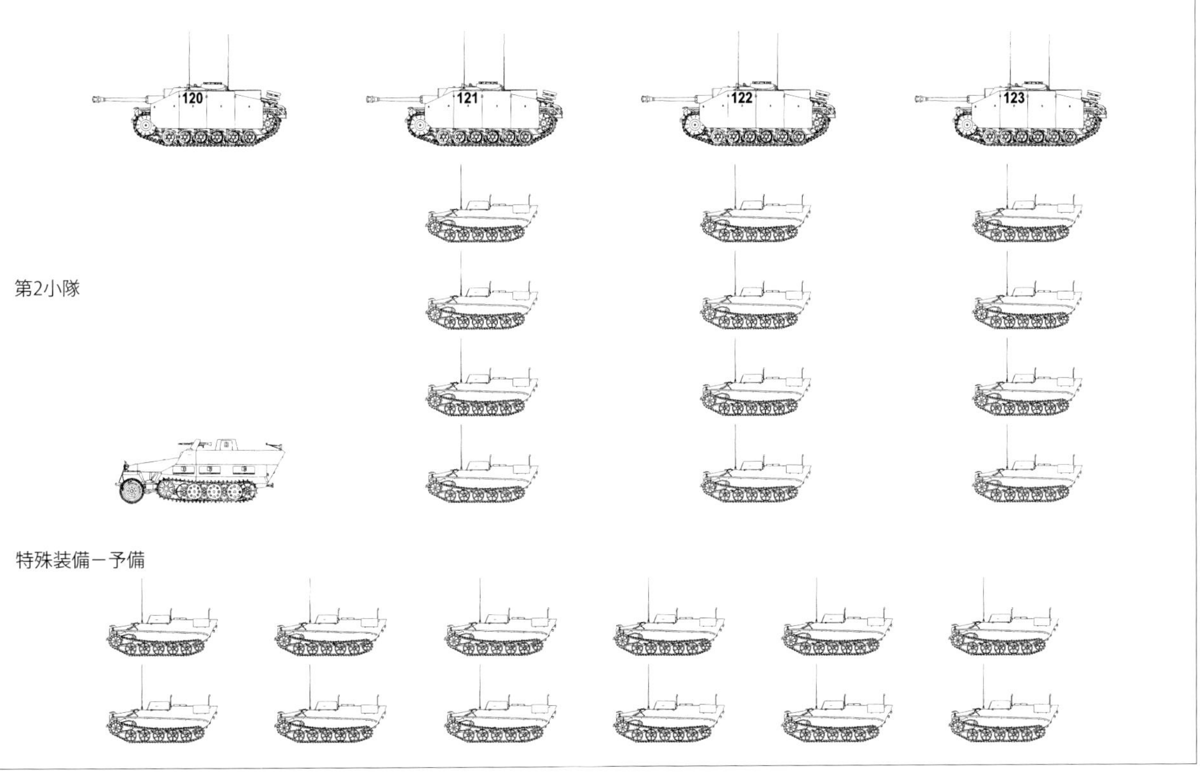

された目標を占領する。突撃砲、突撃戦車には小銃隊が随伴し、支援火力で敵の頭を下げたままにさせるのだ。

この戦術を守って、掃討隊が通りを爆薬運搬車で掃討するが、それは障壁まで誘導されて爆発した。小銃隊は爆発で生じた煙に紛れて前進し、近くの家屋に入りそれを最上階まで占領する。

1944年9月1日、大隊は指揮指令車両40両と「BⅣ」爆薬運搬車144台という規定数に対し、指揮指令車両6両と「BⅣ」爆薬運搬車65台の不足を報告した。

旧市街の抵抗は1944年8月末にやみ、その後に戦闘部隊は市中心部の戦闘に投入された。9月中旬にそれらはプラハ・グロチョウの郊外地域に移った。

第19戦車師団の到着に続いて第302（無線操縦）戦車大隊は、モコトウ郊外（1944年9月24日から27日）とゾリボルツ郊外（1944年9月23日から30日）で包囲されたポーランド反乱軍を制圧する師団との合同作戦を始めた。ワルシャワの反乱軍は1944年10月2日に降伏した。

1944年9月24日、ライネル少佐は大隊の指揮をノルテ大尉に委ねた。

陸軍一般軍務局の命令により、第302（無線操縦）戦車大隊第4中隊は10月7日に大隊を離れ、根拠地であるアイゼンナハの駐屯地に移送された。

部隊を前線近くの場所で改編することが計画されたが、東プロイセンが脅かされる緊迫した情勢はそれを許さなかった。その結果、短い休養の後で第302（無線操縦）戦車大隊と改称された部隊は、10月10日から北東へ移送された。10月12日に最初の隊列がティルジットで列車を降りた。

1944年10月16日、第3白ロシア方面軍は東プロイセン国境地帯のスヴァルキとメーメルの間で攻勢を発動した。およそ100㎞に及ぶ前線で数的劣勢を強いられたドイツ軍師団は、40個小銃師団と多数の装甲戦闘部隊から成る膨大なソ連軍と対峙した。第302（無線操縦）戦車大隊は、第ＸＸⅥ軍団の担当地域であるアイトカウとエーベンローデの間の地域へ向けてすぐに移動した。

1944年10月18日から25日までの間に、第302（無線操縦）戦車大隊の突撃砲はヨケン、ニッケルスフェルデ、パルコフ、フェーレンホルスト、クラインルッケン、コルンフェルデ地区で幾つかの激しい戦車戦に加わった。何日かは爆薬運搬車も投入された。その地域で戦闘中の1944年10月21日に、大隊長ノルテ大尉が戦死した。

東プロイセン国境地帯の戦線は1944年10月末までに再び安定した。両軍とも損害は極めて甚大だった。ソ連第11親衛軍は、10日間にゴルダップ－エーベンローデ－シュロスベルク地区で戦車616両を喪失した。

1944年11月初めに第302（無線操縦）戦車大隊は前線から引抜かれ、休養と新しい編成表に基づく再編のため、ラステンブルク北西のコルシェン地区に移送された。新たに大隊長に就任したザーメル少佐指揮の下、大隊は11月、12月に「グロースドイッチラント」戦車連隊と合同演習を実施した。

1944年12月25日以降になって、第302（無線操縦）戦車大隊はポーランド北部のミーラウにある演習場に移動した。

1945年1月初めに戦力集結を完了した後、赤軍は1月13日朝にグンビネンとエーベンローデの間の第ＸＸⅥ軍団担当地域に大規模な攻勢をかけてきた。1月14日、第302（無線操縦）戦車大隊の戦闘隊列は「グロースドイッチラント」戦車擲弾兵師団の部隊と共にプラシュニッツの南東に布陣した。

1945年1月15日、ドイツ軍はナレウ北方のプラシュニッツ－シーチャノウ地区に反攻を仕掛けた。しかし、ソ連軍は1月16日までに再び優勢となった。燃料と弾薬の欠乏がドイツ軍装甲戦闘部隊の自由な活動を極度に制限した。

その後の数日間に、大隊の突撃砲は防御戦闘で整然として敵と交戦した。爆薬運搬車もまた使われた。しかし、第302（無線操縦）戦車大隊は「グロースドイッチラント」戦車擲弾兵師団の退却の動きに付いて行く必要があり、ヴィレンベルク、オルテルスブルク、ハイルスブルク、ランズブルクを通って北方に追いたてられた。防御戦闘と反攻の連続で、戦闘隊列が保有する突撃砲の数は急激に低下した。計画された撤退を前に、1月末には燃料欠乏により損傷を被った装甲戦闘車両と余分な装備が爆破された。

第302（無線操縦）戦車大隊の1945年3月1日付の現況報告に依れば、士官8名、下士官306名、それと兵は本来の任務から外されて歩兵として使われた。

最後の出撃可能な突撃砲3両は「グロースドイッチラント」混成戦車大隊に突撃砲小隊として編入され、3月後半にはケーニヒスブルク南西のルードヴィヒソルト、ペルシュケン、マウレン間で戦闘に加わった。

大隊の残りは海からドイツ北部に撤退する準備をしていた。バルト海に面した様々な港に到着後、大隊の多くの隊員

第302（無線操縦）戦車大隊の編成（1944年8月15日時点）

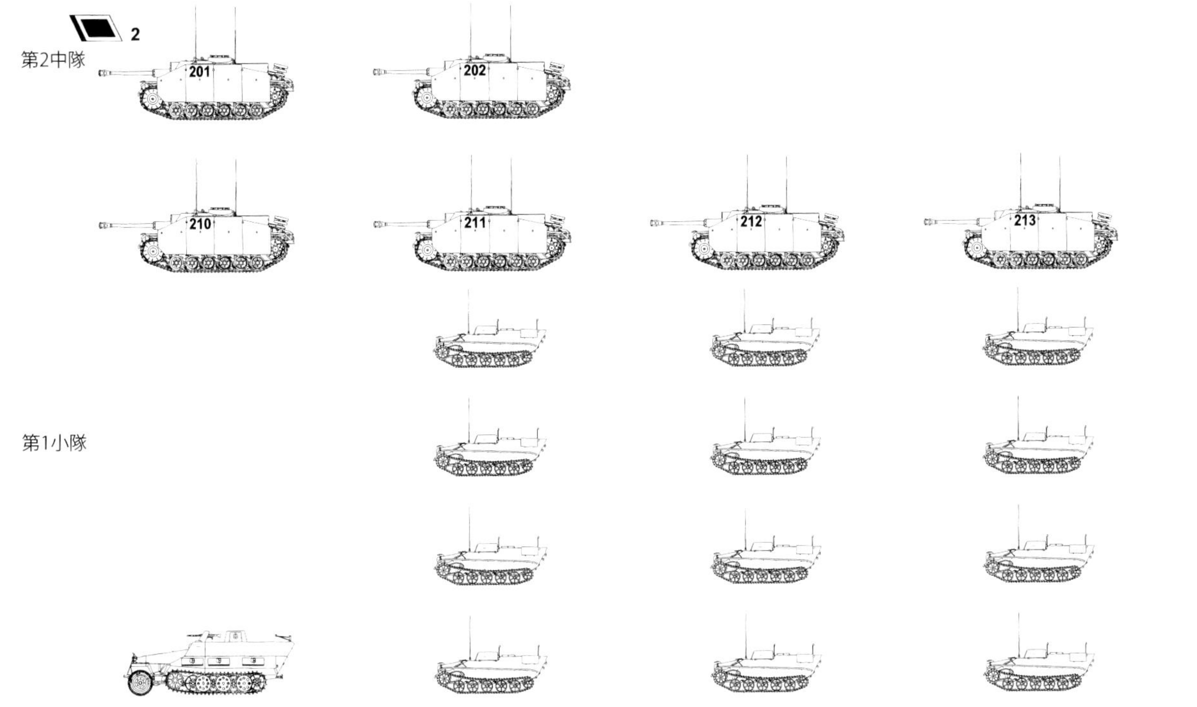

第302（無線操縦）戦車大隊の編成（1944年8月15日時点）

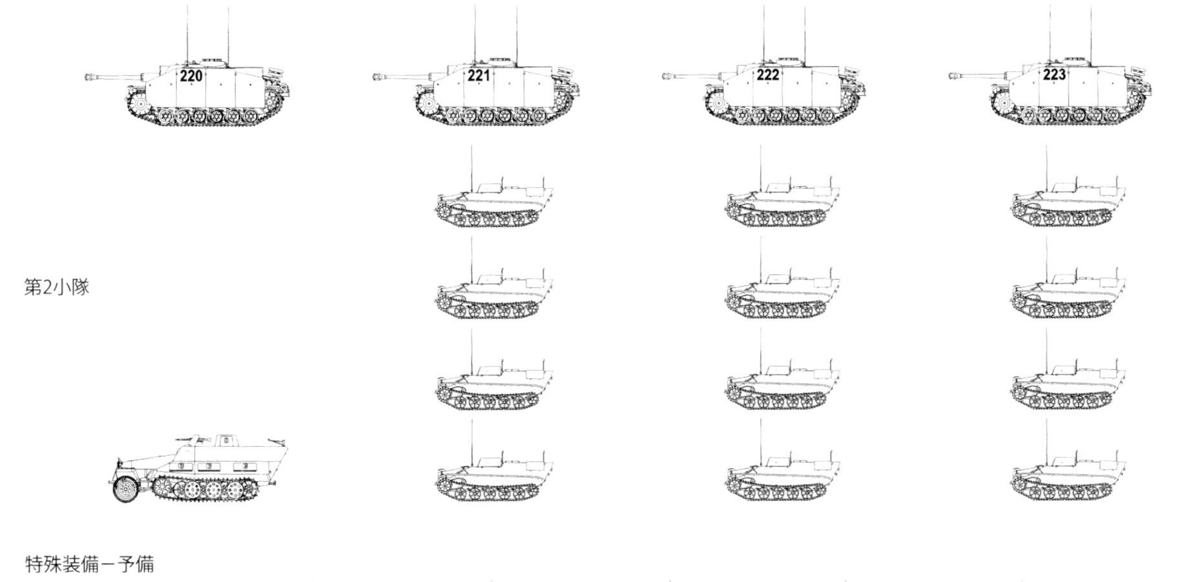

は西方に逃れ、イギリス軍の捕虜となった。

「グロースドイッチラント」戦車連隊と第302（無線操縦）戦車大隊の以下の報告は、後者の1945年1月以降の戦闘行動を述べている（出典：ドイツ連邦公文書館／フライブルク軍事公文書館）。

「グロースドイッチラント」戦車連隊前線指揮所
1945年2月5日
題目：第302（無線操縦）戦車大隊の作戦行動
宛先：「グロースドイッチラント」戦車擲弾兵師団

第302（無線操縦）戦車大隊は遠隔操縦部隊としては使われておらず、代りに通常の戦車大隊としてのみ作戦投入された。その理由は以下の通り。

（1）（所々の）大きな雪の吹溜りと厳しい寒さは「BIV」の不整地での運転を通常は阻み、無線操縦装置に破壊的な影響を及ぼす。

（2）続けざまの退却とそれに関連する行軍のため、装備は概ね戦闘態勢になく、更なる点検を必要とし、それには数時間を要する。点検が完了した時までに通常は状況が変化するため、純粋に戦術的理由からそれらを戦闘に投入することを許さない。

（3）指令突撃砲を結果が余り期待できない作戦に用いるか、あるいはそれらが入手できる限り、通常の突撃砲として使うかの決定に、連隊は常に直面する。絶え間なく変化する情勢と休みなく続く危機は、とりわけ我々が交戦する相手が要塞として築かれた目標でなく、攻撃する広く散開した歩兵と戦車であるため、突撃砲任務の方がより適しているようだ。

（4）連隊の見解では、遠隔操縦兵器の装備はまだ複雑過ぎ、それ故に機動戦、特に退却中に、適当な時期に戦闘に投入して成功をもたらすほど素早く戦闘態勢に入ることは不可能である。もしも、遠隔操縦戦車を市街や森に対して使った場合はある程度の成功が確かに期待できるが、長時間を費やする技術的、戦術的な準備をまだ必要とする。そのための時間は過去数週間の戦闘中には決して与えられなかった。

追加の要素は燃料（慢性的に不足していた）で、大部分の爆薬運搬車に充分な燃料を用意するのは不可能と思われる。燃料は連隊の他の部隊では辛うじて足りる程度で、大部分は修理が必要だ。

署名　フォン・ヴィーテルスハイム少佐

第302（無線操縦）戦車大隊前線指揮所
1945年2月11日
1945年1月の戦闘中の遠隔操縦部隊運用に関する戦闘後報告

A.第302（無線操縦）戦車大隊の準備と運用

1944年11月、12月の東プロイセン戦線が平穏な時期に「グロースドイッチラント」戦車連隊と緊密に働き、多くの師団幹部を前にして多数の図上演習と演習が行われた。その目的は遠隔操縦部隊の性質と効果を示すことにあった。ほぼ例外なく、あらゆる面で全面的な理解が得られた。

1944年12月25日、大隊はミーラウ練兵場に送られた。待避壕がない上に航空攻撃の脅威から、車両は森の中に広く散開して配置せざるをえず、全ては悪天候の影響下に晒された。電気の供給は不規則で、車両の点検は条件付きで可能だった。と言うのも、遠隔操縦車両の実地点検のための燃料が、度重なる要請にも関わらず、割当てられていなかったからである。

1945年1月14日に大隊はプラシュニッツ南東の待機場所に「グロースドイッチラント」戦車連隊と共に（計画に従って）移動する。1945年1月13日の夕方に第302（無線操縦）戦車大隊第2中隊は、大隊が攻撃した時に配置につくよう、「グロースドイッチラント」の重戦車大隊に配属された。ティーガー大隊から真夜中頃に届いた命令は、ポドス・シュタリィの橋の東にある主抵抗線で防衛陣地を構築せよ、というものだった。そして歩兵を全く随伴せずに1個小隊が派遣された。

ガンゼヴォに対し攻撃している最中は、大隊の第1、第3中隊は「グロースドイッチラント」戦車連隊の指揮下に置かれたが、その攻撃は夜明けに始まる予定だった。攻撃開始の直前に師団命令で第3中隊は前線から引抜かれ、擲弾兵連隊の指揮下に置かれた。それは結局、南に向かい攻撃した。時間不足から、中隊は攻撃が始まるより先に擲弾兵と接触を確立することができなかった。この中隊は難しい地形が理由で「BIV」の作戦投入ができなかったが、良好な戦果を挙げた。短時間に戦車3両、対戦車砲7門、多数の対戦車ライフル銃と重歩兵火器を破壊したのだ。

第1中隊は左縁守備のために展開したが、大隊に残った。そこで「BIV」を遠隔操縦で作戦に投入する可能性があった。歩兵連隊の攻撃中に「BIV」1台をヨゼフォフォで爆発させ、損害なしで村を攻略する手助けをする。

攻撃の後半で、多数の切り立った壁の凍った溝のために「BIV」の作戦投入は失敗した。車両は無傷で回収され、攻撃は突撃砲を使って行われ、目立った成功を収めた。

第302（無線操縦）戦車大隊の編成（1944年8月15日時点）

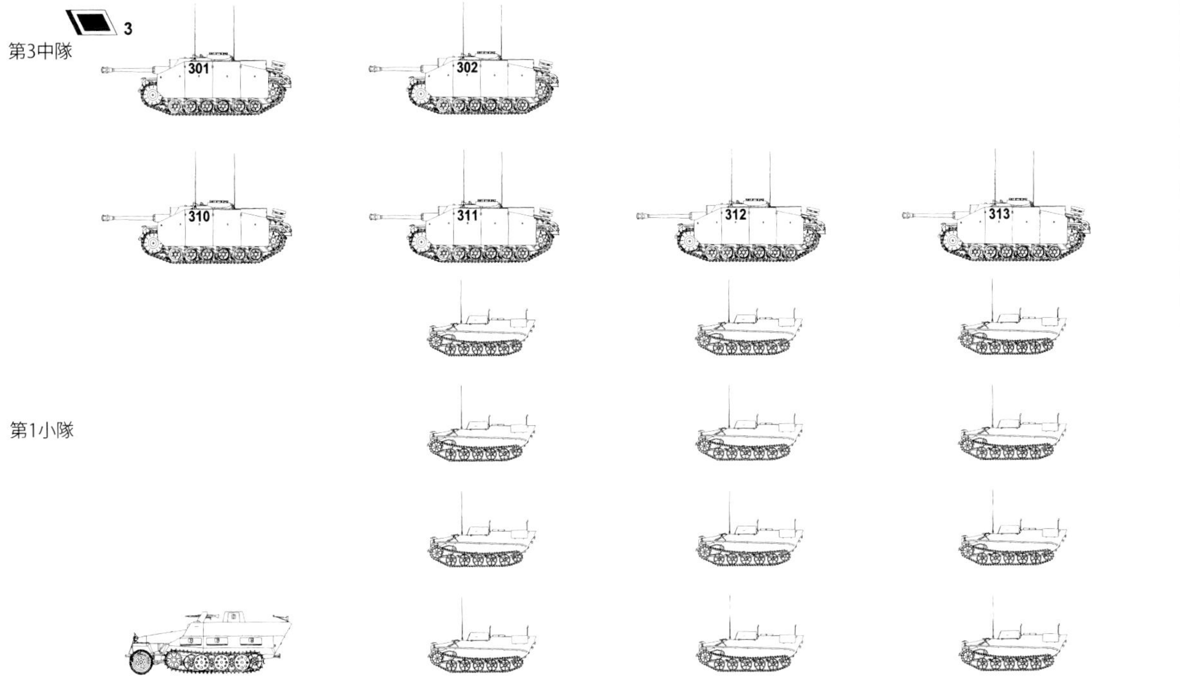

第302（無線操縦）戦車大隊の編成（1944年8月15日時点）

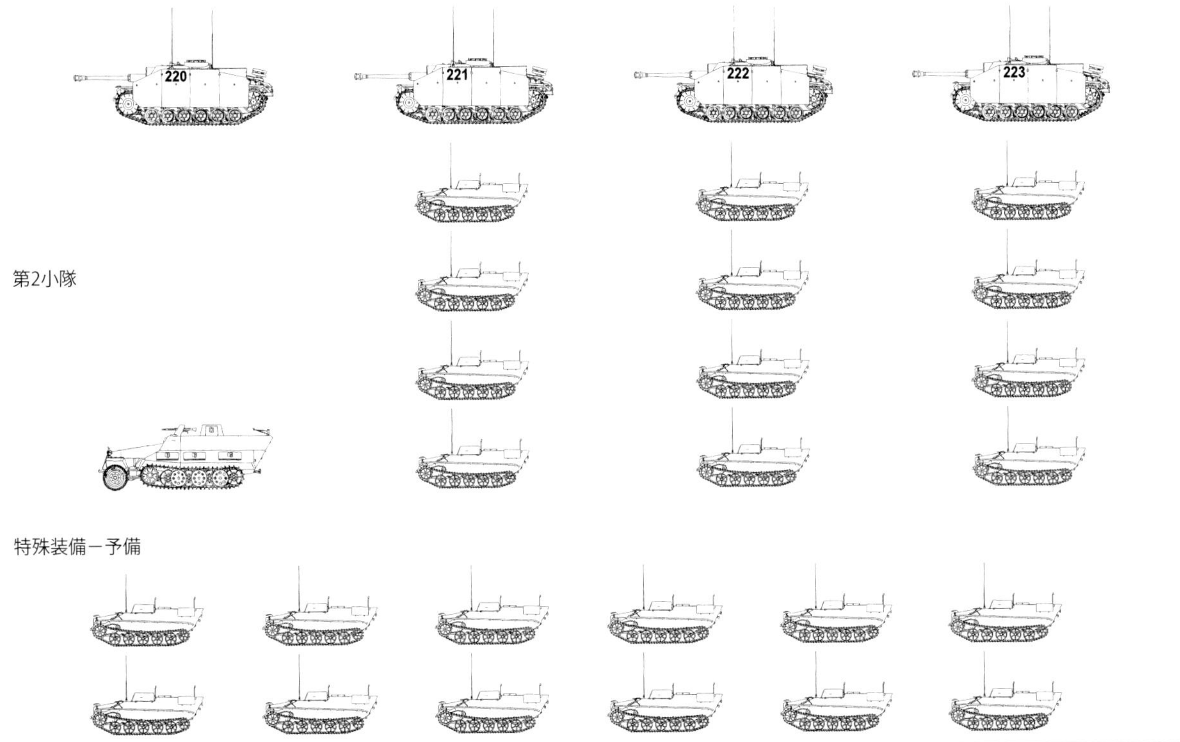

大砲、対戦車砲、迫撃砲による極めて激しい砲撃で「BIV」が被った損害はかなりのものだった。直撃弾を浴びて「BIV」が爆発し、巻き添えで近くの車両も損傷したことが二例もあった。

その翌日、戦車の支援を伴った合同攻撃で、ほぼ完全に敵を殲滅することができた。同日の夕方、大隊は師団によって分割された。大隊の兵站補給を確実に行うため、各部隊はわずか4台から6台の「BIV」を装備することになった。残りの「BIV」は前方支援基地に集められ、徹底的な点検を受けることになった。

その後の数日間の戦闘で極度の燃料の欠乏が意識された。この状況では運用不能に陥った「BIV」の回収は不可能で、その場で爆破された。

敵に側面から包囲されたために状況は日増しに深刻となり、歩兵の戦意は（特に防衛隊、国民突撃隊などでは）日毎に低下し、ティーガーは減少する一方のため、すぐに突撃砲を反攻に投入することが必要となった。大抵の場合、師団の退却はほとんど独力で援護していた。危機的状況では、師団は突撃砲2両から3両の装甲戦闘小集団の投入を命じた。突撃砲は旋回砲塔を持っていないため、そうした任務には適さないが、多くの場合、大隊は後衛に使われ、自らの責任で見捨てられた警護部隊と国民突撃隊の撤退を成し遂げた。

後に、残存突撃砲は全てボック戦闘集団の指揮下に集められ、「グロースドイッチラント」戦車連隊の残存戦車と共に、純粋に戦車としての任務に使われた。

それまで師団は装甲戦闘部隊にとっては比較的小さな距離の退却を行ってきたが、今度は北を目指した一大行動が予定された。必要な燃料を確保するため、使用不能の戦車、回収車両、牽引車など、それに加えて余分な携帯装備と整備設備（大隊ごとに1個整備分隊は除く）を爆破せよ、と師団は1945年1月25日に命令した。

戦闘で喪失した車両も含めてこの命令が実行された後で、大隊が保有する車両は以下の水準まで低下した。

装輪車両31台

牽引車5台

大型平底トレーラー 1台

装甲兵員輸送車4台

戦車22両

「BIV」65台

1945年1月27日の連隊命令に従い、第302（無線操縦）戦車大隊と「グロースドイッチラント」戦車連隊第Ⅰ、第Ⅲ大隊の一部を加えて3個の人員部隊が編成された。これらは各々、2個あるいは3個の戦車駆逐中隊から成っていた。輸送には空いたトラックと特製の上部構造を備えた車両が用意された。

1945年2月5日と7日の師団命令に従い、隊員250名が擲弾兵師団に移籍された。これら250名は大隊の各部署から抽出されたが無線技術士、信号整備士などの特技兵は含まれておらず、彼らは師団の対戦車、擲弾兵、小銃の各部隊に移動した。

できるだけ多くの特技兵を擁すため、大隊は4個小隊から成る総トン数76.5トンの自動車輸送中隊を編成した。「BIV」運転手、信号整備士といった特技兵の大半はこの中隊に配属された。その縦隊は「グロースドイッチラント」の兵站の再補給を担当する指揮官の下に臨時に配属された。

B.補給

一般に補給は、有能で慎重な補給中隊隊長の手に委ねられた時は確保された。あらゆる補給の困難にも関わらず、補給に関する唯一の不満は早い時期に生じ、野戦厨房が戦車に食事を提供するのを敵の行動が阻害した時だった。遠隔操縦部隊の保有する「BIV」が糧食、弾薬、燃料の補給に使われたのは賢明であり、燃料補給に使うのは標準的な手順となった。

冬用衣類と補修用部品の不足は11月から始まったが、こうした品目をくり返し要求してもそれらを何時受け取ることができるか判らなかった。軍需品臨時集積場が空になる前に、民間人から調達する、あるいは撤退中の爆破といった方法で大隊は補給した（1941年から42年にかけての冬と同じ状況だ！）。残念ながら、この方法で入手した補修用部品が届くのは遅過ぎて、使用不能の装甲戦闘車両を爆破せよという師団の命令はそれらが全くの無駄になったことを意味した。

C.総括

敵砲火の下でも、爆薬運搬車の運用は最も小さな詳細に至るまで他の兵科と協調して行わなければならない。

もしも車両点検が省かれたり、部分的にしか行わなかったならば、作戦投入は無意味である。

経験豊富な戦車連隊でさえも前進をためらうほど激しい砲撃を、敵の大砲、対戦車砲、塹壕に入った戦車から浴びるため、大量投入は遠隔操縦車両に極めて高い損失を生じる唯一の可能性となることが度々ある。

標準履帯を装着した「BIV」B型、C型の不整地走破能力は不充

（無線操縦）軽戦車中隊（兵員のみの部隊）はベルカ演習場で演習を数回実施した。（Lehmann）

第300（無線操縦）戦車試験・補充大隊の士官達と会話中の中隊長、ファスベック中尉（右）。（Lehmann）

休憩中の中隊の隊員達。

第317（無線操縦）戦車中隊の中隊長、ファスベック中尉。（Lehmann）

第317（無線操縦）戦車中隊第2小隊の小隊長、伯爵キンスキィ少尉。（Lehmann）

1944年4月にファリンクボステル演習場に移動した後、中隊は訓練のために数台の「BIV」とIII号指令戦車を受領した。（Lehmann）

分で、とりわけ氷の上では不足している。強力な掴みが絶対必要（滑り止めを溶接）。

もしも遠隔操縦車両のような高価な兵器の使用が計画されたら、司令部はその特性にもっと考慮を払わねばならない。

もしも遠隔操縦部隊の戦闘上の特質が歩兵に明確に示されたら、燃料が少しずつ配られることはないに違いない。

遠隔操縦部隊が潜在的に持っている全ての利点にも関わらず、もしも上に述べた点に考慮が払われないならば、「BIV」B型、C型が現在の技術水準にある限り、遠隔操縦部隊は金がかかり過ぎるとして捨てなくてはならない、と言わざるを得ない！

署名　ザーメル少佐、大隊長

第302（無線操縦）戦車大隊
1945年2月10日　大隊前線指揮所　「秘密」
第302（無線操縦）戦車大隊補給中隊による作戦行動の戦闘後報告

補給中隊のごく最近の作戦行動における経験は満足でき、大隊内での補給任務の統合が妥当なことが明確に示された。編成表に従った補給中隊の人員構成は充分だった。唯一の欠点は補給中隊が整備小隊を欠いていたことで、それは突撃砲や「BIV」が先に整備施設に戻っても、それらの修理は後回しにされるからである。作戦部門に更に2名のオートバイ乗りを派遣するのは賢明だろう。

A.補給中隊の標準行動手順

補給中隊は先行隊と部隊本体から成っている。
先行隊は以下を含む。
整備分隊3個
野戦厨房3台
弾薬と燃料の輸送車若干
無線操縦装置の修理分隊
中隊長、先任下士官、通信下士官、武器係のための車両数台
工兵と斥候小隊の分隊
本部中隊の分隊

先行隊は常に大隊の前線指揮所から3から6㎞離れ、補給中隊の特別幕僚士官に率いられる。先行隊の指揮官の負担を軽減するため、全ての修理作業は待機車両士官の指揮下に集中させ、待機車両士官の唯一の関心は到着した突撃砲と「BIV」に対して必要な修理と整備施設にそれらを派遣し、戦闘隊列に復帰させることである。

整備作業は回収小隊も含め、18トン牽引車2台と回収戦車と共に先行隊に随行する。曹長2名が回収小隊の責任者となり、1名は戦闘隊列と先行隊との接触を維持し、もう1名は回収を実施する。

B.変更

以下の点を変えるか、更に考慮する必要があることを経験は示した。

1.）先行隊は動かすのが難しい車両の大集団である。先行隊の指揮官はこの巨大な車両と人員の集結を見失わないようにするのが難しかった。従って、修理作業と残った補給車両を異なった場所で別々に準備するのが賢明である。

2.）先行隊の指揮官は、大隊の全ての車両と人員が到着と出発を報告できる場所を確保する必要がある。この方法で先行隊指揮官は車両と人員の正確な在籍数を把握でき、燃料と弾薬の正確な情報も入手可能。相乗効果で不必要な補給走行を避けることができる。

3.）大隊と整備施設とに同時に連絡をつけたまま、実際の補給分隊と連絡を取るために信頼の置ける無線部署を入手しなければならない。退却戦闘中に状況は、大隊と整備施設との距離が（今ある無線機にとっては）開き過ぎることが度々あった。そのため、出力80ワットの無線機を要求した。

4.）通信は補給系統を円滑に機能させる上で不可欠である。戦闘隊列と先行隊の接触は維持しなくてはならない。一日中、中隊の先任下士官は次の夜間に中隊にどれだけ正確に補給するかを、先行隊から大隊の前線指揮所を経由して決定しなくてはならない。

5.）夜間の再補給走行の一部として、正確な弾薬と燃料の報告が各中隊から届けられていなければならない。これらは先行隊がその日毎の補給の必要量と、輸送することができない余分な弾薬を負わせるのを阻止するために使われる。

6.）輸送を上級部隊（連隊、師団）に開放することはトラック不足の結果を度々招き、それ故に前方分隊が余分な車両をすべて最短経路で送り返すことが不可欠である（余分な積荷の厳しい点検！）。

7.）先行隊の素早い動きを容易にするため、新たな地区に到着したら直ちに往復経路の詳細な偵察が必要である。加えて、大隊前線指揮所から先行隊を経由し実際の補給分隊まで、充分な目印を付けた経路を用意しなくてはならない。そうすれば前線まで派遣

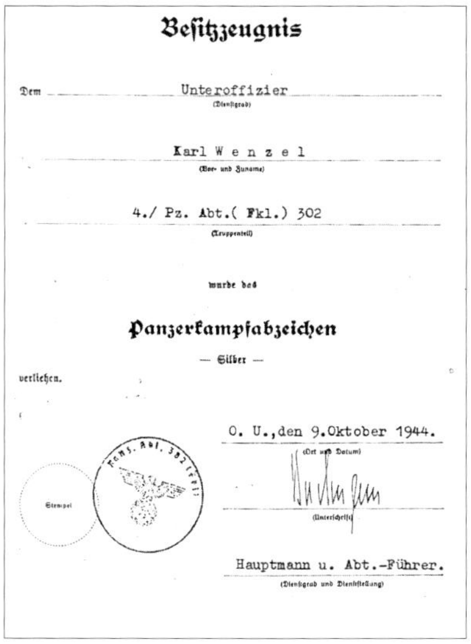

Besitzzeugnis

Dem Unteroffizier
(Dienstgrad)

Karl W e n z e l
(Vor- und Zuname)

4./ Pz. Abt.(Fkl.) 302
(Truppenteil)

wurde das

Panzerkampfabzeichen

— Silber —

verliehen.

O. U.,den 9.Oktober 1944.
(Ort und Datum)

(Unterschrift)

Hauptmann u. Abt.-Führer.
(Dienstgrad und Dienststellung)

第302（無線操縦）戦車大隊第4中隊のカール・ヴェンツェル軍曹に授与された銀色戦車戦闘記章の証書

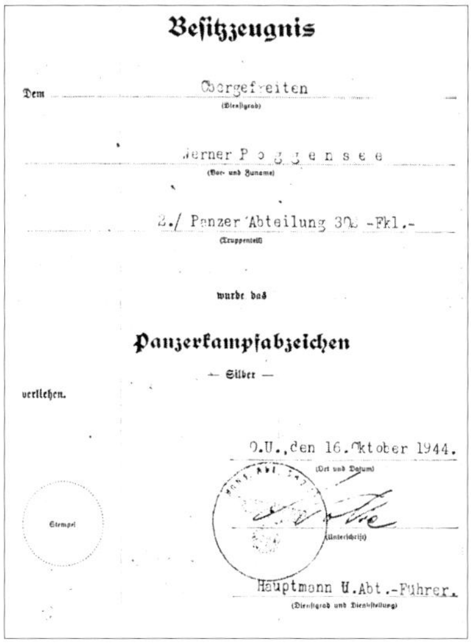

Besitzzeugnis

Dem Obergefreiten
(Dienstgrad)

Werner P o g g e n s e e
(Vor- und Zuname)

2./ Panzer Abteilung 302 -Fkl.-
(Truppenteil)

wurde das

Panzerkampfabzeichen

— Silber —

verliehen.

O.U.,den 16.Oktober 1944.
(Ort und Datum)

(Unterschrift)

Hauptmann u.Abt.-Führer.
(Dienstgrad und Dienststellung)

第302（無線操縦）戦車大隊第2中隊のヴェルナー・ポゲンゼー伍長に授与された銀色戦車戦闘記章の証書

BESITZ-ZEUGNIS

DEM

Ob.Gefr. Werner P o g g e n s e e
(NAME, DIENSTGRAD)

2./Kp. Pz. Abtlg. 302
(TRUPPENTEIL, DIENSTSTELLE)

IST AUF GRUND

SEINER AM 3. März 1945 ERLITTENEN

erst MALIGEN VERWUNDUNG—BESCHÄDIGUNG

DAS

VERWUNDETENABZEICHEN

IN s c h w a r z

VERLIEHEN WORDEN.

Aumühle , DEN 11. Mai 1945

Der Chefarzt

(U...) Stabsarzt

Reserve-Lazarett Schöningstedt/Ohe
(DIENSTGRAD UND DIENSTSTELLE)

Wehrkreisdruckerei X Hamburg 1A — 8. 43. 10000

第302（無線操縦）戦車大隊第2中隊のヴェルナー・ポゲンゼー伍長に授与された黒色負傷記章（最初の負傷）の証書

IM NAMEN DES FÜHRERS

VERLEIHE ICH

DEM

Obergefreiter

Hans-Günther F ü r b r i n g e r

4./ Panzer-Abteilung (Fkl.) 301

DAS

EISERNE KREUZ

2. KLASSE

K.Gef.St., 15. Sept. 1944

Der Kommandierende General:

(DIENSTSIEGEL)

SS-Obergruppenführer und
Panzergeneraloberst der W.-SS
(DIENSTGRAD UND DIENSTSTELLUNG)

Besitzzeugnis

Dem Obergefreiten
(Dienstgrad)

Hans-Günther F ü r b r i n g e r
(Vor- und Familienname)

4./Pz.Abt.(Fkl) 301
(Truppenteil)

wurde das

Panzerkampfwagenabzeichen
in Silber

verliehen.

Rgt.St.Qu., den 30.Okt.1944
(Ort und Datum)

(Unterschrift)
SS-Sturmbannführer u.
Regiments-Kommandeur.

(Dienstgrad und Dienststellung)

2223a. Kroll & Straus, Berlin SO 36

第301（無線操縦）戦車大隊第4中隊のハンス・ギュンター・フィルブリンガー伍長に授与された2種類の証書。左は功二等鉄十字章（SS上級大将ゼップ・ディートリヒの署名に注目）。右は銀色戦車戦闘記章。

されて来た全てのオートバイ乗りと車両が地図なしで通路を見つけられる。

8.）長引く捜索を避けるために、連続した経路上の先行隊、実際の補給分隊、修理施設の居場所をつき止める試み必要である。更に、前線から、あるいは前線に向かう全ての車両の任務を組み合わせる可能性のために、これらの場所毎に接触することが重要である。

9.）撃破された戦車はより早い回収を可能とするため、回収戦車はFu5無線機を装備しなくてはならない。そして戦車攻撃の後ろを幾らか距離を空けて付いて行く。この方法ならどんな時でも回収のため即座にそれを呼び出すことができる。

C.補給中隊の行動地域と通信

実際の補給部隊は先行隊から大抵は約10～15km、時には20kmも離れている。この距離は補給中隊、特に特技兵が退却中に中断なしで作業できるようにするため選定された。師団Ｉb（幕僚部補給担当）、連隊Ｉb、それに連隊の他の幕僚部（Ｉva、Ｖ（K）、Ｖ（N））との緊密な協同作業が補給任務を大幅に単純化する。

補給分隊が移動する前に上級司令部と接触を保ち、新たな地区で部隊はできる限り接近して展開するようする。連隊Ｉbとの電話網は度々使われた。燃料、弾薬、糧食の前線への輸送は、道路上に避難民があふれて通行が難しくなり、航空攻撃も頻繁にあるため、特に困難である。この理由から補給行は通常夜間に実施された。

D.整備施設

1.）行政上、作業場は補給中隊には含まれていない。しかし、それは日毎の報告が完全になされるため、とりわけ戦闘に参加した時に、より密接な協同作業が望ましいことが示された。整備施設は常に補給分隊の延長にあり、前線から後方に、あるいは後方から前線に向かって来た各車両は補給分隊と接触する必要があった。これにより多くの派遣行が節約された。

2.）定常的な退却は、整備施設にとって必要な仕事が生じた場合、それらを完了させることが特に重要であることを意味した。最初の後方への短距離後退の後で、移動はすぐに30kmまで延び、少なくとも2日から3日の連続した作業時間を要した。

署名　ザーメル少佐、大隊長

第301（無線操縦）戦車大隊の編成（1944年2月7日時点）

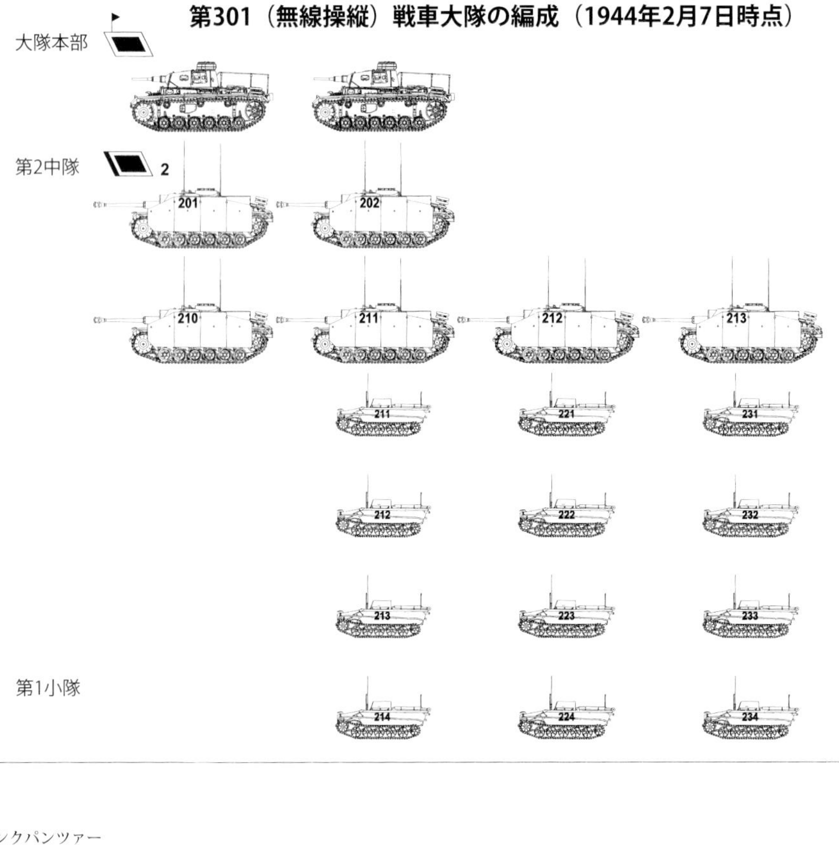

編成後わずか数週間の1944年8月初め、第302（無線操縦）戦車大隊は東部戦線に派遣され、ワルシャワ蜂起の鎮圧に加わった。ワルシャワの郊外にある大隊の集結地域は充分な迷彩が施されている。（Harbort）

「BIV」の運転手達の士気は高い。大隊は新型の「BIVC型」を装備した。（Müntz）

大隊のオペル・ブリッツ3トン・トラック。荷台に囲いを付けたこの形式のトラックは、信号整備兵が較正用車両として頻繁に使った。（Tamine）

時間を見つけては車両の保守、修理が行われた。（Martens）

テレックス送信文

宛先：機甲兵査閲監、トーマレ少将

第302（無線操縦）戦車大隊は突撃砲3両がまだ戦闘行動中。
燃料欠乏のため全ての「BIV」は命令通り爆破した。
無線操縦特技兵の引揚げと更なる命令を大隊は要請する。
「グロースドイッチラント」戦車連隊の中核部隊の可能性もある。

署名　ザーメル少佐、第302（無線操縦）戦車大隊長

テレックス送信文

送信：3月23日2400時。受信：3月24日0130時

北方軍集団からの電話による

宛先：機甲兵総監（編成部作業課）

「グロースドイッチラント」戦車連隊と第302（無線操縦）戦車大隊の残存部隊は士官20名、下士官300名、兵500名と特殊車両40台を擁し、ピラウの北方地区にいる。
こうした特技兵を歩兵大隊で使う計画がある。歩兵として使った場合の損失は最大900名。補充の戦車が配備され次第、連隊は既存隊員ですぐに改編することができる。
「グロースドイッチラント」戦車連隊と第302戦車大隊に対し出されている命令を取り消し、既存隊員と装備がドイツに向かう、新たな命令を要請する。
出発は必要な輸送空間に依存。輸送空間を切詰めれば第511重戦車大隊との輸送が可能である。北方軍集団を経由したテレックスで貴官の助言を要請する。

「グロースドイッチラント」戦車連隊

署名　ガール中佐、連隊長

ゴットフリート・バイエルライン（死亡）（第302（無線操縦）戦車大隊第2中隊所属）の日記の記述が兵員の気分と退却の経緯に関する識見を与える。

1945年1月13日（土曜日）：夕方に歩哨に立たなければならなかった。士気は少しも良くない。

1945年1月14日（日曜日）：それは何時始まるのか？　必須ではない全ての携帯装備まで積込むのかと思った。移動命令が1700時に届き、我々は夜間の集結地点に移動した。車両の指揮はブレンク曹長がとっている。彼は第2小隊長だ。我々は部分的に撃たれた家のストーブの周りに集まって暖を

第301（無線操縦）戦車大隊の編成（1944年2月7日時点）

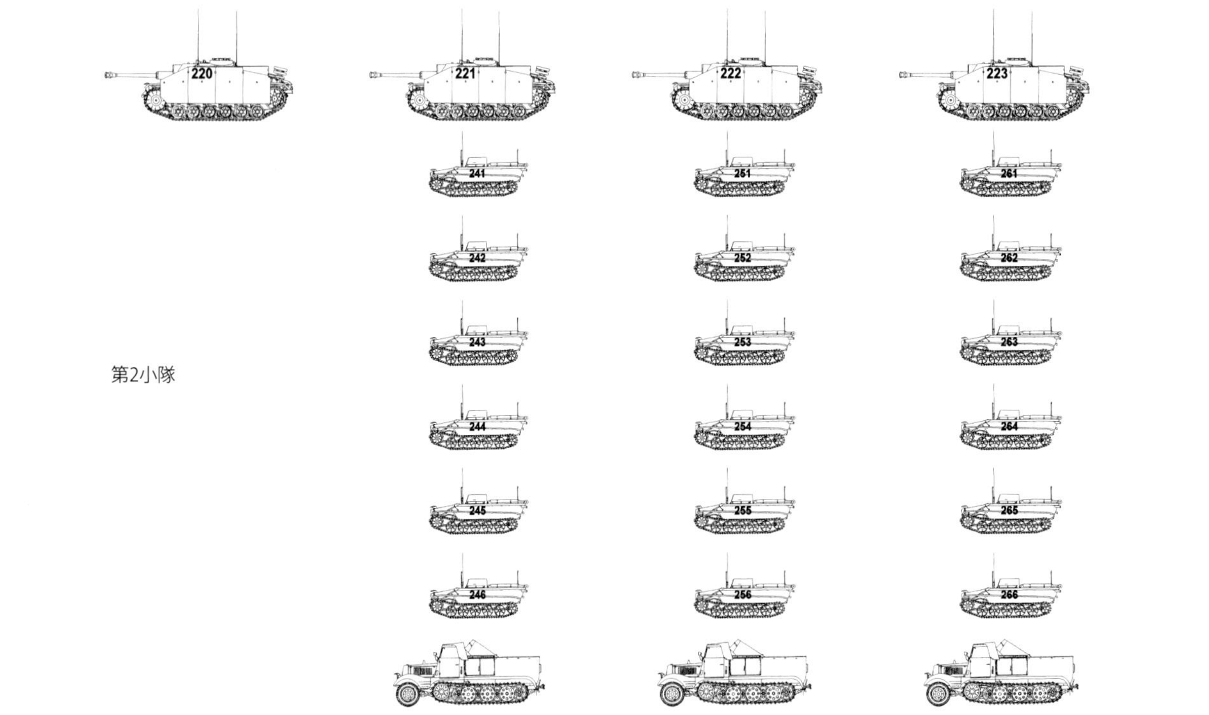

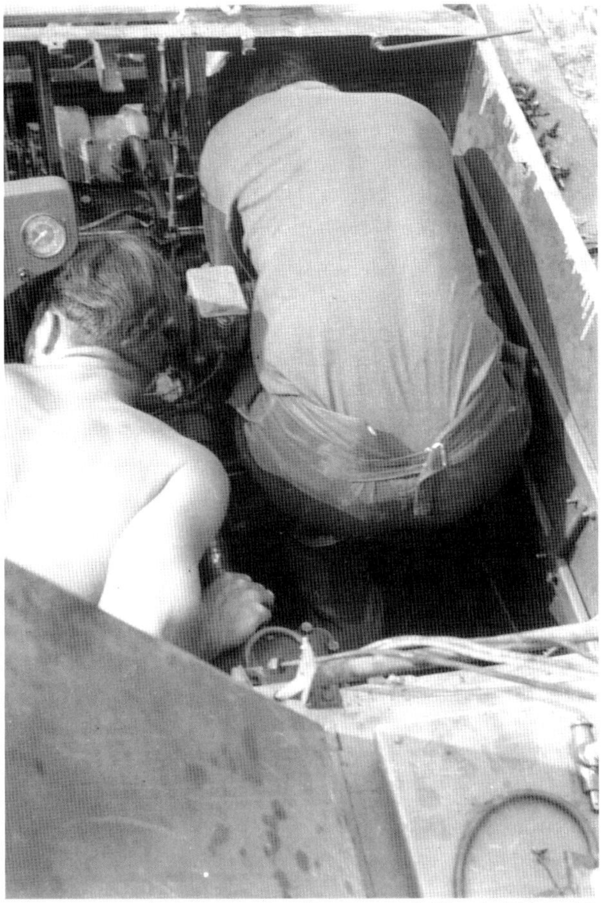

整備分隊の隊員は新型の「BIVC型」の修理で忙しかった。駆動系統の一部が外され、車体の内部でも修理作業が行われている。(Harbort)

操向ブレーキの修理作業。(Harbort)

とった。「グロースドイッチラント」と一緒に我々は夜明けに出撃しつつあるのだ。誰もが自分の考えを捨てた。私は前途多難な日々について考えざるを得なかった。

1945年1月15日（月曜日）：我々は約100両の戦車で攻撃を開始する。しかし戦車が散開し過ぎ、個々が単独で戦闘している。我々は対戦車網を突破することに成功し、私は敵の車両7両を撃破した。我々は多くの敵の装備を蹂躙し、イヴァンは靴下から煙が出るほど大急ぎで逃走した。攻撃の速度が早いので、歩兵が我々に付いてこられない。視界が悪化して攻撃は止まった。我々は燃えている村の周囲にハリネズミ陣地を構築した。

1945年1月16日（火曜日）：それが明らかになった時、我々は新たな集結地点に向かっていた。この先どうなるのかは誰も知らなかった。前線はどこだ？　我々は再度攻撃を開始したが、わずかな戦車しか残っていない。イヴァンは我々に罠を仕掛けていた。前面に歩兵を配置し、右翼からは対戦車砲の砲撃だ！　苦労して何とかヨーゼフ・スターリン戦車を撃破したが、我々の主砲がお仕舞いになった。復座機構が故障したのだ。回れ右！　整備施設へと戻る。夕方に我々は兵舎に戻ったが、最初にしたかったのは眠ることだ。

1945年1月17日（水曜日）：警戒しろ、整備施設が新しい陣地に転々と移動している。よろしい、我々もそれに付いて行くぞ。それとは反対に、数日間の休養は嬉しい。整備施設がある新たな場所で、彼らはすぐに我々の「乗り物」の面倒を見てくれた。路上を隊列が後方に進む。私は気持ちを奮い立たせることができない。これは撤退のようだ。夜はみすぼらしい穴の中にとどまった。

1945年1月18日（木曜日）：主砲が調整され、素早く目盛りが「ゼロ」に合せられた。それから燃料を補給しに補給中隊に行く。私がカール・クリーガーを最後に見かけたのはそこでだった。彼は15日に戦死した。我々は引続き補給基地にいる。道路は塞がれていた。無慈悲にも我々は前線まで進まなければならない。夕方に補給基地に到着し、それからすぐに一緒に後方へ移動した。我々のエンジンは恐ろしいほど音をたてている。我々は民間人13名、兵士6名と共に一室で寝た。

1945年1月19日（金曜日）：これは不運というものだ！　我々は凍った池を渡らねばならなかった。ガシャと音がして氷が割れた！　それからそこに座って待機した。18トン牽引車1台と12トン牽引車2台がようやく我々を引きずり出してくれた。砲手席まで全てが水に漬かった。修理分隊が夜遅くまで作業してくれた。0100時に我々は後方に引揚げた。

1945年1月20日（土曜日）：狂ったように作業は進む。我々は突撃砲を引張り戻すため、正午までに前線に戻りたかった。補給基地に戻り軍医に見てもらう。私は乗員達の許を離れ、補給中隊に行かなければならなかった。夜に弾薬トラックでそこへ行き、経路を点検した。我々がヴァップリッツに到着した時、補給中隊は既に引揚げた後だった。私は宿屋で眠った。

1945年1月21日（日曜日）：トラック1台とヘリンガー少尉が合流した。しばらく周辺を車で回った後に補給中隊を見付けた。私は薬局で膏薬を手に入れ、他にもしたいことをした。そして自分の装具を修理トラックに収めた。我々は村から数名の避難民を乗せ、午後遅くに再び出発した。夜はグロース・アルブレヒツドルフで過ごした。

1945年1月22日（月曜日）：朝早くゼーブルクの方角に再び向かう。我々は村の中に宿営場所を探した。それから帰還命令が届いた。全ての民間人を車外に出す命じられた時、何とか彼らと離れようとした。私はその後の光景は見なかった。どんな場合でも、私は避難民の受難を決して忘れないだろう。何とかわいそうな者達だ！　我々はグロックシュタインへ移動し、宿屋の集会室で夜を過ごした。

1945年1月23日（火曜日）：今日は私の誕生日だ！　ありがたいことに、前線の交換所で買った物がある。我々は宿舎に座り、強い酒をいくらか即席で調合した。フリッツ・ヘルマンがお昼に到着し、私にお祝いを言った。しかし彼の主砲が損傷を受けていたため、整備施設に行かなければならなかった。私はデットマン中尉からシュナップス1杯を受け取り、我々は私の誕生日を陽気に祝った。あらゆることにも関わらず、ニュースを聞くことは忘れなかった。というのも、あと数日以内にここが包囲されるのは間違いないからだ。私は両親に手紙を書いた。それを受け取ってくれただろうか？

1945年1月24日（水曜日）：ユーモアで乗り切る！　これが我々のモットーだ。我々には事態を変えることはできない。私は不快だった。しかし我々がお仕舞いなのだということが信じられない。私の内なる感情は、私を裏切ったことがなかった。私は新しい宿泊所を探しまわったが、素晴らしい女性が我々を中に入れてくれた。

1945年1月25日（木曜日）：私は本物のベッドで寝た！

追加された爆薬運搬車が開けた場所に駐車している。エンジン室側面の予備履帯を装着する取付け板に注目。（Fiedler）

第301（無線操縦）戦車大隊の編成（1944年2月7日時点）

第3中隊

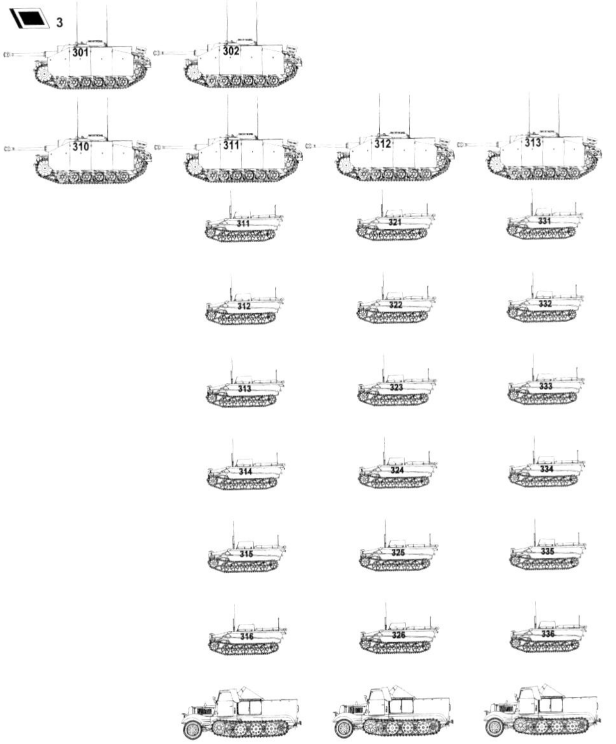

第1小隊

午前中には医者のところへ行かなければならなかった。それから中隊には戻れるだろう。フリッツ・ヘルマンはまだここに残っていた。なぜなら、彼らには燃料がなかったからだ。中隊長は、今は私の車両にいる。私は中隊長車の砲手になったのか？

1945年1月26日（金曜日）：我々の大隊はアレンシュタインに攻撃を仕掛けた。前線から届く物音から判断すると、まだ終っていない。実際、攻撃は長くは続けられない。大隊は前線から撤退しつつある中で「シュプリンガー」大隊が編成された。

1945年1月27日（土曜日）：27日は第302（無線操縦）戦車大隊第2中隊にとって暗黒の日となった。燃料欠乏のため、ほとんど全てのガソリン車は爆破しなければならなかった。装甲戦闘車両が3両だけ残った。補給中隊を解除し、1個歩兵小隊が編成された。

1945年1月28日（日曜日）：ガリンゲン近くで私は避難民の不幸を再び目撃した。我々にはまだ食料が充分にある。我々の主人と共に楽しい夕べを過ごす。

1945年1月29日（月曜日）：昼までに移動の準備をすることになった。数名の国民突撃隊の隊員を見かけ、私は震えた。我々はバンディッテンに追い立てられた。その場所はもう一杯で宿舎を見付けることは不可能だった。我々は文字通り路上で野営した。もはや民間人の姿を見るのは稀だった。

1945年1月30日（火曜日）：私は一日中、バンディッテンを歩き回った。今夕に移動の予定だ。私は中隊のために120リットルの燃料を入手することに成功した。士気はゆっくりとだが確実に低下している。

1945年1月31日（水曜日）：我々は今日の2330時に出発を予定していた。急げ、また燃料が必要だ。しかしそれは届くのが遅すぎた。我々は戦車をここに置いていった。鉄道の駅までトラック2台に分乗して向かった。だが、道路は驚くほど渋滞していた。2㎞進むのに2時間もかかってしまった。今更戻るのも大差はなかった。中隊は0400時に出発し、我々を残して行った。私は残りの燃料を少ずつ個々の中隊に分け与えなくてはならなかった。雪解けが最大の妨害物だった。私の毛皮で縁取られた長靴に雪解け水が入り込んだ。

1945年2月1日（木曜日）：私はまだ燃料の責任者だ。糧食がない。夕方遅くに、我々は北東のケーニヒスブルクの方角

第301（無線操縦）戦車大隊の編成（1944年2月7日時点）

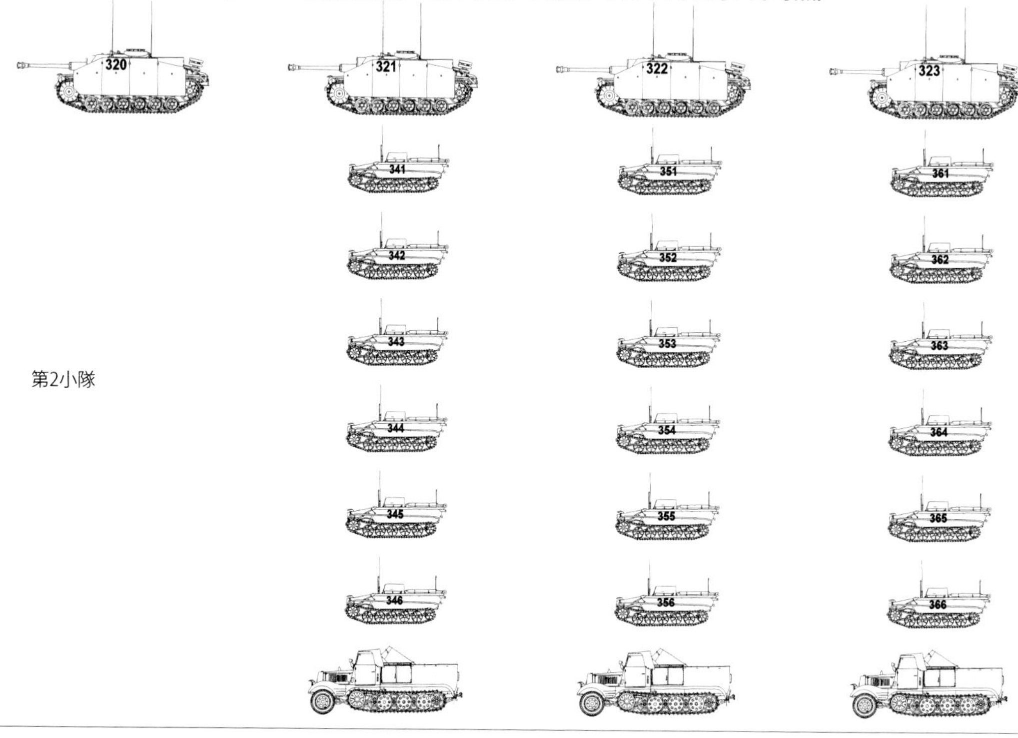

ワルシャワ郊外のヴロキィにある大隊の整備小隊宿舎の内部。(Harbort)

車体と上部構造物に追加装甲として違う種類の履帯が付け加えられた。(Fiedler)

「BIVC型」の整備。ギアボックス上の点検ハッチが開けられている。(Fiedler)

に向かって出発した。すぐに周囲が暗くなったので、遠くまでは行けなかった。我々は鉄道駅で夜を過ごした。私の足はずっと濡れたままだ。

1945年2月2日（金曜日）：我々は再び道路に戻った。一時にはアウトバーン上を運転しさえした。その後、我々の中隊は素晴らしい建築の住居で野営した。我々は燃料を分配した。我々の歩兵はみなそこにいた。新しい噂が流れ、大隊が解隊されて、我々は歩兵に加わるという。神よ、我々をお救いください。私の車両が昨日、撃破された。ジークフリート・ネフが重傷を負った。私もそうなったかもしれない。

1945年2月3日（土曜日）：第302（無線操縦）戦車大隊は解隊された。全員が歩兵部隊に移る。

1945年2月4日（日曜日）：大隊長から別れの挨拶。

1945年2月5日（月曜日）：私は戦車突撃工兵大隊の第5中隊（編集者注：歩兵中隊を意味する婉曲表現）に到着した。

1945年2月6日（火曜日）：私は重機関銃分隊に機銃分隊長として配属された。私は使えるか否か判らない6名の部下を預かった。

1945年2月7日（水曜日）：戦闘開始！

1945年2月12日（月曜日）：私はまだ戦闘で倒れていない突撃工兵の数少ない一人だ。

1945年3月14日（水曜日）：私はフォードV8トラックの運転手になった。

1945年4月18日（水曜日）：フェリーでピラウからヘラに渡る。

1945年4月19日（木曜日）：ヘラに到着。

1945年4月21日（土曜日）：「アドラー・トラバー」に乗船。1700時にヘラ北方で敵潜水艦に攻撃される。

1945年4月23日（月曜日）：シュヴィネミュンデに到着。

2.2.15
第301（無線操縦）戦車大隊第4中隊

第301（無線操縦）戦車大隊第4中隊は、新たに編成される第302（無線操縦）戦車大隊の隊列の一部として予定されていたため、大隊から分離され新大隊に編入された。第301（無線操縦）戦車大隊長フォン・アーベンドロト大尉は第301（無線操縦）戦車大隊第4中隊の代りに第301（無線操縦）戦車大隊第1中隊を使うよう提案した。しかし、この考えはより上層の司令部によって却下された。

こうして、第301（無線操縦）戦車大隊が1944年6月5日に北ウクライナ軍集団に加わるためにレンベルクに移送された時、第301（無線操縦）戦車大隊第4中隊はアミアン近くのベルタングル駐屯地に残された。

中隊はヴィッター中尉が引続き中隊長を務め、第1小隊はハマン少尉が率い、第2小隊はグレッセル少尉に率いられた。

連合軍がノルマンディに上陸した後、第301（無線操縦）戦車大隊第4中隊は1944年6月9日に移動し、アミアン、パリ、メルン、アレンコンを経由してベルン（エタンペ）に向かい、6月14日に到着した。既に連合軍が完全な制空権を握っていたため、移送は夜間に行われたが、部隊全部を一度に移動させることは不可能だった。こうした理由から、中隊全部が新しい宿営地に到着したのは6月16日のことだった。

1944年6月20日の夜間にサン・マルテ・ド・フォントネの北に陣地を設けた。敵の激しい砲撃を受けた後に、コモンの南4㎞の陣地は放棄された。

1944年6月21日、当時、編成された第302（無線操縦）戦車大隊と合流するために中隊はランス地区に移動せよという命令を受け取った。中隊は6月28日に出発した。しかし6月30日に命令は修正され、この時、ベルン地区にいた中隊は戦闘地域に戻るよう命じられた。

大隊の組織改編の結果、中隊を第302（無線操縦）戦車大隊に編入する必要はなくなった。その代り、中隊は独立した遠隔操縦部隊となった。だが、第301（無線操縦）戦車大隊第4中隊という部隊名を引続き使った。

1944年7月前半に中隊はジルクーヴィレ・ヴォカージューサン・マルテ地区で阻止陣地の構築に加わった。7月26日に部隊は新たな宿営地域に移動し、SS第9戦車師団「ホーエンシュタウフェン」に配属された。

7月末にアメリカ第1軍はサン・ロー地区でドイツ軍前線を突破し、その直後にイギリス軍がファレーズの方角のコモン近くを攻撃した。

1944年7月31日0700時頃、中隊はサン・アンドレ・スール・オルンとマイ・スール・オルンの間で「BⅣ」による攻撃を実施した。1個小隊が第72高地近くの敵陣地を委ねられ、他はヴェルイェールの町を任せられた。少数の爆薬運搬車がヴェルイェール南東の最も前方の敵陣地と町に誘導され爆発した間に、第72高地を任せられた「BⅣ」の数台が故障し、

第302（無線操縦）戦車大隊では3トン牽引車の代わりに、予備の爆薬を運搬するため数台のSd.kfz251D型ハーフトラックを受領していた。（Fiedler）

第301（無線操縦）戦車大隊の編成（1944年2月7日時点）

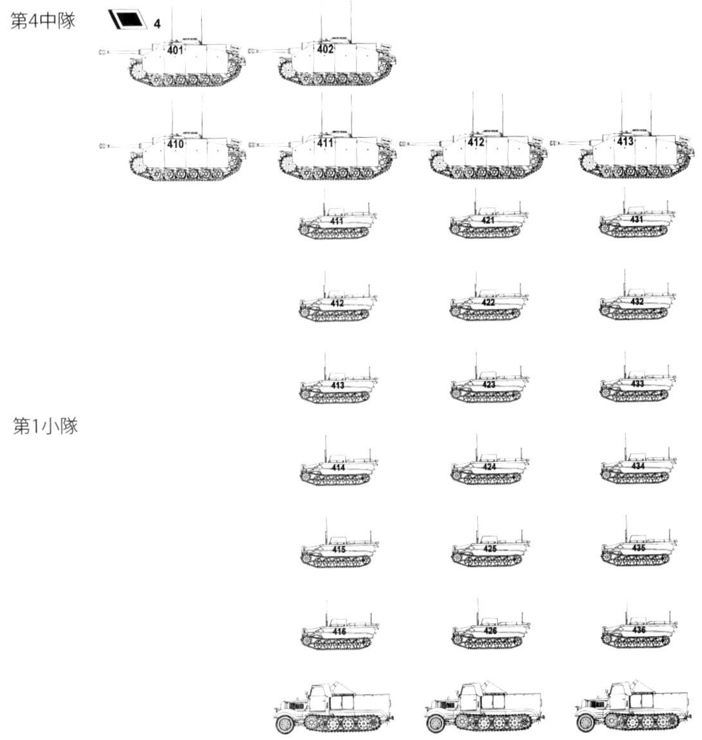

戦場に放棄された。残念ながら、作戦は期待したほどの戦果を挙げられず、中隊は1944年8月1日にSS第9戦車師団「ホーエンシュタウフェン」の指揮下から開放された。

第72高地地区で無傷の車両が敵の手中に落ちるのを阻止するため派遣隊が組織され、1944年8月2日夜にそれらを爆破した。この作戦の参加者は、近くに展開していたSS第1戦車師団「ライプシュタンダルテ・アードルフ・ヒットラー」の部隊から勲章を授与された。

1944年8月7日に第301（無線操縦）戦車大隊第4中隊は第89歩兵師団の支援に加わった。最初の人的損害は8月8日にブレッテヴィル－ポティグニ近くで作戦中に記録された。第1小隊長ハマン少尉が捕虜となった。それに加えて、大砲の操作員達が瀕死の重傷を負った。8月9日、10日に中隊はSS第12戦車師団「ヒットラーユーゲント」の攻撃に加わった。

ギュンター・ホフマン（死去）は当時、軍曹だったが、この戦闘について以下のように述べている。

我々の中隊の突撃砲と爆薬運搬車は主抵抗線に布陣した。私は「BⅣ」1台の運転手で、指揮指令突撃砲の約300m後方に車両と共に位置に付いていた。車両には充分な迷彩が施されていた。そして出撃が予定された。既に技術者が車両を武装していたが、それは爆薬に信管が装着されたことを意味した。1個は「全体点火」指令のために、もう1個は「投棄」の無線指令のためだった。これに加えて、信管2個が固定索を切断するために装着され、爆薬固定アームから安全ボルトが取外された。

期待を込めて、私は操縦戦車を凝視し続けた。すると指揮官が緑色の明かりを灯して、作戦開始を合図した。

私と車両は地表を最高速度で駆け抜け、指揮指令車両の前で止まったが、主抵抗線からは150m離れていた。800mほど前方に私は敵戦車の無敵隊列を発見した。私は安全スイッチを100mに設定し、高周波スイッチを前に押した。車両は無線指令「前進」にすぐに反応した。今やできるだけ素早く車外に脱出しなければならない。数秒以内に車両は時速60㎞に達したかに思われた。私は泥の中に転がり、「BⅣ」が敵に向かって疾走する姿を見た。

私は指揮指令車両の援護を求めた。指揮官は砲塔ハッチの中に立ち、操縦装置を胸の前にぶら下げていた。私は「BⅣ」

第301（無線操縦）戦車大隊の編成（1944年2月7日時点）

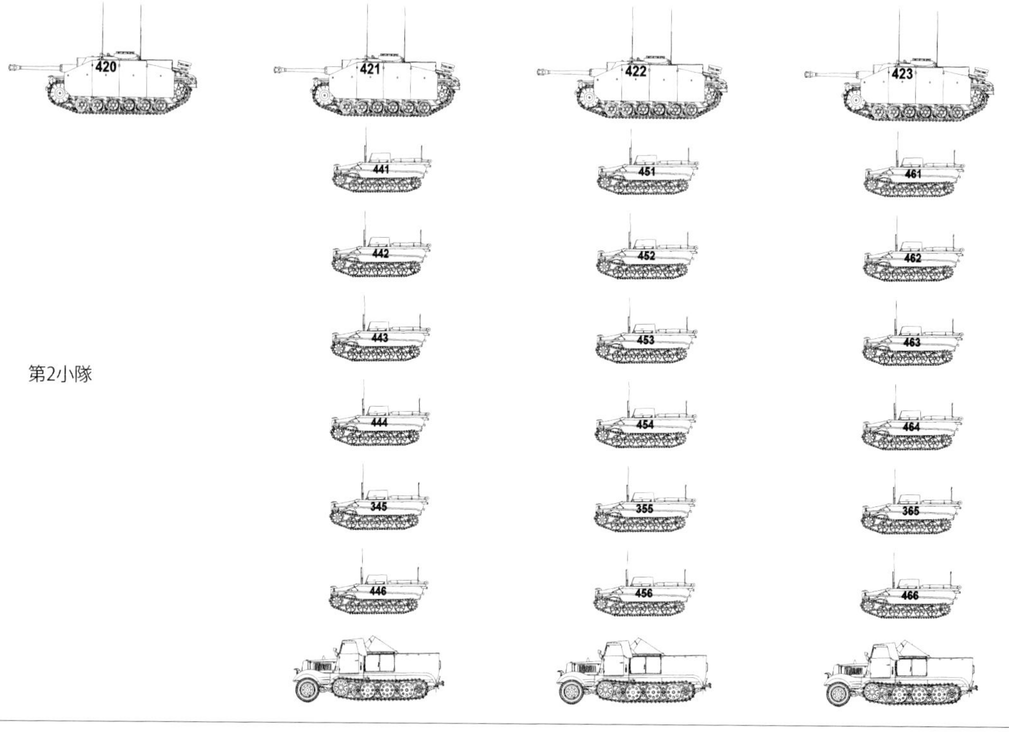

残念ながら、この爆薬運搬車に関する情報は入手できなかった。どんな目的で管が側面に取付けられたかは判らない。車両後部の改造された排気管取付け位置に注目。（Tamine）

木材で作られた巨大な三脚が臨時のクレーンとして用いられた。滑車を使い、エンジン室カバーが車両から外される。（Harbort）

戦車の整備兵はようやく誰にも邪魔されず自分の仕事を続けることができた。エンジンや駆動機構へ触れることも容易となった。（Harbort）

エンジンの修理。ワルシャワでの作戦中、車両の修理頻度は増加した。（Fiedler）

がジグザグの進路をとって前進するのをはっきりと目にすることができた。こうした動く車両を狙い撃つのは困難である。目標はシャーマン戦車だ。シャーマンの右20mには指揮車両のハーフトラックがいた。私の「BIV」は2両の間で停車した。「投棄」指令が送られ、固定索が吹き飛び、エクラジット爆薬が落とされた。　同時に私の車両は後退ギアに切替わり、最高速度で後進した。約5秒後、我々は巨大な爆発を目の当りにした。シャーマンは左に横倒しとなり、指令車両のハーフトラックで見ることができたのは炎上している残骸だけだった。一方、忠実なる「BIV」は我々のところまで戻ってきた。その車両は数えきれないほどの機関銃で銃撃されていた。敵の激しい砲撃下、私は自分の車両に飛び移った。一旦、後方に位置し、車両に新しい爆薬が装填された。後退のさなかに、私は何か堅いものの上に座っていることに気付いた。それはイギリス軍の投じた手榴弾の不発弾だった。私の車両はその日、更に2度出撃した。最後の出撃で私は、忠実なる車両を爆破する「全体点火」指令を送った。

8月10日に中隊はファレーズを通ってリヴァロに向かい、そこで隊列はイギリス軍巡羅隊に待伏せされた。戦闘隊列は8月19日に包囲された。8月26日にはルーアン北方のラ・マイェライェ・スール・セーヌの村でセーヌ河が渡河された。3日後にイヴァヴィルを通って移動中に、退却する部隊はパルチザンに攻撃された。

退却はアミアン、アルベルト、バポーム、カンブレ、シャレロア、ナムール、アセル、シタール、ニムヴェーゲンを通って続いた。第301（無線操縦）戦車大隊第4中隊はアルンヘムに1944年9月7日に到着した。そこに短期間とどまってから、9月15日に部隊はアルンヘムから列車に乗り、ヴェーゼルを経由して休養と再編のためアイゼンナハに移送された。

第300（無線操縦）戦車試験・補充大隊の駐屯地に到着した後、中隊の隊員は休暇を貰った。彼らが1944年10月初めに部隊に戻った時、ベルカ練兵場地区とアイゼンナハの駐屯地で訓練が再開された。

その後の数週間、中隊の隊員は兵舎建設、国民突撃隊部隊の宣誓で栄誉護衛兵を務める、といった追加の特別任務を課せられた。

1945年1月2日、中隊はグラーフェンヴェール演習場に向かうよう命じられ、そこで第303（無線操縦）戦車大隊第1中隊となったが、その大隊はその時編成されたばかりだった。ひとたび部隊名が変更されると、第301（無線操縦）戦車大隊第4中隊は解隊された。

2.2.16
第319（無線操縦）戦車中隊

1944年夏にフランス北部の戦いでドイツ軍が敗北した後、多数の国防軍部隊がドイツ国境に向け退却したが、そのほとんどが混乱状態にあった。装甲戦闘部隊と自動車化部隊は、その装備の大半を連合軍との無数の小戦闘と大規模な戦いで喪失した。

英米連合軍の進撃を食い止める、あるいは遅らす目的で、ドイツにおいて新たな部隊が編成された。

その部隊の一つが第319（無線操縦）戦車中隊で、陸軍一般軍務局の命令（Ｉ第39923／44　極秘　1944年8月28日付）に基づき第300（無線操縦）戦車試験・補充大隊によって編成された。同中隊は第300（無線操縦）戦車試験・補充大隊第2、第3、第4中隊から抽出された隊員を集めて編成されたが、シュリター中尉が指揮をとった。

同中隊に割当てられた部隊番号は、既に第318戦車中隊が存在したがそれは遠隔操縦部隊でないため、既存の順序に従ってはいなかった。その第318戦車中隊は旧式の戦車を装備して、東部戦線でパルチザン掃討作戦に従事していた独立部隊だった。その部隊には捕獲したT34戦車の装備も予定されていた。

第319（無線操縦）戦車中隊は大急ぎで装備が支給された後、1944年8月28日にアイゼンナハで貨車に積込まれ、ギーセン、コブレンツを通ってモーゼル河に沿って西方に移送された。一方で、フランス北部の戦況は再び変化していた。連合軍はドイツ軍が8月31日まで維持していたムーズ－モーゼル前線を突破し、北東に向かって進撃していた。ベルギーの首都ブリュッセルは9月3日に陥落した。

第319（無線操縦）戦車中隊は向きを変え、リェージェ地区にいる第ＬＸＸＸＩ軍団に送られたが、そこで他のドイツ軍装甲戦闘部隊と合流し、進撃してきた連合軍と対峙し生命線である橋を爆破する予定だった。

9月7日にアメリカ軍はハッセル近くでドイツ軍の前線を突破し、ムーズ渓谷を通ってリェージェの方角に進撃した。第319（無線操縦）戦車中隊はすぐに戦闘に加わり、最初の

同じ車両を違う角度から見る。（Fiedler）

新たな作戦が始まった。爆薬運搬車のエンジンがクランクで始動される。（Jenckel）

人的損害を被った。9月8日には突撃砲1両を喪失した。リェージェとヴェルヴィエール間のムーズ河に架かる橋の破壊には「BⅣ」爆薬運搬車も使われた。

打撃を受けた第116戦車師団と共に、その遠隔操縦部隊はアーヘン地区に退却した。6週間の戦闘後、同中隊の残存兵士は休養と整備を迅速に進めるため、エルスドルフ近くのジンドルフに後退した。そしてしばらくの間、同中隊を第116戦車師団に編入することが考慮された。

10月初めに部隊は出撃可能な突撃砲4両と爆薬運搬車14台を保有していた。ヴィースバーデンの西部方面上級兵站部は「BⅣ」43台を入手したが、23台しか作戦可能な状態にできなかった。部隊に配備後、車両の無線と機構系は改造を担当する区域で点検が予定されていた。

10月24日に中隊には新品のⅢ号突撃砲4両が割当てられ、部隊には11月9日に届いた。

1944年10月26日、カイテル少尉が第319（無線操縦）戦車中隊長に任じられた。小隊長に変化はなく、シュミット少尉（第1小隊）とフォン・ホーヴェン少尉（第2小隊）のままだった。遠隔操縦士官はリントミュラー少尉だった。

11月初めまでに中隊の保有する装甲戦闘車両は作戦可能なⅢ号突撃砲9両と「BⅣ」26台にまで増加した。更にもう10台の「BⅣ」が短期の修理中だった。

1944年11月4日、カイテル少尉は第LＸＸＸＩ軍団に対し、遠隔操縦部隊は11月11日に完全な作戦可能態勢になると連絡した。

長い準備の後、アメリカ軍は1944年11月16日に大攻勢を発動し、3kmから4km幅でイメンドルフに侵入に成功した。ガイレンキルヘンは11月18日に陥落し、その後でアメリカ軍はヴィルゼーレンとシュトルベルクに向かって進撃した。

11月19日に第319（無線操縦）戦車中隊は戦闘地域に復帰し、第301（ティーガー／無線操縦）戦車大隊に配属された。11月20日に2個分隊が一緒にバルメンとボウルハイムの間で対戦車陣地を構築することになっていた。21日には前線の縮小に伴ってメルツェンハウゼン近くで戦闘があり、それによって突撃砲数両が大きな損害を被った。この日、中隊は7名の戦死者も出した。11月23日は無線操縦戦車の実戦使用で初めて成功を収めた。

その後、数日間でエシュヴァイラー、リニヒ、ユリヒ地区で更に戦闘が目撃された。しかし、第319（無線操縦）戦車中隊は通常の装甲戦闘任務でのみ参加した。12日間の戦闘の後、11月28日までにアメリカ軍部隊はドイツ軍防衛線の内側15kmに到達した。その後、連合軍は多大な損害にも関わらず、インデとルールの間を占領した。中隊長のカイテルは中尉に昇格したが、彼は11月29日にロホベルクに対する攻撃を指揮するべく、町の中に入って行った。しかし、歩兵の支援を欠いていたため、突撃砲は直ぐに退却を余儀なくされた。

アルデンヌ攻勢が始まった後、ルール戦線の戦闘は下火になっていた。東に向かう、更なる退却が実施された。損傷を被った突撃砲は修理され、1945年1月8日の時点で中隊は突撃砲5両と爆薬運搬車34台を保有していた。

1945年1月14日、陸軍参謀本部は第319（無線操縦）戦車中隊に第303（無線操縦）戦車大隊への編入を命じた。この目的のため、同中隊はアイゼンナハでなく、グラーフェンヴェール演習場に向かうことになった。

同中隊は1945年2月初めにコロン近くのホレムで列車に積込まれ、グラーフェンヴェールに移送された。第303（無線操縦）戦車大隊へ編入されたのに伴い、第319 （無線操縦）戦車中隊は解隊された。

2.2.17
第301（ティーガー／無線操縦）重戦車大隊

陸軍一般軍務局幕僚Ｉ部の命令（第40843／44　極秘）により、第301（無線操縦）戦車大隊は1944年9月2日に第301（ティーガー／無線操縦）重戦車大隊と改称、改編された。部隊は8月末に東部戦線から引揚げられ、再編のためグラーフェンヴェール演習場に移送された。

大隊は本部、本部中隊、3個戦車中隊、1個補給中隊、1個整備中隊から成っていた。8月27日、グーデリアン機甲兵総監は部隊の装備に関して更に変更を命じた。

大隊にはグラーフェンヴェール演習場で新品の車両が支給された。それは「ボルクヴァルトBⅣC型」66台とティーガーＩ31両だった。大隊は規定数のティーガーＩ32両には決して達しなかった。重戦車の大半は修理済みの車両か、再編途中の戦車部隊から送られた。

配備は非常にゆっくりと進められた。大隊は最初の戦車11両を1944年9月4日に受領し、9月中にもう10両が追加

「BIV」の運転手と数名の戦闘工兵、信号整備士が、ぎりぎりの時間まで爆薬運搬車を点検する。(Paust)

無線操縦分隊が破壊された都市を抜けて攻撃地点に向かう。(Jenckel)

され、10月末に更に10両が追加されたが、10月分は第503重戦車大隊からやって来た。1944年10月23日、大隊はSd.kfz251を7台受領したが、それは「BIV」のために爆薬を運搬する役割が予定されていた。

1944年10月において大隊に在籍した士官は以下の通り。

大隊長：クレマー大尉

本部中隊長：ローマイアー中尉

遠隔操縦士官：シュトゥケ中尉

大隊付軍医：博士ヴィック上級軍医

第301（ティーガー／無線操縦）重戦車大隊第1中隊長：エンデマン中尉

第301（ティーガー／無線操縦）重戦車大隊第2中隊長：マイアー中尉

第301（ティーガー／無線操縦）重戦車大隊第3中隊長：ツィヴィッツ中尉

補給中隊長：ジッケンディック中尉

整備中隊長：バイエルト中尉

グラーフェンヴェールにいた間に、戦闘隊列にはティーガーⅠと「ボルクヴァルトBIVC型」を使った訓練が実施された。戦車中隊の補給分隊、整備分隊の元隊員は補給中隊に集められ、新たな任務のために準備が進められた。整備中隊は新しい回収用装備、とりわけ部隊の「ベルゲパンター」2両に慣れる必要があった。全般的な燃料不足にも関わらず、大隊は演習場で数回の演習を成功裏に終えた。

1944年10月31日、第301（ティーガー／無線操縦）重戦車大隊はグラーフェンヴェールで列車に積込まれ、北西に移送された。

2日間の旅の後、大隊はエルケレンツで列車を降り、その後は第LⅩⅩⅩⅠ軍団の指揮下に入った。大隊は分割され、異なった町に分かれて宿営した。第1中隊はリヒ、第2中隊はシュテッターニヒ、第3中隊はメルシュ・パッテルンだった。本部中隊はシュテッターニヒ近くの森の中に入り、補給中隊はニーダーラウセムに宿営した。整備中隊は遥か後方のコロン近郊のフレッヘンにとどまった。この時、大隊を第116戦車師団に配属することも計画されていた。

そこでは、作戦地域を斥候するために通常の前線視察と近隣部隊の訪問が続いたが、1944年11月14日、第506重戦車大隊を訪問中に、大隊の司令部はルール戦線に対するアメリカ軍攻勢の発動に驚かされた。数百機の爆撃機がその地方を文字通り「根こそぎ」破壊した一方、全ての村が敵の砲火に晒された。

夕方、大隊本部は軍団に召喚された。総司令官のケヘリンク歩兵大将が大隊本部の幕僚に状況を説明した。クレマー大尉は大隊が完全なものとして作戦投入されることを要請した。11月15日に大隊はシュタインストラスとオーベルジアースを通ってパッテルンに移動し、今までのところは重大な損害を被らずにいた。戦闘隊列はそこにわずか1日だけとどまった。11月16日に大隊はリヒ地区内に退却した。11月18日に第301（ティーガー／無線操縦）重戦車大隊は第246国民擲弾兵師団の担当区域であるユリヒとルールドルフの間で阻止陣地の構築を命じられた。

二つの連続した行軍で、大隊はユリヒ近くの鉄道橋とルールドルフ橋の上を走った。両方の橋とも既に砲撃下にあった。その上、やって来る車両がティーガーの通り道を塞いでいた。長距離の路上行軍の後に大隊は第246国民擲弾兵師団の担当区域に到着した。夕方に師団の前線指揮所で攻撃計画を決めるため幕僚会議が開かれた。

1944年11月19日朝、到着したばかりの第319（無線操縦）戦車中隊は第301（ティーガー／無線操縦）重戦車大隊に配属された。大隊に最初からあった2個中隊は配属されたばかりの第319（無線操縦）戦車中隊と共に攻撃に加わった一方、第3中隊は予備としてバルメンに残された。第1中隊はすぐに敵と交戦し、シャーマン戦車4両を撃破した。この日はもうそれ以上の戦闘はなかった。夕方には中隊は後方に下がり、第1中隊はメルツェンハウゼン、第2中隊はパッテルン、第3中隊はコスラーに向かった。

1944年11月20日、アメリカ軍部隊はメルツェンハウゼンを攻撃した。第319（無線操縦）戦車中隊の突撃砲は大きな損害を被った。第1中隊はシャーマン戦車12両を撃破し、第3中隊もまた敵と交戦した。この時、第2中隊が戦況に大きく関わっていたという報告を本部は後になるまで受けなかった。戦闘で中隊長のマイアー中尉が戦死した。

防御戦は11月21日も続いた。ネベ少尉が臨時に第2中隊の指揮をとったが、戦車と交戦して戦死した。生き残ったティーガー2両はヤーコプ少尉の指揮の下、インデンまで戻った。

11月22日、情勢は既に持ち堪えられない状況に達したことが明らかになった。軍団での会議中、大隊長はユリヒ近く

第319（無線操縦）戦車中隊の編成（1944年9月1日時点）

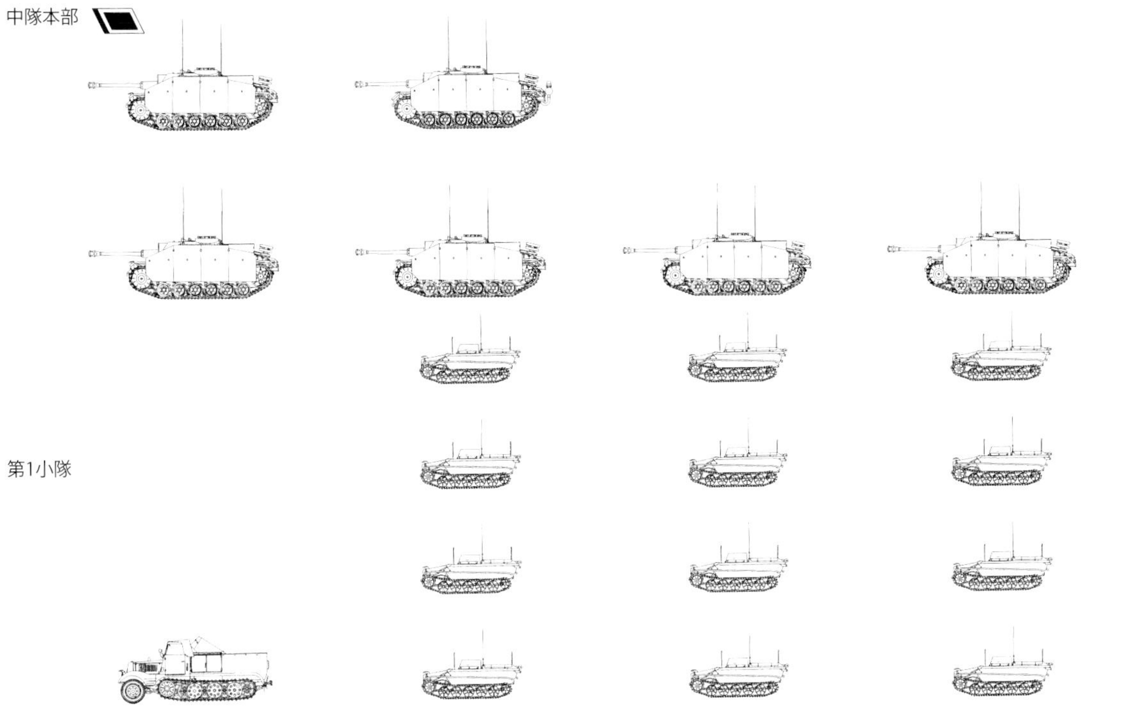

第319（無線操縦）戦車中隊の編成（1944年9月1日時点）

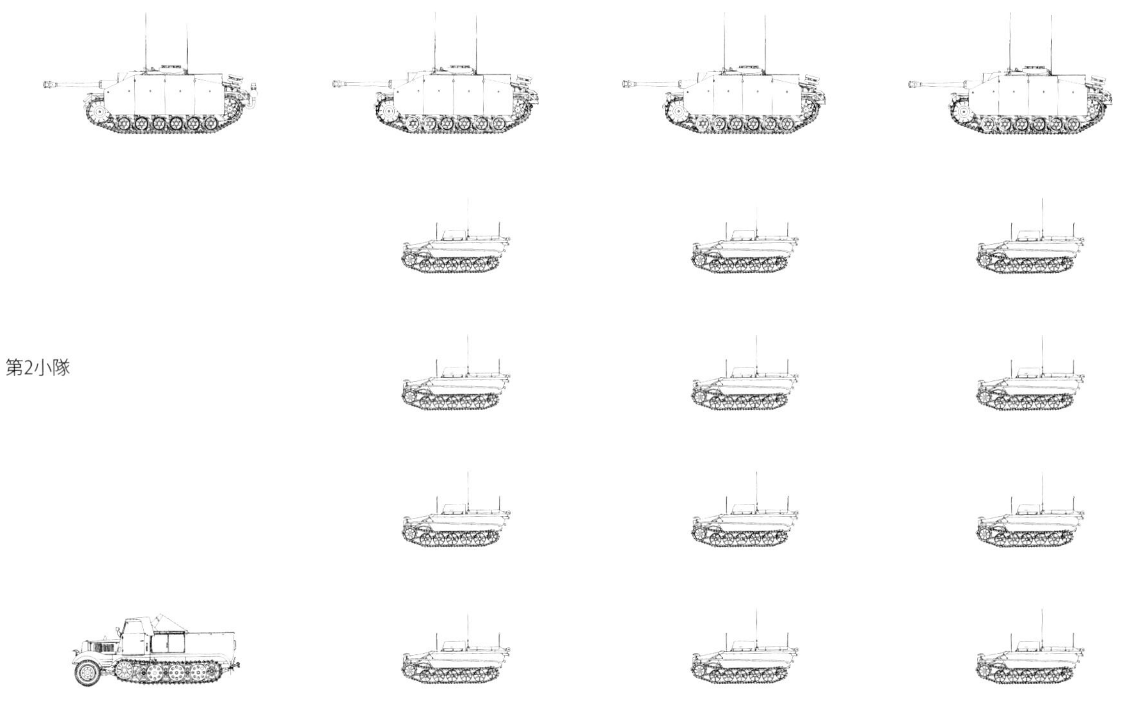

に橋頭堡を構築せよ、という命令を受けた。作戦可能なティーガー全部が1個戦車中隊に集められ、ツィヴィッツ中尉が指揮を任された。

1944年11月23日、新たに編成された戦車中隊と第319（無線操縦）戦車中隊は無線操縦の爆薬運搬車を初めて作戦投入した。更なる遠隔操縦任務はほとんど成功の望みがないため、「BⅣ」の大量投入は不可能であり、爆薬運搬車は11月24日にキルヒヘルテンに後退した。ユリヒでクレマー大尉は、第340国民擲弾兵師団長のトルスドルフ大佐から状況説明を受けた。結局、ティーガー 7両がルール橋を渡り、ボウルハイムの方角に移動した。しかし、敵の砲撃が予定されていたコスラー攻撃を阻止した。ティーガーはユリヒに向かって戻ることにした。移動中に敵の戦闘爆撃機に攻撃されたが、損害は全くなかった。

大隊は11月25日に再び敵戦車と交戦した。およそ30両のアメリカ軍戦車が撃破された。しかし大隊も損害を被り、それには第2中隊のヤーコプ少尉も含まれていた。

その翌日、ティーガーはハムバハ近くの森の中で待機していた。戦闘隊列は第3戦車擲弾兵師団に配属された。夜の間に命令は変更され、ツィヴィッツ中尉が指揮するティーガーはピエールに移動することになり、11月27日にそこへ到着した。大きな損害を被った後なので、敵はその日と11月28日は攻撃してこなかった。

11月29日に敵はインデン地区の攻撃を再開した。彼らはインデンとピエール間の鉄道線路に小さな橋頭堡を構築することに成功した。連合軍部隊は第3降下猟兵師団の担当区域であるロホベルクを占領した。第319（無線操縦）戦車中隊はそこに反攻を仕掛けた。第301（ティーガー／無線操縦）重戦車大隊のティーガーは第519重駆逐戦車大隊と共に橋頭堡の粉砕を試みた。その一方で、第246国民擲弾兵師団がこの地区に移って来た。

攻撃は11月30日の0300時頃に始まったが、大隊長が敵の砲撃で戦闘から外れたため、開始直後に中止された。12月2日の午前8時頃に1台の「BⅣ」が牛乳加工所に対して送り出された。それはインデンとピエール間の孤立した建物だった。指揮指令戦車で指令を送っていたのはカストナー上級曹長だった。残念ながら、爆薬運搬車は牛乳加工所の手前で溝にはまり動けなくなった。その後、敵との交戦でカストナー上

第319（無線操縦）戦車中隊の編成（1944年9月1日時点）

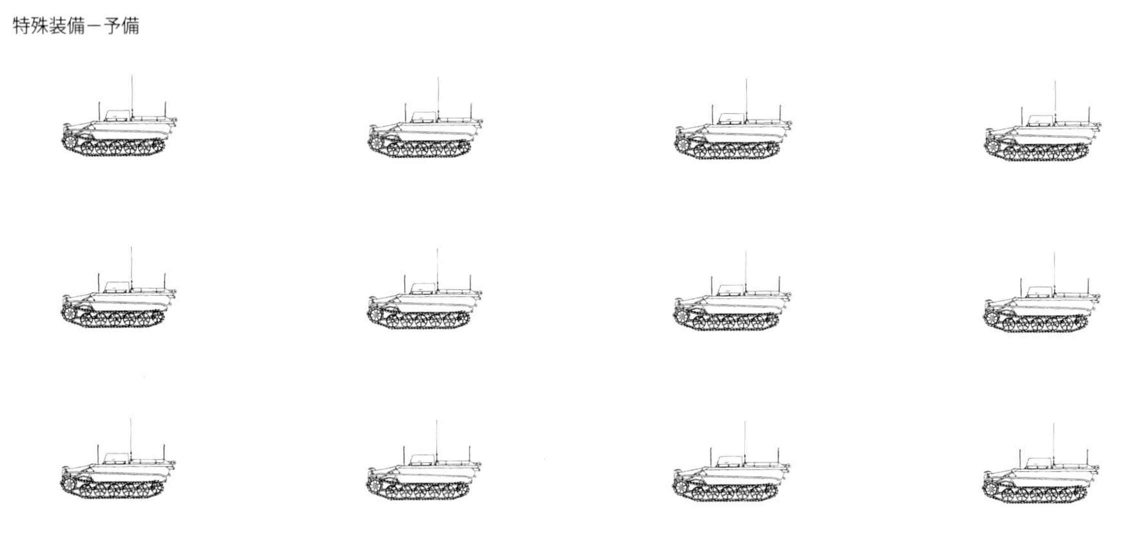

破壊された家々と爆撃の跡が見えるもの全てだった！（Jenckel）

爆薬運搬車が指揮指令戦車の後に続く。（Jenckel）

級曹長は乗っていたティーガーが敵の対戦車砲で破壊され戦死した。11月末までに第301（ティーガー／無線操縦）重戦車大隊は22名の人的損害を被った。これに加え、グラムス少尉とメザー少尉の両小隊長が12月初めに戦死した。

戦闘は12月3日から5日までは幾らか下火になった。戦車中隊はマリアヴァイラー近くに布陣していたが、敵の攻撃を予見して配分された。アメリカ軍は12月6日にも攻撃を仕掛けた。ティーガーはシャーマン11両を撃破した。しかし、沼地にはまったティーガー 2両が爆破された。

アメリカ軍部隊は1944年12月8日に攻撃を再開したが、ユリヒのルール橋頭堡は放棄しなければならなかった。敵の攻撃の大半を撃退し、戦線は12月9日には静けさを取り戻した。しかし、12月10日に敵はアルトドルフとグロースホイの間を攻撃し、ディレン西の数ヵ所で前線を突破した。

第301（ティーガー／無線操縦）重戦車大隊とその指揮下にあった第319（無線操縦）戦車中隊は既に12月11日、12日の夜間にルール河東岸に渡っていた。敵がアウトバーンの橋を占領するのを阻止すべく、ビルケスドルフ周辺区域での交戦を部隊は想定していた。

アウトバーンの橋の前方に、最初のアメリカ軍戦車が現れたのは12月12日の1055時頃だった。第ＬＸＸＸＩ軍団は、歩兵も戦車も河を渡れないようにするため、ルールの橋を爆破する緊急命令を再び発した。しかし、戦闘工兵による爆破作戦はさほど成功しなかった。

午後に必要とされた追加の爆破が命じられた。第301（ティーガー／無線操縦）重戦車大隊はビルケスドルフのアウトバーン橋破壊に爆薬運搬車を投入するよう命じられた。「BⅣ」3台を投入した最初の試みは1700時頃に実施されたが、失敗した。1台の「BⅣ」は砲撃で撃破された。1825時頃に今度は「BⅣ」2台を投入し、もう一度試みられたがやはり失敗に終った。

しかし最後に、第301（ティーガー／無線操縦）重戦車大隊の隊員は夜間のうちに数個の爆薬容器を橋に取付けることに成功した。それらは電線で一つに束ねられ、12月13日の夜に点火され、橋を爆破した。

この戦闘行動については遠隔操縦士官のシュトゥケ中尉が次のように述べている。

ある朝のこと（1944年12月12日かその前後）に高級技術士官（私は軍司令部からやって来た大佐だと信じている）が、我々の大隊長に面会を求めたて来た。彼は気が動転しているらしく、アウトバーン橋爆破の準備が適切に実施されていない、と言っていた。もしも橋が敵の手中に落ちたら、我が軍にとって壊滅的な打撃となるだろう。橋とアウトバーンがアメリカ軍をコロン地方に「招待する」のを阻止するため、彼は手助けができる者を必死になって探していた。だが、ここには戦闘工兵はいなかったし、そうした任務遂行の準備ができる部隊は他になかった。

大佐が助けを求めて言い訳をしている時、私もその場にいた。議論はなかなかまとまらなかった。そこで私が解決案を提案し、その実行役を買って出ると了承された。任務の準備はその夜に行う予定だった。一方、その大佐は爆破計画と進行表についてだけでなく、その橋が誰の担当であるかを彼が部隊に説明できるよう、爆破の正確な時刻を決めたがっていた。

そして、それがどのように実行されたのかは以下の通りである。

その任務には7名の自発的志願者がいた。装軌車両の運転手5名と、信号分隊のA上等兵、それとB軍曹だった。車両に爆薬が装塡され、出撃準備が進められている一方で、我々3名（B軍曹、A上等兵と私）は作戦場所近くの地形を、昼間にできる限り最善を尽くして偵察した。我々は重野戦ケーブルと自動車用バッテリーを使って装薬を爆発させるための場所を、橋から100mほど離れた所に見付けた。また、我々小部隊が待機できる「犯行現場」の近くで幾らかの防御物がある場所を探した。

一方、大佐は我々と交わした会話について司令部と連絡をとり、「今夕遅く」という最終期限を提示した。我々小部隊は、暗くなる前に装軌車両が発進地点に向かうため、まだ日中（その大佐が後で従うことを計画した）のうちに移動した。そこから、緩やかに上るアウトバーンを進み、ルール河に架かる橋に向かった。

しかし、辺りがまだ充分暗くないため、我々はしばらくそこで待機した。今のところ、これといったことも起きずに作戦は進行した。重大な事柄はその約20分後に始まった。最初の装軌車両（やはり自動車用バッテリーと重野戦用ケーブルを運んでいた）が出発した。続けてB軍曹が6分の間隔を

攻撃地点に到着した。「BIV」の運転手は無線操縦受信機を働かせ、その後で「BIV」から降りる。（Jenckel）

その後、突撃砲の車長が爆薬運搬車の無線操縦を始めた。（Jenckel）

空けて残りの車両を出発させることになっていた。A上等兵は信号手で、私と一緒に最初の20歩を先に歩んだ。爆破が行われるあの場所で、我々はバッテリーを外し、アウトバーン脇の排水溝の隣の植木の中にそれを置いた。

A上等兵が野戦ケーブルの端を植木に結び、背負い袋を肩から下げて、我々はルール河に向かって進んだ。我々はそれほど自信があったわけではないが、装軌車両がかなり大きな騒音を発していたから、緊張はなおさらだった。しかし、アメリカ軍は我々の存在に気付いていないようだった。君の質問を予想して答えよう、我々は作戦中に1発も銃撃されなかったのだ。もちろんその時は、我々はどうなっているか知らなかった。橋が水の上を横切っている地点を、我々は爆薬をジグザグ模様で道幅一杯に埋める場所と決めた。運転手全員がしなければならないのは、レバーを作動して爆薬を無傷で地面に落とすことだった。全ての爆薬が設置され、ケーブルの接続が完了した時、全ての爆薬が何時でも一斉に爆発できる状態となった。

最初の装軌車両が後ろ向きに戻ってきた。他の車両は次々と前進して行った。ルール河を横断する全作業は45分を要した。戻る途中でA上等兵は、二番目の線を起爆用バッテリーに接続するため、背中に再びドラムを背負った。全てが順調に進んだことが俄かには信じられなかった。B上等兵がケーブルの端をバッテリーに結ぶ作業をしていた一方で、私はA軍曹が運転手と待機しているところまで歩いて行き、彼に全てが順調に進んでいると話した。彼らはその場所から爆発を見たがっているに違いないと思った。私はA上等兵のところまで戻った。

くだんの大佐が到着すると、それほど待たずに爆破の許可が出た。そして、凄まじい爆発音とともに大地が震え、そこら中に石片が飛び散った。橋は通行できなくなっただろうか？　アメリカ軍から何か反応はないか、じっと待っていたが、何もなかったので、我々は爆破地点に向かって歩いた。勢い良く流れる水音は、最初は柔らかだったが、近付くと次第に大きな音に変った。その時、橋の運転可能な部分は全て水中に落ちていたのを我々は確認することができた。周りは暗く、誰も喋らなかったが、我らが技術大佐の肩から重荷が下りたことは既に明らかだった。

橋の爆破にも関わらず、アメリカ軍部隊は1944年12月13日までにリニヒからディレンまでのルール河西岸の占領に成功した。アウトバーンの橋の爆破に成功した後、第301（ティーガー／無線操縦）重戦車大隊とその指揮下にあった第319（無線操縦）戦車中隊は軍団の予備戦力としてアルノルズヴァイアーに移動した。

1944年12月15日、第301（ティーガー／無線操縦）重戦車大隊は配属されていた第9戦車師団から命令を受け取った。大隊はニーダーアウセンに集結して列車積み込みの準備をすることを命じられ、それは12月20日に予定された。

その場所で、12月16日に大隊はドイツ軍のアルデンヌ攻勢のニュースを知った。第9戦車師団は第5戦車軍に隷属しており、12月後半にセレス近くで戦闘中の第2戦車師団の救援に向かった。12月22日に第301（ティーガー／無線操縦）重戦車大隊の本部隊員は師団司令部との連絡を確立するためエイフェルに行った。そこにいるティーガーを列車で移動させるという計画は線路が破壊されたため、既に不可能となっていた。12月25日に大隊は師団の指揮下から開放された。ティーガーは貨車から降ろされ、第301（ティーガー／無線操縦）重戦車大隊はネルヴェニヒに移動して第LⅩⅩⅩⅠ軍団の軍団予備となり、そこに宿営した。

1945年1月前半に大隊は保有する装軌・装輪車両の修理を行い、人員の再編成を実施した。大隊は当時、ティーガー27両、ベルゲパンター 2両、装甲兵員輸送車11台、それと「BⅣC型」52台を保有していた。これらの数字には修理中の車両も含まれている。

1945年1月16日、連合軍は「ブラックコック（黒雷鳥の雄）」作戦をルール戦線北部に発動した。バーナード・モントゴメリー元帥は「ハインスベルガー三角地帯」と、リニヒとロアモントの間の地区を占領したがっていた。激しい空爆の後に、強力な戦車の支援を伴ったイギリス第ⅩⅡ軍団の部隊がドイツ軍の主抵抗線を攻撃した。村々は一つずつ守備軍と戦って攻略しなければならなかった。

1945年1月16日に第301（ティーガー／無線操縦）重戦車大隊は警戒態勢に置かれ、ネルヴェニヒ北西から第178歩兵師団の救援に駆け付けた。夜間に移動したにも関わらず、部隊は相変わらず敵戦闘爆撃機に攻撃された。大隊はアネンボッシュ（オランダ）で戦闘準備に入った。その後の数日間にティーガーはケーニヒスボッシュ、ディーアガルト、ブラウンスラト、オプシュプリンゲ、それにヴァルトフォイヒトの町で交戦した。

第301（ティーガー／無線操縦）重戦車大隊の編成（1944年10月時点）

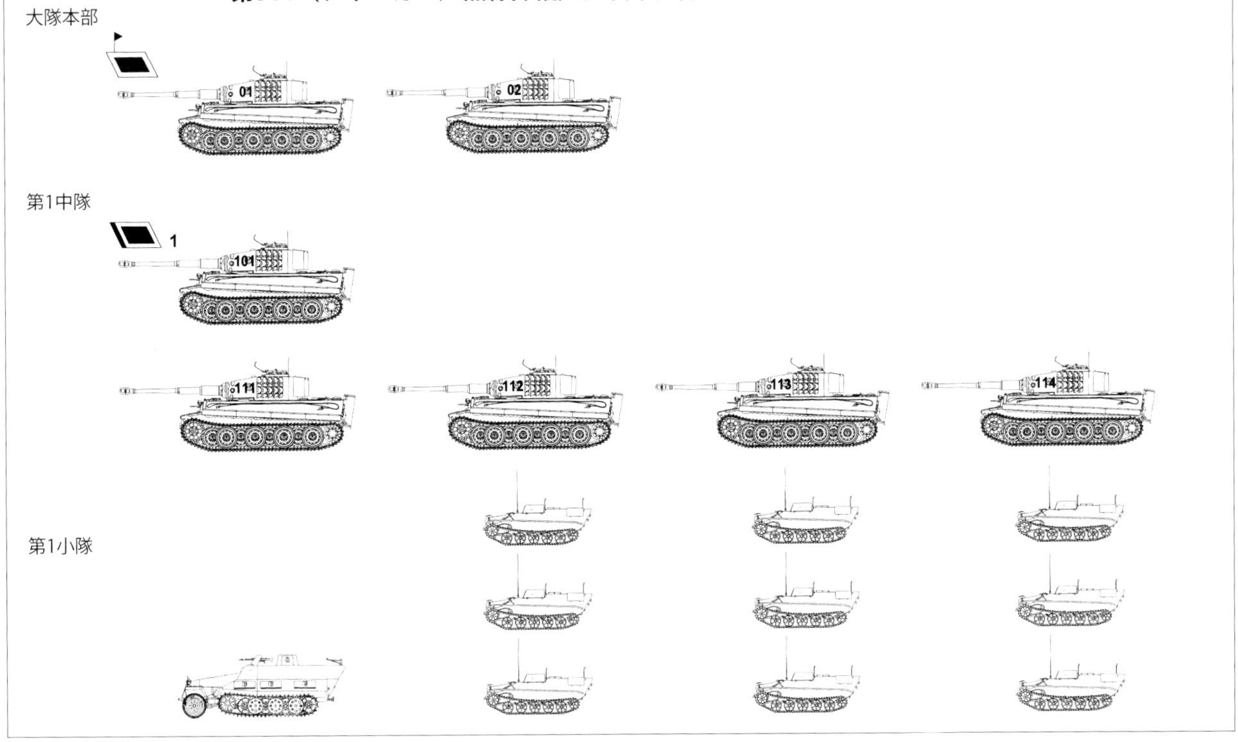

第301（ティーガー／無線操縦）重戦車大隊の編成（1944年10月時点）

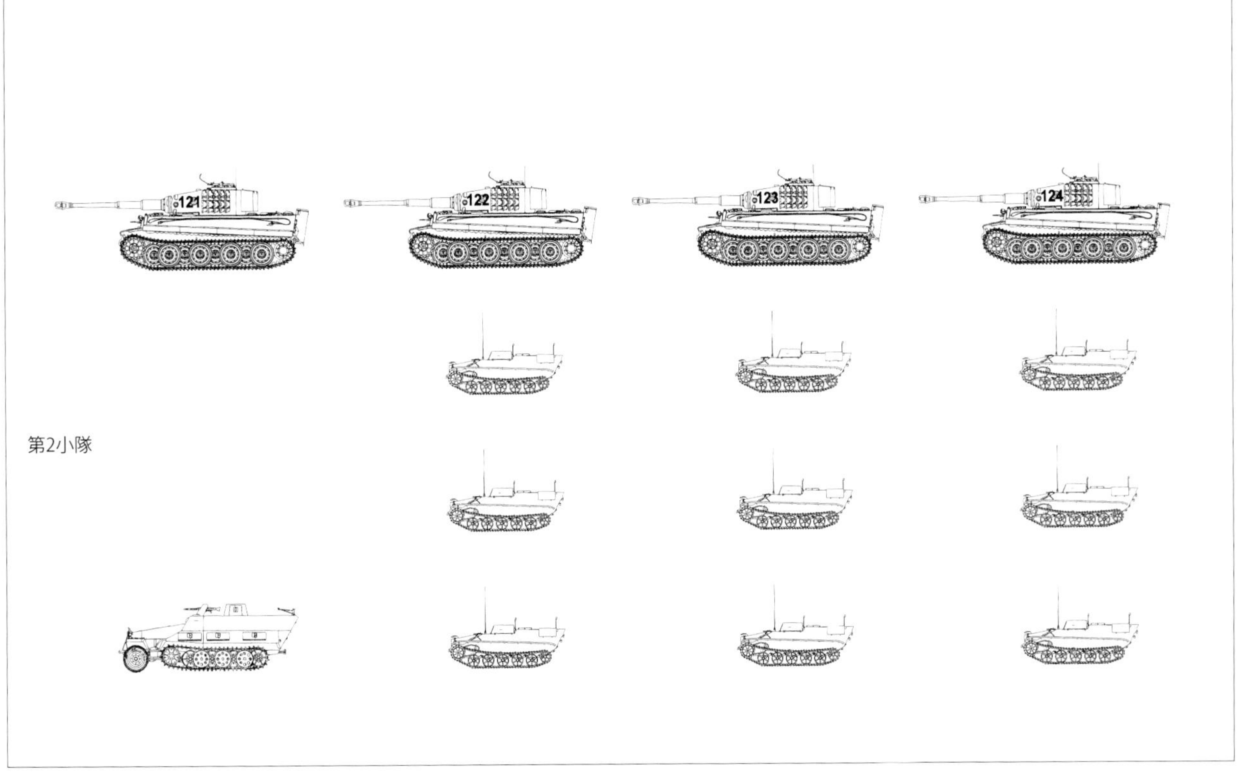

著書『ラインラントの戦い』の中で、著者のR.W.トンプソンは1945年1月20日にヴァルトフォイヒトの作戦におけるティーガーの役目を述べている。

日中や夜間を問わず強圧は維持された。1945年1月20日に「スコットランド高地軽歩兵」は容易くボッカーを占領し、ヴァルトフォイヒトとエヘターボッシュの森を攻撃するための通路を切り開いた。山岳作戦の経験があるイギリス軍歩兵よりも敵は、度重なる吹雪によって一層混乱を増したようで、落ち着きを失ったことが明らかとなって来た。ボケットに対するティーガーに支援された大隊規模な反攻は失敗に終った。第5KOSB中隊（スコットランド国境守備隊）は夜間攻撃でヴァルトフォイヒトを占領し、第4KOSB中隊はエヘターボッシュに入った。

1月21日に「ブラックコック」作戦で第5KOSB中隊が最も激しい戦いをくり広げたのはこれら二つの村だった。1月20日、21日の夜は非常に寒かった。地域全体が厚い雪に覆われ、中世風の門を持ったヴァルトフォイヒトの村はほとんど平和に見えた。1月21日の早朝、第5KOSB中隊は全周防御陣地で静かに過ごしていた。それは薄気味悪い静寂さだった。攻撃の口火を切る、敵の迫撃砲の砲撃が始まったのはまだ日の出前の早朝で、6時半頃、灰色の明かるさの中から2両のティーガー戦車が現れた。その横に歩兵の小集団が二つ随伴していた。我々の戦車4両は敵の砲撃で、素早く戦闘態勢に入った。しかし、対戦車砲の砲手達はティーガーが100m離れた村の通りに姿を現すまで砲撃を控えた。6ポンド砲の操作員達はその時点でようやく砲撃を開始し、2両の敵戦車を直撃弾で撃破した。しかしこれはほんの始まりであり、大攻撃の小さな序章に過ぎなかった。

敵の迫撃砲の砲撃が次第に激しくなって来た。ティーガー戦車6両と少なくとも4両のパンターが、歩兵を便乗させて北から殺到した。自走砲15両は歩兵と緊密に連携を保ちながら、建物を砲撃で吹き飛ばして瓦礫に変え、狭い通りでは飛び散った破片と猛烈な騒音が満ちた。

ドイツ軍前線は長くは持ち堪えられなかったので、ハインスベルク近くの橋頭堡は放棄された。保有する最後の燃料を使って、第301（ティーガー／無線操縦）重戦車大隊はキルヒヘルテンに後退し、そこで予備兵力とされた。全般的な燃料不足のため、ティーガーは特製の土壁の掩蔽壕に囲われた。作戦可能な戦車は2個戦車中隊に分割された。一方はエンデマン中尉に率いられ、他方はシュライナー少尉に率いられた。

数日間の平静な日々の後、連合軍の次の攻撃は2月24日に始まった。砲撃の援護下、敵はエルケレンツで橋頭堡を築くことに成功した。2月25日に第301（ティーガー／無線操縦）重戦車大隊は警戒態勢に入り、もう一度、第LＸＸＸⅠ軍団の指揮下に入った。戦車中隊は前線に進出した。シュライナー少尉はティーガー 8両を率いてリヒの方角に向かい、エンデマン中尉は残りを率いてメルシ・パッテルンに向かった。その中隊は数両のアメリカ軍戦車を撃破することができたが、損害も大きかった。戦死者には第301（ティーガー／無線操縦）重戦車大隊第1中隊長、エンデマン中尉が含まれていた。

2月末に部隊はわずか5両の作戦可能なティーガーを保有し、更に10両が修理中だった。

残存の作戦可能なティーガーは、3月から進撃する敵と戦っている小さな戦闘集団を支援して、個別に戦闘に加わった。戦車はニーダーアウセム、シュトメルン、ジナースドルフで退却行動を援護した。戦車中隊のティーガーは常に使われたが、大隊の残りはライン河右岸（東岸）に到達することに成功した。

1945年3月6日、大隊の前線指揮所はベルギッシュ・グラドバハに移動した。戦車はグマースバハ地区に集結したが、そこには整備中隊もまた駐留していた。数週間前の戦闘行動に対して3月15日に第301（ティーガー／無線操縦）重戦車大隊の多くの隊員が叙勲された。全ての戦車はシュライナー少尉が指揮する1個戦車中隊に統合された。

1945年3月18日、シュライナー少尉はヴェルメルスキルヘンに到着し、そこに修理を終えたティーガーが集められた。夕方に戦車中隊はライヒリンゲンを通過してデュッセルドルフ・アウトバーンに進出した。3月18日に彼らはメットマンに到着し、そこでティーガーは大きな農場の構内に散開した。その戦車中隊は陸軍予備になっていた。3月24日、25日の夜間に中隊はゼルベックに移動し、3月27日にはミールハイム・ディンプテンに移動した。3月28日時点でその戦車中隊は作戦可能なティーガー 7両を保有していた。大隊命令により、ティーガー 3両はディンプテンにとどまる予定だったが、一方でシュライナー少尉率いる他の4両は北ゲルセンキルヘンに向かって進んだ。敵との接触は無かった。

長びく退却行動の後に、ティーガー 4両は1945年3月31

第301（ティーガー／無線操縦）重戦車大隊の編成（1944年10月時点）

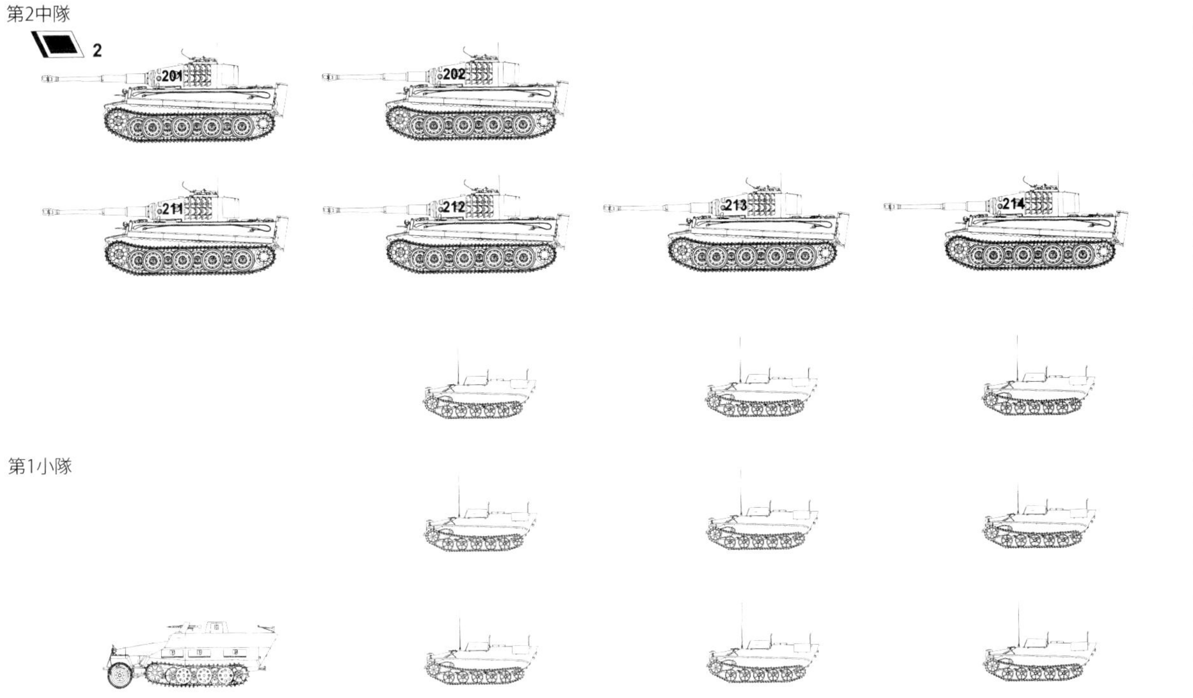

第301（ティーガー／無線操縦）重戦車大隊の編成（1944年10月時点）

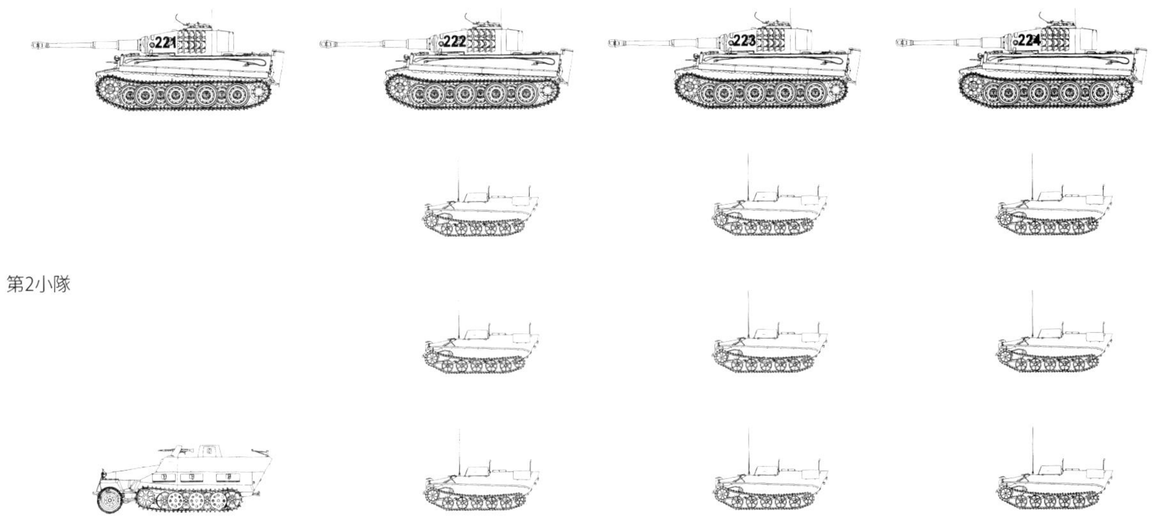

日にリトゲンドルトムントに到着した。シュライナー少尉はウナとゾエシュトの方面を斥候した。ドルトムントで短い小競り合いがあった後で、ティーガー 4両はリトゲンドルトムントに戻った。シュヴィッケルト少尉が指揮する他のティーガー 3両はディンプテンでアメリカ第2機甲師団「ヘル・オン・ホィールス」の小部隊と交戦した。

1945年4月10日、ルール河に架かる重要な橋の爆破に、爆薬運搬車を再び使うことが要求された。しかし命令は撤回され、「BⅣ」は補給中隊に送り返された。

1945年4月12日、ティーガーはゲヴェルスベルクに移動した。それらのティーガーはハスリンクスハウゼン近くで再び敵と接触した。パリッツ戦車長は敵戦車1両を撃破した。アメリカ軍部隊がドイツ軍戦車を発見し、対戦車砲で撃破しようと試みた。4月16日、ティーガーはシュプロクヘーヴェルに到着した。大隊の前線指揮所もそこにあった。状況が絶望的でほとんど燃料も残ってないことから、大隊長クレマー大尉は1945年4月17日にティーガーを爆破するよう命じた。

大隊の大部分の爆薬運搬車は退却中に爆破された。

大隊の多くの隊員は小集団に分かれて東に脱出しようとした。彼らの大半はアメリカ軍に捕まり、ジンジヒの悪名高い野営地に拘束された。

2.2.18
第303（無線操縦）戦車大隊

1945年1月2日、陸軍参謀本部編成部は第303（無線操縦）戦車大隊の編成を命じた。大隊はアイゼンナハに駐留し、突撃砲45両を装備するものとされた。編成の過程では第301（無線操縦）戦車大隊第4中隊と第302（無線操縦）戦車大隊第4中隊が使われ、1945年1月31日までに完了が予定されていた。

1月10日かその前後に、2個中隊はグラーフェンヴェールの演習場に移送され、その後で部隊名が変更された。第301（無線操縦）戦車大隊第4中隊は第303（無線操縦）戦車大隊第1中隊に、第302（無線操縦）戦車大隊第4中隊が第303（無線操縦）戦車大隊第2中隊になった。

1月中旬に演習場に到着後、隊員は対戦車兵器パンツァーファウストとパンツァーシュレックの使用訓練を受けた。同部隊が「BⅣC型」爆薬運搬車を装備することも計画された。その試験と訓練も開始されたが、これはすぐに中止された。

1月20日、陸軍一般軍務局は第319（無線操縦）戦車中隊のルール戦線からの撤退とグラーフェンヴェールへの移送を命じた。同中隊は改称し、第303（無線操縦）戦車大隊にその第3中隊として編入された。

1945年2月14日、第303（無線操縦）戦車大隊はポツダムのヒンデンブルク駐屯地に移動するよう命じられた。部隊はその目的地に向け2月15日に出発したが、爆薬運搬車はグラーフェンヴェールに置いて行った。

部隊がまだポツダムに向かっている最中の2月17日に、陸軍一般軍務局は装備の変更を命じた。大隊は突撃砲31両だけを装備することになった。全ての遠隔操縦装備は不要となったため、部隊名から（無線操縦）が消えた。

1945年2月に大隊に在籍していた士官は以下の通り。
大隊長：ファスベック大尉
大隊付軍医：博士ヨクスィーズ上級軍医
第303戦車大隊第1中隊長：ヴィッター大尉
第303戦車大隊第2中隊長：ホレンシュタイナー少尉
第303戦車大隊第3中隊長：カイテル中尉
補給中隊長：バハマン大尉
整備小隊長：ヴィルクニス少尉

この最新の戦闘序列はわずか4日後に変更された。Ⅲ号突撃砲の代わりに、大隊は今やⅣ号戦車を装備することになった。更に、大隊は最初「デベリッツ」戦車大隊と改称が命じられたが、それから「シュレージェン」戦車師団に配属された後は「シュレージェン」戦車大隊という部隊名になった。

部隊は2月26日にポツダムで装甲戦闘車両を受領した。第1中隊は7.5㎝KwK42L／70砲装備のⅣ号駆逐戦車を装備したが、一方で第2、第3中隊にはⅣ号戦車J型が配備された。ベルリン・クランプニッツで主砲の較正が行われた後、大隊は2月28日にポツダムで列車に積込まれ、フランクフルト／オーデル地域に移送された。ピルグラムで列車を降りた後、部隊はヤーコプスドルフ近くの宿営地に滞在した。

大隊は宿営地を数回変更した。3月7日に再び列車に積込まれシュテッチンに移送され、そこで3月9日に列車を降りた。

3月10日、戦車と駆逐戦車はオーデル河東方のレツォヴフェルト－フェルディナントシュタイン地域の集結地区に移

第301（ティーガー／無線操縦）重戦車大隊の編成（1944年10月時点）

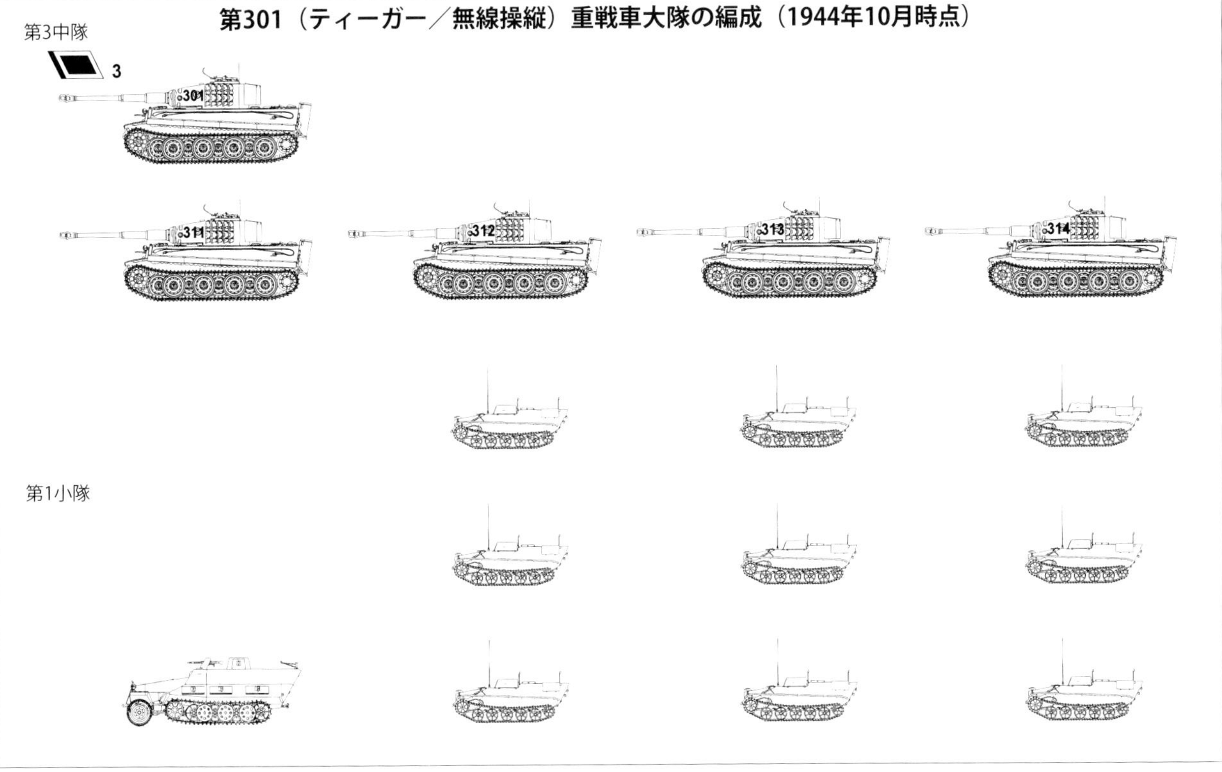

第301（ティーガー／無線操縦）重戦車大隊の編成（1944年10月時点）

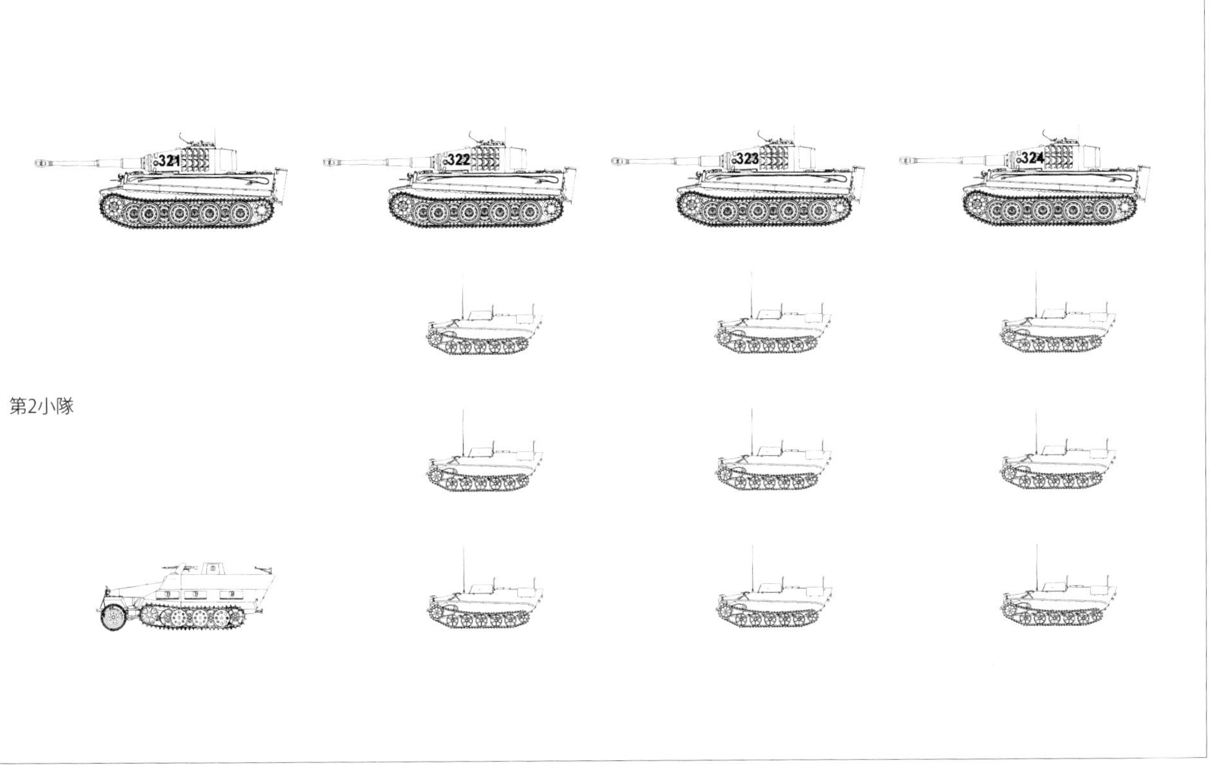

動し始めた。3月11日、1000時頃にソ連軍陣地に対する攻撃が始まったが、対戦車砲の砲撃でそれは阻止された。その後、3月22日までの数日間に、装甲戦闘車両は防御と攻撃の両任務でジンツロウ－ポデユフ－フィンケンヴァルデ－アルトダム地区において連日交戦した。

短い休養期間の後で、大隊は1945年3月25日にシュテッチンで列車に積込まれ、エバースヴァルデに移送された。そこで「シュレージエン」戦車師団と「ホルシュタイン」戦車師団は、再編された第18戦車擲弾兵師団隷下の第118戦車連隊を編成するため合体した。

4月17日に第18戦車擲弾兵師団はベルリン東方のミュンヘベルクに出発したが、18日に戦車の搭乗員達は激しい戦闘に巻き込まれた。戦力を結集したドイツ軍の防御にも関わらず、優勢な赤軍部隊はゼーロウとヴリーゼンの間でドイツ軍陣地を突破し、4月20日までにミュンヘベルクに達した。打撃を受けた「シュレージェン」戦車大隊は退却戦闘しつつ、ストラウスベルクに向かった。その後の数日間に、部隊はフレダースドルフとヒルシュガルテンを経由してベルリンに退却した。

ベルリンの戦いにおいては、「シュレージェン」戦車大隊の少数の戦車がマールスドルフ、ノイケルン、シャーロッテンブルク、ヴィルマースドルフ地区で戦闘に加わった。街路と町並みにおける激しい戦闘にも関わらず、整備小隊はベルリン工科大学からさほど離れていない場所にいたが、損傷を被った多数の戦車を修理することに成功した。

「ベルリン要塞」は1945年5月2日に降伏した。「シュレージェン」戦車大隊の数名の隊員は敵の戦線を何とか突破して西に向かった。

ベルリンにおける最後の戦いは、元軍曹のカール・M・ヴェンツェル（「シュレージェン」戦車大隊第2中隊の戦車224号車の戦車長）が最後の戦いの3週間を生々しく伝えている。

戦車224号車の乗員による最後の戦闘と捕虜となった経緯の報告（前線指揮所番号「17589」）

乗員：戦車長：カール・M・ヴェンツェル軍曹
砲手：ヘルムート・クリント伍長
装填手：ホルスト・ジークナー上等兵
運転手：ルードルフ・ケーニヒ伍長

第301（ティーガー／無線操縦）重戦車大隊の編成（1944年10月時点）

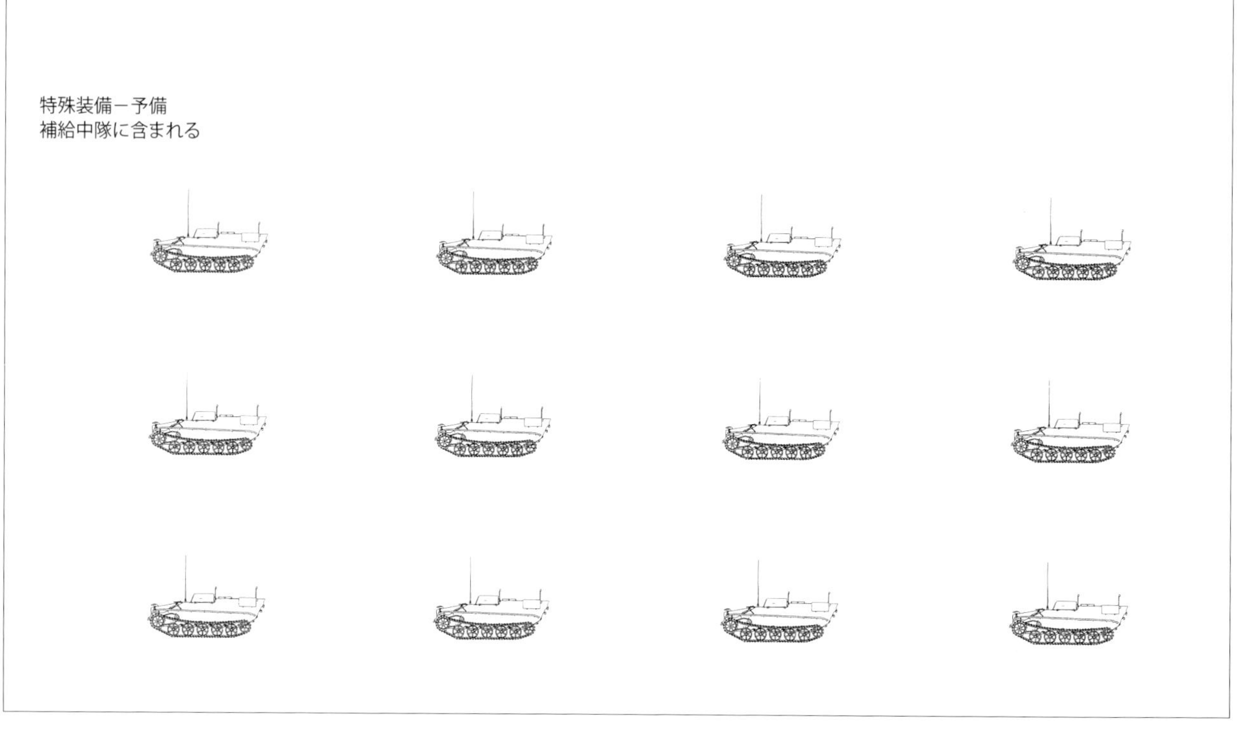

爆破！

爆薬運搬車が戻ると、新たな爆薬包が再装填される。（Jenckel）

無線手：ハンス・ブロダーセン伍長

部隊（前線指揮所番号「17589」）の最後の作戦は、1945年4月16日夕方遅くにエバースヴァルデの宿営地で警報とともに始まった。部隊は路上を行軍しベルリン東の地区に入り、4月18日に戦闘が始まった。

攻撃は4月18日早朝に実施されたが、ロシア軍が我々を罠に誘い込んだため、師団は大きな損害を被った。我々は、戦車長が首に砲弾の小さな破片が当たって軽傷を負った以外は無傷だった。同日午後、我々は包囲されたが、ロシア軍の包囲網を突破することに成功し、前線を目指した。

夕方、エンジンに小さな不具合が発生したため、我々は修理のため支援基地へ戻った。

その翌日、我々はミュンヘベルクとその周辺地域の確保を命じられた。夕方に我々はホーエンシュタイン近くの幾らか木が茂った休養陣地に後退した。翌朝、我々は反攻を試みたが、敵の方が遥かに強力で、期待されたほどの成果を挙げることができず失敗した。夜間に、我々はベルリンのすぐそばまで退却した。

1945年4月21日、機械的不具合の修理のため我々は補給分隊と共にいた。その後、我々は更にシュトラウスベルク、フレダースホフ、ヒルシュガルテンを経由し後退した。ロシア軍の強い圧力のため、我々は夜間に支援基地をベルリン市内に移動した。4月22日に我々はシュパエト保育園におり、午後の間に作戦可能となった。我々はマールスドルフの大隊前線指揮所に報告することになっていたが、既にロシア軍がそこにいた。我々は仲間の大隊を探し回ったが成功しなかった。戦車中隊の発見には失敗し、翌朝にグルネヴァルトの補給中隊に報告した。

4月23日、ノイケルンの新たな大隊前線指揮所へ移動中、グナイゼナウ通りでまたエンジンが故障した。整備分隊が呼ばれ、修理が済んだのは夕方だった。夜間に我々はノイケルンの町役場にある師団の前線指揮所に報告した。4月24日、我々はカイザー・フリードリヒ通りの新たな作戦地域に送られた。そこから我々はクルフィルシュテンダムに進出した。4月24日から26日まではクルフィルシュテン堤防、ヒューベルタス並木道、ヴァンブルナー通りで交戦した。4月27日の早い時間に我々は退却し、フェールベリナー広場近くの新たな作戦地域に移動した。

再び車両に発生した操向装置の不具合で、我々は整備分隊に向かわざるを得なくなったが､それは工科大学にいた。我々は夜間にベルリナー通りとマンハイマー通りの角で陣地を構築した。4月27日から5月1日までの間はフェールベリナー広場で引続き交戦した。しかし、広場は5月1日の夕方に包囲された。

我々は包囲の突破に成功して、ズアレツ通りにある放送塔そばの残存部隊に辿り着いた。5月1日､2日の夜に我々は「陸軍通り」を警護した。5月2日の朝、我々はエルベ河のアメリカ軍前線に辿り着く希望を抱きながら、ベルリン要塞から西に向かって脱出を始めた。5月3日の早朝に我々の戦闘集団の指揮官が、車両の爆破準備をするようにと命じた。我々は小集団でドイツ軍の主抵抗線の通過を試みるよう、命じられた。結果的に、5月3日に我々は西に向かった。我々はラーテナウの数㎞南まで達した。そこで、5月8日朝に我々は納屋の中に潜んでいたところをロシア軍に捕らえられた。

2.2.19
第303（無線操縦）戦車大隊無線操縦戦車小隊

1945年2月18日、機甲兵総監は無線操縦爆薬運搬車を第25戦車擲弾兵師団に引き渡すように指示した。自動車化隊総監部は経験豊富な士官が指揮する第303（無線操縦）戦車大隊から抽出した遠隔操縦小隊と一緒にした。編成過程の責任はポツダムにいた第3戦車補充大隊が負うこととされた。文書による命令は2月23日まで発行されなかった（出典：ドイツ連邦公文書館／フライブルク軍事公文書館）。

準拠：陸軍最高司令部機甲兵総監部編成Ⅱ部　第3659 ／ 45
「極秘」
1945年2月18日付

題目：第303（無線操縦）戦車小隊の編成

1.）第303（無線操縦）戦車小隊は陸軍一般軍務局自動車化隊総監部の支持で第Ⅲ軍管区司令部によりポツダムで可及的速やかに編成の予定。

2.）第303（無線操縦）戦車小隊は第25戦車擲弾兵師団（中央軍集団）と一緒の運用を意図。陸軍参謀本部編成部による召喚。

3.）編成と戦力：突撃砲4両から成る戦車小隊で、1944年6月1日

第302（無線操縦）戦車大隊第2中隊の「BIVC型」。（Jenckel）

作戦の合間に、経験の浅い乗員には指令送信機の操作訓練が行われた。（Jenckel）

付の戦力定数指標表「1171f」に従い爆薬運搬車12台を装備する。更に、戦車および信号整備分隊を有する。

4.）編成に必要なものの入手は、ポツダムに向かっている途中の元第303（無線操縦）戦車大隊の（無線操縦）突撃砲4両。乗員、必要な無線操縦装置、加えて車両整備分隊は陸軍一般軍務局自動車化隊総監部により、アイゼンナハの第300戦車試験・補充大隊からポツダムに送られる。

5.）装備のそれ以上の配備はない。

6.）第300戦車試験・補充大隊（第IX軍管区司令部）は補充部隊として分類される。

7.）編成過程の完了は以下の部署に報告のこと。

陸軍最高司令部参謀本部作戦部

陸軍最高司令部参謀本部編成部

機甲兵総監

陸軍一般軍務局参謀Ｉa部（1）

陸軍最高司令部補充部隊総司令部陸軍一般軍務局参謀Ｉa部（1）　第11238 ／ 45　「極秘」

1945年3月23日付

司令官のために　（署名は判読不能）

小隊の指揮はルードルフ・アンドレアス少尉に委ねられたが、彼はアイゼンナハの補充大隊から送り込まれた下士官、兵から急いで部隊を編成した。その結果、遠隔操縦小隊（III号突撃砲3両、「ボルクヴァルトBIVC型」爆薬運搬車12台から成る）を、1945年2月22日にヴリーツェルのヴァイクサル軍集団に派遣することができた。第25戦車擲弾兵師団は同部隊の到着を確認したテレックス電文を送達した。

その遠隔操縦小隊が2月最後の数日間に何らかの戦闘に関与したかは知られていない。第25戦車擲弾兵師団は1945年3月2日付の車両現有表に同小隊が相変わらず完全に戦闘可能な戦力にあることを報告。1945年3月初めから月末までに「BIVC型」爆薬運搬車14台が配備された。

1945年の2月初め以来、第25戦車擲弾兵師団はキストリン周辺で防御戦闘に明け暮れていた。キストリンの宿営地を救う不首尾に終わった試みの後、師団は戦線から引き抜かれ、前線近くで素早く再編するために3月末にヴリエツェンへ移送された。師団は1945年3月1日から31日までに爆薬運搬車16台が完全損失として抹消されたことを報告した。こうした車両のほとんどはキストリン周辺の戦闘で喪失した。

その遠隔操縦小隊が戦闘で成功を収めたため、機甲兵総監は1945年3月23日に小部隊戦力を増強する命令を発した（出典：ドイツ連邦公文書館／フライブルク軍事公文書館）。

テレックス　テレックス番号5232

1945年3月24日

宛先：（様々な幕僚へ）

機甲兵総監は人員、装備と装甲戦闘車両を第25戦車擲弾兵師団に送ることで、第303戦車大隊の（無線操縦）実戦小隊を増強する意図を持っている。

第300戦車試験・補充大隊（アイゼンナハ）は同じものの用意に責任を負っている。

実施項目：

1.）人員は補充部隊総司令部が用意する。必要人員は突撃砲乗員6組（士官1名を含む）補給担当軍曹1名、「BIV」運転手14名、車両整備士1名（下士官）、車両整備士4名（兵）、 信号整備士3名。「シュプリンガー」爆薬運搬車を後で配備することも考慮されている。

2.）装備は突撃砲2両と「BIVC型」5台を第300戦車試験・補充大隊の備蓄から充当することが機甲兵総監により指示された。

突撃砲4両と「BIVC型」5台は新規生産品を充当することが機甲兵総監により指示された。関連する弾薬、武器、装備も必要。加えて、D623 ／ 11に準拠した整備修理関係装備と遠隔操縦用特殊装備は補充部隊総司令部が用意。必要な装輪車両は第25戦車擲弾兵師団が用意する。

3.）補充部隊総司令部は第303（無線操縦）戦車大隊の実戦小隊に対する装備支給の加速を要請している。

4.）命令を要請する。

機甲兵総監

編成II部第F1289・45　「極秘」

1945年3月23日付

参謀総長トーマレ中将

増援の到着に続いて部隊は改編され、後に第25戦車擲弾兵師団に第25駆逐戦車大隊第4中隊として編入された。師団の一部として同中隊は、ブルノウ・クルーゲを通りエバースヴァルデまでの退却戦闘に加わった。他の多大な損害を被った部隊と合同して同中隊はシュタイナー集団を形成した。オラニエンブルク周辺での防御戦闘だけでなく、リーベンヴァルデとルッピン運河における反攻に従った。第25戦車擲弾

このIV号指令戦車では通常と異なるツィンメリット・コーティングを見ることができる。(Fiedler)

第302(無線操縦)戦車大隊本部に3両配備されたIV号指令戦車のうちの1両。(Schatz)

兵師団の残存部隊はその後、メクレンブルクを通り、マルチン湖を経由してシュヴェリン湖まで退却し、そこで5月初めの数日間にアメリカ軍に投降した。

著者はその当時のことを記した第303（無線操縦）戦車大隊実戦小隊の元隊員からの手紙を2通所有している。

元士官候補生のヨハネス・プフライデラー（死去）は以下のように記している。

私は1945年3月にヴィシャウの士官候補生学校からアイゼンナハの補充大隊に配属された。第300戦車大隊第3中隊の小隊長を数日間務めた後に、第303無線操縦小隊「アンドレアス」（第303（無線操縦）戦車大隊アンドレアス小隊）に派遣された。私はデブリッツの兵器廠へ行けという任務を与えられ、そこで突撃砲6両と「ボルクヴァルトBⅣ」5台を受領した。我々は復活祭当日かその前後、たぶん1945年4月4日にヴェアビヒに到着した。アンドレアス少尉は負傷していた。その小隊から第25（無線操縦）駆逐戦車大隊第4中隊という名称の中隊が編成された。フロヴァイン少尉が指揮を委ねられた。

我々は前線から10～15㎞背後のパルトコウのグランツ住宅団地に駐留し、そこで我々はその地方の予備戦力の機能を果たしていた。「BⅣ」は突撃砲から誘導され、ベルリンの方向へ退却中に橋やその他の同様の目標を爆破するの際に使用された。

何日か平穏な日が続いた後、1945年4月14日の午前、激しい砲撃が始まった。ソ連軍はオーデル河西岸からベルリンに向かって進撃していた。我々には、避難民で溢れかえった路上を気が狂ったような退却が2週間も続いた。我々は夜中ずっと移動した。ロシア軍部隊はゼーロウに進撃した。しかし、彼らはベルリン中心部に向かう代りに、街の北方のベルナウとオラニエンブルクに向かって進撃した。我々は橋を爆破するため「BⅣ」を使用したが、何時どこでそれらを使ったのかは思い出せない。それらは何ら決定的な役割は果たさなかった。

一度、ノイシュトレリッツの近くで2日間の休息があり、その間に第4中隊はその車両の面倒を見るために前線から引き抜かれた。我々は燃料と弾薬を使い果たしていた。その理由から、幾つかの車両を爆破しなければならなかったことを

第303（無線操縦）戦車大隊の編成（1945年3月1日時点）

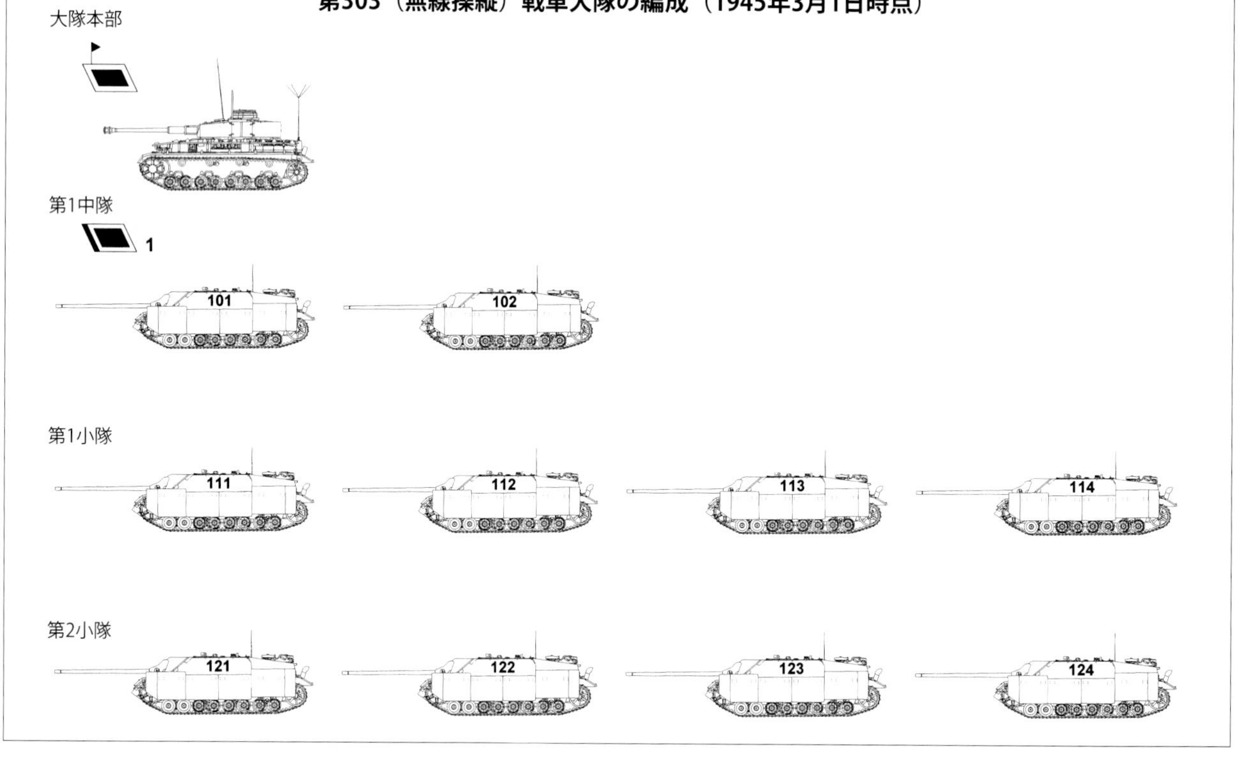

大隊の戦闘部隊は8月後半、サクソニィ城付近の都市の中心部に宿営した。指令戦車と爆薬運搬車はそこから作戦地域に出動した。(Fiedler)

第302(無線操縦)戦車大隊のIV号指令戦車1両と突撃砲2両。(Fiedler)

私は覚えている。その時は遺棄された飛行場で高濃度のアルコールを捕獲した。これを我々は突撃砲の燃料に使ったが、エンジンが少しの間、回っただけだった。エンジンが暖まると我々の新しい燃料は蒸発した。そのため我々は突撃砲1両でもう1両を牽引した。数km進むごとに交替しなければならなかった。それは進むのに非常に骨の折れる方法だった。フロヴァイン少尉はその間の或る日に負傷した。私は中隊に残ったものの指揮を任された。

1945年5月3日の朝、夜中からずっと車両を走らせて村に曲がろうとした時、大きな騒音がソ連軍部隊の存在を警告した。我々は何とか退却することができたが、その数時間後にシュヴェリンに向かう路上でアメリカ軍部隊と出会った。

我々は捕虜となった。残った突撃砲のうち2両は我々が湖に沈めた。他の突撃砲は我々が堤防から離れたすぐ後にあきらめた。その日のうちに数え切れないほどのドイツ軍兵士が、町の中心部にある大きな広場に集められた。

更なる情報は、「BIV」の元運転手で、最後はプファイデラー士官候補生が指揮する突撃砲の装填手だったヴァルター・ヤツベクが与えてくれた。

我々のほぼ1個中隊が3月にオーデル河に到着した。我々にはまだ「BIV」があった。私は「BIV」の運転手として到着したが、3月から突撃砲6両のうちの一つの装填手兼無線手になっていた。それは新車としてデベリッツからやって来て、機関銃に望遠鏡を備えていた。突撃砲の車長はプファイデラーだった。我々は小隊長車の搭乗員だったと私は信じている。運転手はヴァルター・クツェプルフ、砲手はハインツ・コルネリウスだった。

ロシア軍の攻勢が始まった時、我々はゼーロウの外側にいた。その時から、我々の突撃砲はほとんど絶えず戦いに明け暮れていた。我々はミュンヘベルク、ジーヴェルスドルフ、それとシェアミッツェル湖のブコウで交戦した。シェアミッツェル湖では我々はまだ「BIV」を持っていた。夜間に木が密生した集結地点に移動した。突然、我々は攻撃され、銃撃された。我々は突撃砲に飛び乗って、森から脱出した。その時、我々は後に2台の「BIV」を置いてきたことに気付いた。日が昇ると直ぐにその場所に引き返して「BIV」を回収した。

次に我々が展開した場所はシュトラウスベルクで、シュトラウスベルクとヴリーツェン間の地区だった。そこは我々が最後の戦闘をした場所だった。私には「BIV」の作戦運用に

第303（無線操縦）戦車大隊の編成（1945年3月1日時点）

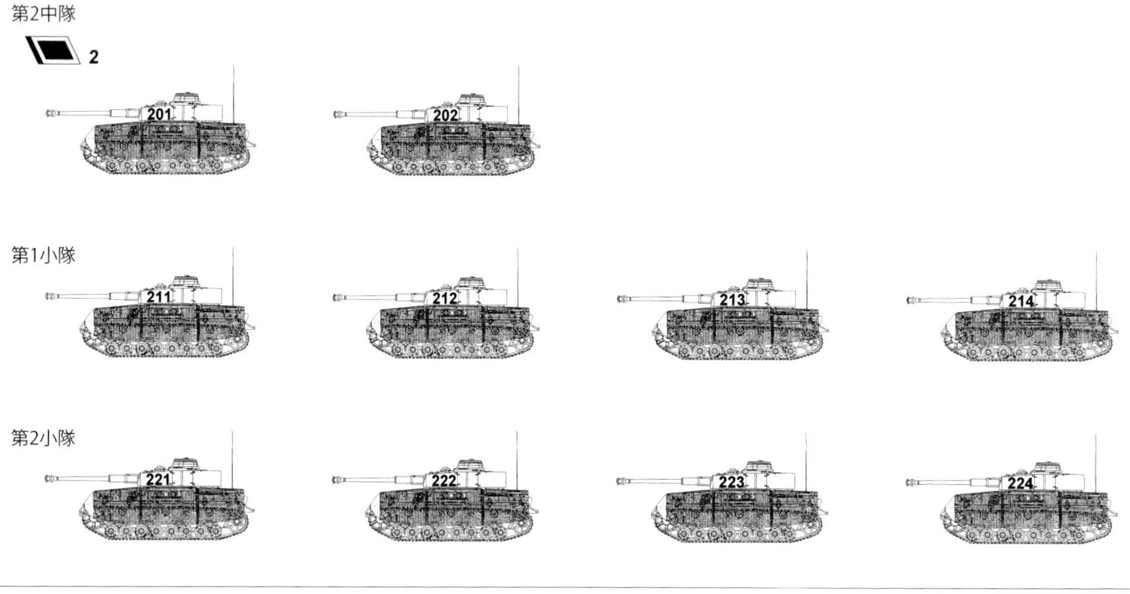

別の指揮指令突撃砲が前進する。大隊の突撃砲はごく少数だけが「ザウコプフ」型防盾を装着していた。（Harbort）

第302（無線操縦）戦車大隊第3中隊のこの突撃砲には砲身にマスコットが取付けられている。（Harbort）

関する直接の知識はなかった。先に述べた地区の鉄道線路で砲撃に遭った。動力伝達装置がやられた！　車両はその場所から動こうとはしなかった。そこで別の突撃砲を呼び、丘の背後に隠れるまで牽引させた。無線で回収車を呼んだところ、それはすぐにやって来た。我々は整備中隊まで牽引されて行った。前線は極めて流動しており、常に西に向かって移動していた。テンプリン・リヒェン近くで牽引車は我々を開けた道路上に残し、他の故障した車両を回収するために行ってしまった。プファイデラー士官候補生は牽引できそうな別の車両を見付けようとした。しかしロシア軍の方が素早かったため、我々はその突撃砲を爆破した。そして徒歩で西に向かい、ゴルデンシュテット近くのパルヒムの外側でアメリカ軍の捕虜となった。我々の小隊の作戦可能だった「BⅣ」1台もまたそこに到着した。その運転手の名前はゲールマンだと私は信じている。

前から見た「BⅣC型」。無線操縦周波数記号の「NU」がこの爆薬運搬車に記入されている。

第303（無線操縦）戦車大隊の編成（1945年3月1日時点）

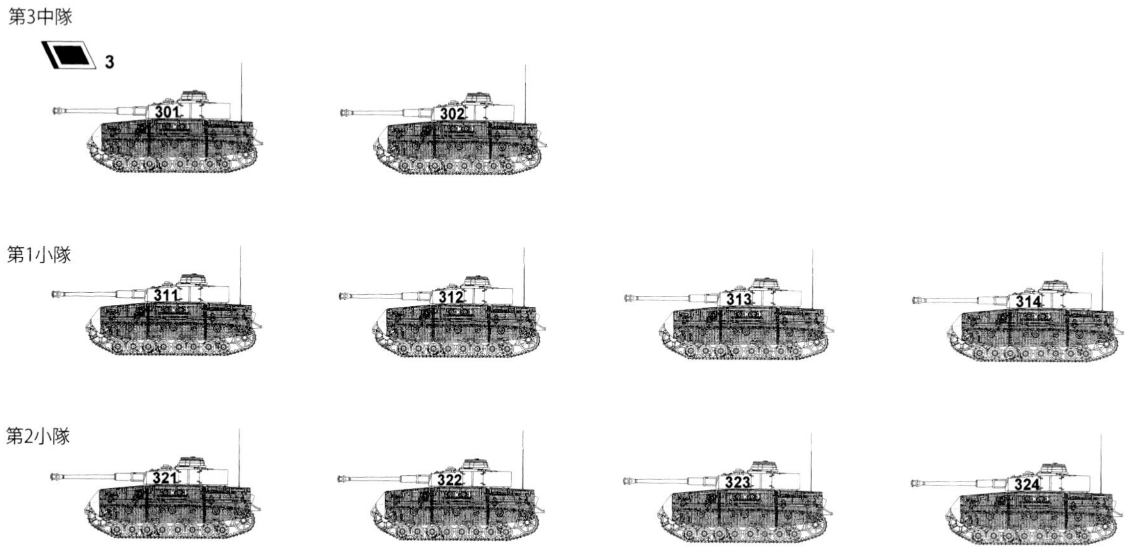

反乱者が潜んでいると思われる家々は破壊された。(Harbort)

作戦には爆薬運搬車だけでなく、Ⅳ号突撃戦車「ブルムベア」、「シュトゥルム・ティーガー」、54cm臼砲「カール」、それに大口径砲と迫撃砲が投入された。(Fiedler)

行動不能となった突撃砲が低底運搬車（特殊トレーラー 116）に積込まれた。(Werner)

第303（無線操縦）戦車大隊無線操縦戦車小隊の編成（1945年2月20日時点）

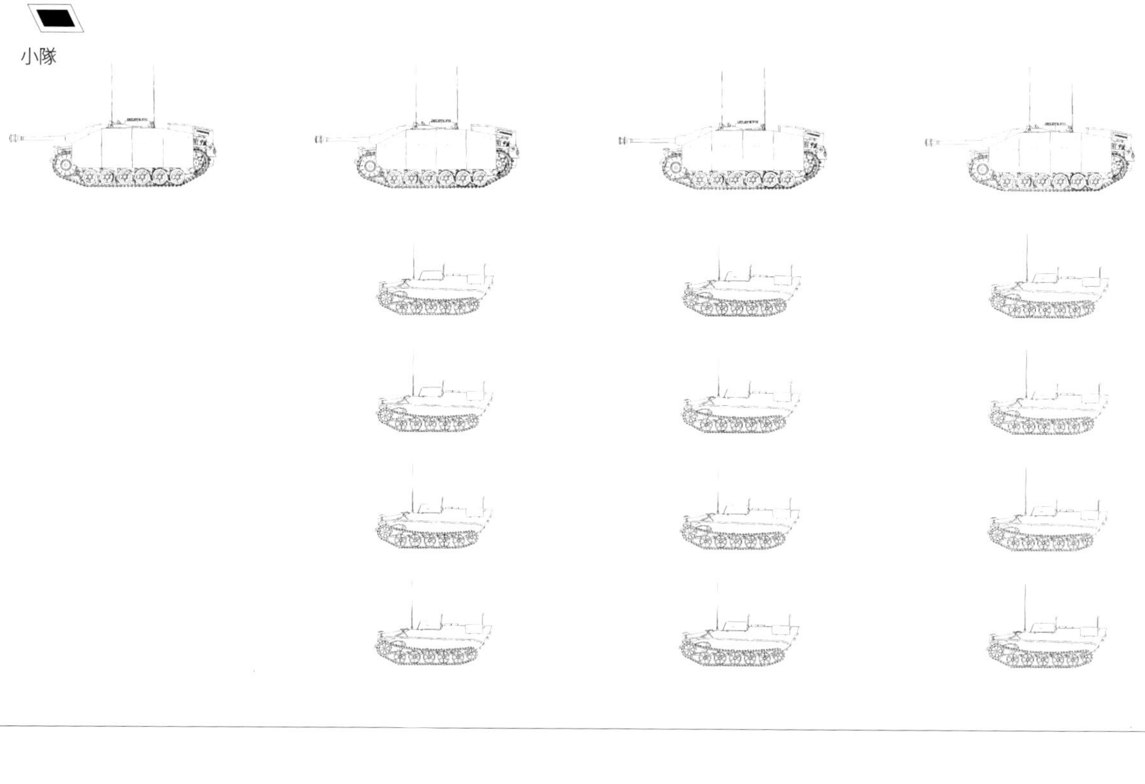

突撃砲210号車。(Harbort)

乗馬姿の銅像の下で小休止。車両は入口通路に駐車された。その前にはVW82の姿もある。(Harbort)

ドイツ軍が「ピルスキ広場」を占領していた間、そこは「アードルフ・ヒットラー広場」と改名された。「ピルスキ広場」はサクソニィ城の前庭である。乗馬姿の銅像が手前にあり、後方には柱で区切られたサクソニィ庭園への入口通路が見える。(Harbort)

運搬車に積込まれた自分の突撃砲の前に立つヴェルナー運転手。この突撃砲は鋼鉄製の上部転輪を装備している。(Werner)

移動が始まった。低底運搬車は18トン牽引車(Sd.kfz9の最終型)に引かれている。(Werner)

第302（無線操縦）戦車大隊第3中隊の一部は、作戦中に別の場所に移動する途中でヴァイクセルに架かる橋を渡った。(Dubberstein)

戦闘中に1両の突撃砲が古い城塞の堀に滑り落ちた。(Werner)

第302（無線操縦）戦車大隊第3中隊の少数の「BIV」運転手と戦闘工兵が、Sd.kfz251の車内で次の作戦のため待機している。(Dubberstein)

集結地区に到着後、乗員は命令を待つ。（Dubberstein）

車両の後面に「301」と「322」の数字が見える。（Dubberstein）

大隊の突撃砲は頻繁に歩兵支援に使われた。（Winkler）

この突撃砲はアイゼンナハ駐屯地に因んだ「ヴァルトブルク（森の城）」と命名された。通常とは異なる機銃防楯に注目。（Werner）

突撃砲はバリケードまで前進した。（Brandner）

昼食中の突撃砲の乗員達。予備の履帯が砲身の横に追加されている。（Jenckel）

移動準備完了！（Jenckel）

突撃砲には無線操縦アンテナの取付け部が装着されているが、アンテナそのものは失われていた。砲手の視界を防護するため鉄板片が追加されている。（Jenckel）

1944年8月末までにワルシャワ旧市街の抵抗は粉砕された。（Fiedler）

突撃砲がワルシャワの中心部を抜けて前進する。狙撃手がどこにでも潜んでいるため、極度の警戒態勢が要求された。（Harbort）

第302（無線操縦）戦車大隊第4中隊の突撃砲は通常とは異なる迷彩パターンを採用していた。最後部から一つ前の装甲スカートに数字が見える。最後の車両は第218特殊任務突撃戦車中隊のIV号突撃戦車「ブルムベア」。（Jenckel）

ポーランド人のヒヴィス（志願補助員）が突撃砲に弾薬を積込むのを手伝っている。（Hitzfeld）

モコトヴとゾリボルツの近郊におけるポーランド人の抵抗排除は1944年9月前半に始まった。（Wilhelm）

この「BIV」は機械故障のため、明らかに行動不能に陥った。爆薬包はまだ車両に積まれたままだった。その横を煙幕に紛れ戦闘工兵と火炎放射手のチームが前進する。（Wilhelm）

安全な距離を開けて、指令戦車が続く。（Wilhelm）

指令戦車112号車が路上の障害物で停止し、歩兵の前進を援護する。（Wilhelm）

1台の「BIV」が無線操縦で前進する。（Wilhelm）

路上の小さな障害物は突撃砲を停止させることができない。（Wilhelm）

1両の突撃砲が爆裂穴の中で底をついた。指令戦車413号車が元に戻る手伝いをしている。(Münch)

この「BIVC型」は爆薬包を投棄し終え、後退していた時に街路灯にぶつかってしまった。(Leon)

反乱者達が1944年10月2日に降伏するまで、無線操縦作戦は実施された。（Fiedler）

ワルシャワにおける戦闘が終結した後、大隊は鉄道で東プロイセン国境地帯に移送され、ティルジットで列車から降りた。同時に大隊は第302（無線操縦）戦車大隊と改称された。装甲戦闘車両は近い将来の作戦に備え、点検・整備が行われた。（Fiedler）

1944年10月18日から25日までの戦闘で、主に突撃砲が戦闘車両として使われた。爆薬運搬車は林の中の場所に止められた。(Müntz)

第302（無線操縦）戦車大隊第2中隊の1トン牽引車。（Tamine）

迷彩を施しての待伏せ！（Esser）

整備小隊の隊員は破損した装甲戦闘車両を修理する機会を得た。(Fiedler)

突撃砲は引続き使われた。第302（無線操縦）戦車大隊第2中隊ではその古い戦術標識（平行四辺形と円）を塗り潰した。同中隊は数台の「ザウコプフ」型防楯付突撃砲も保有していた。(Fiedler)

戦闘中の農場での小休止！（Fiedler）

指揮指令車両の背後にいるのは「BIV」である。この「BIV」は右側の履帯を欠いている。左側には38（t）戦車の車体に15cmsIG曲射砲を載せた「ビーゾン」自走砲が写っている。（Fiedler）

突撃砲を喪失した後、乗員達は歩兵として戦った。(Esser)

ソ連軍の攻勢が1945年1月13日に始まった後、ドイツ軍の反攻も実施された。(Fiedler)

同中隊は1944年7月26日に武装親衛隊第9戦車師団「ホーエンシュタウフェン」の指揮下に編入された。同師団の隊員が爆薬運搬車の横でポーズをとっている。武装親衛隊の指揮官は無線操縦作戦に大きな関心を寄せ、武装親衛隊内にも同様の部隊を編成するよう要望した。(König)

コーモン地区における第301（無線操縦）戦車大隊第4中隊の「BIV」と3トン牽引車。 (Fürbringer)

第89歩兵師団との作戦は1944年8月7日に実施された。これはIII号突撃砲421号車である。この車両もまた深度渡河用排気管を装着している。（ECPA）

爆薬運搬車は1944年8月9日、10日に運用された。その両日、彼らは武装親衛隊第12戦車師団「ヒットラー・ユーゲント」と一緒に戦った。突撃砲のフェンダー前部に記入された、平行四辺形と「4」の戦術標識に注目。（ECPA）

第319（無線操縦）戦車中隊は1944年8月末にアイゼンナハから西部戦線のドイツ・ベルギー国境へ移動した。（Cornelius）

このIII号突撃砲G型はIII号戦車M型の車体をベースにしている。（Cornelius）

ドイツ軍部隊がミューズ河を渡って撤退した後で、リティッチとヴェルヴィアの間にある橋々は破壊された。それらのうち少数は第319（無線操縦）戦車中隊が破壊した。（Cornelius）

カイテル中尉は1944年10月26日から同中隊の指揮をとった。（Keitel）

数台のNSUケッテンクラートが同中隊に配備された。

アーヘンの戦闘では数台の「BIV」を喪失した。

新編成の第301（ティーガー／無線操縦）戦車大隊は、グラーフェンヴェール演習場で異なった型式のティーガーⅠを31両受領した。（Höland）

ブラウン軍曹の部下の乗員達がティーガーを実戦に即応できるよう準備している。このティーガーは外側の転輪が外されていた。（Höland）

まだ砲塔には数字が記入されていない。ボッシュ灯火管制運転用前照灯の隣の発煙弾発射筒に注目。（Höland）

乗員達は1944年9月、10月に引続き重戦車の訓練を受けた。このティーガーは鋼鉄製の転輪を装着している。（Schreiner）

グラーフェンヴェール演習場の藪の中で待機する、第301（ティーガー／無線操縦）戦車大隊第3中隊、ハネケ戦車長のティーガー。砲塔数字「323」はもっと後になるまで記入されなかった。（Haneke）

グラーフェンヴェールの宿営地区におけるティーガー 112号車。(Münch)

大隊は1944年10月31日に列車に積込まれ、北西の方角に移送された。(Höland)

大隊は1944年11月2日に列車から降ろされた。戦車には直ちに迷彩が施される。（Höland）

ティーガー 113号車は残りの戦闘部隊と共に1944年11月中旬、パターンに向け移動した。砲塔後部に固定された燃料缶に注目。（Höland）

ルール戦線における戦闘で数台の「BIVC型」爆薬運搬車が失われた。それらのうちの1台が、ほぼ無傷の状態のままアメリカ軍に回収された。それは後に綿密な調査を受けた。（Jentz）

ティーガー 113号車は履帯と主砲に直撃弾を受けた後、2両の「ベルゲパンター」により回収された。(Höland)

1944年12月、ニーダーアウセンにおけるティーガー 111号車。大隊はアルデンヌへ移動する計画の準備を進めていた。(Specht)

ティーガー 111号車の戦車長、シュペヘト軍曹は車長用キューポラにいる。(Specht)

1945年1月に改編された後、第301（ティーガー／無線操縦）戦車大隊はドイツ・オランダ国境地帯に移動した。サートリィ戦車長のティーガーはまだ古い転輪を装着している。（Sartory）

クレマー大隊長（フィールド・グレイの帽子を被った人物）と数名の士官。副官で後に実戦中隊の指揮官となるシュライナー少尉は、武装親衛隊のつなぎ迷彩服を着用している。（Schreiner）

これら2両のティーガーは1945年1月21日にヴァルトフォイヒト周辺での戦闘で撃破された。（Tank Museum）

1945年1月に新編成の第303（無線操縦）戦車大隊の大半が、グラーフェンヴェール演習場に到着した。ここで隊員は「パンツァーファウスト」と「パンツァーシュレック」の訓練を受けた。（Wenzel）

1945年2月末にポツダムへ移動してから、大隊には装甲戦闘車両が配備された。第303（無線操縦）戦車大隊第2、第3中隊はIV号戦車J型の全派生型を受領した。（Wenzel）

大隊は1945年2月28日にフランクフルト・オーデル地区に移動した。数名の大隊の士官が貨車への積込みを監督している。（Wenzel）

大隊の編成後、第301戦車大隊の装甲戦闘車両の大半が移籍してきた。（Geissel）

個々の対戦車戦闘を想定し、発煙弾と熱爆薬の適切な取扱いに関する訓練が行われる。（Susenbeth）

経験豊富な戦車長が新人を教育する。この写真はハルボルト上級曹長が戦闘訓練を実施しているところ。（Susenbeth）

主砲操作、野戦技術、無線機操作に関する訓練は、訓練中隊のプログラムに含まれていた。新人の戦車兵の肩章に注目。(Susenbeth)

毎年恒例の国防軍の日に、アイゼンナハの住民のために部隊車両が引出されて公開される。少年達にとっても、これは非常に興味のある催しだった。写真はSd.kfz250と改造されたIII号戦車G型（シャーシ番号65075）。（Susenbeth）

新人隊員はベルカ演習場近くで「BIV」の訓練を受けた。彼らは最初に、装軌車両の運転免許を取得するための試験を受ける。爆薬運搬車には「運転学校」の印が付いている。(Lock)

戦車の運転手に対する訓練はかなり広範囲にわたる。車体に搭乗しての訓練に加え、極限状態における対応も学ぶ必要があった。（Lock）

指令戦車213号車は、転輪上部まで泥に埋まってしまった。（Lock）

運転学校を無事卒業した兵士達の集合写真。(Jakob)

大隊長ヴァイケ少佐（中央）と数名の士官達。左はフォン・アーベンドロト大尉、右はヴァイケ少佐とノルテ中尉。(Schatz)

編成されて最初の数ヵ月間、第300（無線操縦）戦車試験・補充大隊は2両のIII号突撃砲D型を保有していた。両車ともサンド・イエローに塗られていた。戦闘室上面の右前に無線操縦用アンテナの取付け部を見ることができる。(Jung)

大隊のIII号戦車が演習中に不整地を走破する。

前ページで触れた2両のIII号突撃砲D型の追加写真。(Jung)

演習のため小隊が退出する。指揮指令車両の後ろに爆薬運搬車が続く。グレーゼル少尉が突撃砲のハッチから身を出していた。(Jung)

第300（無線操縦）戦車試験・補充大隊には、陸軍一般軍務局と陸軍兵器局の高官が頻繁に訪れた。この公開演習では爆薬運搬車の全型式が披露された。（Susenbeth）

無線操縦の「BIV」が煙幕発生器を用いながら、その機能を示している（右）。この実演は批判的に観察された。（Susenbeth）

将軍は無線操縦兵器に関する追加情報を説明してくれる士官や専門家を抱えている。（Susenbeth）

第1（試験）中隊長フィッシャー中尉と部下の小隊長、ヴィツガルとダンネベルクの両少尉。kfz16の右側泥除けに記入された第300（無線操縦）戦車試験・補充大隊第1中隊の戦術標識に注目。（Susenbeth）

陸軍一般軍務局の自動車化部隊総監部のミルデブラト大佐に対し、無線操縦車両の実戦運用の可能性が明示された。（Susenbeth）

数名の大隊の士官が機関銃の射撃の機会を得た。（Susenbeth）

第300（無線操縦）戦車試験・補充大隊の駐屯地で新人兵士の宣誓式。一部の突撃砲は装甲スカートを装着している。(Susenbeth)

大隊はＶ号戦車パンター D型を1943年6月に受領した。(Jakob)

パンターが車庫の前にいる。隣は「ボルクヴァルトBIVC型」の試作型。エンジン室上のカバーに注目。(Jakob)

別のパンターにはシャーシ番号211038が防楯と砲塔側面に記入されている。（Jakob）

パンター 3両のうち1両は後に運転手学校で使用された。その戦車は燃料にプロパン・ガスを使うように改造されていた。この車両は機関銃ポートが塞がれ、砲塔上面にアンテナ取付け部があることから指令戦車であることが判る。（Jakob）

この車両もプロパン・ガスが使えるように改造されていた。車体後部にその容器が取付けられている。（Jakob）

第300（無線操縦）戦車試験・補充大隊はIII号戦車H型も保有していた。（Wimmer）

指揮指令車両上の新人兵士達。運転手用バイザーの上に第300（無線操縦）戦車試験・補充大隊第3中隊の戦術標識が記入されている。（Jakob）

野外における「BIV」運転手の訓練の様子。(Jung)

訓練場における小休止。(Jung)

この「BIV」は食糧や他の容器を運ぶために使われていた。(Jakob)

ベルカ演習場で野営する際はいつも「BIV」や他の装甲戦闘車両のために歩哨が立った。このIV号戦車G型に関する情報は他に入手できなかった。（Jakob）

III号突撃砲G型に加え、大隊は運転手や装填手、砲手の訓練のために2両のIII号突撃砲F型を保有していた。そのうちの1両にはシャーシ番号「91253」が記入されていた。一部の突撃砲もまた、プロパン・ガスが使えるように改造されていた。（Schwarz）

兵員を慣れさせるため、時には訓練中に実際に爆薬を爆発させることもあった。（Hanke）

演習の休憩中に兵士たちは互いの戦争体験を披露し合う。(Cornelius)

ヴィッツガル少尉は第1（試験）中隊第2小隊長で、ハース少尉は第3小隊長だった。(Wizgall)

大隊長のヴァイケ少佐の後任はヴォルシュレーガー大尉だった。1943年2月に負傷するまで、ヴォルシュレーガー大尉は第502重戦車大隊長を務めた。(Wizgall)

VWシュヴィムヴァーゲン（特殊型129）は1944年に第300（無線操縦）戦車試験・補充大隊に支給された。特殊装備の一部は撤去されている。（Susenbeth）

バウヘ中尉は第300（無線操縦）戦車試験・補充大隊第2中隊長を務めていた。（Jung）

2.3　補充・訓練隊列

2.3.1
（遠隔操縦）戦車野戦補充中隊

第300戦車大隊が東部戦線に移送された時、作戦行動中に戦死、負傷、捕虜となった者達に代る人員を供給する部隊の必要性が生じた。

1942年5月18日、陸軍一般軍務局はノイルッピンの第5戦車補充大隊に、第300戦車大隊のため（遠隔操縦）戦車野戦補充中隊の編成を命じた。

1942年5月8日付の戦力定数指標表「1161」によると、補充中隊は以下の隊員で構成されていた。

＜中隊隊員＞
士官：1名
下士官：17名
兵：21名
＜補充隊員＞
士官：2名（小隊長）
下士官：10名（車両指揮官（遠隔操縦分隊長も）
兵：148名（砲手、装填手、無線士、運転手、戦闘工兵、戦車整備士、信号整備士、それと「BⅣ」運転手）
＜合計＞
士官：3名
下士官：27名
兵：169名

部隊は少数の車両しか保有していなかったため、第5戦車補充大隊の待機車両に頼る必要があった。

1942年11月1日、（遠隔操縦）戦車野戦補充中隊の残りの隊員は新たに編成された第300戦車補充大隊に移され、そこで彼らは第300戦車補充大隊第2中隊の基幹要員となった。

2.3.2
第300（遠隔操縦）戦車試験・訓練中隊

第300戦車大隊がコットブスからクリミアに展開するため東部戦線に移送された後で、爆薬運搬車を試験し、有線・無線操縦特殊車両の運用に関する専門家の養成をドイツ国内のどの部隊が引継ぐのか、という疑問が生じた。

1942年5月29日付の陸軍一般軍務局の指示（AHA Ⅰ a Ⅱ 第15843／42）はノイルッピンの第5戦車補充大隊に、第300（遠隔操縦）戦車試験・訓練中隊の編成を求めた。第5戦車補充大隊は充分に適格な要員を第300（遠隔操縦）戦車試験・訓練中隊のために確保する責任も負っていた。

1942年10月3日、陸軍一般軍務局は同中隊の隊員と装備を第300戦車補充大隊の編成に使うことを命じた。

2.3.3
第300（無線操縦）戦車試験・補充大隊

1942年10月3日、陸軍一般軍務局は第300（無線操縦）戦車補充大隊の編成を命じた（Ⅰ a Ⅶ 第31475／42 極秘）。

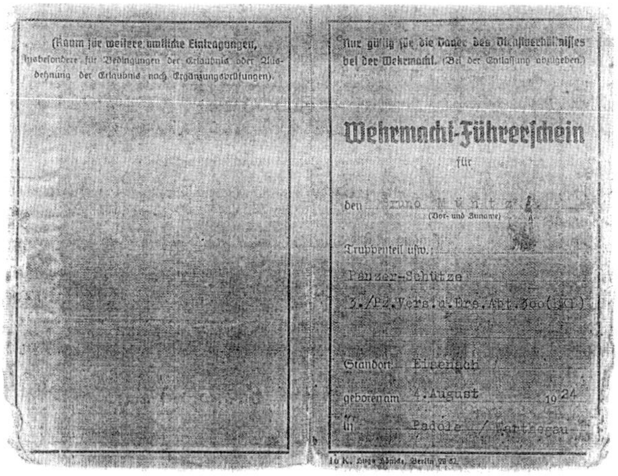
(Raum für weitere amtliche Eintragungen, insbesondere für Bedingungen der Erlaubnis oder Ausdehnung der Erlaubnis nach Ergänzungsprüfungen).
Nur gültig für die Dauer des Dienstverhältnisses bei der Wehrmacht. (Bei der Entlassung abzugeben.)
Wehrmacht-Führerschein
für
den Bruno Müntz
(Vor- und Zuname)
Truppenteil usw.:
Panzer-Schütze
3./Pz.Vers.u.Ers.Abt.300
Standort: Eisenach
geboren am 4. August 1924
in Padole / Wartegau

Der Bruno Müntz
(Vor- und Zuname)
erhält die Erlaubnis, nach bestandener Prüfung ein Kraftfahrzeug mit Antrieb
durch Verbrennungsmaschine
der Klasse -2- zu führen.
nur für Vollketten-Kfz.gepanzert bis 15 to.
Eisenach, den 18. Mai 1943 1943
Panzer-Versuchs-u. Erf.-Abteilung 300
Liste 1943 / 356
(Eigenhändige Unterschrift des Inhabers)

第300（無線操縦）戦車試験・補充大隊第3中隊のブルーノ・ミュンツ戦車兵の運転許可証。彼は15トンまでの装軌車両の運転が許されていた。

バルト海沿岸で試験中のザーメル大尉（撮影時はまだ自動車化隊総監部に所属）とヴィッツガル少尉。試験中隊は水上走行装置を装着した「BIV」を用意し、水陸両用爆薬運搬車の試験を実施する任務を担っていた。（Wizgall）

試験はNSU社と密接に協力して行われた。右に写っているのはNSUケッテンクラートの設計者、フレーデ博士。（Wizgall）

大隊は本部、補充中隊、試験・訓練中隊から成っていたが、ノイルッピンで1942年11月1日までに編成が完了した。第300（無線操縦）戦車試験・補充中隊の隊員と装備、それと第5戦車補充大隊の（遠隔操縦）戦車野戦補充中隊の隊員が補充大隊に編入された。

その年末に第300戦車補充大隊は再編され、改称された。新しい部隊名は第300（無線操縦）戦車補充大隊となった。その部隊は本部と4個中隊から成っていた。第1中隊は試験と教育を担当する中隊で、第2、第3中隊は訓練中隊、そして第4中隊は補充中隊だった。同時に部隊はアイゼンナハに移るように命じられた。第18戦車訓練大隊第6中隊が訓練中隊の編成に使われた。

1943年3月9日、陸軍一般軍務局はまたも部隊名の変更を命じ、大隊は第300（無線操縦）戦車試験・補充大隊と改称された。

機甲兵総監に就任して数日後の1943年3月18日に、グーデリアン上級大将がアイゼンナハの駐屯地に同部隊を訪問した。

この時、どちらも独立中隊だった第312遠隔操縦中隊とアーベンドロト中隊が第300（無線操縦）戦車試験・補充大隊に配属された。

1943年夏時点で大隊に在籍する士官は以下の通り。

大隊長：ヴァイケ少佐

第300（無線操縦）戦車試験・補充大隊第1中隊長：フィッシャー中尉

第300（無線操縦）戦車試験・補充大隊第2中隊長：バウヘ中尉

第300（無線操縦）戦車試験・補充大隊第3中隊長：シュリター中尉

第300（無線操縦）戦車試験・補充大隊第4中隊長：グラエゼル少尉

大隊は各種の車両を保有していた。Ⅲ号戦車の旧型とⅢ号突撃砲の様々な型が指揮指令車両に使われた。もはや実戦運用には適さない爆薬運搬車は運転手と操縦手の訓練のために使用された。

第300（無線操縦）戦車試験・補充大隊は後にⅣ号戦車、パンター、それに無線操縦車両の原型も保有した。

第2、第3中隊は兵員訓練に責任を負っていた。これは遠隔操縦爆薬運搬車の特殊運転手と特殊無線装置の整備と修理を行う特技兵の養成に主眼が置かれた。第4中隊は補充中隊で、前線部隊の被った損失を即座に償う責任があった。第1中隊は特殊任務を帯びていた。それはダネンベルク少尉が指揮する第1小隊、ヴィツガル少尉率いる第2小隊、ハース少尉率いる第3小隊から成っていた。この試験部隊の各小隊は異なる機能を持っていた。

こうした理由から、第300（無線操縦）戦車試験・補充大隊第1中隊には陸軍一般軍務局第6総監部（自動車化隊担当）と陸軍兵器局の担当者が頻繁に訪れた。

1944年秋に陸軍兵器局車両開発部（戦車と軍用車の開発・評価を担当する部門）のザーメル大尉が第302（無線操縦）戦車大隊長に就任した。彼はガソリンエンジン付「ゴリアテ」の開発にずっと関わってきた。陸軍兵器局の自動車試験部門が作業場とベルカ駐屯地の訓練場に小試験路を有していたこともまた、第300（無線操縦）戦車試験・補充大隊第1中隊が有利な点だった。

第300（無線操縦）戦車試験・補充大隊第1中隊に課せられた任務には、テレビ・カメラを装備した無人戦場偵察車両の開発や、浮遊爆薬を装備した水陸両用爆薬運搬車の試験が含まれていた。これに加えて、飛行機から無線で爆薬運搬車を誘導する実験も実施された。

ヴィツガル少尉はSd.kfz304「シュプリンガー」爆薬運搬車の開発で顕著な役割を果たした

中隊は初期には暗視装置の実験的な型式を備えたタトラ車1台を装備していた。これを基に赤外線装置と画像検知装置の開発が進められた。ハース少尉は運転補助と夜間戦闘で目標捕捉装置両方のシステムの試験と評価に責任を負っていた。

1945年初め、画像検知装置を備えたパンター4両を擁する「ハース少尉試験小隊」が編成された。小隊はハンガリーに送られ、バラトン湖の戦いに投入された。パンターの戦車長はハース少尉、ボル曹長、ダイヒフス曹長、シビス軍曹だった。試験小隊は新型装置を用いて多数の撃破を達成し、主にその夜間作戦で敵に多大な恐怖心を植え付けた。

1945年3月末に第300（無線操縦）戦車試験・補充大隊第2、第3、第4中隊の隊員の大半はその大部分の装輪、装軌車両と共に、新編成のチューリンゲン戦車訓練隊に配属された。

前線に到着した後、チューリンゲン戦車訓練隊は第2戦車

無線操縦型NSUケッテンクラートの試験。上の写真ではヴィッツガル少尉の姿も見える。（Wizgall）

師団を再建する戦力として用いられた。第300（無線操縦）戦車試験・補充大隊の元隊員の多くは、フランクフルトの北西でフルダとシュリヒテルンの間で辛うじて作戦可能な車両を使い、再び戦闘に加わった。

2.4　その他の特殊部隊

2.4.1
第801～第806弾薬運搬車中隊

歩兵隊は早くも1937年頃から装甲が施された弾薬運搬車を要求していた。カール・F・W・ボルクヴァルト社がその開発を請負い、重量3.5トンで小火器に対する装甲板を備えた装軌式重運搬車を設計した。ボルクヴァルト製の出力55馬力の6M2.3RTBVエンジンが、時速30㎞の要求性能を満たせるかと思われた。装甲弾薬運搬車は内部に500㎏の積荷を運ぶことができたが、その状態で更に500㎏の積荷を積んだトレーラーを牽引することもできた。

量産先行型が製作され、そのうち20台は実地運用試験に使われ、3台は陸軍兵器局車両開発部が使った。更に5台の製作が命じられ、うち3台はリベットで組立てられた車体だった。その装甲弾薬運搬車はVK301／302という識別記号が与えられた。

量産先行型に加えて、ボルクヴァルト社は100台を製作する契約を結んだ。供給は1940年末から始まる予定だった。しかし、生産は極めて遅く、45台を完成・供給した後に生産は中止された。

これらの装甲弾薬運搬車はデベリッツの歩兵隊学校に送られ、そこで新しい装甲弾薬運搬車中隊を編成する際の基礎になることが意図された。

VK302を基にした5㎝自走対戦車砲の開発だけでなく、10.5㎝「ライヒトゲシッツ350」無反動砲を搭載した自走運搬車も開発契約が結ばれた。自走対戦車砲の原型は2台製作されたが、実用試験は成功しなかった。自走無反動砲は原型1台だけが製作されただけだった。

●第801装甲弾薬運搬車中隊

1943年3月26日、陸軍一般軍務局は第801装甲弾薬運搬車中隊を編成する命令（AHA Ⅰa（1）第10215／43）を発した。それは第78突撃師団に実験中隊として編入が意図された。しかし実際には、1943年6月に第801装甲弾薬運搬車中隊は第1歩兵師団に配属された。

その特殊車両を可及的速やかに実戦で評価するため、第1歩兵師団からの詳細な報告書が要求された（出典：アメリカ合衆国公文書館）。

準拠：陸軍参謀本部作戦部Ⅲ／第6105／43　「極秘」
1943年6月11日付
題目：第801装甲弾薬運搬車中隊の配属

上に引用した命令は、第801装甲弾薬運搬車中隊を実地試験のため第1歩兵師団に配属した。
ボルクヴァルト社は装甲弾薬運搬車の製造を請負い、45台を製作した。しかし要求性能に合致しなかったため、生産は中止した。
装甲弾薬運搬車に関する潜在能力、運用方法、指揮指令関係で実戦経験を得るため、中隊は現存する45台のボルクヴァルト製運搬車を装備する。不能となった運搬車を修復する可能性のある補修部品の支給はないということを述べる必要がある。
装甲弾薬運搬車は、添付の質問表の中に聞かれた問いに明確に答えることができるような方法で運用されるものとする。

1943年9月15日付の中間報告が配備時に同封されていた。

配付先：編成部
兵站総監
陸軍一般軍務局歩兵隊総監部

〈「質問表」緒言〉
装甲弾薬運搬車中隊は単独の戦闘支援部隊であり、戦闘部隊隊列ではない。
ボルクヴァルト装甲弾薬運搬車の性能は限定されており、開発はまだ完了していない。それはもはや製造されていない。従って機械的試験は実施しない予定である。
装甲弾薬運搬車中隊で実地運用試験を行う目的は、歩兵連隊内で師団の補給部隊、あるいは前線弾薬配給地点と歩兵大隊と中隊との間の戦場において、弾薬運搬の経験を得ることにある。
近い将来、実戦配備されるであろう装甲弾薬運搬車は、以下の性能を備えた装軌式車両となるはずである：全備重量6,000㎏、搭

アイゼンナハ駐屯地での公開演習の最中にNSUケッテンクラートに乗ったハース少尉。運転席の写真からは操向機構が把握できる。(Susenbeth)

載量最大2,000kgと乗員4名、最高時速30km、小火器と砲弾破片に対する装甲板を備える。

試験は以下の質問に答えるものとする。

A）編成

各歩兵大隊に何台の装甲弾薬運搬車が必要か？（約6台を予想している）

これに加えて、連隊の使用には何台の装甲弾薬運搬車が必要か？（約7台を予想している）

B）人員定数

各小隊には何名の人員が必要か？

その小隊はどの中隊に配属すべきか？

連隊の整備部門は弾薬運搬車の整備ができるか？

C）装甲弾薬運搬車の集中運用

大隊で集中運用することが問題を引き起こすか？

補給に関してはどうか？

D）武装

小隊はどんな武装が必要なのか？

E）弾薬の供給

前線にいる歩兵の兵器に弾薬を供給することは可能か？

F）作戦

最初の作戦日は何時か？

作戦日数は？

作戦回数は？

中隊が組織全体として関与したのか？

小隊が関与したのか？

装甲弾薬運搬車が単独で関与したのか？

昼間の作戦か？

夜間の作戦か？

戦場で成功したか？

戦場の部隊に供給した弾薬と装備の種類は？

G）路上行軍

1）行軍中に得た教訓は？

2）速度はどうか？

3）夜間行軍はどうか？

4）中隊は独自の警護を付けたか？

5）警護隊は師団が付けたのか？

6）敵、あるいはパルチザンとの戦闘はあったか？

H）任務

1）様々な弾薬は何kgが要求されたか？

2）装備を運搬したか？

3）人員の移送か？

4）負傷者の移送か？

5）前線に展開している師団の連隊に完全に基本的な積荷を中隊は用意することができたか？

J）特に技術的な教訓は何か：

K）中間結果の評価：

L）編成表への反映：

以下の条件の部隊組織A）において弾薬運搬用の車両、馬匹、人員はどれだけ減らすことができるか？

陣地戦において／機動戦において

歩兵大隊

歩兵中隊

機関銃中隊

連隊

歩兵小銃中隊

M）その他の提案

残念ながら、この報告書の結果を示す情報は入手できなかった。第1歩兵師団からの情報によれば、車両は前線運用に成功した。1944年夏に弾薬運搬車中隊はデベリッツの歩兵隊学校に送り返され、一時的に解隊された。同部隊の経験を積んだ隊員は、新たな装甲弾薬運搬車中隊を編成する際に使われる予定だった。

1944年8月6日に発せられた命令（陸軍一般軍務局幕僚I部　第33790／44　極秘）は、「古い」第801装甲弾薬運搬車中隊の元隊員を使い、第801から第806までの装甲弾薬運搬車中隊を編成するよう、デベリッツの歩兵隊学校に指示していた。

新しい中隊はVK301／302の代わりに、もはや当初の用途には使えない「ボルクヴァルトBIVA型」爆薬運搬車を改造して装備する予定だった。

その前任部隊と同様に、再建された第801装甲弾薬運搬車中隊は第1歩兵師団に配属された。1944年秋に部隊は東プロイセン／バルト国境地域で防御戦闘に投入された。そして、シュロスベルクにおける作戦の後でケーニヒスベルクに退却した。師団の一部はピラウから海路で脱出した一方で、残り

テレビ・カメラを装備した「BIV」がオペル・ブリッツ3トン・トラックの隣にいる。「ゼードルフ」P型テレビ受像機は車体上層部に搭載されている。(Susenbeth)

テレビ・カメラを装備した「BIV」はヒットラーと高官クラスの将軍に公開された。(Trenkle)

政府高官に向けた公開演習中のヴィッツガル少尉。同少尉の隣にいるのはヨゼフ・ゲッベルス宣伝相。(Susenbeth)

「ゴリアテ」の試作型がヒットラーのために公開された。(Kugler)

はザムラントでソ連軍の捕虜となった。

●第802装甲弾薬運搬車中隊

「ボルクヴァルトBⅣ」装甲弾薬運搬車を支給された後に、第802装甲弾薬運搬車中隊は第170歩兵師団に配属された。退却戦闘の後で同師団は晩夏にスヴァルキからバルト海沿岸のケーニヒスベルク地区に退却した。その時までに戦力は1個戦闘集団に減少していた。1945年4月13日に第802装甲弾薬運搬車中隊は解隊し、その残存隊員は東プロイセン軍総司令部に配属された。

●第803装甲弾薬運搬車中隊

第803装甲弾薬運搬車中隊は編成された三つ目の装甲弾薬運搬車中隊で、第28駆逐師団に配属された。中隊の1945年1月から3月までの期間の興味深い報告がある（出典：ドイツ連邦公文書館／フライブルク軍事公文書館）。

第28駆逐師団
1945年3月12日（場所は秘密）
宛先：陸軍最高司令部／陸軍総監／歩兵隊総監
陸軍参謀本部総長

要請により、師団は要請のあった第803装甲弾薬運搬車中隊の状況報告を同封した。

今年1月の東プロイセンにおける攻撃、および防御戦闘の過程で、燃料がもっぱら突撃砲と指揮目的に供給されたため、装甲弾薬運搬車は次々と爆破された。列車への積込みもやはりできなかった。

1月29日、同中隊隊員と他から転属した隊員とで荷馬車輸送隊が編成された。

第4軍の命令により、補給部隊から余剰人員を間引き、歩兵の利益のために勢力を大きく削減した結果、1月初めに下士官6名と兵19名を歩兵隊に移した。1945年3月11日、中隊は解隊した。中隊の残存人員、下士官4名（看護兵1名を含む）と兵14名は戦闘任務に適さないため、師団司令官の部隊である第28補給隊に配属した。

（署名は判読不能）

第803装甲弾薬運搬車中隊
1945年3月8日（場所は不明）
宛先：陸軍最高司令部／陸軍総監／歩兵隊総監
陸軍参謀本部総長

〈報告〉
1945年1月4日から3月8日までの期間

1945年1月4日に第28駆逐師団の命令により、第803装甲弾薬運搬車中隊の指揮はハルトヴィヒ中尉に移された。

その時点で中隊の人員、装備勢力は以下の通り。

1.人員
士官1名、下士官9名、兵36名
2.車両状況
15台のSd.kfz301のうち、13台は使用可能、1台は短期修理、1台はシリンダー・ブロックに亀裂があるため条件付きで使用可能。
中型オートバイ1台、割当てられたトラック2台、小型野戦厨房コンロ1個。
3.武器と装備
84／98型銃剣：19挺
98k騎兵銃：37挺
43型騎兵銃：6挺
MP38／40短機関銃：3挺
小銃用擲弾発射器：3個
信号拳銃：6挺
双眼鏡（10×50）：4個
双眼鏡（6×30）：6個
行軍コンパスA：11個
懐中電灯：20個
34型清掃装置：23個
小型受信機：1台

作戦：1945年1月12日に2個小隊（＝特殊車両10台）が第83、第49歩兵連隊に移動

性能：夜間は小火器の弾薬8.5トンを14回の輸送行で運搬。昼間は小火器の弾薬5.6トンを8回の輸送行で運搬

1945年1月中旬に退却の動きが始まった時、使用中の運搬車10台には弾薬と装備が積込まれた。ゴルダップ地区からの素早い退却のため、これらの車両は以下のごとく爆破するか、破壊された。

「トネ」P型テレビ・カメラ。(Trenkle)

暗視装置の最初の試験は1943年春に第300(無線操縦)戦車試験・補充大隊で実施された。1台のタトラ97幕僚車が試験用に使われた。(Susenbeth)

1944年の同一車。4気筒水平対向エンジンのための換気溝がトランク部に設けられていることに注目。(Susenbeth)

このBMW326カブリオレは暗視装置を装備していた。(Münch)

1945年1月22日：シャーシ番号360214の車両は第28駆逐師団Ｉb（参謀Ｉ部歩兵隊担当）の命令により、補修部品の欠如のため、工具と予備履帯は運搬手段の欠乏のため破壊が決定された。

1945年1月23日：シャーシ番号360214の車両は中隊長の命令により、やはり使用不能で主電源線の背後あるいは抵抗の修理は不可能と判断。

1945年1月24日：燃料欠乏のためシャーシ番号360258、360400、360438、360460、360465、360468、360507、360575の車両は、師団と相談した後に師団補給部隊指揮官の命令により破壊された。

1945年1月26日：師団補給部隊指揮官の命令により、全ての機密文書および綴込み文書は焼却。

1945年1月28日：シャーシ番号360509、360564、360343、360395の車両は第49駆逐連隊に置かれた。

1945年2月4日：燃料の欠乏から、師団と相談した後に師団補給部隊指揮官の命令によりシャーシ番号360710の車両は破壊された。

人員の変更：師団命令により、在籍人員の中から歩兵隊に移籍するため1945年2月7日に下士官4名と兵14名、1945年3月3日に下士官2名と兵5名が戦闘部隊に移籍された。

1945年3月8日現在の中隊の編成と状況

実数：	士官	下士官	兵
	1	3	17
死亡			
入院中	―	1	3
離隊	＝	＝	2
在籍	1	2	12

武器と装備：
98k騎兵銃：16挺
43型騎兵銃：3挺
84／98型銃剣：2挺
MP38／40短機関銃：2挺
小銃擲弾発射器：3個
信号拳銃：5挺
34型清掃装置：12個
行軍コンパスA：6個
双眼鏡（10×50）：2個
双眼鏡（6×30）：3個
懐中電灯：13個
野戦厨房コンロ：1個
小型受信機：1台
※失われた武器と装備は戦闘部隊に移籍された下士官と兵に与えた。

車両：
中型オートバイ1台
師団から配属されたトラック2台
※運搬車の車両表と文書類は中隊が保有。

師団の命令により、中隊の残存人員に加えて、他の部隊からの人員と自発的志願者、それと荷馬車で運搬能力20トンの輸送隊を1945年1月29日に編成した。

先に述べた作戦は道路と地形が最も困難な状況において行われた。運搬車はその価値を証明したが、燃料不足のため、大規模な作戦は行われなかった。道路が氷に覆われた時は氷の滑り止めの欠如がとりわけ目立った。

署名　ハルビヒ中尉、中隊長

1944年から45年かけて第28駆逐師団はゴルダプ―アンゲラップ地区で戦い、その後でブラウンスベルクを経由しエルビンクに退却した。第803装甲弾薬輸送車中隊は師団がハイリゲンバイル孤立地帯で敗れる前に解隊した。

●第804装甲弾薬輸送車中隊

1944年10月に編成された第804装甲弾薬輸送車中隊は、当時、アルザスに駐留していた第198歩兵師団に配属された。

興味深いことを記すが、師団に配備された中には改造された「ボルクヴァルトBIVA型」のギア･トランスミッション（歯車式動力伝達装置）を装備した原型が含まれていた。

師団はその車両を試験し、以下の報告をまとめた（出典：ドイツ連邦公文書館／フライブルク軍事公文書館）。

1945年3月14日の試験走行の報告

本日のオーク山西側の地形での試験走行の後で、以下の事柄が測定された。

300（無線操縦）戦車試験・補充大隊の一部が戦車兵訓練チューリンゲン隊に編入された。大隊の残りはフランクフルト・アム・マインの北西に展開した。（Regenberg）

1943年の「スプレンクボーテ（爆発ボート）」の試験に300（無線操縦）戦車試験・補充大隊が派遣された。これらのボートの操舵機構は「BIV」の構成部品を流用していた（右）。（Hauptmann） a.）シャーシ番号360261はトリロック・トランスミッションAⅡ260型を装備

b.）シャーシ番号360504は5速ギア・トランスミッションを装備。

a.）に関しては、積荷820kg（乗員を含む）を載せ、路上と不整地で走行させた（通常の積荷は乗員を含み620kg）。路上では時速30kmに達した。操向ブレーキ機構による運動性能は極めて貧弱。旋回半径は7m。車両はほとんど何時もフル・スロットルで走行しなければならなかったので、燃料消費率は極めて高い。試験走行中に車両は8km進むのに燃料10リットルを消費した。

b.）に関しては、ギア・トンスミッションを備えた車両は同じ地形を同じ820kg（乗員を含む）の積荷で走行した。路上速度は時速40から42km。斜面の登坂能力は30から35度を達成した。全ての傾向は上に述べた車両よりも30%速く遂行できた。エンジンとトランスミッションの連結はより大きな運動性能を生み出す（旋回半径5m）。ギア選択能力はより低い燃料消費へとつながった。試験走行中に車両は11km走行するのに燃料10リットルを消費した。

トリロックとギア・トランスミッションとの比較要約

a.）1.路上と不整地での動きが遅い
　　2.運動性能が貧弱
　　3.高い燃料消費量（行動半径が限定）

b.）1.路上と不整地での動きがより速い
　　2.運動性能がより高い
　　3.低い燃料消費量（行動半径がより大きい）
　　4.クラッチ摩耗が少ない
　　5.トリロック・オイルは不要

（署名は判読不能）中尉、中隊長
デベリッツ歩兵隊学校

第198歩兵師団は第19軍の第LXXX軍団の隷下にあり、アルザスの戦いの後で、プファルツを通ってライン・ネッカール地域に退却した。シンシャイムーハイルブロン線を通って退却した後で、師団はアメリカ軍に降伏した。その時までには1個戦闘集団以下になっていた。

●第805装甲弾薬輸送車中隊

1944年10月中旬にデベリッツ歩兵隊学校で編成された第805装甲弾薬輸送車中隊は第304歩兵師団に配属されたが、1944年11月7日には上シレジアに駐留していた。

●第806装甲弾薬輸送車中隊

最後に編成された部隊は第806装甲弾薬輸送車中隊だった。

1945年3月11日、陸軍参謀本部はその部隊の編成を進めないことを決めた。この命令はいつの時点かに明らかに撤回された。1945年3月23日、第Ⅲ軍団司令官代理（第ⅢWK司令部）は同中隊が3月21日に鉄道で西に向かったことを陸軍最高司令部に申告した。装甲弾薬輸送車中隊はそこで第180歩兵師団と共に展開する予定だった。同中隊に関する唯一の作戦報告は弾薬輸送車の追加支給の命令である（出典：ドイツ連邦公文書館／フライブルク軍事公文書館）。

テレックス
宛先　西部方面最高司令部

追加の装甲弾薬輸送車2台とその乗員はトラックで第806装甲弾薬輸送車中隊に派遣されるが、同中隊は第180歩兵師団に配属の予定。車両をどこへ届ければ良いのか、デベリッツーエルスグルントの歩兵隊学校第3教導幕僚部に貴官の助言を要請する。

陸軍最高司令部／補充総司令部／陸軍一般軍務局参謀Ⅰa部
第1655　1945年3月26日付
司令部のために
フライターク大佐

1945年3月後半に第180歩兵師団は第1降下猟兵軍に配属され、3月24日から連合軍がヴァルスムーフォエルデ地区でライン河下流を渡河した後に、ヴェーゼル南方で戦った。部隊の残存隊員はルール孤立地帯でアメリカ軍の捕虜となった。

残念なことに、第801から第806までの装甲弾薬輸送車中隊の詳細に関してはほとんど何も判らない。その作戦あるいは損失については、第803装甲弾薬輸送車中隊以外は述べることができない。

1945年3月22日、デベリッツ歩兵隊学校第Ⅴ大隊（K）は補充総司令部歩兵隊総監部に同学校の車両保有目録を知らせた。それに記載されたのは、同学校の補充・訓練小隊に「ボルクヴァルトBⅣ」が42台在籍していることだった。これらの車両は補充車両に転用か、あるいは部品採りのために分解される予定だった。

2.4.2
第1戦車殲滅大隊

1945年1月に第300戦車試験・補充大隊は新たな特殊部隊のために、訓練を受けた「BIV」運転手と自発的な志願者を探し始めた。志願者達は「パンツァーシュレック」の訓練のため、グラーフェンヴェール演習場に運ばれた。3日間の訓練と試射の後で、その特殊部隊はノイルッピンの第5戦車補充大隊に運ばれた。その時点で、部隊は「ランクスドルフ部隊」と名付けられた。

1945年2月初めに自動車化隊総監は、マクデブルク・ゴメルン兵器廠が有する「BIV」56台から無線装置を取外すことを命じた。第5戦車補充大隊の整備、兵装設備は、それらの車両にパンツァーシュレック6本を装備し、装甲を強化するよう命じられた。12時間交替の勤務態勢に助けられ、補充大隊は車両を要望通り改造することに成功した。

その「BIV」駆逐戦車と名付けられた車両はそれから、第

装甲弾薬輸送車の工場見本。この車両はまだ初期形状の転輪を装着している。(Spielberger)

5㎝Pak38（Pz.Sfl. I a）対戦車砲を搭載した装甲弾薬輸送車の試作型（側面）。(Bundesarchiv)

1戦車殲滅大隊と改称したランクスドルフ部隊の隊員に支給された。

第1戦車殲滅大隊第3中隊の元隊員、ヨハネス・ヘンチェルは次のように記している。

我々は新式の「BⅣ」を受け取った。木の板でできた二つ目の座席が、運転手席の隣に装着されていた。これは運転手席よりも高い位置に取付けられている。その前には6本の「ストーブ煙突」が取付けられていた。保護板が操作員の前に装着され、その保護板には照準機構と発射ボタンが取付けられていた。筒内の弾頭に加えて、予備の18発が射手席左側の周囲に収納されていた。

試験発射中、ガラスの破片が射手の眼に当るという不具合が発生した。これは、パンツァーシュレックの推進薬がガラス容器に入っていた事実による。

新編成の部隊は3個中隊から成っていた。大隊長はグロース大尉だった。

2月末に、部隊はアルトルッピンからベルリンに移動し、そこではベルリン・カールスホルストの陸地工兵学校内に宿営した。幾つかの車両はそこの競争場に駐車した一方で、「BⅣ」6台から成る1個分隊がフェールベルリナー広場の陸軍最高司令部警護の任務を与えられた。

アメリカ軍部隊がベルリンを行軍し始めた後に、第1戦車殲滅大隊はアウトバーン上をシュヴィーロウ湖南方のフェルへに移動した。オーデル戦線でソ連軍の攻勢が始まった後に、部隊は退却し、4月19日、20日の夜にストラウスブルクの方向へ進んだ。装甲戦闘車両に対して「BⅣ」駆逐戦車を使うことは、多数のロシア軍歩兵がいるため不可能だった。

第1戦車殲滅大隊はその後、ベルリン北東のブーフーブーフホルツ地区に退却した。そこで幾つかの「BⅣ」が遺棄され、爆破された。乗員はそれからパンツァーファウストと手榴弾で、進撃して来たソ連軍戦車と交戦した。

部隊はこうした退却戦闘の間に更に散り散りになっていった。大隊の一部はソ連装甲戦闘部隊と「ウンター・デン・リンデン」地区、ブランデンブルク門、フランクフルト並木道、ランズベルク並木道、それに警察本部の周辺地域で「BⅣ」駆逐戦車を使って交戦した。

第1戦車殲滅大隊の多くの隊員がこの戦闘で重傷を負うか戦死した。1945年5月2日、生残りが捕虜となった時、彼らは赤軍兵士が捕獲した「BⅣ」駆逐戦車を運転して市街を走るのを目撃した。

第801装甲爆薬運搬車中隊の編成（1944年秋時点）

装甲弾薬輸送車の戦闘室内部の写真。(Spielberger)

5cmPak38 (Pz.Sfl.Ia) 対戦車砲を搭載した装甲弾薬運搬車の試作型 (正面)。(Bundesarchiv)

ボルクヴァルト社施設で試験される一連の量産型。これらは新型の起動輪と弾性のない履帯を装着している。(Franzen)

装甲弾薬輸送車は1943年夏に第1歩兵師団で最初に運用された。(Bundesarchiv)

装甲弾薬輸送車の乗員の、前線の歩兵拠点と連携する能力が演習中に試された。（Leon）

第801～806装甲弾薬輸送中隊が、改造された「BIVA型」を装備し始めたのは1944年秋のことだった。これらの写真（上下）は大戦終結直後に撮影された。

「BIV」駆逐戦車の大部分は1945年4月末にブランデンブルク門の周辺で喪失した。　（Leon）

「BIV」駆逐戦車のベースとなった「ボルクヴァルトBIVC型」。6本の多連装砲が右側に取付けられている。（Leon）

「BIVA型」、「BIVB型」は武装が左側に取付けられていた。

ブランデンブルク門の前に点在した「BIV」の残骸。

「パンツァーシュレック」の筒体をエンジン室上面に取付けた派生型も存在した。(Leon)

戦闘が終わった後、捕獲した「BIV」駆逐戦車に乗ったロシア兵がベルリンの街路を行く。発煙弾発射筒横の大隊標識に注目。(Fleischer)

第3章
「評伝および教義に関する抜粋」
Chapter 3　Excerpt Concerning Biography

3.1最も高位の勲章を授与された隊員、フェルディナント・フォン・アーベンドロト

遠隔操縦、無線操縦部隊は大規模部隊（連隊、師団、軍団など）に配備された期間が比較的短かったため、有線操縦、あるいは無線操縦爆薬運搬車が達成した成功について、上級部隊の指揮官達は大抵の場合ほとんど知らなかった。その結果、部下の戦闘で目覚ましい活躍をした兵員に勲章を授与するのは、部隊長（中隊長など）の責務となる。

大戦中に遠隔操縦部隊のわずか1名の隊員、フェルディナント・フォン・アーベンドロト大尉だけが高位の勲章（金のドイツ十字章）を受勲した。それは1942年から43年の冬に、セヴァストポリ要塞攻略の際のフォン・アーベンドロトの功績に対して授与された。

フェルディナント・フォン・アーベンドロトは1916年1月4日にサクソニィのケッセルンで生まれ、若い頃に国防軍へ入隊した。以下はフェルディナント・フォン・アーベンドロトの大戦中の経歴を抜粋したものである。

1939年9月1日から1942年3月20日まで：第31戦車連隊第3中隊に配属。
1942年3月20日から1943年7月6日まで：第300／第301戦車大隊第1中隊長。
1943年7月6日から1944年5月20日まで：第315（無線操縦）戦車中隊長。
1944年5月20日から1944年7月15日まで：第301（無線操縦）戦車大隊長。

フェルディナント・フォン・アーベンドロトは1944年7月15日の午後、重傷を負った。彼はレンベルクの軍事病院に送られたが、その傷が元で7月16日に死亡した。死後、彼は1944年7月1日付で少佐に昇進した。

フェルディナント・フォン・アーベンドロトは、周囲から注意深く慎重で、充分な経験を積んだ士官と見なされていた。上官からも評価されており、部下からも慕われていた。これに関しては彼の中隊の元隊員が強調しただけでなく、公式の評価からも伺い知れる。

彼は以下の勲章、褒章を受勲した。
1939年9月22日：功一等鉄十字章
1939年10月17日：功二等鉄十字章
1940年2月27日：黒色戦傷記章
1941年8月18日：銀色戦車戦闘記章

1942年12月22日：クリミア戦記念楯
1943年8月3日：金のドイツ十字章

3.2文書資料

3.2.1

地雷処理車両運用に関する指示（1941年6月6日発行）

陸軍最高司令部　1941年6月6日
陸軍参謀本部／編成部（II）／機動隊総監
第600／41
「極秘」
指揮官のみ閲覧

私は「地雷処理車両運用に関する指示」の配付を承認した。
1941年6月6日
指揮のために
ハルダー

—1—

目次

—2—

始めに

この指示は技術開発の現状（1941年5月現在）に関するものである。装備は実戦で使用できるが、その開発はまだ完了していない。

—3—

A.）兵器運用の態様と特質

1.地雷処理車両は地雷原に通路を切開き（地雷処理車として運用）、敵の野戦陣地と交戦、あるいは障害物を除去する（爆薬運搬車として運用）ために使われる。

地雷処理車両は無人で遠隔操縦により目標まで誘導され、爆発することでそれを破壊する。

2.この兵器の利点は大きな爆発効果に依存し、敵の戦意を挫くのに効果的である。遠隔操縦はこの兵器に大いなる正確さを与え、兵員の投入を回避させる。その小さな外形は敵から見れば小目標にすぎない。

現時点において、その欠点は低速度と貧弱な性能にある。地雷処理車両は大きな壕や壁が切立った爆裂穴を渡ることはできない。

3.地雷処理車両は以下の任務を遂行することができる。

a.）膠着した前線、あるいは防備を固めた野戦陣地に対する攻撃で、コンクリート製の掩蔽壕と厳重に防備を固めた野戦陣地を破壊、あるいは損傷を与える。

b.）小さな地雷原の破壊、あるいは地雷原に通路を切り開く（300kgの高性能爆薬を積んだ地雷処理車両1台で、直径40mの円内の地雷が除去できる）。

c.）開けた地形と路上における防柵と障害物の除去（塹壕が掘られた鉄道線路に対する効果は限られている。鉄製、コンクリート製、「竜の牙」障害物に通路を作るには3台の車両を要する）。

d.）孤立した、特に市街地や森の境界線の敵の抵抗排除。

e.）敵の砲火、特に対戦車砲を引付ける。これは地雷処理車両にとっては常に二次的な任務である。

f.）攻撃時も防御時にも、煙幕あるいはガスの散布。＊

g.）敵の激しい砲撃を浴びている地域を通って移動する。＊

その低速と＜軽＞重量のため、地雷処理車両は杭と木の防柵を走り越す、あるいは鉄条網の障害物を引きずって除去するのには適さない。

4.地雷処理車両は小さな箱状の外形をした装軌式車両で、無線受信装置を備えている。車体はコンクリートでできており、前面に装甲板が追加されている。車両は最大515kgまでの爆薬を運搬することができる。爆薬の大きさは任務と目標の性質により変化する。車両は爆薬を収容する部分に他の物資を収容、あるいは追加することができる。

5.遠隔操縦操作は薄い装甲が施され送信機を備えた小型指令戦車から行う。指令戦車1両で同時に2台の地雷処理車両を運用することができる。遠隔操縦作戦を成功させるため、操縦手は地雷処理車両が目標に到達するまでずっと監視できなければならない。これを達成するため、その局面で装甲指令車両が遮蔽物から遮蔽物へと移動しながら、地雷処理車両に付き従うことが必要になるかもしれない。

遠隔操縦中の動いている地雷処理車両は速度変更ができない。また、もしも停止したならば、再び動きだすことはできない。

6.地雷処理車両の爆薬点火は次の方法で行う。

地雷処理車両として運用の場合は、車両が地雷上を走行した際の爆発による。

爆薬運搬車として運用の場合は、車両が目標に到達したと操縦手が認識すると直ちに無線指令を送ることで行う。

＊注記：f.）とg.）の場合には車両は発煙弾、化学戦用薬剤、弾薬を運搬する。

一般的には、爆薬が爆発したら車両は完全に破壊される。通常の地形（通常の植物）では爆薬の爆発により、およそ深さ1.5m、直径5mの爆裂穴ができる。

もしも敵の地雷が爆発しても爆薬が爆発しない場合の手順は、23.を参照のこと。

7.遅い走行速度と摩滅を減らすため、長距離移動では地雷処理車両は通常は民生用の大型トラックで運搬される。トラックを離れた後に、地雷処理車両は味方の前線まで手動操縦され、それから遠隔操縦で出撃する。

8.地雷処理車両の技術的諸元

高さ：1,140㎜

幅　：1,700㎜

運用重量：2.8トン

第1速ギアによる速度：時速2㎞

第2速ギアによる速度：時速5㎞

（地形に応じてギアを選択）

航続距離：30㎞

遠隔操縦操作中の地雷処理車両と指揮指令車両との許容できる最大間隔：2㎞

爆破指令から実際に爆発するまでの経過時間：12秒

小銃弾と小口径砲弾に対する装甲防御

B.）編成、装備、行軍長

9.地雷処理部隊は陸軍段階の部隊である。

最小の戦闘部隊は遠隔操縦地雷処理車両1台から成る。

1個分隊は装甲指揮指令車両1両と地雷処理車両3台から成る。3個分隊で1個小隊を構成。3個小隊で1個中隊を構成する。1個（地雷処理）大隊は2個中隊に大隊本部と信号・車両整備分隊から成る。

10.大型トラック1台が各地雷処理車両ごとに配備される。

各分隊は運搬可能な積込用傾斜路1式と他の積込用装備を備える。

各中隊は自己防衛と対空防御のため軽機関銃を装備する。信号・車両整備分隊だけでなく、戦闘工兵技術の訓練を受けた兵員達も軽機関銃を装備する。

11.停止時の中隊の路上行軍長は2,400mで、車両間隔は20m空ける。（地雷処理車両を運搬している）中隊の通過時間は時速30㎞でおよそ12分間。

C.）作戦運用

a）全般

12.装備が高価なため、使用のため入手できた地雷処理車両は比較的少数であり、他に例を見ない兵器の性質により、地雷処理車両は作戦戦闘の重点にだけ使用することができる。

13.敵を奇襲することと作戦前の極めて注意深い準備は成功の必須条件である。それ故、地雷処理車両は注意深い計画に基づいてのみ攻撃に参加するものとする。

地雷処理車両の輸送と準備には暗闇の庇護を利用することが勧められる。騒音を紛らすために、砲撃あるいは飛行機を使うのは有利となるに違いない。地雷処理車両の使用準備は他の兵科、特に歩兵と対戦車部隊によって保護されなくてはならない。

14.地雷処理車両は中隊、小隊、あるいは分隊規模や車両単独でも作戦投入できる。中隊規模の作戦投入が望ましい。

作戦投入する地雷処理車両の台数とそれらの使い方は、任務や目標の違いだけでなく、地形の性質や得られる援護によっても異なる。障害物がない平らな地形は良い見晴らしを提供し、同時に多数の地雷処理車両の作戦投入を可能とするが、敵の防御手段にとっても好ましいものである。

植物が茂り過ぎて起伏に富んだ地形では、通常は地雷処理車両1台だけの作戦投入に制限される。同じことは道路から障害物を除去する任務にも適用される。

中隊全体を一度に作戦投入することは、入手できる送信機の周波数帯域が限られているため不可能である。特に強力な効果が必要ならば、小隊を10分間隔で次々に投入することができる。

技術的な理由から、1個分隊の地雷処理車両はそれら銘々の指揮指令車両からだけ操縦できる。それ故、作戦中に地雷処理部隊内で車両交換するのは不可能である。

15.地雷処理部隊は合同兵科作戦の一部として戦闘に参加する。

作戦中に地雷処理部隊は、適切な協力を確保するため、概ね攻撃部隊に配備される。

16.地雷処理部隊の指揮官への作戦命令には、以下の項目が含まれていなければならない。

1）敵の状態、味方の意図

2）地雷処理部隊の任務

3）他の軍との連携

4）作戦の安全

5）攻撃の時間調整

b.偵察

17.各攻撃に先立ち、昼間に地形と目標の斥候を行わねばならない。作戦地区の戦闘部隊との接触は早目に達成する。斥候には以下の項目を含む。

a）接近経路（大型トラックに適すること）

b）荷降ろし地区（トラックから地雷処理車両を降ろすため）

c）集結地区（攻撃開始地点）

d）目標に向かう方向

e）目標までの地形の通行可能性

＊注記：この一揃いの運用指示の中で、入手できる地雷処理車両の数量がどうあれ、地雷処理部隊とは分隊から上の部隊を意味する。

事前に航空偵察を使うことができれば、地雷処理車両の運用、特に地形が車両の使用に適しているかに関して貴重な情報をもたらすことができる。

c.発進地点への移動

18.運用前に、車両は前線から少なくとも6km後方で運用可能状態に達している必要がある。これには燃料補給、爆薬あるいは特殊弾薬の装塡、送・受信機の点検と調整を含む。

19.地形偵察が完了した後、車両は荷降ろし地区まで前進し、そこで地雷処理車両はトラックから降ろされる。荷降ろし地区は道路上あるいはその近くが最良である。トラックは地雷処理部隊の指揮官が好きなように使うため、荷降ろし地区にとどまる。1個地雷処理分隊の荷降ろしにはおよそ20分を要する。

20.トラックから降ろされた車両は、手動で集結地区まで移動し、特定の発進方向に配置する。地雷処理車両の爆薬は何時でも爆発できる状態にする。無線操縦装置のスイッチを投入する。基本的には無線封鎖。

21.荷降ろし地区と集結地区は敵の地上、あるいは空からの観測に対して隠蔽され、歩兵の銃火から防護されている必要がある。敵情と地形が許す限りの範囲で二つの地点は一緒にする。もしもそれが不可能ならば、集結地区への移動を簡単にし、装備と時間を節約するため、それらの間の距離を最小にするべく努めなくてはならない。

地雷処理車両が目標まで移動する距離を最少にするため、集結地区（出発線）は味方の前線にできる限り近付けて設定しなければならない。

荷降ろし地区と集結地区の間や、たとえ味方の前線内であっても、地形障害物は地雷処理車両の行動を阻害するかもしれないので、適時除去する。もしも必要とあらば、他の部隊に支援してもらうこと。

22.攻撃命令が下されたら、運転手は分隊長のために地雷処理車両を発進させる。それから分隊長は指令送信機を使って目標まで誘導する。

23.無線操縦装置は決して敵の手に渡してはならない。作戦終了後にまだ出撃可能な地雷処理車両、あるいは車両の部品は回収されなければならない。それが不可能ならば、直ちに火を放ち、破壊しなくてはならない。

D.他の部隊との連携

24.敵の防衛戦力が予想できる限り、地雷処理車両は他の部隊とともに作戦投入し、決して単独で作戦投入してはいけない。

25.機甲部隊の攻撃前に地雷原に進路を切開く、あるいは対戦車障害物の除去をするため、原則として地雷処理車両は機甲部隊と一緒に運用する。歩兵あるいは自動車化部隊とともに使用する時は、戦闘陣地と交戦、あるいは障害物の除去のために通常は爆薬運搬車として運用する。

26.成功は責任を負うべき指揮官が、連携努力（攻撃計画）

の時間間隔と場所を指定することで得られる。これは個々の地雷処理車両だけでなく、地雷処理分隊、地雷処理小隊等にも適用される。

27.もしも一斉砲撃が攻撃よりも先行するならば、地雷処理車両の動きを阻害する爆裂穴ができるのを回避するため、地雷処理車両に割当てられた地区の砲撃を回避するあらゆる努力がなされるべきである。

28.地雷処理車両は常に攻撃部隊の前方で運用される。地雷処理車両が発進地点から出発する前に、攻撃部隊は攻撃準備を完了していなければならない。また攻撃部隊は地雷処理車両の出発時刻を知っていなければならない。

集結地区から攻撃部隊が出発する時間調整と地雷処理車両に付き従うやり方は敵情や地形、目標までの距離、そして安全措置に依存する。

攻撃部隊を地雷処理車両にもっと接近させれば敵が防御を固める時間が減り、地雷処理車両の成功をより有効に利用できる。

29.地雷処理車両は白兵戦隊の支援任務を度々負わせられることだろう。任務と地形により、1台から3台の車両が各白兵戦隊に配備される。更に、白兵戦隊の一部として戦車を配備するのは賢明なことかもしれない。白兵戦隊内の車両の役割は28.に基づく。

30.不具合なしの前進を確実にするには、地雷処理車両は発進から目標到達まで砲撃、歩兵の重火器、戦車、あるいは対戦車砲による充分な援護射撃を必要とする。こうした兵器の目的は、地雷処理車両が攻撃する目標を沈黙させ、敵の対戦車防衛力と観測拠点の除去にある。通常は煙幕の使用が有利だが、地雷処理車両は操縦手から見えていなくてはならない。

目標に短時間だけ煙を当てるのは、操縦手が目標を確認し、それに向けて車両を誘導する助けとなる。

31.爆薬の巨大な爆発力のため、人的損害の回避に以下の安全措置を講じる必要がある。

攻撃中に遮蔽物がない小銃隊員と他の兵員は、爆発の瞬間に地雷処理車両から150ないし200mは離れている必要がある。良い遮蔽物がある場合には、その距離は減らすことができる。戦車はハッチを閉じていれさえすれば、爆発地点の100m以内まで近付いても構わない。

もしも攻撃前準備の最中に、敵の行動により早期爆発の可能性が生じたならば、上に述べた安全措置は集結地区にも適用する。

地雷処理部隊の指揮官は、必要とあれば他の部隊にも安全措置の適用を知らせるべきである。

3.2.2
遠隔操縦爆薬運搬車使用の指示（第300戦車大隊）

A.この兵器の特質と作戦態様

1.）遠隔操縦爆薬運搬車は野戦陣地と交戦、障害物の除去、超重戦車と交戦、それと地雷の検知に使う。爆薬運搬車は無人で運用され、遠隔操縦で目標に誘導され、自ら運搬した爆薬を爆発させることで目標を破壊する。

2.）この兵器の利点は大きな爆発効果に依存し、敵の戦意を挫くのに効果的である。遠隔操縦は車両に大いなる正確さを与え、兵員には危険が及ばない。その小さな外形は敵から見れば小さな目標にすぎない。

爆薬運搬車は深い壕や壁が切立った爆裂穴を渡ることはできない。

3.）爆薬運搬車は以下の任務に特に適している。

a）対戦車障害物、鉄とコンクリートのハリネズミ陣地、曲がった鉄製障害物、鉄条網などの障害物を破壊する。

b）隠された爆薬を含む、あらゆる種類の路上障害物の破壊。

c）掩蔽壕、塹壕、抵抗拠点の破壊。

d）あらゆる種類の鉄条網障害物の破壊。

e）歩兵の集団攻撃を心理的、ならびに実際の効果により撃退する。

f）煙幕、あるいは化学戦用薬剤の散布。

g）兵力集中地区の目標を効果的に爆破する。

h）地雷の検知と地雷原におよそ直径40mの通路を切り開く。

i）敵の砲火を引付ける。

後の二つは、通常は他の任務と同時に達成される二次的任務である。

B.編成、装備、行軍長

4.）地形走破能力と行軍速度の項目に関しては、中隊は機甲部隊と同じと見なす。それらは空からと地上からの攻撃に対し自己防衛の能力がある。補給隊列、自動車類、整備分隊、信号装置を含めた彼らの装備は、戦車中隊のそれと同様である。

C.作戦行動

5.）装備が高価なため入手できた爆薬運搬車は比較的少数であり、他に例を見ない兵器の特質により、爆薬運搬車は戦闘作戦の重点にだけ投入することができる。

6.）爆薬運搬車は単独でも、中隊、あるいは小隊、分隊規模でも作戦投入が可能である。原則として小隊規模で作戦投入する。

作戦投入する爆薬運搬車の数とそれらの使い方は、任務や目標の違いだけでなく、地形の性質や得られる援護によっても異なる。

障害物がない平らな地形は良好な見晴らしを提供し、同時に多数の爆薬運搬車の作戦投入を可能とするが、敵の防御手段にとっても好ましいものである。

植物が茂り過ぎ起伏に富んだ地形では、通常は爆薬運搬車1台だけの作戦投入に制限される。同じことは道路から障害物を除去する任務にも適用される。

7.）第300戦車大隊は合同兵科チームの一員として戦う。彼らと第300戦車大隊との適切な連携を確立するため、大隊は概ね攻撃部隊に配属される。

8.）第300戦車大隊の指揮官への作戦命令には、以下の項目が含まれてなければならない。

1）敵の状態、味方の意図

2）第300戦車大隊の任務

3）他の部隊との連携指示

4）集結地区の安全

5）攻撃時間

9.）その遠隔操縦による行動半径はわずか約1,200mで、作戦が成功した後にケーブルを巻き取らなくてはならない（所用時間は約20分）ため、中規模中隊は動きのない前線、あるいは要塞化された抵抗線に対する作戦だけに適している。それに加え、有線操縦車両は超重戦車と歩兵の集団攻撃に対する防御に特に適している。ブレン運搬車の爆発効果は最重量爆弾が与える効果とほぼ同等である。

D.合同兵科作戦

10.）爆発効果の即座の利用が成功の源となるため、爆薬運搬車は他の部隊と連携して作戦投入しなくてはならず、決して単独で使用してはならない。

11.）遠隔操縦爆薬運搬車の使用は攻撃計画に含まれるべきである。一つの例外は、機甲部隊先鋒の一部として運用する場合である。

12.）もしも一斉砲撃が攻撃に先行するならば、爆薬運搬車の行動を阻害する爆裂穴ができるのを回避するため、爆薬運搬車に割当てられた地区の砲撃を回避するあらゆる努力がなされるべきである。

13.）爆薬運搬車は常に攻撃部隊の前方で運用される。

攻撃部隊は爆薬運搬車が発進線から出発する前に、攻撃準備を完了していなければならず、車両の出発時刻を把握しておく必要がある。集結地区から攻撃部隊が出発する時間調節と車両が付き従うやり方は敵情、地形、目標までの距離、それと安全措置に依存する。

攻撃部隊を爆薬運搬車にもっと接近させれば、敵が防御を固める時間を減らすことになる。それはまた爆薬運搬車の成功をより導くための結果となるだろう。

14.）爆薬運搬車は白兵戦隊の支援任務を負わせられるかもしれない。任務と地形により、概ね1台から3台の車両が各白兵戦隊に配備される。更に、白兵戦隊の一部として戦車と火炎放射器隊を配備するのが賢明かもしれない。白兵戦隊内の車両の役割は13.に基づく。

15.）円滑な前進を確実にするには、爆薬運搬車は発進から目標到達まで砲撃、歩兵の重火器、戦車、あるいは対戦車砲による充分な援護射撃を必要とする。こうした兵器の目的は、爆薬運搬車が攻撃目標を沈黙させるまで、敵の対戦車防衛力と観測拠点の除去にある。通常は煙幕の使用が有利だが、爆薬運搬車は操縦手から見えていなくてはならない。

目標に短時間だけ煙を当てることは、操縦手が目標を確認し、それに向かって車両を誘導するのに助けとなる。

16.）爆薬の巨大な爆発力のため、人的損害の回避に以下の安全措置を講じる必要がある。

攻撃中に遮蔽物がない小銃隊員と他の兵員は、爆発の瞬間に地雷処理車両から150ないし200mは離れて地面に伏せている必要がある。良い遮蔽物がある場合には、その距離は減らすことができる。戦車はハッチを閉じていれさえすれば、爆発地点の50m以内まで近付いても構わない。

もしも攻撃前準備の最中に、敵の行動により早期爆発の可能性が生じたならば、上に述べた安全措置は集結地区にも適用する。

第300戦車大隊の士官は必要とあれば、他の部隊にも安全措置の適用を知らせるべきである。

3.2.3
無線操縦装甲車両運用に際しての暫定的指針
（1943年4月2日発行）

「極秘！」
無線操縦装甲車両運用に際しての暫定的指針
（無線操縦装甲車両）
機甲兵総監
1943年4月2日　ベルリン

私はここに以下のマニュアルを認可する。
「無線操縦装甲車両運用に際しての暫定的指針」
グーデリアン

これはドイツ犯罪規範（1934年4月24日版）の第88章に規定する秘密文書である。目的外の使用は、もし他の刑法条項が適用されないならば、この法律に基づき処罰されるであろう。

始めに

このマニュアル「無線操縦装甲車両運用に際しての暫定的指針」は、現段階（1943年3月）の技術開発に適用される。遠隔操縦戦車は野戦での作戦使用を想定したものだが、兵器の開発はまだ完了してはいない。今のところ冬期戦の経験はない。

従って、こうした理由から遠隔操縦戦車が配備された部隊の指揮官は特殊兵器の特性、可能性、運用前の作戦原則について習熟し、この兵器の本質と価値を高める正当な任務に限って作戦投入することに責任を負う。

目次

A.兵器の本質と任務

1.遠隔操縦戦車は戦車連隊に配属された独立中隊、あるいは独立大隊（軍段階の部隊）である機甲部隊の特殊兵器である。

一団となって投入できる部隊の最大規模は中隊である。

大隊の隊列で全ての中隊を同時に運用するのは戦術的、技術的理由から勧められない。一般に大隊は訓練、装備の開発、補給に関して責任を負う。

2.遠隔操縦戦車は行軍中、乗員1名で運転される。作戦投入されたら、それは指揮指令車両（Ⅲ号戦車、Ⅳ号戦車、あるいは突撃砲）から無線で遠隔操縦される。車両は450㎏の投棄可能な爆薬と発煙弾発射装置を装備している以外の武装はない。

3.遠隔操縦戦車の運転、操縦特性は、操縦手と目標の間の地形が激しい爆撃、砲撃で掘り起こされた、あるいは幾重にも及ぶ塹壕ないし陣地が横切っている、あるいは視界が開けていない場合の任務は排除する。湿地帯、あるいは木が密生した森の外側を通過する通路、植物が生い茂った地域の任務もまた排除する。

4.遠隔操縦戦車は偵察、戦闘両用の車両である。その運用は人員と装備の損失を回避する。機甲部隊の一員として運用される時は、その主任務は偵察および機甲部隊の攻撃に脅威となる可能性があり、他の兵器では交戦できない目標の破壊である。

5.無線の到達範囲内で、それは視界の範囲から2,000mまでだが、主に以下の任務に適している。

偵察車両としての任務：

a）防御射撃を引き付けながら地雷上を移動することで、機甲部隊先鋒の前方と機甲部隊の攻撃地点における敵の防衛戦力を偵察。

b）運転可能性（湿地帯、急峻な土手、隘路、対戦車壕、攻撃方向を横断して延びている確認が困難な隘路など）の観点から、攻撃地区の地形偵察。

爆薬運搬車としての任務：

a）戦場と路上の障害物、障壁の除去。

b）永久、厳重築城、あるいは戦場型の防御陣地の破壊。

c）敵陣内の兵員の殲滅（致死範囲は30から40m、ときには80mまで広がることがある）。

d）他の兵器では撃破できない場合、敵の最重量戦車の破壊（重戦車の転輪を破壊する、爆発で乗員を殺傷する）。

e）橋や他の人工構造物の破壊。敵の行動で戦闘工兵による爆破が不可能な時に、橋や他の人工構造物の破壊。

発煙作戦：

f）煙で車両自体を覆い隠し、個々の目標を目隠しし、地区全体を煙で包み込む。

g）汚染された地形内に汚染が除去された地域を作る。戦闘中に汚染除去チームに従って汚染除去剤を補給するf）とg）に関する技術面の詳細は11.を参照。

6.地雷上を動くことで450kgの投棄可能な爆薬を爆発させて車両を破壊し、半径15m以内の他の地雷を誘爆させる。

こうして、遠隔操縦戦車はその爆発を通じて地雷の存在を示すことだけができ、限られた半径内でそれらを無害化する。しかし、それは意図的な地雷処理作戦でできることではない。

B.技術的詳細、編成と装備

Ⅰ.

7.「BⅣ」遠隔操縦戦車は全装軌式車両である。

全高：1.25m

全幅：1.80m

全長：3.35m

重量（作戦時）：3.6トン

航続距離：乗員1名で操縦し150km

無線操縦（操縦車両から遠隔操縦戦車までの最大距離）で2,000mまで

不整地走破性能：Ⅲ号戦車と同等

最低地上高：0.20m

超壕幅：1.35m

超堤高：0.45m

最大登坂角：35度

渡渉水深：0.80m

装甲：前面のみ、小口径火器から防御

8.操縦戦車はⅢ号戦車、Ⅳ号戦車、あるいは突撃砲とする。それは送信機装置を内部に収容するが、武装（主砲と機関銃）は維持する。指揮指令車両は一度に遠隔操縦戦車を1台だけ操縦できる。

9.指揮指令車両の送信機装置と遠隔操縦戦車の受信機は次の指令を送信、受信、そして実行する。発進、停止、右旋回、左旋回、増速、減速、前進、後退、点火、投棄、発煙開始。

10.投棄可能な爆薬は取扱いが安全で、行軍中は信管を外せば安全である。それは爆弾あるいは砲弾が直撃した場合だけ爆発することがある。小口径弾の直撃は爆薬を単に貫通するだけである。もしも遠隔操縦戦車が炎に包まれたら、投棄可能な爆薬はゆっくりと燃える。

にも関わらず、遠隔操縦戦車からの安全距離20mは行軍中も、宿営地や集結地区にいる時でも、いつでも維持する必要がある。

11.発煙弾発射器1基もまた遠隔操縦戦車に装備することができる。それは8本の「ランクネーベルケルツェン42」発煙擲弾（発煙時間は25から30分間）を収容可能。指令により各発煙弾が戦車から発射されて点火、あるいは動いている遠隔操縦戦車に装填したままの状態で点火することができる。

12.発煙弾の代りに車両は以下の物を装填し発射、あるいは投下することができる。

汚染除去擲弾8発、あるいは汚染除去剤入り容器8本

汚染除去擲弾は発射された後に爆発して汚染除去剤を散布し、汚染された地形内に2ないし3名が居られる汚染除去された安全地帯を作り出す。容器は25から30kgの汚染除去剤を収容し、行動中の汚染除去チームに供給するだけに使われる。

Ⅱ.

13.最小の戦闘部隊は小隊である。

小隊は以下のごとく編成される。

小隊本部：

3個分隊はそれぞれ以下の車両を有する

指揮指令車両1両

遠隔操縦戦車4台

予備の投棄可能な爆薬と発煙擲弾を備えた牽引車1台

合計：指揮指令車両4両と遠隔操縦戦車12台

中隊は以下のごとく編成される。

中隊本部：

2個小隊

戦闘輜重隊

整備分隊

合計：指揮指令車両10両と遠隔操縦戦車36台（戦闘輜重隊における予備12台を含む）

大隊は以下のごとく編成される。
大隊本部
1個本部中隊
3個遠隔操縦戦車中隊
1個整備小隊
合計：指揮指令車両32両と遠隔操縦戦車108台
14.行軍隊形の中隊全体の長さ
車両間隔20mで輜重隊を含み2,200m
輜重隊を含まないと1,500m
中隊全体の通過時間
時速20kmで（輜重隊を含み）6.5分
時速20kmで（輜重隊を含まず）4.5分
15.遠隔操縦戦車中隊が100km走行するのに要する燃料消費量は7,000リットル、無線操縦戦車大隊では24,000リットル。
16.大隊の無線装置は指揮指令車両のFu5装置に加えて、出力30ワットの装置6台、うち2台は指揮指令車両に搭載する。

C.作戦投入に際しての指針

a.）全般
17.遠隔操縦戦車部隊は一般的に戦車師団、あるいは戦車擲弾兵師団の一部として作戦に当たる。原則として、遠隔操縦戦車中隊は作戦のために戦車連隊に配属され、遠隔操縦戦車小隊は戦車大隊に配属される。
18.最小の戦闘部隊は小隊である。戦術的理由のため単独の分隊を配属するのは、各分隊は一度に1台の遠隔操縦戦車しか操縦できないため、問題外である。更に、もしも小隊が分割された場合は充分な指令のみならず、補給もままならない。
19.地形が通行可能であり、それによる遮蔽物があることは、遠隔操縦戦車の使用で決定的な要素である。
障害物が一切なく、良好な視界を提供する平坦な地形は、同時に多数の遠隔操縦戦車の使用を可能とするが、敵の防御手段にとっても好ましいものである。
植物が密生した起伏のある地形では、単独の遠隔操縦戦車の作戦を制限する。同じことは道路から障害物を除去する任務にも適用される。
20.遠隔操縦戦車部隊の指揮官と部隊司令官との間の緊密な連携は、遠隔操縦戦車の作戦を成功させる上で最重要である。
作戦開始前に、遠隔操縦戦車部隊の指揮官は意見を聞かれることになっており、自分の部隊を作戦投入することについて彼は勧告しなくてはならない。
作戦中は、遠隔操縦戦車によって達成された成果を一度に利用するのを確実とするため、緊密な信号連絡が部隊司令官との間に存在しなければならない。
21.遠隔操縦戦車の最小の戦闘部隊でさえも、その運用は計画に従って準備され、他の部隊から支援されなくてはならない。
指揮指令車両が無線操縦を行う場所の遮蔽だけでなく、全ての任務形式で遠隔操縦戦車の前進に強力な火力支援を与えることも支援任務に含まれる。
この目的のために配置された部隊は、それらが敵に察知されたらすぐに敵の防御兵器を釘付けにできるように、遠隔操縦戦車の動きに密接に従わなくてはならない。
指揮指令車両は備えてある武装で、自らこの任務を引受けることができる。
22.奇襲の要素は、この特殊兵器の使用を成功させる上で際だった要素である。それは敵の防御準備を制限するだけでなく、無人で操縦された車両と、その途方もなく破壊的な威力を敵に与えることで、士気を挫く効果を増大させる。
23.敵の防御兵器と観測地点を潰す目的で、援護射撃する部隊により人工の煙を発生させることは、全ての任務に利益をもたらすことができる。しかし、遠隔操縦戦車と目標は操縦手から見えたままでなければならない。
24.可能性を広げるため、友軍の砲撃は地形に爆裂穴を開けて通過不能となるので、遠隔操縦戦車の運用を予定している地区は避けなければならない。
25.出撃前に遠隔操縦戦車は通常は整備と技術的準備のために、短時間休止しなければならない。
他の機甲部隊と同じく、遠隔操縦戦車部隊もまた作戦の後で車両を集結し、整備する機会を与えられるべきである。機甲部隊と異なるのは、彼らは勝ち取った陣地を維持することができないということである。
26.遠隔操縦戦車の使用は必ずしも常にその破壊（爆発）を伴うわけではない。戦闘あるいは地形偵察に使われ、遠隔操縦で戻りを誘導できない遠隔操縦戦車は回収され、必要とあれば修理されるものとする。
破損したものであっても、遠隔操縦戦車は敵の手中に落ちることは許されない。捕獲が切迫した場合は、自爆あるいは砲撃で破壊されるものとする。
この目的のため、遠隔操縦戦車部隊が配属された部隊からの支援は確保されなければならない。

b.）詳細

27.遠隔操縦戦車が機甲部隊先鋒の前方を地域偵察するために用いるのは、敵との接触が切迫して起こりうる距離と地形の時だけとする。

長引く遠隔操縦手順は、曲線部分が多い道路のような場合には困難なため、多大な時間を消費する。

機甲部隊が慎重な攻撃を仕掛ける準備をした攻撃地域の偵察目的には、攻撃地域の幅全体を偵察できるよう数台の遠隔操縦戦車を投入しても構わない。もし側面攻撃の脅威があれば、遠隔操縦戦車を偵察に使ってもよい。

28.慎重な攻撃の前に目標を偵察あるいは破壊するために遠隔操縦戦車を投入する場合は、それらの使用が総合的攻撃計画の一部に組込まれているものとする。

安全措置と遮蔽物の用意に加え、以下の指針に従って観察すること。

a）他のどの兵器とも同じように、地形と目標をくまなく斥候することは必要である。接近経路、集結地区、操縦場所、目標への発進方向が決定されなくてはならない。

b）遠隔操縦戦車は極めて脆弱なため、早すぎる砲撃に晒されないように、攻撃開始の直前に集結地区に移動すること。

限られた無線操縦距離を全面的に活用するため、操縦場所は友軍前線にできるだけ近接して設けること。攻撃位置へは車両の乗員1名を使って通常は到達するが、そこを離れる時は、遠隔操縦戦車は停車せずに操縦場所を通過する。指揮指令車両だけがそこに止まる。

c）攻撃部隊は遠隔操縦戦車を直ぐに支援できて遠隔操縦任務の効果を利用するため、それが動く前に攻撃位置に布陣していなければならない。

遠隔操縦戦車の背後から攻撃部隊が発進する時間間隔は地形、無線操縦距離、安全規則に依存する。戦車は遠隔操縦戦車の75m以内まで、良好な遮蔽物がある戦車擲弾兵は150m以内まで、爆発の脅威なしにそれぞれ接近できる。

29.構築陣地、対戦車障害物が多数が並んだ強化地域を攻撃する場合は、少数の目標に数台の遠隔操縦戦車を同時に使用することでのみ決定的な成功が得られる。

30.遠隔操縦戦車は街中で白兵戦隊の支援に効果的に使うことができる。白兵戦隊との緊密な連携が特に必要で、詳細に至るまで練習しなければならない。投棄可能な爆薬450kgの爆発効果は市街戦では極めて大きい。

31.敵戦車に対して遠隔操縦戦車を使う場合は、速度と機動性において軽い戦車は遠隔操縦戦車の目標には難しいため、超重量級戦車相手の交戦に限定される。静止した戦車あるいは正面から接近中の戦車は、敵の注意と防御火力を分けるために、遠隔操縦戦車2台で攻撃すべきである。敵戦車と交戦する際は小隊が無傷の状態を維持することが必要である。敵戦車の攻撃を防御するために、遠隔操縦戦車は後背斜面陣地に布陣していなければならない。前線突破した敵戦車に対しては、遠隔操縦戦車を前方に持ってくるか、あるいは敵の背後に投入する。

32.発煙弾使用の一般原則は、遠隔操縦戦車が発煙弾を使用する場合にも適用される。しかし、次のような状況下では特に有利となるかもしれない。

a）動いている遠隔操縦戦車から発煙するか、

b）煙に覆われた対象物に発煙容器を動かし、それらを正確な場所に投下するか、

c）発煙容器を連続して投下することで煙の正確な通路あるいは地域を形成する。

遠隔操縦戦車の煙幕発生の多様な可能性は、他の方法では除去することができなかった防御兵器を目潰し（特に側面）、敵からの退却中に特に役に立つ。

33.汚染除去チームが地域から汚染除去するのを敵の行動が妨げた時、あるいは戦場に汚染除去剤を広く散布する時に、遠隔操縦戦車は汚染除去擲弾と汚染除去剤容器を運ぶのに使うことができる。

3.2.4

遠隔操縦重戦車中隊運用の暫定的指針

（1944年4月15日発行）

「極秘！」

遠隔操縦重戦車中隊運用の暫定的指針

機甲兵総監

第3640 ／ 44

陸軍最高司令部　1944年4月15日

私はここに以下のマニュアルを承認する。

「無線操縦装甲戦闘車両運用の暫定的指針」(1944年4月15日)

グーデリアン

これはドイツ犯罪規範（1934年4月24日版）の第88章に規定する機密文書である。目的外の使用は、もし他の刑法条項が適用されないならば、この法律に基づき処罰されるであろう。

目次

A.兵器の性質と任務

1.遠隔操縦重戦車中隊は重戦車大隊に配属される特殊中隊である。大隊長がその使用を決める。

2.遠隔操縦重戦車中隊は以下のごとく編成される。

a）戦闘隊列

中隊本部：Ⅵ号戦車2両

3個中隊はそれぞれ：Ⅵ号戦車4両と遠隔操縦戦車9台

中型装甲兵員輸送車1台（1個小隊は、それぞれⅥ号戦車1両と遠隔操縦戦車3台を装備する3個分隊から成る）

b）装輪車輛隊列

中隊本部、

中隊整備分隊、

戦闘輜重隊

装具輜重隊

合計：指揮指令戦車14両と遠隔操縦戦車36台（戦闘輜重隊の保有する予備9台も含む）

3.遠隔操縦戦車は行軍中は乗員1名により運転される。戦闘行動中にそれは指揮指令戦車（Ⅵ号戦車）から無線で遠隔操縦される。

武装なしのその車両は450kgの投棄可能な爆薬と発煙装置を装備する。

4.遠隔操縦戦車の運転・操縦特性は操縦手と目標の間の地形が、激しい爆撃、砲撃で掘り起こされた場所や、幾重にも及ぶ塹壕ないし陣地が横切っている地域、あるいは視界が開けていない場合の任務を排除する。湿地帯、あるいは折れた木や藪で覆われた地域の外側を通過する通路の任務もまた排除する。戦車を狭い道路に進めることは不可能であり、成功できない。

5.遠隔操縦戦車は偵察と戦闘の両方に使える車両である。その使用は人員と装備の損失を回避する。機甲部隊の一部として運用する時の主要任務は偵察と、機甲部隊攻撃の脅威となる可能性があり、他の兵器ではうまく交戦することができない目標と交戦することである。

6.無線到達距離は観測の可能性に依存し、最大2,000mだが、遠隔操縦戦車は主に以下の任務に適している。

偵察車両としての任務

a）機甲部隊先鋒の前方と機甲部隊の攻撃地域で防御火力を引付け、地雷上を動くことで敵防衛力の地域偵察。

b）運転可能性（湿地、急峻な堤、隘路、対戦車壕、見付けるのが難しい攻撃方向を横切る谷間など）の観点から攻撃地区の地形偵察。しかし遠隔操縦戦車は通常の戦車より接地圧が小さいため、湿地帯を斥候した結果は信頼できない。

爆薬運搬車としての任務

c)小さな地雷の障害物の除去を含む､地形と道路の障害物、障壁の除去。

d）永久構築陣地、厳重構築陣地、あるいは野戦型陣地の破壊。

e）敵陣内の兵員の殲滅。

f）他の武器では不充分な場合の敵重戦車の撃破（重戦車の転輪を破壊する、爆発で乗員を殺傷する)。

g）敵の行動で戦闘工兵による爆破が不可能な時に、橋や他の人工構造物の破壊。

発煙任務

h）車両自体を隠蔽するために発煙し、個別目標を煙で目潰しさせ、地区全体を煙で覆う。

7.地雷上を進むことは450kgの投棄可能な爆薬の爆発を引き起し、その車両を破壊して半径15m以内の他の地雷を誘爆させる。爆発を通じて地雷の存在を示すことができ、限られた範囲内の地雷を無害化する。しかし、それは意図的な地雷処理作戦だけでできることではない。

8.指揮指令戦車は遠隔操縦戦車のための送信機装置を搭載したⅥ号戦車で、全面的に武装（主砲と機関銃）している。それは同時に2台の遠隔操縦戦車を操縦することができる。

9.指揮指令戦車の送信機装置と遠隔操縦戦車の受信機は以下

の指令を送信、受信、実行させる。発進、停止、右旋回、左旋回、増速、減速、前進、後退、点火、発煙。
10.投棄可能な爆薬は、行軍中と宿営地区にいる時は備え付けた雷管を取外せば取扱いは安全である。それは爆弾あるいは砲弾が直撃した場合にのみ爆発する。小口径弾は爆薬を単に貫通するだけである。

行軍中、宿営地区にいる時、集結地区にいる時は遠隔操縦戦車から25mの安全間隔は常に維持しなくてはならない。
11.発煙弾発射器もまた遠隔操縦戦車に装備することができる。それは4発の「ネーベルケルツェン39」発煙擲弾を収容する。指令により発煙擲弾は点火され、推進爆薬によって発射される。発煙時間は10から15分間である。
12.遠隔操縦重戦車中隊は通常の重戦車中隊と同じ信号装置を装備している。

B.作戦運用の指針

a）全般
1.遠隔操縦重戦車中隊は重戦車大隊の戦力を支える。遠隔操縦戦車以外には、それはどんな重戦車中隊とも同じ任務を遂行することができる。
2.遠隔操縦重戦車中隊は大隊の一部としてのみ作戦運用されるものとする。爆薬運搬車が高価なため、その使用は決定的目標のみに限定する。

遠隔操縦戦車にとって最小の戦闘部隊は小隊である。
3.地形が通行可能であり、それによる遮蔽物があることは遠隔操縦戦車の運用において決定的な要素である。障害物がない平らな地形と良好な視界の提供は、同時に多数の遠隔操縦戦車の作戦投入を可能とする。しかし、敵の防御手段にとっても好ましいものとなっている。好ましくない地形では投入する遠隔操縦戦車の数を制限する必要がある。
4.大隊内の連携は遠隔操縦戦車が成功する上で必須の重要性を持っている。作戦前に遠隔操縦戦車部隊の指揮官は情報を入力する必要がある。
5.事前計画と他の部隊の支援は必須である。

そこから指令戦車は無線操縦を実施する操縦場所の遮蔽物を用意することに加え、遠隔操縦作戦が前進するための強力な火力支援を用意することも支援に含まれる。

この目的のために配置された部隊は、敵防御兵器を認識するとすぐにそれらを釘付けにできるよう、遠隔操縦戦車の動きに密接し従わなくてはならない。指揮指令戦車はこの任務を単独では遂行できない。
6.奇襲の要素は、攻撃と偵察を実施中にこの特殊兵器の使用を成功させる上で際だった要素である。それは敵の防御準備を制限するだけでなく、無人でその上操縦された車両とその途方もなく破壊的な威力を敵に与えることで、戦意を挫く効果を増大させる。

7.敵の防御兵器と観測地点を目潰しする目的で、援護射撃する部隊により人工の煙を発生させることは、全ての任務形式で利益を与えることができる。しかし、遠隔操縦戦車と目標は操縦手から見えたままでなければいけない。
8.可能性を広げるため、友軍の砲撃は地形に爆裂穴が通行不能となるため、遠隔操縦戦車の使用を予定している地区を避けなければならない。
9.指揮指令戦車が遠隔操縦戦車の操縦を引継いだ後で、後者の運転手は中型装甲兵員輸送車によって拾われる。

中型装甲兵員輸送車は、ティーガー部隊に降りかかる集中した防御砲火の外側で距離を空け、残った遠隔操縦戦車と共に攻撃の後をついて行く。大隊との視覚的な接触は維持しなくてはならない。
10.遠隔操縦戦車の使用は必ずしも常にその破壊（爆発）を伴うとは限らない。地形偵察あるいは戦闘偵察に使われ、遠隔操縦で戻りを誘導できない遠隔操縦戦車は、回収され、必要とあれば修理されるものとする。
11.たとえ破損したものであっても、遠隔操縦戦車は敵の手中に落ちることは許されない。捕獲が切迫している時は、自爆あるいは砲撃で破壊するものとする。
12.使われていない期間は、全て遠隔操縦戦車の整備と修理に使うこととする。
13.妨害の恐れから、無線操縦装置の点検は試験設備、あるいは同調アンテナだけを使って行うものとする。

b.）詳細
1.機甲部隊が慎重な攻撃を仕掛ける準備をした攻撃地域を偵察する目的には、攻撃地域の幅全体を偵察できるように数台の遠隔操縦戦車を投入してもよい（遠隔操縦戦車を使い惜しみするな！）。

遠隔操縦戦車は側面からの奇襲を除去することができる。
2.連続した対戦車防壁と全ての知られた対戦車障害物に、遠隔操縦戦車はその爆発効果で通路を切り開くことができる。

深い対戦車障害物には数台の遠隔操縦戦車を連続して使う必要がある。

対戦車壕には2台の遠隔操縦戦車を約5mの間隔を空けて使う必要がある。対戦車壕に対する効果は地面の状態に依存する。

地雷原に通路を切り開くには数台の遠隔操縦戦車を投入しなければならない。全ての戦車搭乗員は爆薬運搬車によって開かれた通路とその爆発地点を接近して観察しなければならない。

遠隔操縦戦車は不規則に埋設された地雷を効率よく検知することはできない。良く考えられた作戦では、遠隔操縦戦車の使用は攻撃計画に従って段階的に実施されるものとする。安全性、遮蔽物の用意、援護射撃に加えて、以下の指針を守ること。

a）遠隔操縦戦車の使用には地形と目標をくまなく偵察することが必要である（接近経路、集結地域、操縦場所、目標の方角が決定されなくてはならない）。

b）遠隔操縦戦車は極めて脆弱なため、早すぎる砲撃に晒されないよう、攻撃開始の直前に集結地区に移動すること。無線操縦距離を全面的に活用するため、操縦場所は友軍前線にできるだけ近接して設けること。

c）攻撃部隊は遠隔操縦戦車の運用前に布陣していなければならない。残りの攻撃部隊はすぐに付き従い、遠隔操縦戦車の効果を利用しなければならない。

d）分隊長は常に良好な視野を持ち、自分の遠隔操縦戦車を誘導するのに応じて、遠隔操縦戦車と操縦場所は地区から地区へ連続して前進するだろう。

e）遠隔操縦戦車の背後に攻撃部隊を配置するのは、地形と維持される安全間隔に依存する（戦車は遠隔操縦戦車の75m以内まで、良好な遮蔽物がある戦車擲弾兵は150m以内まで、爆発の脅威なしで接近できる）。

4.構築陣地、多数並んだ対戦車障害物、拠点に改造された強化地域を攻撃する場合は、少数の目標に数台の遠隔操縦戦車を合同使用することでのみ決定的成功が確保できる。

5.遠隔操縦戦車を街中の白兵戦隊の支援にも効果的に使うことができる。戦隊には緊密な連携が特に必要で、詳細に至るまで協議する必要がある。投棄可能な爆薬の爆発効果は市街戦で極めて大きい。

6.敵戦車に対して遠隔操縦戦車を使うのは、速度と機動性からより軽い戦車は遠隔操縦戦車の目標には難しいため、重戦車が相手の場合に限定される。静止した戦車あるいは正面から接近中の戦車は、敵の注意と防御火力を分けるために、遠隔操縦戦車2台で攻撃すべきである。

前線突破した敵戦車に対しては、遠隔操縦重戦車中隊は側面あるいは後面から攻撃してもよい（移動防御）。

小隊内では緊密な連携を維持しなくてはならない。

7.発煙弾使用の一般原則は、遠隔操縦戦車が発煙弾を使用する場合にもやはり適用されるが、移動している遠隔操縦戦車から発煙することで特に有利となる。

（煙の立ち込めた通路あるいは地域を形成する正確な線）遠隔操縦戦車から煙幕を発生することは、他の方法で除去することができない防御兵器を目潰しする上で特に価値があり、とりわけ側面と、敵から退却中に役立つ。

8.方向灯を備えた遠隔操縦戦車は、事前に偵察した地形で限定的に夜間使用できるかもしれない。これは防御前線内を不意に走行することを回避する。

9.冬期に遠隔操縦戦車を使うのは、雪をうまく乗り越える能力の不足と、厳しい寒さに対する電気装置の敏感さによって限定される。

3.2.5
1943年7月5日から7日までの「ツィタデレ」作戦における無線操縦部隊運用の覚書き

（出典：ドイツ連邦公文書館／フライブルク軍事公文書館）

「極秘」
1943年7月23日
大隊長、ライネル少佐
第301（無線操縦）戦車大隊
第301（無線操縦）戦車大隊作戦／指揮　280 ／ 43g

1943年7月5日から8日までの「ツィタデレ」作戦における経験の評価に基づく無線操縦兵力の今後の運用に関する覚書き

7月5日にオリョール南方の第9軍最高司令部の攻撃地域に別個の3個遠隔操縦戦車中隊が加わった。2個中隊は第656重駆逐戦車連隊に、1個中隊は第505重戦車大隊にそれぞれ配属された。各中隊は、前線で運用されたより大きな戦闘隊形の中隊と一緒に作業する小隊を指図する中隊長の指揮下で完全な部隊として参加した。中隊に与えられた任務は同一で、すなわち威力偵察を実施し、地雷原を検知し、爆破により通路を切り開き、塹壕の中の対戦車兵器と超重戦車のような交戦が困難な目標を破壊する。

遠隔操縦戦車の作戦運用に関わった部隊から送られた報告書には、以下の状況が記されていた。

1.）第656重駆逐戦車連隊第Ⅰ大隊と第314（無線操縦）戦車中隊による作戦

極めて濃密で奥深くまで配置されたロシア軍の地雷原は、ロシア軍の主力抵抗線への接近を阻んでいた。作戦命令に従って、中隊は地雷原に3本の通路を切り開き始めた。地雷原が奥深かったので合計12台の「BⅣ」が投入された。指揮指令車両はでき上がった通路を損害も被らずに通過した。作戦命令では通路を切り開くために戦闘工兵を求めていたが、激烈な砲撃のために彼らは前進できなかった。その結果、攻撃が止まってしまった。戦場には無数の砲弾が炸裂し、「BⅣ」が切開いた通路には印が付けられていなかったので、重駆逐戦車（フェルディナント）は通路をはっきり確認することができなかった。更に、「BⅣ」は草原に履帯跡を残さなかった。その結果、通路が切り開かれたにも関わらず、フェルディナントは地雷で行動不能となってしまった。

その後の攻撃で合計7台の「BⅣ」が爆発させられた。そのうち1台は敵の歩兵が配置についていた塹壕に向かって行った。塹壕内の兵員は手榴弾と近接兵器で「BⅣ」を攻撃したが、「BⅣ」が爆発した時に殲滅された。2台の「BⅣ」は、歩兵が前進できないほど木が密生している小区画に向けて誘導された。それらをその場所で爆発させた後に、全ての抵抗が消滅した。合計4台の「BⅣ」が砲撃によって撃破された。1台は起爆可能状態になっていた（信管が装着されていた）ので爆発したが、他の3台では信管が付いていなかったので何事もなく燃えた。

2.）第656重駆逐戦車連隊第Ⅱ大隊と第313（無線操縦）戦車中隊による作戦は同様な状況で実施された。1個小隊が任務のため進撃中に、目印を付けていないドイツ軍の地雷原に入り込み、「BⅣ」4台が行動不能となった。もう一つの小隊はロシア軍地雷原に通路を1本だけ切り開き、そこに4台の「BⅣ」を投入した。1台の「BⅣ」に砲弾が命中して集結地区で爆発し、その上、他の2台の「BⅣ」にも火が燃え移り、やはり爆発した。「BⅣ」の運転手と戦闘工兵が巻き添えで死亡したため、末尾に署名した者（本官）はこの事件の原因を確実に特定することができなかった。信管は既に挿入されていたため、燃える爆薬の熱で爆発したと思われる。誘導中のもう1台の「BⅣ」に砲弾が命中し、やはり爆発した。

その後の攻撃で3台の「BⅣ」が塹壕の中の対戦車陣地3ヵ所と掩蔽壕1ヵ所を破壊し、戦術的、心理的成功を収めた。

3.）第505重戦車大隊と第312（無線操縦）戦車中隊による作戦

ティーガー戦車の前方で戦場偵察に投入された中隊は戦術的要求を満たし、良好な結果を達成した。2門から3門の対戦車砲を備えた対戦車陣地に向かって1台の「BⅣ」が距離800mから送り込まれた。その場所で爆薬が爆発し、対戦車砲を破壊しそこにいた歩兵を殲滅した。1台の「BⅣ」が距離400mで1両のT34に向かって送り込まれた。そのT34は衝突を試みたが、「BⅣ」の爆破で破壊された。距離400mから600mでは3台の「BⅣ」が大口径砲の掩蔽壕3ヵ所に向かって送り込まれ、その場所で爆発し3ヵ所全部を破壊した。対戦車砲掩蔽壕にも1台の「BⅣ」が送り込まれたが、10m手前で火がついた。しかし何とか目標に達してその掩蔽壕を破壊した。2台の「BⅣ」が距離400mで対戦車砲要員と歩兵の銃座に送り込まれ、両方とも破壊した。1台の「BⅣ」がロシア軍陣地に達したところで、ガソリン爆弾で攻撃され火を着けられたため、爆薬が爆発した。爆発は敵陣地に壊滅的効果をもたらした。無線操縦中の「BⅣ」が防御兵器によって撃破されたのは4例あった。そのうち2例で無線装置は回収された。他の2例では燃え尽きた。4日間の戦闘で合計20台の「BⅣ」が投入された。

＜作戦の戦術的評価＞

1.）2例で遠隔操縦中隊（攻撃兵器）は重駆逐戦車と共に運用され、1例だけが攻撃部隊として相応しいティーガー大隊と共に使われた。重駆逐戦車と共に運用された時は、フェルディナントのぶざまさが遠隔操縦部隊の攻撃にはずみを付けたが、それほど効果は与えなかった。後者は素早く地歩を得たが、フェルディナントはこの成功を素早く利用しなかった。前進の後、指揮指令車両はフェルディナントを長く待ち過ぎ、猛烈な防御砲火に晒された。その一方で、純粋な機甲部隊であるティーガー大隊はより一層好ましい結果を生み出した。攻撃兵器としてティーガーは技術的にも、戦術的にも遥かに有能で、良く訓練されており、攻撃地区の地歩を固めて、連携を維持している。この経験は、遠隔操縦部隊を純粋な戦車部隊と組み合わせた時だけ完全な成功が達成できることを証明した。

2.）第656重駆逐戦車連隊と第313、第314（無線操縦）戦車中隊の作戦は、グラスノヴカ南方のオリョール－クルスク鉄道線の両側で、接近路に地雷が埋められ、深く隊列が配置された防御陣地に対して実施された。敵の激烈な砲撃は攻撃側の任務を大幅に面倒にした。我が部隊が関与し、敵の勢力に与えた成果は不充分だった。これは特に遠隔操縦部隊について当てはまる。

連隊の攻撃進路に幅広く配置され各々がフェルディナント大隊に配属されて、各中隊はその戦力を素早く使い切った。予備兵力の欠如は小隊が前線で被った損失を埋め合わせられないことを意味し、言うまでもなく敵の主戦場の奥深くに進むことができなかった。実際、遠隔操縦部隊の上級指揮官が、見付けた弱点を突いて突破し浸透を拡大するために投入、可動する予備戦力は入手できなかった。フェルディナントとの連携が必要とされ、それは全面的成功に不可欠であり、図上演習と実際の演習により充分に準備された。

しかし実際の戦闘では、敵が精力的な対抗手段を採った結果、連携は素早く崩れた。遠隔操縦士官の精力的な努力にも関わらず、大隊司令官に彼らの要求を納得させることができなかったため緊密な接触が回復できていなかった。うまくいっていれば、そこで遠隔操縦部隊の上級司令部がとりなしに成功したかもしれない。合計12両の指揮指令車両のうち8両は前線に進出した。残りの4両は被った損失を挽回するため、短時間の後に呼び出さなければならなかった。それ以上の予備がなかったため、攻撃はすぐに先細りして敵陣で止められた。

受けた報告を元に判断すると攻撃は絶対に重要な任務だったというのが、末尾に署名した者（本官）の意見である。そして統合された指揮下で第301（無線操縦）戦車大隊全体で実施されるべきだ、ということを思い付いた。その部隊はそうした作戦のために訓練されている。提案の運用方法は次の通り。

前線に2個中隊を配し、3番目の中隊は前線部隊の背後に近接して予備として配置し、無線操縦戦車大隊全体を運用する。

これらの中隊はその2／3の攻撃戦力を持って前線に送られる。それぞれ指揮指令車両4両ずつが全部で2㎞から3㎞幅に広がる。それだけ広がると、合計4本から6本の充分に深くて広い通路を作ることができる。指揮指令車両に損失があれば第二波の予備分隊を使うことで埋め合わせできる（グラスノヴカにおける作戦では、6㎞の全幅にわずか4本の通路しか作れなかった！）。

戦力重点投入地区に到着した最初の中隊はその攻撃力が縮小し始めたら、即座に予備中隊と交替する。地雷原を通過した後、攻撃地区の全幅に沿って予備中隊は前進し、突破を達成する。一方、交替させられた中隊は残された戦闘即応態勢にある隊列を集めて、予備中隊となる。

指揮と補給部隊（本部中隊、整備小隊）の充分な定数のお陰で、統合された司令部は不能となった指揮指令車両の修理を行うことができ、それらを素早く戦闘任務に戻せる。大隊はその緊密な接触と予備の装備が利用できる。この方法ならば遠隔操縦中隊は他の部隊のお荷物ではなくなる。他に例を見ない無線操縦装置のためといえども、他の部隊が彼らを手助けできる訳ではない（作戦投入された遠隔操縦部隊の指揮官は、こうした重要な事柄について理解と充分な支援を見付けようにも何処にもない、と不平を述べており、そして何よりもまず、彼らは彼ら自身の大隊の一部として作戦できるように願っていた）。

戦力と指揮、指令の見地から、そうした遠隔操縦部隊の集中運用は成功を約束するに違いない。しかしそれは次の条件下にある時だけである。

3.）グラスノヴカにおける作戦で全面的な成功を達成するのに失敗したのは、より大きな隊列側の理解の欠如と貧弱な連携に主として起因すると考えられる。合同演習で実地練習し、作戦前の会合で討議はしても、効果的な連携が崩れた。激しい砲撃下では部隊間の連携は何時も困難だろうから、以下の勧告が導かれる。

当初の成功が自前で達成でき、後続部隊が到着するまでその場所を保持できるだけの充分な火力を伴った遠隔操縦隊隊列（大隊）を構築すること。この目的のために、それは速い重戦車（ティーガー）を装備すべきである。それが装備できたら、戦車部隊としても運用できる。より小さな指揮指令突撃砲は、グラスノヴカで進撃した時に敵の砲火をより多く引付けた。敵はそれらを爆薬運搬車の指揮指令車両であると認識した。そうした状況にあっては重戦車の方がより適するに違いない。更に、突撃砲は旋回砲塔を欠いており、窮屈な戦闘室（無線手が装填手を兼ねている）と用意された潜望鏡からは視界が不充分なため、そうした二重の目的（戦闘車両と指揮指令車両）には適さない。

遠隔操縦部隊の実力を熟知し、それを信頼している者は、敵の行動が引起す危険（爆薬の早期爆発）を受入れ、爆薬運搬車が最も素早く効果的に利用されれば成功するであろうことは言うまでもない。

そうした作戦においては、秘密で極めて貴重な遠隔操縦送信装置は、現在入手できる限り、最良の戦車に装備することで防護されるべきである。

人員に関して第301戦車大隊は、1938年以来、訓練を重ねており、実戦で試された戦車大隊で、遺憾ながら陸軍（最初は第67戦車大隊、その後第10戦車連隊第Ⅰ大隊）では稀となる何かを明示したと、本覚書の構成の中で言及しなければならない。同大隊は遠隔操縦大隊の役割を徹底的に学習したことによる経験を追加した。その気質から、貴重な装甲戦闘装備（ティーガー）は注意深く整備され、戦闘では成功裏に運用されるであろう。

＜作戦の技術的評価＞

全般に、無線操縦装置と爆薬運搬車は期待に応えたと言える。幾つかの問題が明らかとなり、短期的にはその修正は可能であり、必要でもある。

1.）無線操縦装置

無線操縦装置は少なくとも2,000mで確かに機能することが絶対に必要である。ヘル社から現在入手できる装置はこの要求に全く適合しない。従って、距離は一定せず800から1,000mを超えるのは稀なため、装置が操縦不能になり敵の手中に落ちるかもしれない危険があった。

ブラウン社製の無線受信機は第301戦車大隊で現在試験中だが、この要求に合致していた。

指令受信機は鉄道輸送中に損傷を被った。それは振動に充分には耐えられなかった。時々音声フィルターが壊れ、リレーの形が損なわれた。これらは部隊で修理できたが、それは遠隔操縦作戦の前に多くの準備を常に必要とする。

作戦中に行動不能になった分隊長の指揮指令車両から素早く引継ぎ、直接、無線操縦操作ができるようにするため、分隊長の送信機には他の指揮官と同様の周波数選択部を取付けなければならない。

2.）戦闘工兵の装備

敵の行動により爆薬に火が着いた（それは何度も起こった）が、もしも信管が装着されていなければ何事もなく燃え尽きるが、信管が装着されていれば爆発する、ということが示された。従って、爆薬運搬車が友軍の前線を通過するまで（無線操縦手順の開始）、信管を装着すべきでないことは明白だった。

3個の信管をネジ止めして爆薬カバーを閉じるため、「BⅣ」の運転手はその特殊車両の前面に這い出なくてはならない。これには相応の時間を要し、その間に彼は非常な危険に晒される。運転手が狙撃されたり、あるいは興奮して起爆剤にうまくねじ止めできない可能性を生む。それ故、運転手が自分の席から起爆剤を挿入できる「握り」の取付けを勧めなければならない。

爆破リレーは常に確実に作動するとは限らなかった。地雷上を走行した車両の約25％が、地雷の爆発と同時に爆発させることに失敗した。その疑惑の「BⅣ」が砲撃で破壊されたため、不具合の原因を突き止めることはできなかった。

地雷原に切り開かれた通路に目印を付ける簡単な技術的助力が必要である（投下できる塗料包みを使う、あるいは目印を付ける帯を置くのが可能）。

3.）

敵の砲火で喪失した「BⅣ」は、作戦投入された全車両の約20％だった。不整地を移動中の速度と機動性を増すことで減少が可能である。これらの要件と重機関銃の火力に対する装甲は新型（「BⅣC型」、「シュプリンガー」）の開発で要求しなければならない。

4.）周波数

総力を上げて作戦している時に、大隊は周波数帯を4本から少なくとも6本に増やす必要がある。これは戦術指令がより柔軟になる結果をもたらすであろう。

「結論」

1943年7月の無線操縦部隊の運用は、個別の3個無線操縦中隊が個々に作戦した前年の拡大実地試験に基づいていた。全般的な戦況の推移とそれに関連した攻撃から守備への転換が、それらの運用をわずか数日間に限定した。達成された戦果は予想と調和していた。全面的な成功が達成できなかったのは、遠隔操縦部隊の失敗だけに起因するとは考えられない。末尾に署名した者（本官）の意見では、これは決定的な地点に不充分な戦力を投入したことと、他の部隊との貧弱な連携、それに爆発効果を素早く完璧に利用する能力の欠如にある。

末尾に署名した者（本官）は実戦で得た教訓を元に、以下の運用試験の実施を提案する。

指揮指令戦車任務のためにティーガーを第301（無線操縦）戦車大隊に配備することと、より大きな機甲部隊隊列の一部として大隊全体を戦力重点投入地点に使用すること。

署名　ライネル

（出典：ドイツ連邦公文書館／フライブルク軍事公文書館）

「極秘」
陸軍最高司令部、1943年8月8日
機甲兵総監
Az.34a ／ I aAusb. ／ I aOrg.
第3019 ／ 43

準拠：遠隔操縦部隊の将来の拡大に関する覚書き（ライネル少佐、大隊長、第301（無線操縦）戦車大隊　1943年7月25日）

宛先：陸軍参謀本部／作戦 I 部
戦車隊総監部
第300戦車試験・補充大隊
第301（無線操縦）戦車大隊

遠隔操縦戦車中隊の1943年7月5日から8日までの作戦運用から、以下の結論が導かれた。

1.）成功を達成するために、遠隔操縦部隊は1個戦車師団内の機甲部隊と緊密な仕事をしなければならない。

a）機甲部隊隊列による遠隔操縦戦車に対する近接支援。更に、遠隔操縦作戦の支援に全重火器の集中使用。

b）遠隔操縦戦車の達成した成果を機甲部隊が即座に利用。

2.）遠隔操縦部隊が指揮指令任務にティーガー戦車を装備するのは遠隔操縦装置の開発状況に依存する。

二つの異なった局面がある。

a）遠隔操縦装置が充分に試験されない限り、遠隔操縦部隊は特殊部隊のままでなければならない。装備の入手性を基にすると、指揮指令戦車にティーガー戦車を使うのは目下のところ容認できない。

b）遠隔操縦装置がその能力を証明したらすぐに（およそ1年後）、遠隔操縦部隊は一緒に作戦運用される部隊が使用しているものと同じ型式の戦車を装備すべきである。

その時点で、遠隔操縦部隊は機甲部隊の隊列に永久に組み込まれる、と修正されるであろう。それは訓練、戦闘作戦、補給において望まれた緊密な関係を獲得するであろう。

3.）中隊を2個小隊で構成する編成は成功を見なかった。三番目の小隊が要求されるに違いないが、小隊はその元の戦力構成（小隊長戦車1両と指揮指令戦車3両）を維持しなければならない。遠隔操縦中隊の編成を14両の指揮指令戦車にする類似の提案は綿密に考慮中である。

4.）ライネル少佐の勧告にある、遠隔操縦大隊全体を一体として運用するのはまだ承認できない。大隊規模の作戦は特殊任務を必要とするかもしれず、綿密な演習と試験を要する。

1個遠隔操縦大隊全体による最初の作戦に提案された第301（無線操縦）戦車大隊は、以下の条件付で目論見がある。

a）戦車師団と緊密に結合する。

b）充分な準備と機甲部隊との密接な連携。

要約すると、遠隔操縦中隊の経験は貴重で将来性があると言えるかもしれない。

署名　参謀本部総長トマーレ

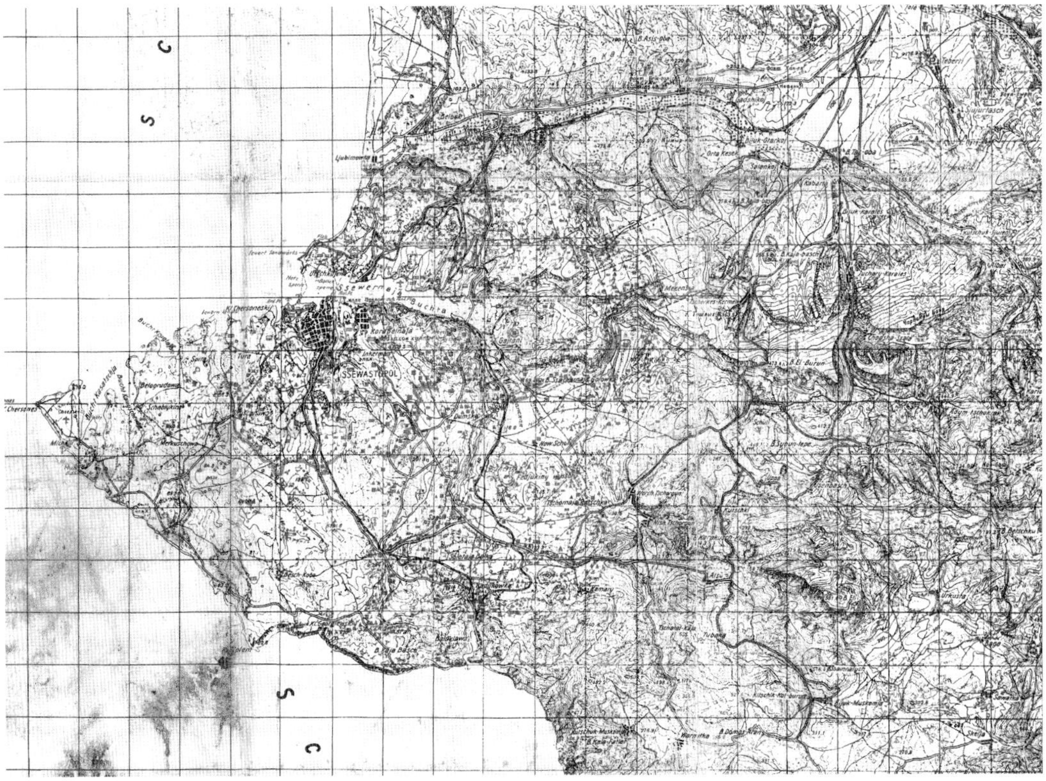

1942年5月6日、セヴァストポリ戦の戦況地図の一部。赤い記号はソ連軍の陣地、塹壕、火砲の位置を示す。

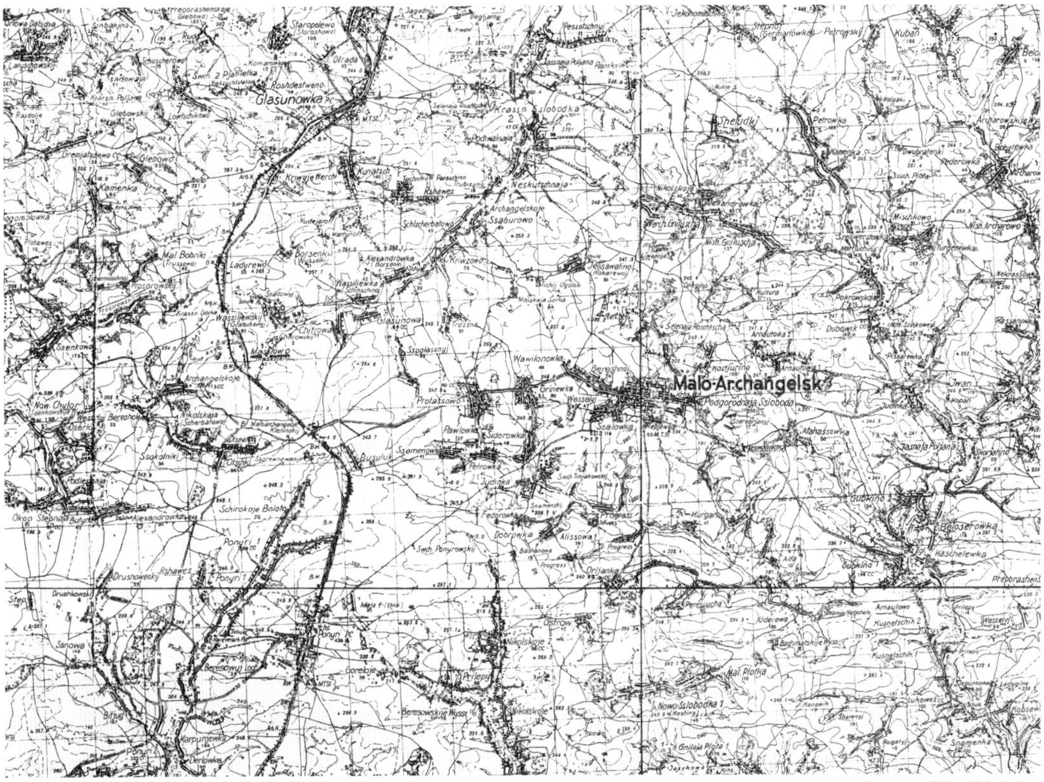

1942年7月時点でマーロ・アルハンゲリスク周辺地域の軍事地図の一部。縮尺は10万分の1。第313、第314（無線操縦）戦車中隊が、第656重駆逐戦車連隊の指揮下で戦ったのはこの地域である。

3-3
参考文献
Sources and Bibliography

Published Sources

Armored Fighting Vehicles of Germany in WW II, New York: Arco Publishing Company, 1978

Auerbach, William, Last of the Panzers , Tanks Illustrated No. 9, ?: Arms and Armour Press, 1984

Bartelski / Bukowski, Warszawa 1944, ?: KAW, 1980

Benamou, Jean-Pierre, Album Memorial "Bataille de Caen", Bayeux (France): Edition Heimdal, 1988

Bender, Roger James, Uniforms, Organization and History of the Panzertruppe, San Jose (California, USA): Bender Publishing, 1980

Bernage, Georges, Album Memorial "Normandie", Bayeux (France): Edition Heimdal, 1983

——-, Normandie: Aout 1944 - La Retraite Allemande, Bayeux (France): Edition Heimdal, 1988

Bernage / Lannoy / McNair / Baumann, Album Memorial "Bataille d'Alsace 1944-1945", Bayeux (France): Edition Heimdal, 1992

Bernage / Mari / Benamou / Mc Nair, Album Memorial "Bataille de Normandie", Bayeux (France): Edition Heimdal, 1993

Bernage / McNair, Le Couloir De La Mort, Bayeux (France): Edition Heimdal, 1994

Buffetaut, Yves, Au Coeur du Reich, Paris: ?, 1993

——, La Bataille du Bocage, Paris: ?, 1994

——, Yves, El Alamein, Paris: ?, 1993

——, 6 Juin, La premier Vague, Paris: ?, 1993

——, Bataille pour Moscou, Paris: ?, 1993

——, Operation Barbarossa, Paris: ?,1992

——, Rhin et Danube, Paris: ?, 1992

Chamberlain / Doyle / Jentz, Encyclopedia of German Tanks of WW 11, ?: Arms and Armour Press, 1978

Carell, Paul: Verbrannte Erde, ?: Ullstein-Verlag, 1978

——-, Der Rußland-Feldzug fotografiert von Soldaten, ?: Ullstein-Verlag,l 968

Dieckert / Großmann, Der Kampf um Ostpreußen, Stuttgart: Motorbuch-Verlag, 1995

Eiermann / Remm, Kraichgau 1945, Kriegsende und Neubeginn, Kraichgau (Germany): Verlag Regionalkultur, 1995

Ellis, Chris, German Infantry and Assault Engineer Equipment 1939-1945, ?: Bellona Publications, 1976

Engelmann, Joachim / Scheibert, Horst, Deutsche Artillerie 1939-1945, ?: C.A. Starke Verlag, 1974

Euler, Helmuth, Entscheidungsschlacht an Rhein und Ruhr 1945, Stuttgart: Motorbuch-Verlag, 1980

Feist, Uwe, Aero Publishing Band 12, ?: Aero Publishers Inc., 1980

Feist, Uwe / Culver, Bruce, Tiger, Ryton Publication, 1992

Fürbringer, Herbert, Die 9. SS Panzer-Division "Hohenstaufen", Bayeux (France): Editions Heimdal, 1984

German Remote Controlled Vehicles, Ground Power, ? (Japan): Delta Publishing, 1998

Grove, Eric, Panzerkampfwagen I und II, ? (Great Britain): Almark Publishing Co Ltd., 1979

Nehring, Walter, Die Geschichte der deutschen Panzerwaffe 1916-1945, ? (Germany): Propyläen Verlag, 1969

Guderian, Heinz, Erinnerungen eines Soldaten, Stuttgart: Motorbuch-Verlag, 1994

Haupt, Werner, Endkampf im Westen 1945, Wölfersheim-Berstadt (Germany): Podzun-Verlag 1979

——-: Krim, Stalingrad, Kaukasus — Die Heeresgruppe Süd 1941-1945, Wölfersheim-Berstadt (Germany): Podzun-Verlag, 1977

——-, Leningrad, Wolchow, Kurland 1941-1945, Wölfersheim-Berstadt (Germany): Podzun-Verlag, 1976

——-, Die deutschen Luftwaffen-Felddivisionen 1941-1945, Wölfersheim-Berstadt (Germany): Podzun-Verlag,1993

——-, Königsberg, Breslau, Wien, Berlin 1945, Wölfersheim-Berstadt (Germany): Podzun-Verlag, ?

Healy, Mark, Kursk 1943, Campaign Series No. 16, ? (Great Britain): Osprey Military, 1992

Hinze, Rolf, 19.lnfanterie- und Panzer-Division — Divisionsgeschichte, ? (Germany), Verlag Dr. R.Hinze, 1988

Jaugitz, Markus, Die deutsche Fernlenktruppe 1940-1943, Wölfersheim-Berstadt (Germany): Podzun-Verlag, 1994

——-, Die deutsche Fernlenktruppe 1943-1945, Wölfersheim-Berstadt (Germany): Podzun-Verlag, 1995

Jentz, Thomas L., Panzertruppen 1933-1942, Atglen (Pennsylvania, USA): Schiffer Military History, 1996

——-, Panzertruppen 1943-1945, Atglen (Pennsylvania, USA): Schiffer Military History, 1998

Jentz / Doyle, Germany's Tiger Tanks - VK 45.02 to Tiger II, Atglen (Pennsylvania, USA): Schiffer Military History, 1997

Jentz / Doyle / Sarson, Tiger I, New Vanguard No. 1, ? (Great Britain): Osprey Military, 1993

——-, Tiger II, New Vanguard No. 5, ? (Great Britain): Osprey Military, ?

Kleine / Kühn, "Tiger" - Die Geschichte einer legendären Waffe 1942-1945, Stuttgart: Motorbuch-Verlag, 1976

Kramp, Hans, Ruhrfront 1944/45, ? (Germany): SelbstVerlag, 1992

von Krannhals, Hanns, Der Warschauer Aufstand 1944, ? (Germany): Bernard & Graefe Verlag, 1962

Kubisch / Jansen: Borgward - Ein Blick zurück, ? (Germany): Elefanten-Press, 1984

Kurowski, Franz/ Tornau, Gottfried, Sturmartillerie 1939-1945 , Stuttgart: Motorbuch-Verlag, 1978

Lefevre, Eric, "Les Panzers" Normandie 1944, Bayeux (France): Edition Heimdal, 1978

Leiwig, Heinz, Finale 1945 Rhein-Main, ? (Germany): Droste Verlag, 1985

Le Tissier, Tony, Durchbruch an der Oder, ? (Germany) Ullstein-Verlag, 1995

Le Tissier, Tony, Der Kampf um Berlin 1945, ? (Germany): Ullstein-Verlag, 1994

von Manteuffel, Hasso, Die 7. Panzer-Division, Wölfersheim-Berstadt (Germany): Podzun-Verlag, 1965

Mc Nair, Ronald, Repli Sur La Seine, Bayeux (France): Editions Heimdal, 1995

Niehaus, Werner, Entscheidungsschlacht an Rhein und Ruhr 1945, Stuttgart: Motorbuch-Verlag, 1995

Meyer, Hubert, Kriegsgeschichte der 12. SS Panzer-Division "Hitlerjugend", Osnabrück (Germany): Munin-Verlag, 1982

Milsom, John, German Halftracked Vehicles of World War II, ?: Arms and Armour Press, 1975

Münch, Karlheinz, Combat History of the schwere Panzerjäger-Abteilung 653, Winnipeg (Manitoba, Canada): J.J. Fedorowicz Publishing, Inc., 1997

Müller, F., Leitfaden der Fernlenkung, ? (Germany): Deutsche RADAR Verlagsgesellschaft m.b.H., 1955

Niehorster, Leo W.G., German World War II Organizational Series — Volume 3/II, Hanover (Germany): Eigenverlag, 1992

Nosbüsch, Johannes, Damit es nicht vergessen wird..., ? (Germany): Pfälzische Verlagsanstalt GmbH, Landau1986

Otte, Alfred, "Die weißen Spiegel" Hermann Göring, Wölfersheim-Berstadt (Germany): Podzun-Verlag, ?

Oswald, Werner, Kraftfahrzeuge und Panzer der Reichswehr, Wehrmacht und Bundeswehr, Stuttgart: Motorbuch-Verlag, 1982

Pawlas, Karl R., Waffen - Revue - Verschiedene Beträge from issues 1 to 105, ? (Germany): Verlag Journal-Schwend GmbH, various

——-, Liste der Fertigungskennzeichen für Waffen, Munition und Gerät, Originalgetreuer Nachdruck, ? (Germany): Publizistisches Archiv für Militär- und Waffenwesen, 1977

Pallud, J.P., Battle of the Bulge — Then and Now, London: After the Battle, 1984

——-, Blitzkrieg in the West — Then and Now, London: After the Battle, 1991

Piekalkiewicz, Janusz, Unternehmen Zitadelle, ? (Germany): Lübbe-Verlag, 1983

Quarrie, Bruce, Fallschirmpanzer-Division "Hermann Göring", Vanguard No. 4, ? (Great Britain): Osprey 1978

Ritgen, Helmut, Die Geschichte der Panzer-Lehr-Division im Westen 1944-1945, Stuttgart: Motorbuch-Verlag, 1979

Sawodny, Michael, Deutsche Spezialpanzer, Wölfersheim-Berstadt (Germany): Podzun-Pallas-Verlag, 1981

Scheibert, Horst, Die "Tiger"-Familie, Wölfersheim-Berstadt (Germany): Podzun-Pallas-Verlag, 1979

——-, Panzer-Grenadier-Division "Großdeutschiand", Squadron-Signal-Publications, 1977

Schmitz / Thies, Die Truppenkennzeichen 1939-1945 (Band 1 - 3), Osnabrück (Germany): Biblio Verlag, 1988 - 1991

Schneider, Wolfgang, Tigers in Combat I, Winnipeg (Manitoba, Canada): J.J. Fedorowicz Publishing, Inc., 1994

——-, Tigers in Combat II, Winnipeg (Manitoba, Canada): J.J. Fedorowicz Publishing, Inc., 1998

Späeter, Helmuth, Panzerkorps "Großdeutschland", Wölfersheim-Berstadt (Germany): Podzun-Pallas-Verlag, 1984

Spielberger, Walter J., Der Panzerkampfwagen I und II und ihre Abarten, Stuttgart: Motorbuch-Verlag, 1974

——-, Der Panzerkampfwagen III und seine Abarten, Stuttgart: Motorbuch-Verlag, 1974

——-, Der Panzerkampfwagen Panther und seine Abarten, Stuttgart: Motorbuch-Verlag, 1978

——-, Der Panzerkampfwagen Tiger und seine Abarten, Stuttgart: Motorbuch-Verlag, 1977

——-, Spezial - Panzerfahrzeuge, Stuttgart: Motorbuch-Verlag, 1987

——-, Sturmgeschütze - Entwicklung und Fertigung der sPaK, Stuttgart: Motorbuch-Verlag, 199

Spielberger / Doyle /Jentz. Leichte Jagdpanzer, Entwicklung - Fertigung - Einsatz, Stuttgart: Motorbuch-Verlag, 1992

——-, Schwere Jagdpanzer, Entwicklung - Fertigung - Einsatz, Stuttgart: Motorbuch-Verlag,1993

——-, Begleitwagen Panzerkampfwagen IV, Stuttgart: Motorbuch-Verlag, 1998

Spielberger / Feist, Militärfahrzeuge, ?: Aero Publishers Inc., 1970

Spielberger / Feist, Sonderpanzer, ?: Aero Publishers lne.,1968

Stoves, Rolf, Die gepanzerten und motorisierten deutschen Großverbände 1935-1945, Wölfersheim-Berstadt (Germany): Podzun-Pallas- Verlag, 1986

Tessin, Georg, Verbände und Truppen der Deutschen Wehrmacht und Waffen SS 1939-1945 (Band 1-14), Osnabrück (Germany): Biblio Verlag, 1979-1988

——-, Kriegsstärke-Nachweisungen-Taktische Zeichen-Traditionspflege, Osnabrück (Germany): Biblio Verlag, 1988

Tieke, Wilhelm, Das Ende zwischen Oder und Elbe — Der Kampf um Berlin 1945, Stuttgart: Motorbuch-Verlag, 1992

Touzin, Pierre, Les Vehicules Blindes Francais 1900-1945, ? (France): Edition EPA, 1979

Trees, Wolfgang, Schlachtfeld Rheinland, Aachen (Germany): Zeitungsverlag Aachen GmbH, 1977

Trenkle, Fritz, Die deutschen Funklenkverfahren bis 1945, ? (Germany): Hüthig-Verlag, 1982

United States War Department Technical Manual 15 March 1945 Handbook on German Military Forces

Wendt, Kurt, "Windhunde" — Ein Bildband der 116.Panzer-Division, ? (Germany): Verlag Ahrweiler & Goftschalk, 1976

Winkler, Walter, Der Kampf um Sewastopol, Starnberger See (Germany): Vowinckel Verlag, 1984

Zaloga, Steven, Bagration 1944, The Destruction of the Army Group Center, ? (Great Britain): Osprey Military, 1996

Ziemke, Earl F., Battle of Berlin, New York: Ballentine Books Inc., 1969

Unpublished Sources

From the Archives of the Bundesarchiv/Militärarchiv Freiburg: RH 8 / 1 ff; RH 10 / 1 ff; RH 12-2 / 46 ff; RH 20-4 / 159 ff; RH 20-9 / 21 ff; RH 20-14 / 137 ff; RH 20-18 / 77 ff; RH 21-2 / 927 ff; RH 21-3 / 43 ff; RH 21-4 / 14 ff; RH 24-8 / 43 ff; RH 24-30 / 67 ff; RH 24-39 / 261 ff; RH 24-48 / 115 ff; RH 24-54 / 40 ff; RH 24 / 57; RH 27-7 / 53 ff; RH 27-12 / 28 ff; RH 27-20 / 2 ff; RH 27-301 / 7 ff; and, RHD 13

Writings of Ludwig Schreiner; Günther Hopf; Eberhard Held; and, Jus Fischer (†)

Diary entries of Heinz Prenzlin (†); Helmut Greiner; and, Gottfried Beierlein (†)

Tele-Controlled Land Vehicles, Capt. D.I. Symons, WAR OFFICE GS (W) 1 (C), STD

著者●マルカス・ヤウギッツ

1957年生まれ。既婚。ドイツと外国における事故・災害等に関するドイツ連邦政府の技術援助組織で地区担当部長として勤務。ドイツ国防軍の戦車部隊に関する研究を20年以上も続ける彼が強い関心を寄せる分野の一つが、いわゆる「珍奇な特殊兵器」を装備した部隊である。現在は家族と共にマンハイムに住んでいる。

訳者●阿部孝一郎

1948年、新潟県生まれ。東京理科大学工学機械科卒業。電気会社に23年間勤務した後、退職。現在は航空機技術評論家として活躍する傍ら、翻訳を手がける。共著に『モデラーズ・アイ メッサーシュミットBf109G-6』(大日本絵画)、訳書に「オスプレイ軍用機シリーズ」(大日本絵画)などがある。

フンクレンクパンツァー

無線誘導戦車の開発と戦歴

FUNKLENKPANZER:
A History of German Army
Remote-and Radio-Controlled Armor Units

発行日　2005年8月21日　初版第1刷

著者　マルカス・ヤウギッツ

訳者　阿部孝一郎

監修　小川篤彦

発行者　小川光二

発行所　株式会社大日本絵画
〒101-0054　東京都千代田区神田錦町1-7
電話：03-3294-7861
http：//www.kaiga.co.jp

編集　株式会社アートボックス
電話：03-6820-7000
http：//www.modelkasten.com/

装幀　関口八重子

DTP処理　小野寺 徹

印刷/製本　大日本印刷株式会社